高等职业教育专业教材

中国轻工业“十四五”规划立项教材

试验设计与统计分析
（第二版）

主　编

林少华　潘　妍

中国轻工业出版社

图书在版编目（CIP）数据

试验设计与统计分析 / 林少华，潘妍主编. -- 2 版.
北京：中国轻工业出版社，2024.8. -- ISBN 978-7
-5184-5007-7

Ⅰ. O212.6；O212.1

中国国家版本馆 CIP 数据核字第 20244DR462 号

责任编辑：刘逸飞　责任终审：李建华
文字编辑：赵晓鑫　责任校对：朱　慧　朱燕春　封面设计：锋尚设计
策划编辑：张　靓　版式设计：砚祥志远　责任监印：张　可

出版发行：中国轻工业出版社（北京鲁谷东街 5 号，邮编：100040）
印　　刷：三河市万龙印装有限公司
经　　销：各地新华书店
版　　次：2024 年 8 月第 2 版第 1 次印刷
开　　本：787×1092　1/16　印张：19.25
字　　数：450 千字
书　　号：ISBN 978-7-5184-5007-7　定价：49.00 元
邮购电话：010-85119873
发行电话：010-85119832　010-85119912
网　　址：http://www.chlip.com.cn
Email：club@chlip.com.cn

231804J2X201ZBW

本书编写人员

主　　编　林少华（北京农业职业学院）

潘　妍（北京农业职业学院）

副 主 编　刘晓丹（上海城建职业学院）

田文静（北京农业职业学院）

贾红亮（北京农业职业学院）

参　　编　胡晓霞（上海城建职业学院）

裴海闰（北京工商大学）

杨海莺（中粮营养健康研究院有限公司）

田寒友（天津华测检测认证有限公司）

雍雅萍（河套学院）

张媛媛（漯河食品工程职业大学）

彭　彬（四川民族学院）

第二版前言

“试验设计与统计分析”是一门贯穿产品研发、生产与检验的专业基础课程，在质量安全、生产管理、新产品研发等方面具有重要作用和意义。根据编者多年讲授试验设计与统计分析等课程的教学实践经验以及分析在岗课赛证融合和学生实际使用过程中出现的问题和新需求的基础上，为了更加贴合职业教育的特点，对原教材 3 章 13 个模块的结构进行了重新的构建，改为 7 个项目 21 个知识点 9 个任务。增加了学习目标、拓展阅读和知识链接模块，并增加了正态分布及过程能力分析、统计抽样检验、响应面试验设计与分析，“Minitab” 和 “Design-Expert” 响应面分析软件的使用等内容和知识点。

本教材的编写，以立德树人为根本任务，以“科学决策、效率优先、质量强国”为思政主线，结合丰富的案例并融合“Minitab”、“SPSS” 和 “Design-Expert” 等前沿数据处理与统计分析技术，内容架构遵循“1+X”粮农食品安全评价职业技能等级证书、国家技能大赛如“食品安全与质量检测”等大赛及企业工作场景下的数据处理需求，以符合学生学习认知规律的形式进行编写，力求做到内容的科学性与实用性、先进性与针对性相统一。知识点由浅入深、简单易懂，特别注重培养学生的处理数据能力和职业素养。

本教材可作为食品药品与粮食大类、高等职业院校农林牧渔大类、资源环境与安全大类、生物与化工大类、轻工纺织大类、旅游大类及公共管理与服务大类等专业“试验设计与统计分析”类课程的教学用书，同时可供相关专业科技工作者参考。

本书由林少华和潘妍负责统稿，并与刘晓丹、田文静、贾红亮、胡晓霞、裴海闰共同编写，雍雅萍、张媛媛和彭彬负责相关案例的提供。杨海莺和田寒友结合工作岗位需求给予相关指导。由于编者水平和经验有限，书中难免会有不当之处，敬请专家、同行以及广大读者批评指正。

编者

第一版前言

当前，我国职业教育正全面快速发展，人才培养的要求也越来越高，亟需改革和创新高职高专职业院校的课程体系和教学内容。“试验设计与统计分析”作为贯穿食品生产、营养与检验相关专业的课程体系的基础课程，根据高职高专培养目标的要求，内容以“必需、够用、实用”并同时兼顾学生知识和技能拓展的原则进行编写。

本书主要介绍优化试验设计与统计分析的方法和原理，结合丰富的案例详细介绍其在食品、生物、环境、畜牧等众多领域中的应用，并通过增加实训内容，强化了读者运用计算机处理试验数据的能力。本书的主要内容包括试验设计与数据处理的基本概念及误差控制、假设检验、方差分析、直线回归与相关及正交试验设计方法与结果分析等内容。

本书共分为三章。其中第一章重点介绍试验设计与数据整理的基本概念，包含 4 个项目，模块一介绍试验设计与统计分析的发展概况；模块二介绍试验设计与实施的常用术语、基本原则和方法、步骤与具体实施方案；模块三介绍数据整理的方法，包括资料的来源、分类、性质及整理等内容；模块四介绍真值、平均值、误差、试验数据的精准度及有效数字等数据处理的基础知识。第二章重点介绍数据的处理与分析，也包含 4 个项目，模块五介绍数据资料的统计假设检验，包括假设检验的含义、基本原理和步骤，样本平均数的假设检验和总体参数的区间估计；模块六介绍多重比较以及单因素和双因素试验的方差分析；模块七介绍一元线性回归方程的建立及回归效果的显著性检验；模块八介绍正交试验设计的原理和基本步骤，并根据试验确定最优方案，通过方差分析确定因素对试验结果的显著性。第三章从实训练习方面进行介绍，包括模块九使用 Excel 绘制相关图表；模块十使用 Excel 对单因素试验和双因素试验进行统计分析；模块十一使用 Excel 绘制标准曲线，并算得一元线性回归方程并进行方差分析；模块十二使用正交小助手设计多个因素多个水平的试验，并分析试验结果；模块十三使用 SPSS 软件分析解决科研和生产实际的试验方案、数据处理、误差的估计及对试验结果的评价等。

全书由北京农业职业学院主持，多所职业院校教师共同合作编写。本书由罗红霞、林少华任主编，林少华负责全书统稿。

本书同时得到了北京农业职业学院、中国农业大学等单位领导的关怀和指导。承蒙任发政教授、许文涛副教授审阅，对本书提出了许多宝贵意见。在本书的编写过程中，参考了一些文献资料，在此表示由衷的感谢。

由于编者水平和经验有限，书中难免会有不妥甚至错误之处，敬请专家、同行以及广大读者批评指正。

编　者

目 录 CONTENTS

项目一

试验的设计与实施

学习目标

知识目标

1. 了解试验设计与统计分析的发展概况、目的与意义。
2. 了解试验设计的常用术语和基本原则。
3. 掌握试验设计与统计分析的概念。
4. 掌握制订试验方案的要点。

技能目标

1. 会进行试验方案的设计与制订。
2. 能严格按照设计方案搜集、整理、分析和表达试验数据资料。

素质目标

1. 养成独立思考、自主探究的习惯。
2. 培养科学观察、规范制订方案的能力。
3. 树立科学规划、效率为先的发展理念。

项目导学

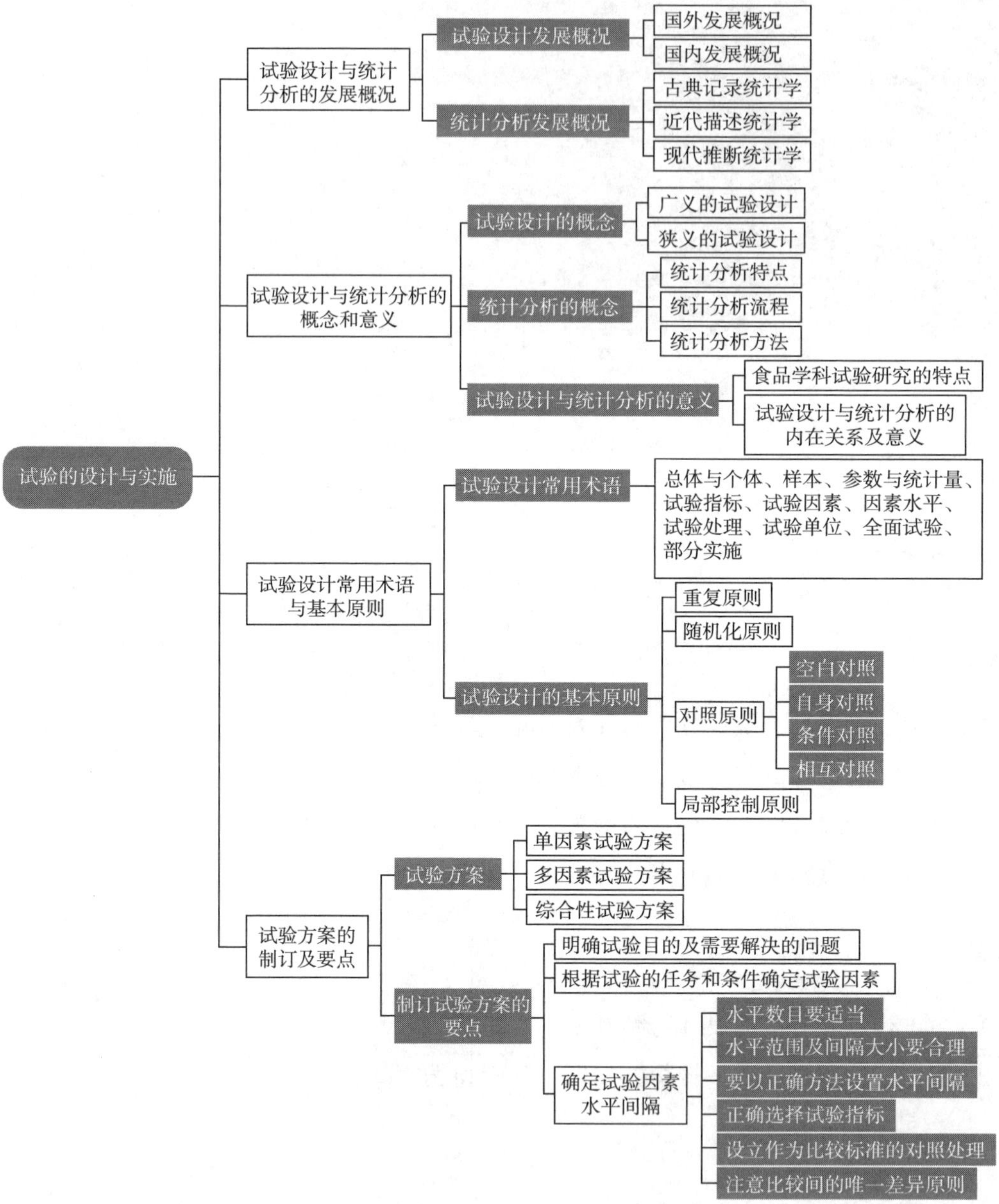
试验的设计与实施
试验设计与统计分析的发展概况
试验设计发展概况
国外发展概况
国内发展概况
统计分析发展概况
古典记录统计学
近代描述统计学
现代推断统计学
试验设计与统计分析的概念和意义
试验设计的概念
广义的试验设计
狭义的试验设计
统计分析的概念
统计分析特点
统计分析流程
统计分析方法
试验设计与统计分析的意义
食品学科试验研究的特点
试验设计与统计分析的内在关系及意义
试验设计常用术语与基本原则
试验设计常用术语
总体与个体、样本、参数与统计量、试验指标、试验因素、因素水平、试验处理、试验单位、全面试验、部分实施
试验设计的基本原则
重复原则
随机化原则
对照原则
空白对照
自身对照
条件对照
相互对照
局部控制原则
试验方案的制订及要点
试验方案
单因素试验方案
多因素试验方案
综合性试验方案
制订试验方案的要点
明确试验目的及需要解决的问题
根据试验的任务和条件确定试验因素
确定试验因素水平间隔
水平数目要适当
水平范围及间隔大小要合理
要以正确方法设置水平间隔
正确选择试验指标
设立作为比较标准的对照处理
注意比较间的唯一差异原则

知识点一

试验设计与统计分析的发展概况

一、试验设计发展概况

1. 国外发展概况

试验设计源于农业试验，是数理统计学的一个分支，是科学试验和统计分析方法相互交叉形成的一门学科。英国生物统计学家 R. 费雪（Ronald Aylmer Fisher，1890—1962 年）于 20 世纪 20 年代创立了试验设计这门学科。起因是他在进行农业田间试验时，发现环境条件难以控制，导致随机误差不可避免。他重新对试验方案做出了更合理的安排，使得试验数据有合适的数学模型使用以减轻随机误差的影响，从而提高试验的精确度与可靠性。1923 年，他与肯齐合作第一次发表了试验设计的实例与设计的基本思想，并于 1935 年出版了著作《试验设计》（*The Design of Experiment*）一书，标志着“试验设计”的诞生。“试验设计”一经应用于农业、生物学、遗传学等领域，便取得了巨大的成功，极大地推动了这些学科的发展。他在试验设计和统计分析方面做出了一系列的先驱工作，开创了一门新的应用技术学科，从此，试验设计成为了统计科学的一个分支。R. 费雪也因此被称为试验设计的奠基人。

其后又有更多的学者进行了大量的开拓性工作，产生了很多新的试验设计方法。试验设计自 20 世纪 20 年代问世至今，其发展大致经历了三个阶段：早期的单因素和多因素方差分析，传统的正交试验法和近代的调优设计法。20 世纪 50 年代，日本统计学家田口玄一（G. Taguchi）创立了正交试验设计，使得试验设计的应用更加广泛，并在工业生产中得到了大力的推广和应用。

2. 国内发展概况

我国于 20 世纪 50 年代前后开始研究“试验设计”这门学科，1948 年范福仁先生在国内出版了《田间试验之设计与分析》一书。在正交试验设计领域，国内学者在正交试验设计的观点、理论和方法上都有新的创见，编制了一套适用的正交表，简化了试验程序和试验结果的分析方法，创立了简单易学、行之有效的正交试验设计法。1978 年，王元教授和方开泰教授创立了均匀设计方法，该设计考虑如何将设计点均匀地散布在试验范围内，确保使用较少的试验点即可获得更多的信息，并已经在国内外的多个行业内进行了应用，取得了丰硕的成果。著名数学家华罗庚教授也在国内积极倡导和普及“优选法”，并成功应用于五粮液的生产，从而使试验设计的概念得到广泛的普及。

到目前为止，本学科经过了近百年的研究和实践，已成为广大技术人员与科学工作者必备的基础理论知识。20 世纪 30 年代，英国的纺织业开始使用试验设计方法。第二次世界大战期间，美国的军工企业也开始使用试验设计方法。第二次世界大战以后，美国和欧洲的机械、化工和电子等众多行业纷纷使用试验设计方法，试验设计已经成为理、工、农、医等各个领域、各类试验通用的技术和方法。实践表明，该学科与实际工农业生产的结合，产生了巨大的社会效益和经济效益。

近年来，随着计算机技术的发展和进步，出现了各种针对试验设计和试验数据处理的软件，如SAS（Statistical Analysis System）、SPSS（Statistical Product and Service Solutions）、Matlab、Origin和Excel等，它们使试验数据的分析计算不再繁杂，试验设计和统计分析工作变得简单易行，极大地促进了本学科的快速发展和普及。

二、统计分析发展概况

由于人类的统计实践是随着计数活动而产生的，因此，统计发展史可以追溯到远古的原始社会，距今有5000多年的历史。但能使人类的统计实践上升到理论并予以概括总结的程度，即开始成为一门科学、系统的统计学，却是近代的事情，距今只有300余年的历史。统计学发展的概貌，大致可划分为古典记录统计学、近代描述统计学和现代推断统计学3种形态。

1. 古典记录统计学

古典记录统计学的代表人物有拉普拉斯（Laplace）和高斯（Gauss）。

拉普拉斯的主要贡献：①深入了“概率论”的研究；②推广了“概率论”在统计学中的应用；③明确了“统计学”的大数法则；④进行了“大样本”的统计。

高斯的主要贡献：①建立了最小二乘法；②发现高斯分布。

2. 近代描述统计学

近代描述统计学的代表人物有高尔顿（Galton）和皮尔森（Plzen）。

高尔顿的主要贡献：①开创了生物统计学；②提出了“平均数离差法则”；③论述“相关”的统计意义并提出了“回归”的概念。

皮尔森的主要贡献：①变异数据的处理，首创了频率分布表和频率分布直方图；②分布曲线的选配，利用相对“斜率”的方法得到了12种分布函数型，包括正态分布、矩形分布和U形分布等；③卡方检验的提出；④回归与相关的发展等。

3. 现代推断统计学

现代推断统计学的代表人物有哥赛特（Gossett）和R. 费雪。哥赛特在1908年首次在《生物计量学》杂志上发表了“平均数的概率误差”，由于这篇文章提供了“t检验”的基础，为此，许多科学家把1908年看作统计推断理论的里程碑，哥赛特也被推崇为统计学的先驱者。R. 费雪提出了方法论、假设无限总体、抽样分布、方差分析、随机化原则等。这位多产研究者的成果特别适用于农业与生物学领域，并已经渗透到其他领域，他提炼出来的推断统计学已被广大研究者所接受。因此，美国统计学家约翰逊（Johnson）在1959年出版的《现代统计出版方法：描述和推断》一书中指出：“从1920年起到今天的这段时间，称之为统计学的费雪时代是恰当的。”因此，R. 费雪在统计发展史上的地位是显赫的。

练习题

1. 请查阅文献资料，试验设计创立人R. 费雪（Ronald Aylmer Fisher）在统计学领域还有哪些重要贡献？

2. 我国在试验设计方面的创见有哪些？

3. 统计学发展的概貌是什么?
4. 正交试验是由（　　）创立的。
A. R. 费雪　　B. 范福仁　　C. 田口玄一　　D. 皮尔森
5. 请查阅资料，找出目前比较盛行的统计学软件，并列出这些软件的名称。

知识点二
试验设计与统计分析的概念和意义

试验设计与统计分析是以概率论、数理统计及线性代数为理论基础，结合一定的专业知识和实践经验，经济科学地安排试验和分析处理试验结果的一门应用学科。试验设计和统计分析互为前提和条件。研究者只有在掌握了专业知识的情况下，并在实践中运用统计分析原理和方法，才能正确无误地设计试验。只有在试验设计正确的基础上，通过对试验所获取的数据资料进行正确的统计分析才有可能揭示事物的本质特性及内在联系，得出可靠的结论，进而正确地指导实践。因此，正确地进行试验设计并科学合理地整理分析所收集的数据资料是本门课程的基本任务。

一、试验设计的概念

试验设计（Design of Experiment，DOE）也称为实验设计，是以概率论和数理统计为理论基础，经济、科学地制订试验方案的一项技术。试验设计的目的是认识试验条件与试验结果之间的规律性。研究者在进行试验研究工作前应用生物统计原理，制订试验方案，选择试验样品，合理分组，可以使人们利用较少的人力、物力和时间，获得更多可靠的信息资料，得出科学的结论。通过对数据资料进行正确的整理分析可以揭示事物的本质特性及内在联系，进而使人们得以能动地认识世界和改造世界。生物统计与试验设计是不可分割的两部分，试验设计需要以统计的原理和方法为基础，而正确的设计试验又为统计方法提供了丰富可靠的信息，两者紧密结合才能得出较为客观的结论。试验设计分为广义的试验设计和狭义的试验设计。

1. 广义的试验设计

广义的试验设计是指整个试验研究课题的设计，亦即整个试验计划的制订。进行任何一项科学试验，在试验前必须制订一个科学、全面的试验计划书，以便使该项研究工作能够有计划、有目的地顺利开展，从而保证试验任务的完成。虽然科研项目的种类、大小有所不同，但试验计划的内容一般可概括为以下几个方面：课题名称、试验目的，研究依据、内容及预期达到的经济技术指标，拟采取的试验设计方法及试验方案，试验结果的分析、研究成果的经济或社会效益估算，研究所需要的条件，试验记录的项目与要求，已具备的基础条件和研究进度安排，参加研究人员的分工，试验的时间、地点和工作人员，成果鉴定及发表学术论文。

2. 狭义的试验设计

生物统计中的试验设计主要指狭义的试验设计。狭义的试验设计主要是指试验单位

（试验处理的独立载体）的选取、重复数的确定、试验单位的分组和试验处理的安排。正确的试验设计能控制和降低试验误差，消除系统误差，提高试验的精密度和正确度，为统计分析获得的处理效应和试验误差的无偏估计以及揭示所研究事物的内在规律提供必要且充分的数据资料。常用的试验设计方法有完全随机设计、随机区组设计、正交设计、均匀设计、回归设计和混料设计等。

二、统计分析的概念

统计分析（Statistical Analysis）是指通过对研究对象的规模、速度、范围、程度等数据资料进行数理统计和分析，在定量与定性上运用数学方式建立数学模型，从而认识和揭示事物间的相互关系、变化规律和发展趋势，以达到对事物的正确解释和预测的一种研究方法。它是继统计设计、统计调查、统计整理之后的一项十分重要的工作，是在前几个阶段工作的基础上通过分析进而达到对研究对象更为深刻的认识。它又是在一定的选题下，集分析方案的设计、资料的搜集和整理而展开的研究活动。系统、完善的资料是统计分析的必要条件。

1. 统计分析特点

统计分析方法是目前广泛使用的现代科学方法，是一种科学、精确和客观的测评方法。运用统计方法、定量与定性的结合是统计分析的重要特征。因为世间任何事物都有质和量两个方面，认识事物的本质时必须掌握事物的量的规律。随着统计方法的普及，不仅统计工作者可以进行统计分析，各行各业的工作者都可以运用统计方法进行统计分析。提供高质量、准确而又及时的统计数据和高层次、有一定深度、广度的统计分析报告是统计分析的要求。这已成为自然科学和社会科学研究中不可缺少的研究方法。

2. 统计分析流程

统计分析可以分为 5 个步骤，具体如下：①描述要分析的数据性质；②研究基础群体的数据关系；③创建一个模型，总结数据与基础群体的联系；④证明（或否定）该模型的有效性；⑤采用预测分析来预测将来的趋势。

3. 统计分析方法

统计分析的具体方法有很多，重要而常用的方法有差异显著性检验，也称假设检验。通过抽样调查或控制试验获得的是具有变异的资料。产生变异的原因是什么？是企图比较的处理间（如不同原料、不同工艺、不同配比）有实质性差异，还是无法控制的偶然因素所致？显著性检验的目的在于承认并尽量排除偶然因素的干扰，以一定的置信度将处理间是否存在本质的差异揭示出来。常用的显著性检验方法有 t 检验、μ 检验、F 检验和χ^2 检验等。还有一类统计分析方法称非参数检验法，这类分析方法不考虑资料的分布类型，也无须事先对有关总体参数进行估计。当通常的检验方法对某些试验或调查资料无能为力时，这类方法则正好发挥作用。

三、试验设计与统计分析的意义

1. 食品学科试验研究的特点

从研究的程序上讲，食品学科的研究和其他学科一样，在明确了研究的目的、依据、内容、必要性和可行性的基础上，实际上就是一个试验方法的设计，观测数据的收集、整理、分析，研究结果的表达和进一步指导实践的过程。

食品学科的研究具有复杂性和特殊性，主要特点如下：①原料的广泛性。包含植物性原料、动物性原料和微生物性原料等。植物性原料又可分为粮食、果品、蔬菜、野生植物等；动物性原料又可分为畜禽、水产、野生动物、特种水产养殖等；微生物性原料可分为各种细菌（如乳酸菌、醋酸菌等）、真菌（如霉菌、酵母等）或病毒等微生物的生活形态及由这些微生物生产的代谢产物或发酵产物。②生产工艺的多样性。由于加工的原料可以分为几十类、上千个品种，因而体现了加工工艺的多样性。如有的产品加工要求保持原料原有的色泽和风味，而有的产品又要求改变原来的色泽和风味等。③学科的交叉性。涵盖了贮藏加工、生物科学、农业工程、轻工业、化学工业、材料学、计算机应用、系统工程、生物酶技术以及基因工程等学科的交叉。④加工质量控制的重要性。对加工过程中各个工序的控制，以保证加工过程的安全和产品加工质量的稳定。对各种在市场流通的产品的质量监督和检验，以保证各种产品的质量稳定和防止假冒伪劣产品，维护消费者的合法权益。对食品的安全进行监督保证，以防止食品在加工过程中化学物质超标或不合理使用，或者某些对人体健康有害的物质超过规定的标准。

2. 试验设计与统计分析的内在关系及意义

鉴于以上特点，在进行科学试验研究时，就必须特别注重对试验的合理设计和试验过程的正确进行，因为有些参数只有通过试验才能确定，有时还需找出参数的最佳组合，以保证获得较好的工作性能。如在研究某种菌粉时，要确定适宜的发酵温度，就必须通过试验来解决。先把菌粉添加量分成 3 个挡，如按质量分数添加 0.002%、0.004% 和 0.006%，用每个梯度逐一进行试验，找出最优的添加量。但要确定菌粉添加量和发酵温度的相互作用时，每个参数取 3 挡，需做 $3^2=9$ 次试验，才能确定 2 个参数各取什么数值组合起来才能使产品最优。若再确定菌粉添加量、发酵温度和发酵时间 3 个参数的相互作用时，每个参数取 3 挡，需做 $3^3=27$ 次试验，才能确定。若再确定菌粉添加量、发酵温度、发酵时间和蔗糖添加量 4 个参数的相互作用时，每个参数取 3 挡，需做 $3^4=81$ 次试验才能确定。由此可见，随着试验参数和所取挡数的增加，试验次数就急剧增加，这样会消耗大量的人力、物力和财力。

因此，进行试验设计的意义在于：①科学合理的试验可以减少试验次数，缩短试验周期，节约人力、物力和财力，提高经济效益，对多因素、多水平尤其有效；②可以分析交互作用的大小；③可以快速找到较优的设计参数与生产工艺条件。

合理的试验设计只是试验成功的充分条件，随着试验进行，必然会得到大量的试验数据，如果没有对试验数据进行合理地统计分析和处理，就不可能对所研究的问题有一个明确的认识，也不可能从试验数据中寻找到规律性的信息，达到指导生产和科研的目的。所以，试验设计都是与一定的统计分析相对应的，两者是相辅相成、互相依赖、缺一不可的。统计分析在科学试验中的作用主要体现在如下几个方面：①通过误差分析，可以评判试验数据的可靠性；②确定影响试验结果的主次因素，从而可以抓住主要矛盾，提高试验效率；③确定试验因素与试验结果之间存在的近似函数关系，并对试验结果进行预测和优化；④获得试验因素对试验结果的影响规律，为控制试验提供思路；⑤确定最优的试验方案或配方。

练习题

1. 请查阅文献资料，根据所学的试验设计概念，列举常用的试验设计与优化方法。
2. 试验设计与统计分析的内在关系是什么？
3. 简述食品科学试验的特点和要求。
4. 进行试验设计的意义是什么？

知识点三

试验设计常用术语与基本原则

一、试验设计常用术语

1. 总体与个体

在统计学中，根据一定的研究目的和要求所确定的研究对象的全体称为总体（Population），而把组成总体的每一个对象称为个体（Individual）。例如，在研究某批白酒的风味情况时，该批白酒的全体就组成了总体，而其中每一瓶白酒就是一个个体。但对于具体问题，由于关心的不是每一个个体的种类具体特性，而仅仅是它的某一项或某几项数量指标 X（可以是向量）和该数量指标 X 在总体的分布情况。在上述例子中 X 是表示白酒的风味情况。在试验中，抽取了若干个体进行观察，得到了 X 的这样或那样的数值，因而这个数量指标 X 是一个随机变量（或向量），X 的分布就完全描写了总体中数量指标的分布状况。由于所关心的正是这个数量指标，因此，就把总体和数量指标 X 可能取值的全体组成的集合等同起来。

对总体的研究，就是对相应的随机变量 X 的分布研究，所谓总体的分布也就是数量指标 X 的分布，因此，X 的分布函数和数字特征分别称为总体的分布函数和数字特征。今后将不区分总体与相应的随机变量，均统称为总体 X。根据总体中所包括的个体数量，将总体分为有限总体（Finite Population）和无限总体（Infinite Population）。有限总体中观察单位数是有限的或可知的，而无限总体中观察单位数是无限的或不可知的。在实际工作中，对总体特征与性质的认识，一般情况下是没有必要甚至也不可能去对总体中每个观察单位进行全面的逐个研究，而常常是从总体中抽取部分个体进行抽样研究。

2. 样本

为了对总体的分布进行研究，就必须对总体进行抽样观察。抽样是指从总体中按照一定的规则抽出一部分个体的行为。一般都是从总体中抽取一部分个体进行观察，然后根据观察所得数据来推断总体的性质。样本（Sample）是从总体中随机抽取的具有代表性的一组个体（X_1，X_2，…，X_n）的集合。为了能更多更好地得到总体的信息，需要进行多次重复、独立的抽样观察（一般进行 n 次），因此，在抽样时需要做到以下要求：①代表性。每个个体被抽到的机会一样，保证了样本的分布相同，与总体一样。②独立性。每个个体要相互独立。

符合“代表性”和“独立性”要求的样本（X_1，X_2，…，X_n）称为简单随机样本。通常来讲，$X<30$ 的样本称作小样本，$X>30$ 的样本称作大样本。统计分析通常是通过样本来了解总体，这是因为有的总体是无限的、假想的，即使是有限的但包含的个体数目也很多，要获得全部观测须花费大量的人力、物力和时间，或者观测值的获得带有破坏性。研究的目的是要了解总体，然而能观测到的却是样本，通过样本来推断总体是统计分析的基本特点。

3. 参数与统计量

为了表示总体和样本的数量特征，需要计算出几个特征数。反映总体的统计指标称参数（Parameter），常用希腊字母表示参数，如用 μ 表示总体平均数，用 σ 表示总体标准差。反映样本的统计指标称为统计量（Statistic），常用拉丁字母表示统计量，如用 $\bar{x}$ 表示样本平均数，用 S 表示样本标准差。总体参数由相应的统计量来估计，如用 $\bar{x}$ 估计 μ，用 S 估计 σ 等。

4. 试验指标

试验指标（Experimental Index）是指在试验设计中，根据试验目的选定的用来衡量或考核试验效果质量的特性，又称试验效果，通常用 y 表示。它可以是单一的指标（包括综合评价指标），也可以是多个指标。例如，在研究加热温度和加热时间对杀灭生牛乳中沙门氏菌的影响时，沙门氏菌的杀灭程度就是试验指标；在考察储存方式对香椿维生素 C 含量的影响时，香椿维生素 C 的含量就是试验指标。

试验指标可分为数量指标（如质量、强度、精度、合格率、寿命和成本等）和非数量指标（如光泽、颜色、味道和手感等）。在试验设计中，应该尽量使非数量指标数量化。

试验指标还可分为定性指标与定量指标。定性指标是指不能用数量表示的，仅由人的感官直接评定的指标，如蜂蜜的口感、面粉的手感等。定量指标是指能用某种仪器或工具准确测量的，能用数值表示的指标，如梨子的糖度、酸度、pH、吸光度和合格率等。

试验指标可以是一个也可以同时是几个，前者称单指标试验设计，后者称多指标试验设计。无论是单项指标还是多项指标，都是以专业为主确定的，并且要尽量满足用户和消费者的要求，指标值应从本质上表示出某项性能，绝不能用几个重复的指标值表示某一性能。

5. 试验因素

在试验过程中，凡对试验指标可能产生影响的原因或要素，都称为因素或者因子。通常把研究试验中影响试验指标的因素称为试验因素，通常用 A、B、C、D 等大写字母表示。把除试验因素外其他所有对试验指标有影响的因素称为条件因素，又称试验条件（Experimental Conditions）。如在研究不同贮藏条件下的番茄保鲜情况时，温度、保鲜试剂、气调保鲜膜等都是影响试验效果的因素。这几个因素以外的其他所有影响番茄保鲜情况的因素都是条件因素。它们在一起构成了本试验的试验条件。考查一个试验因素的试验称为单因素试验，考查两个因素的试验称为双因素试验，考查 3 个或 3 个以上试验因素的试验称为多因素试验。

在许多试验中，不仅因素对指标有影响，因素之间还会联合起来对指标产生影响。因素对试验的总效果是由每一个因素对试验的单独作用再加上各个因素之间的联合作用决定的。这种联合搭配作用称作因素间的交互作用。因素 A 和因素 B 的交互作用以 $A \times B$ 表示。

根据因素的可控程度，可把因素分为可控因素和不可控因素。如加热温度、熔化温度等可以控制和调节的因素，称为可控因素；机床的微振动、刀具的微磨损等暂时不能控制和调节的因素，称为不可控因素。在试验设计中，一般采用可控因素。根据是否为数量因素，试验因素又可分为数量因素和非数量因素。数量因素是指依据数量划分水平的因素，如温度、pH 和时间等；非数量因素是指不依据数量划分水平的因素，如酶的种类、白酒酒曲的种类、大米的种类等。

6. 因素水平

因素水平（Level of Factor）又称因子水平或位级，是指在试验设计中，使试验因素处于不同的状态下，试验因素对试验指标的影响程度，把试验因素所处的各种状态称为因素水平，如研究不同杀菌温度对罐头货架期的影响试验中，不同的杀菌温度条件如 135，140，145，150℃等就是因素水平。因素水平一般在代表该因素的字母下添加下角标 1、2、3…来表示，如 A_1、A_2、A_3…，B_1、B_2、B_3…。

在选取水平时，应注意以下三点：①宜选取 3 个以上的水平。因为 3 个水平的因素试验结果分析的效应图分布多数呈二次函数曲线，而二次函数曲线有利于观察试验结果的趋势，这对试验分析有利。②取等间隔或等比例的原则。水平的间隔宽度是由技术水平和技术知识范围所决定的，水平的等间隔一般是取算术等间隔值，在某些场合下也可取对数等间隔值。由于各种客观条件的限制和技术上的原因，在取等间隔区间时可能有些差值，但可以把这个差值尽可能地取小些，一般不超过 20%的间隔值。③所选取的水平要具体。即水平应该是可以直接控制的，并且水平的变化应能直接影响试验指标不同程度的变化。

7. 试验处理

试验处理（Experimental Treatment）是指事先设计好的实施在试验单位上的一种具体措施或步骤。在单因素试验中，试验的 1 个水平就是 1 个处理。在多因素试验中，由于因素和水平较多，可以形成若干个水平组合。如研究两种不同温度（A_1、A_2）、不同时间（B_1、B_2）和不同菌粉添加量（C_1、C_2）对酸乳发酵效果的影响，可以形成 $A_1B_1C_1$、$A_1B_1C_2$、$A_1B_2C_1$、$A_1B_2C_2$、$A_2B_1C_1$、$A_2B_1C_2$、$A_2B_2C_1$、$A_2B_2C_2$ 8 个水平组合，因此，在该多因素试验中，试验因素的一个水平组合就是一个处理，即有 8 个试验处理。

8. 试验单位

在试验过程中，把能接受不同试验处理的独立试验载体称作试验单位（Experimental Unit）。它是试验中实施试验处理的基本对象，如在生物、医学试验中的小白鼠，在白酒酿造中的白酒酒体等。

9. 全面试验

全面试验（Overall Experiment）是指在试验设计过程中，对所选取的试验因素的所有水平组合全部给予实施的试验。全面试验的优点是能够获得全面的试验信息，各因素及各级交互作用对试验指标的影响剖析得比较清楚。但是当试验因素和水平较多时，试验处理的数量会急剧增加，因而试验次数也会急剧增加。当试验还要设置重复时，试验规模就会非常庞大，以致在实际操作过程中难以实施。如 4 因素试验，每个因素取 4 个水平，则须要做 $4^4=256$ 次试验，每个处理需要重复 3 次以上，意味着需要做 768 次以上的试验，这在实践中通常是做不到的。因此，全面试验有其局限性，它只适用于因素和水平数目均不多的试验。

10. 部分实施

在全面试验中，由于试验因素和水平数增多会使处理数量急剧增加，以致难以实施。此外，当试验因素及其水平数较多时，即使全面试验能够实施，通常也并不是一个经济高效的方法。因此，在实际试验设计中，常采用部分实施（Fractional Experiment）方法，即从全部试验处理中选取部分有代表性的试验进行处理，如正交试验设计和均匀试验设计等都是部分实施方法。

二、试验设计的基本原则

1. 重复原则

重复原则是指在一个试验中，将一个处理实施在两个或两个以上的试验单位上。一个处理实施的试验单位数称为该处理的重复数，或者说某个处理重复 n 次试验，这个处理的重复数就是 n。重复通常有 3 层含义，分别是重复试验、重复测量和重复取样。试验设计中所讲的重复原则指的是重复试验。重复试验是指在相同的试验条件下，进行 2 次或 2 次以上独立的试验，目的是降低以估计和减小随机误差为主的各种试验误差。因此，在条件允许的情况下，应尽量多做几次试验。但也并非重复试验次数越多越好，因为无指导的盲目多次重复试验，不仅无助于试验误差的减少，而且会造成人力、物力、财力和时间的浪费。在试验设计中，一般建议设定重复试验至少 3 次，以便获得稳定的标准差，并使得均值更接近真实值。

2. 随机化原则

随机化原则是指在试验中，每一个处理及每一个重复都有同等的机会被安排在某一特定的空间或时间环境中，以消除某些处理或其重复可能占有的“优势”或“劣势”，保证试验条件在空间和时间上的均匀性。随机化原则贯穿整个试验的过程，特别是对试验结果可能产生影响的环节必须坚持随机化原则。一般来说，在试验单位的抽取、分组、每个试验单位的空间位置、试验处理的实施顺序以及试验指标的度量等每个步骤都应该考虑实施随机化原则的问题。然而，随机化原则不等于随意性，随机化原则并不能克服不良的试验技术所造成的误差。

3. 对照原则

对照原则是指通过设置试验对照进行比对，消除无关变量对试验结果的影响。试验组是指接受试验变量处理的对象组。对照组亦称控制组，对试验假设而言，是不接受试验变量处理的对象组。由于试验组与对照组的无关变量的影响是相等的、被平衡了的，故试验组与对照组两者之间的差异，可被认为是来自试验变量的效果，这样的试验结果是可信的。按对照的内容和形式上的不同，通常有以下 4 种对照类型。

（1）空白对照　指不做任何试验处理的对象组。例如，在“生鲜乳中菌落总数的测定”试验中，根据对样品污染状况的估计，选择 1～3 个适宜稀释度的样品匀液（液体样品可包括原液），吸取 1mL 样品匀液于无菌培养皿内，每个稀释度做 2 个培养皿。同时，分别吸取 1mL 空白稀释液加入到 2 个无菌培养皿内作空白对照。空白对照能清楚地对比和衬托出试验组的变化和结果，增加了说服力。

（2）自身对照　指试验与对照在同一对象上进行，即不另设对照。如“植物细胞质壁分离和复原”试验就是典型的自身对照。自身对照的方法简便，关键是要看清楚试验处理前后现象变化的差异，试验处理前的对象状况为对照组，试验处理后的对象变化则为试验组。

（3）条件对照　指虽给对象施以某种试验因素的处理，但这种处理作为对照意义的，不是所要研究的试验因素。这种处理不包括试验研究给定的试验变量，目的是更有效地比较试验组和对照组的结果。例如，在“动物激素饲喂小动物”试验中，其试验设计方案为，甲组：饲喂甲状腺激素（试验组）；乙组：饲喂甲状腺抑制剂（条件对照组）；丙组：不饲喂药剂（空白对照组）。显然，乙组为条件对照组。该试验既设置了条件对照，又设置了空白对照，通过比较条件对照和空白对照，更能充分说明试验变量的作用。

（4）相互对照　指不另设对照组，而是几个试验组相互对照。

以上是对照试验的几种类型，不同的类型，试验组和对照组的判断是不同的。

4. 局部控制原则

任何一个试验往往都是在固定的时间和空间范围内，使用相应的设备进行操作的。最理想的状态是保持这些试验条件的一致性，但是在现实中因各种条件的限制而无法实现。在这种情况下，可以把整个试验环境分成若干个相对一致的小环境（也称为区组），再在小环境内设置一套完整的处理，通过在局部对非处理因素进行控制（称为局部控制）进行解决。区组因素是影响试验指标的因素（也称为非处理因素），可通过方差分析的方法剔除小环境间的变异，因此，局部控制可以最大限度地减少试验的误差。常采用局部控制原则开展田间试验，如测定某个玉米品种的产量时，由于不同地方的土壤肥力不一致，常通过区组设计进行试验。

练习题

1. 总体、个体和样本分别指什么？

2. 试验因素、因素水平、试验指标的概念是什么？

3. 在液态法发酵生产白酒的工艺中，探究不同酶料比、培养时间和培养温度对白酒中乙酸乙酯含量的影响，请问在该试验研究中的试验因素和试验指标分别是什么？

4. 在酱油酿造工艺改良试验中，研究不同温度（A_1，A_2，A_3）和制曲方式（B_1，B_2）对酱油质量的影响，请问该试验有几个试验因素？每个因素分别研究几个水平？如进行全面试验需完成多少次试验处理？

5. 试验设计的基本原则是什么？

6. 对照原则按内容和形式的不同，可分为哪几种类型？

知识点四

试验方案的制订及要点

一、试验方案

试验方案（Experimental Scheme）是根据试验目的和要求进行制订的一组试验处理的

总称，是整个试验设计和工作的核心部分。因此，要经过周密的考虑和讨论，慎重制订试验方案。试验方案的制订主要包括试验因素的选择、水平的确定等内容。按其试验因素的多少，试验方案可分为以下 3 类。

1. 单因素试验方案

单因素试验（Single Factor Experiment）是指在整个试验中只变更一个试验因素的不同水平，其他作为试验条件的因素均严格控制一致的试验。这是一种最基本、最简单的试验方案。例如，某试验因素 A 在一定试验条件下，分 3 个水平 A_1、A_2、A_3，每个水平重复 5 次，这就构成了一个重复 5 次的单因素 3 水平试验方案。

2. 多因素试验方案

多因素试验（Multiple-factor or Factorial Experiment）是指同一个试验中包含两个或两个以上的试验因素，各个因素都分为不同水平，其他试验条件均应严格控制一致的试验。多因素试验方案由所有试验因素的水平组合构成。在具体试验设计时有完全试验方案和不完全试验方案两种。

3. 综合性试验方案

综合性试验（Comprehensive Experiment）也是一种多因素试验，但与上述多因素试验不同。综合性试验中各因素的水平不构成平衡的水平组合，而是将若干因素的某些水平结合在一起形成少数几个水平组合，目的在于探讨一系列供试因素某些水平组合的综合作用，而不在于检测因素的单独作用和相互作用。单因素试验和多因素试验多是分析性的试验，而综合性试验则是在对于起主导作用的部分因素及其相互关系基本研究清楚的基础上设置的试验。它的水平组合是一系列经过实践初步证实的优良水平的组合。例如，选择一种或几种适合当地的综合性优质高产技术作为试验处理与常规技术作比较，从中选出较优的综合性处理。

试验方案是达到试验目的的途径。一个周密的、完善的试验方案可使试验更快、更好、更节省地实施，从而更高效地获得正确的试验结论。如果试验方案制订不合理，如因素水平选择不当，或不完全方案中所包含的水平组合代表性差，试验将得不出应有的结果，甚至导致试验的失败。因此，试验方案的制订在整个试验工作中占有极其重要的地位。

二、制订试验方案的要点

（一）明确试验目的及需要解决的问题

制订试验方案前应通过调查交流、文献检索等方式回顾以往研究的进展和成果，明确为达到本试验的目的需解决的、关键的问题，形成对所研究主题及外延的设想及构思创新点，使制订的方案能有效地解决本研究存在的问题。

（二）根据试验的任务和条件确定试验因素

在正确掌握生产或以往研究中存在的问题后，对试验目的、任务进行仔细分析，抓住关键点和重点问题。首先要选择对试验指标影响较大的关键因素、尚未完全掌握规律的因素及未曾考察过的因素。试验因素一般不宜过多，应该抓住一两个或少数几个主要因素来解决关键问题。如果涉及试验因素较多，一时难以取舍，或者对各因素最佳水平的可能范围难以做出估计，那么可将试验分为两个阶段进行。即先进行单因素的预试验，通过拉大水平幅度，多选几个水平点，进行初步观察，然后根据预试验的结果再精选因素和水平进行正式试验。预试验常采用较多的处理数，可不设重复；正式试验则应精选因素和水平，设置 3 次以上的重复。为不使试验规模过大而失控，试验方案力求简单，单因素试验能解决的问题，就不用多因素试验。

（三）确定试验因素水平间隔

一般的试验因素有“质性”和“量性”之分，对于前者，应根据实际情况取适量的水平数，如不同的原材料、添加剂、生产工艺、包装方式等；对于后者应认真考虑其控制范围及水平间隔，如温度、时间、压力、添加剂的添加量等，均应确定其所应控制的范围及在该范围内确定几个水平点和水平间隔等问题。

对于“量性”试验因素水平的确定应根据专业知识、生产经验、各因素的特点及试验材料的反应等综合考虑，基本原则是以处理效果容易表现出来为准，可以参考以下几点要求。

1. 水平数目要适当

水平数目过多，不仅难以反映出各个水平间的差异，而且加大了处理数；水平数目太少容易漏掉一些关键信息，使分析结果不够全面。水平数目一般不少于 3 个，最好包括对照一共采用 5 个水平点。

2. 水平范围及间隔大小要合理

水平范围及间隔大小的设置原则是试验指标对其反应灵敏的程度，水平少水平范围及间隔大小应小些，反之应大些。要尽可能把水平值取在最佳区域或接近最佳区域。

3. 要以正确方法设置水平间隔

水平间隔的排列方法一般有等差法、等比法、0.618 法和随机法等。

（1）等差法　指因素水平的间隔是等差的，如温度可采用 30，40，50，60 和 70℃ 等水平。等差法一般适于试验效应与因素水平呈直线相关的试验。

（2）等比法　指因素水平的间隔是等比的。一般适用于试验效应与因素水平呈对数或指数关系的试验。如某试验中时间因素的水平可选用 5，10，20 和 40min 等，另一个试验中添加剂因素水平可选 100，200，400 和 800mg/kg，这种间隔法能使试验效应变化率大的地方因素水平间隔小一点，而试验效应变化率小的地方水平间隔大一点。

（3）0.618 法　一般适用于试验效应与因素水平呈二次曲线型反应的试验设计。0.618 法是以试验因素水平的上限与下限为两个端点，以上限与下限之差和 0.618 的乘积为水平间隔从两端向中间设置的方法。如果冻中加 0.5%～4.0%的琼脂可达到硬度要求，可选用 0.5%～4.0%为两个端点，再以 $4.0-0.5=3.5$ 与 0.618 的乘积 2.163 为水平间隔从两端向中间扩展为 $0.5+2.163\approx2.7$ 和 $4-2.163\approx1.8$。这样包括对照有 0、0.5%、1.8%、2.7%和 4.0%共 5 个水平，在试验中选取效果较好的 2 个水平。如有必要，可在下次试验时，以这 2 个点的水平间隔与 0.618 的乘积为水平间隔，从两端向中间扩展，直到找到理想点。

（4）随机法　指因素水平随机排列，各个水平的数量大小无一定的关系。如赋形剂各个水平的排列为 15，10，30，40mg 等。这种方法一般适用于试验效应与因素水平变化关系不是十分明确的情况，在预试验中用得较多。在多因素试验的预试验中，可根据上述方法确定每个因素的水平，然后视情况决定是否需要调整。

4. 正确选择试验指标

试验效应是试验因素作用于试验对象的反应，这种效应将通过试验中的观察指标显示出来。在试验方案的制订中应当认真对待试验指标的选择。在确定试验指标时应考虑以下因素：①选择的指标应与研究的目的有本质联系，能确切地反映出试验因素的效应。②选用客观性较强的指标。最好选用易于量化，即经过仪器测量和检验而获得的指标。若研究中一定要采用主观指标，则必须采取措施以减少或消除主观因素的影响。③要考虑指标的灵敏性与准确性。应当选择对试验因素水平变化反应较为灵敏而又能够准确度量的指标。④选择指标的数量要适当。在食品试验研究中，要依据研究的目的确定试验指标数量的多少，指标不是越多越好，但也不能太少。因为如果试验中出现差错，同时指标又很少，这会降低研究工作的效率，甚至使整个研究工作半途而废。

总之，试验指标应当精选，与研究目的密切相关的要保留，无关的指标不宜列入。经过对试验指标的比较分析，要能够较为圆满地回答试验中提出的问题。

5. 设立作为比较标准的对照处理

根据研究目的与内容选择不同的对照形式，如空白对照、自身对照、条件对照和相互对照等。

6. 注意比较间的唯一差异原则

这是指在进行处理间比较时，除了试验处理不同外，其他所有条件应当一致或相同，使其具有可比性。只有这样，才能使处理间的比较结果可靠。例如，在对香椿喷洒多菌灵保鲜剂以提高其保鲜性能的试验中，如果只设喷多菌灵（A）和不喷多菌灵（B）两个处理，则两者的差异包括多菌灵的作用，也包括水的作用，这时多菌灵和水的作用混杂在一起解析不出来。若再加喷水（C）的处理，则多菌灵和水的作用可以分别从 A 与 C 及 B 与 C 的比较中解析出来，因此，可进一步明确多菌灵的重要性。

练习题

1. 根据试验因素的多少，试验方案可分为哪些类？
2. 制订试验计划书需要考虑哪些内容？
3. 制订试验方案的要点是什么？
4. 在确定试验因素水平间隔时有哪些要求？
5. 试验设计的基本流程是什么？

拓展阅读

华罗庚教授的优选法

提到华罗庚教授，人们都不会感到陌生，因为他是我国杰出的数学家。然而，许多人可能并不清楚华罗庚教授的具体贡献。大多数人仅记得他提出的“优选法”，而这一记忆主要源于该方法在工农业生产中的广泛应用以及其深入人心的理念。

1972 年，五粮液酒厂收到了来自湖北粮油食品进出口公司的公函，指出五粮液出口量下降的主要原因是酒精度较高，希望酒厂能降低酒精度以更好地满足外商的需求。当时，五粮液的酒精度为 60%（体积分数，下同），相比之下，国际上的蒸馏酒（威士忌、白兰地、伏特加、金酒、朗姆酒）的酒精度普遍较低，大多在 40%左右或以下。

面对这一要求，五粮液酒厂迅速组织科研人员开展试验。尽管经过 6 年的不懈努力和多次尝试，始终未能获得令人满意的结果。因为当降低酒精度后，酒中醇溶性的高级脂肪酸乙酯（如棕榈酸乙酯、油酸乙酯、亚油酸乙酯等）的溶解度会下降，导致酒体出现混浊，影响外观和酒的风味。

直到 1978 年 10 月，华罗庚教授带领团队来到四川，推广“统筹法”和“优选法”。在推广“统筹法”和“优选法”的过程中，科研人员结合实际情况，在五粮液出口酒的降度试验中应用了“0.618 法”和“瞎子爬山法”，显著减少了试验次数。降低酒精度的关键在于保持酒的外观和基本风格。研究发现，高级脂肪酸乙酯在酒中的溶解度不仅与酒精度有关，还与温度相关。因此，酒精度和温度成为两个至关重要的因素。

在华教授的指导下，五粮液的研究人员利用优选法对低度酒的最佳酒精度进行了优选。在 30%~50%的酒精度范围内，通过 0.618 法，仅用一周时间就确定了 35%和 38%这 2 个最佳酒精度。接着，又利用优选法探究了降度后混浊酒的低温处理最佳温度点，最终确定-3℃为最佳温度点。在此温度下过滤，酒的浊度和析出物状态达到了预期效果。

自此，五粮液酒能够自由调节酒精度，酒厂的产品在国内外市场拥有了多种中、低度规格的品种。五粮液的生产得到了发展，品种得到了完善，酒的质量远超出口质量标准，为五粮液增添了新的光彩，并因此获得了巨大的持续经济效益。这份功绩应归功于华罗庚教授的优选法。

自 1965 年起，华罗庚教授便致力于在工农业生产领域推广“统筹法”和“优选法”。他将数学理论与生产实践紧密结合，在中国广袤的土地上，到处都留下了他推广“统筹法”和“优选法”的辛勤足迹，我国工农业生产到处都有“统筹法”和“优选法”结出的硕果。

这位人民的数学家，为他钟爱的数学事业奉献了毕生的精力和汗水。他始终与人民站在一起，让大多数人得到发展，这才是最优的选择。

任务一 试验方案的设计

任务要求

1. 能根据工作的实际要求，查阅相关资料，撰写一份完整的试验设计方案。
2. 语言通顺，行文流畅，要素完整。
3. 试验因素选择恰当，水平设置合理。

任务实施

1. 试验方案设计案例

小张在某烘焙企业从事新产品研究与开发工作，根据消费者反馈的意见，企业需要增加曲奇饼干的品类并提高其营养价值，希望小张利用所学专业知识，进行配方改良，通过调整紫薯粉、小麦粉、黄油、鸡蛋、糖粉等原料的添加量配比，制作一款风味独特、口感适宜、营养丰富的新型紫薯曲奇饼干。小张需要根据烘焙企业的需求结合消费者的反馈，设计一个完整的试验方案，交给企业进行立项审批，通过后方可实施新产品的研发。

2. 实施步骤

在进行任何一项科学试验研究之前，都必须要制订一个科学、全面的试验计划书，以便使该项研究工作能够顺利开展，从而保证试验任务的完成。虽然项目的种类、大小有所不同，但基本要求是一致的。试验计划和方案的撰写可以参考以下步骤、撰写方法和撰写提示。

序号	步骤	撰写方法	撰写提示
1	项目名称	项目名称是试验方案设计内容的高度概括，要做到题文相符，语言明确，要认真推敲，严格限定所述内容的深度和范围，新颖简要；标题字数一般以 9~15 个字为宜，不宜使用化学式、数学公式及商标名称等；居中书写，若字数较多需转行，断开处在文法上要自然，且两行的字数不宜有过大的悬殊	①确切。即用词准确、贴切，标题的内涵和外延应清楚且恰如其分地反映出研究的范围和深度，能够准确地表述报告的内容。②具体。即内容应不笼统、不抽象。③精短。即标题要简短精练，文字得当，切忌累赘烦琐。④鲜明。即表述观点不含混，不能模棱两可。⑤有特色。标题要突出论文中的独创内容，使之别具特色
2	试验目的和意义	需明确"为什么要进行这项科学研究?"，亦即通过此项研究达到的目的是什么，能解决什么问题，以及在科研、生产中的效果，未来能产生哪些经济效益、社会效益及可持续发展情况	①理论性研究着重课题在未来学科发展上的重要性，而应用性研究则着重看其对未来生产发展的作用和潜力；②要着眼于本行业科学研究和生产中急需解决的问题，同时从发展的观点出发，适当考虑不久的将来可能出现的问题
3	研究依据与进展	研究依据是科学领域中的基础理论和方法，与研究的主题密切相关，能够为研究提供科学支持和指导。研究进展是指国内外学术界在该领域的研究概况、水平和发展趋势以及理论依据和特色	①研究依据必须是科学领域中的基础理论和方法，具有普遍性和权威性；②研究依据须与研究的主题密切相关，能为研究提供科学支持和指导；③通过查阅国内外有关文献资料，高度概括国内外在该相关领域的研究情况
4	研究内容	研究内容就是指在项目的研究过程中，为了解决研究问题，达成某些研究目标所设定的具体研究事项，以及创新之处和取得成果后的应用推广计划	研究内容是实现研究目标的载体，也是研究目标的具体化。有什么样的研究目标，应配套写出相应的研究内容。可以分别从核心概念、现实问题、"现状+方法对策+评价"等方面分解研究内容
5	项目所需要的条件	先明确受试对象所组成的研究总体，然后正确选择受试材料，这直接关系到试验结论的正确性。明确完成本试验研究需要的软硬件等具体条件	①硬件条件是指研究该课题所需的设备、设施和场地等，能够说明具备课题研究的硬件能力；②软件条件是指研究该课题已经具备的研究基础、经费支持、人员和时间保障等
6	试验方案设计	试验设计的总体目标是用较少的人力、物力和时间获得尽可能多且可靠的数据资料，是试验工作的核心，主要包括所研究的因素、水平的选择及试验设计方法的选择与确定	试验设计包括研究主效应的试验设计（完全随机、随机区组、交叉和拉丁方设计），交互作用的试验设计（正交和析因设计），误差项变动的试验设计（嵌套、裂区和重复测量设计）
7	已具备的基础条件	已具备的基础条件主要包括过去的研究工作基础或预试验的情况、现有的主要仪器设备、研究技术人员及协作条件、经费情况等	①列明本研究单位开展本次项目研究已经具有的仪器、设备和研究场所等硬件条件；②列明项目主持人和参与人已经开展的研究基础和取得的阶段成果

续表

序号	步骤	撰写方法	撰写提示
8	参与人员	一般分为主持人和参与人。课题组成人员的结构应合理、优势互补，确保试验研究的连续性和稳定性	列明项目主持人和参与人的姓名、出生年月、职称、专业特长、工作单位及任务分工等
9	研究进度	研究进度可根据不同内容按日期、分阶段进行，定期撰写总结报告	试验结束后及时对各阶段取得的资料进行整理分析
10	经费预算	根据项目需要列明须增添的设备、材料和劳务等，以便早作准备并如期解决，以防止试验进展不顺利	经费预算应当将需要开支项目的名称、数量、单价、预算等详细列明，以节约为原则，尽量充分利用现有物资材料
11	预期成果	预期达到的经济技术指标及预期的技术或理论水平等，估算研究成果可能获得的经济效益或社会效益	可从业务发展、科研创新、促进经营主体效益等方面提出预期完成的成果，包括论文、技术手册、经济效益等方面

3. 试验方案的撰写

项目	计划开展的研究课题
课题名称	
目的和意义	
研究依据与进展	
研究内容	
课题所需要的条件	
已具备的基础条件	
参与人员	
研究进度	
经费预算	
预期成果	

注：请另附表完成试验方案的撰写。

任务考核

考核项目	考核内容	分值	得分
项目方案的设计与撰写	撰写的项目方案完整	20	
	查阅和引用的文献资料全面	10	
	语言通顺，行文流畅	10	
试验设计的科学性与准确性	试验设计科学合理	20	
	因素和水平选择准确恰当	20	

续表

考核项目	考核内容	分值	得分
职业素质	严谨的科学态度	10	
	实事求是的职业精神	10	

练习题

小赵在某食品加工企业从事新产品研究与开发工作，为满足消费者需求、丰富代餐食品品类，企业希望小赵利用专业知识，进行产品开发，制作一款集便捷、营养、美味、功能于一体的复合杂粮代餐粉。现小赵需要设计一个完整的试验方案，交给企业进行立项审批，通过后方可实施新产品的研发。

知识链接

试验的实施

一、试验准备

在进行试验之前，应对试验所需的仪器、设备、材料、试剂等做好准备，还应对试验环境进行科学合理的布置，以保证各处理有较为一致的环境条件。

1. 材料的准备与处理

对于多数食品与生物试验来说，选择和处理好试验材料直接影响到试验结果。因为当材料选择得好时，在试验过程中才能方便操作，这样才能便于试验结果的观察和测定。如在测定食品样品中金属元素和某些非金属元素（砷、硫、氮、磷等）的含量时，由于这些元素常与蛋白质等紧密结合形成难溶、难解离的化合物，测定时就需要对试验材料进行有机物的破坏处理。首先将样品置于坩埚中进行炭化，再在高温下灼烧，炭化了的样品在空气中氧的作用下，分解成二氧化碳、水和其他挥发性气体，剩下的就是供测定的无机物。

2. 仪器用具的准备

仪器用具能否正常使用，直接关系到试验的成败。应严格按照试验计划的要求，将所需仪器、用品进行检验后，按要求的次序摆放在实验台上，保证试验能按步骤顺利进行。例如，每次使用显微镜之前，都要进行检测，尤其是带有测微尺的显微镜，各个部件都应按照统一标准进行维护和组装，目镜也要通过指针安装调试好。

对色谱分析类仪器来说，除了试验材料要进行预处理外，仪器本身的预热和正确准备也很重要。例如，气相色谱仪在开机之前应做到如下几点：①检查仪器电路和气路，确保正常；②打开载气钢瓶总阀，调节减压阀，使出口压力为686~784kPa；③调节流量控制器右侧的载气压力调节旋钮，使压力表为490~588kPa；④调节流量控制器右侧的两个载气流量控制旋钮，使载气流量为40~60mL/min。

对分光光度计类仪器来说，新安装的仪器或使用过的仪器，在重新使用前都必须进行性能指标的检验，检验内容主要包括以下几个方面：①指示波长准确度的检验；②透光度准确度的检验；③杂散光的检验；④分辨率的检验；⑤基线稳定度与平直度检验；⑥吸收池配套性的检验。除性能指标检验外，在使用前应开机预热20min以上。

3. 试剂的配制

试剂的配制是否符合试验要求，直接影响到试验的结果。例如，苏丹红、龙胆紫、亚甲基蓝、双缩脲试剂、斐林试剂等常用的生物组织染色、显色试剂，其组成、浓度、配制方法等都有严格的规定，稍有差错就会影响试验的效果。有些试剂还需要现用现配才可用于试验的实施。

4. 试验场所的准备

试验场所的准备主要是对实验室的环境和用具进行清洁和消毒，同时检查水、电、通风、光照等设备能否正常运转。

二、预试验

所谓预试验，就是在正式试验之前先做的一个预备试验，这样可以为试验摸索出详细的条件。通过预试验可以检验试验设计的科学性与可行性，以避免由于设计不周，盲目开展试验造成人力、物力、财力的浪费。通过预试验，可以检验材料准备是否成功，仪器用具是否齐备及能否正常使用，化学试剂的配制是否符合试验要求等。同时也能检验试验的方法、步骤是否正确，是否符合试验设计的要求等。通过预试验，也可以较好地控制无关变量。在试验过程中，控制无关变量很重要，如果控制不好或者不控制无关变量，就不能得出因变量与自变量之间的必然联系。要准确的控制好这些无关变量，试验前不仅要预试验，而且要经过多次预试验才能把握准确。所以，必须认真对待预试验。由于预试验对正式试验的意义非常重大，因此，要做好以下几点要求。

1. 细致多想，充分准备

细致多想是指在进行预试验时，对所准备的试验进行认真思考。正式试验时就要把预试验所使用的器械、药品、试剂一一罗列出来，进行充分的准备。这需要了解试验的目的与方法，细致解读试验步骤，详细列表，以避免在正式试验过程中出现仪器没有调试好、材料不合适以及结果不理想等情况。比如在“酱香型白酒入窖酒醅中微生物丰度变化的试验研究”中，要按酒醅上、中、下三个层面进行样品采集，但是在做预试验过程中，操作人员采样位置不一，可能导致试验结果不精准，于是在正式试验时确定每个层面选择中间及四周边缘位置采取样品，各层样品混匀后作为一个取样样品。看似一个小细节，如果没有做过预试验，只是按照经验，必然在正式试验中引起混乱，影响试验进展。

2. 反复多做，保证结果

反复多做是指在进行预试验时，如果对试验结果不满意，或者与规定的试验结果不相符，应该积极、主动地查找原因，反复进行试验，保证试验结果的准确性，而不应该把无现象说成有现象，把错误的现象说成正确的现象。

3. 积极多学，努力提高

所谓多学，就是指以实践学习为主，加强理论知识的学习，提高技术技能水平，熟练掌握各个学科的知识，融会贯通，提高自己的综合业务素质非常必要。

4. 善于反思，及时总结

失败并不可怕，关键是要善于思考，及时总结，将自己的经验与体会记录下来，和大家分享成果、交流经验、共同提高。试验准备是脑力劳动和体力劳动的结合，是试验技术和基本理论的结合。只有在试验准备过程中不断积累、创新、总结经验，才能不断提高自己的业务能力，从而促进教学质量的提高。

总之，在思想上要重视试验准备工作，而预试验是正式试验成功与否的关键。因此，应切实做好预试验，为提高试验质量做出努力。

三、正式试验

1. 试验条件

试验的基本条件是为了更好地反映试验的代表性和可行性。室内试验的基本条件主要应阐述实验室环境控制、供试验材料情况及有关仪器设备是否能满足试验指标的分析测定；室外试验的基本条件包括试验的地点、供试材料、土壤类型及土壤肥力状况、试验地的地形地势、前茬作物、排灌条件等内容。

2. 试验方法或试验设计

主要叙述采用的试验设计方法，试验单元的大小、重复次数、重复（区组）的排列方式等内容。如室内试验的试验单元设计主要写明每个单元包含多少个培养皿、多少根试管、几个袋子、几个三角瓶等。试验设计包括完全随机、随机区组设计、交叉设计、拉丁方设计、正交设计、析因设计、嵌套设计、裂区设计和重复测量设计。

3. 试验管理措施

简要介绍对试剂和材料的培养或处理措施。对食品检测等方面的试验来说，主要介绍样品的准备、样品处理措施、检测方法要求等方面的内容。

4. 试验结果观察记载和数据分析测定

观察记载、分析测定是积累试验资料、建立试验档案的主要手段，也是整个试验中非常重要，非常琐碎，又非常容易在细节上出现问题的一项工作。观察记载、分析测定项目设置是否全面，直接影响到今后对试验结果的分析是否合理、准确、完整和系统。因此，要尽可能详细地观察所有对试验有影响的环境条件及在试验过程中出现的各种情况表现。

5. 试验资料的整理和分析

试验资料的统计分析方法一定要与试验设计方案相匹配，且不可玩数学游戏。例如，随机区组设计、拉丁方设计、裂区设计等试验资料采用方差分析比较好，正交试验设计采用直观分析的方法即可。

6. 试验进度及经费预算

试验进度包括试验的起止时间和各阶段工作任务的安排。经费预算要在不影响课题完成的前提下，充分利用现有设备，节约各种物资材料。如果必须增添设备、人力、材料，应当将需要开支项目的名称、数量、单价、预算金额等详细写在试验计划上（若开支项目太多，最好能列表），以便早做准备如期解决，以防阻碍试验顺利进行。

四、试验总结报告的书写

在食品科学与生物技术的研究中，为了创造新品种、探索新技术等，在试验指标调查、观察记载和统计分析等完成后，最后获得试验结果，一般都要求撰写一份试验总结。它是对研究成果的总结和记录，是进行新技术推广的重要手段。因此，把表达试验全过程的文字材料称试验报告，或称试验总结。

（一）试验总结的主要内容

1. 标题

标题是试验总结报告内容的高度概括，也是读者窥视全文的窗口，因此一定要下功夫拟好标题。例如，内容非常具体的一个标题《草莓风味酸乳预拌粉的制备及其发酵特性的研究》，若改成《草莓风味酸乳粉的制备及其特性》就显得笼统。若研究工作不多或仅做了平常的试验，却冠以“×××的研究”或“×××机制的探讨”等就不太恰当，如果改成

“×××问题的初探”或“对×××观察”等较为合适。

2. 署名

标题下要写出作者姓名及工作单位。个人总结报告，个人署名；集体撰写总结报告，要按贡献大小依次署名。署名人数一般不超过6人，多出者以脚注形式列出，工作单位要写全称。

3. 摘要

在写作摘要时要做到短、精、准、明、完整和客观。“短”即行文简短扼要，一般在150~300个字；“精”即字字推敲，添一字则显多余，减一字则显不足；“准”即忠实于原文，准确、严密地表达论文的内容；“明”即表述清楚明白、不含混；“完整”即应做到结构严谨、语言连贯、逻辑性强；“客观”即如实地浓缩本文内容，不加任何评论。

4. 正文

正文主要包括以下内容：①引言。主要写试验研究的背景、目的、范围、方法、依据等内容。写作时要注意谨慎评价，切忌自我标榜、自吹自擂；不说客套话，长短适宜，一般为300~500个字。②材料和方法。要将试验材料、仪器、试剂、设计和方法写清楚，力求简洁。试验材料、仪器和试剂要详细列明规格、型号和生产厂家等信息；试验方法要说明采用何种方法、试验过程、观察与记载项目及方法等。③结果与分析。是论文的“心脏”，其内容包括：逐项说明试验结果，对试验结果做出定性、定量分析，说明结果的必然性。在写作时要注意：围绕主题，略去枝蔓，选择典型、最有说服力的资料，紧扣主题，实事求是地反映结果。层次分明、条理有序。多种表述，配合适宜，要合理使用表、图、公式等。尤其要注意表号和表题应位于表格的上方，图例应该位于图的下方。④总结。写作时要注意如下几点。第一，措辞严谨、贴切。对有把握的结论，可用“证明”“证实”“说明”等表述，否则在表述时要留有余地；第二，实事求是地说明结论适用的范围；第三，对一些概括性或抽象性词语，必要时可举例说明；第四，结论部分不得引入新论点；第五，只有在证据非常充分的情况下，才能否定别人的结论。在总结末尾还要写出致谢、参考文献等内容。

（二）试验总结书写的特点和要求

1. 试验总结书写特点

试验总结既有情报交流作用，又有资料保留作用。不少试验总结本身就是很有学术价值的科技文献。因此，试验总结在写作时要体现以下特点：①尊重客观事实，书写试验总结必须尊重客观事实，以试验获得的数据为依据。真正反映客观规律，一般不加入个人见解。对试验的内容，观察到的现象和所做的结论，都要从客观事实出发，不弄虚作假。②以叙述说明为主要表达方式，要如实地将试验的全过程，包括方案、方法、结果等，进行解说和阐述。切记用华丽的词语来修饰。③兼用图表公式，将试验记载获得的数据资料加以整理、归纳和运算，概括为图、表或经验公式，并附以必要的文字说明，不仅节省篇幅，而且有形象、直观的效果。

2. 试验总结的书写要求

试验总结报告是科技工作者写作时经常使用的文体，因此，应熟知其写作要求。试验总结报告的写作要求如下：①阅读对象要明确。在动手写试验报告时，要弄清是为哪些人写的，如果是写给上级领导看的，就应该了解他是否为专家。如果不是，在写作时就要尽可能通俗，少用专业术语，如果使用术语则要加以说明，还可以用比喻、对比等手法使文章更生动。如果文章的读者是本行专家，文章就应尽可能简洁，大量地使用专业术语、图、表及数字公式。②内容要可靠。试验报告的内容必须忠实于客观实际，向告知对象提供可靠的报告。无论是陈述研究过程，还是举出收集到的资料、调查的事实、观察试验所得到的数据，都必须客观、准确无误。③论述要有条理。试验报告的文体重条理和逻辑性，也就是说只要把情况和结论有条理地、依一定逻辑关系提出来，达到把情况讲清楚的目的即可。④篇幅要短。试验报告的篇幅不要过长，如果内容过多，应用摘要的方式首先说明主要的问题和结论，同时还应把内容分成章节，并用适当的标题把主要问题突出出来。⑤观点要明确。客观材料和别人的思考方法要与作者的见解严格地区分开。作者要在报告中明确地表示出哪些是自己的观点。

项目二

数据资料的整理与分析

学习目标

知识目标

1. 了解数据资料的来源，掌握不同类型资料的分类和整理方法。

2. 理解真值、平均值和误差的概念；掌握随机误差、系统误差和过失误差的区别，以及精密度、正确度、准确度的概念；掌握有效数字的概念、计算法则和修约规则。

3. 掌握试验数据分析过程中表格和图例两种基本表现方式。

技能目标

1. 会计算算术平均值、中数、众数、几何平均数、标准差和极差；会按照计算法则对有效数字进行计算，并按照修约规则对数字进行修约。

2. 熟练使用各种图表（如柱形图、线图、圆形图等）将数据转化为直观的视觉表达形式，以便更好地理解和分析数据。

3. 会使用 Excel 整理连续性和间断性资料。

素质目标

1. 养成认真负责、科学严谨的态度和精神。

2. 培养批判性思维能力，形成科学的思维方式和研究习惯。

3. 深化对国情、省情的了解，增强为家乡和国家服务的决心和动力。

项目导学

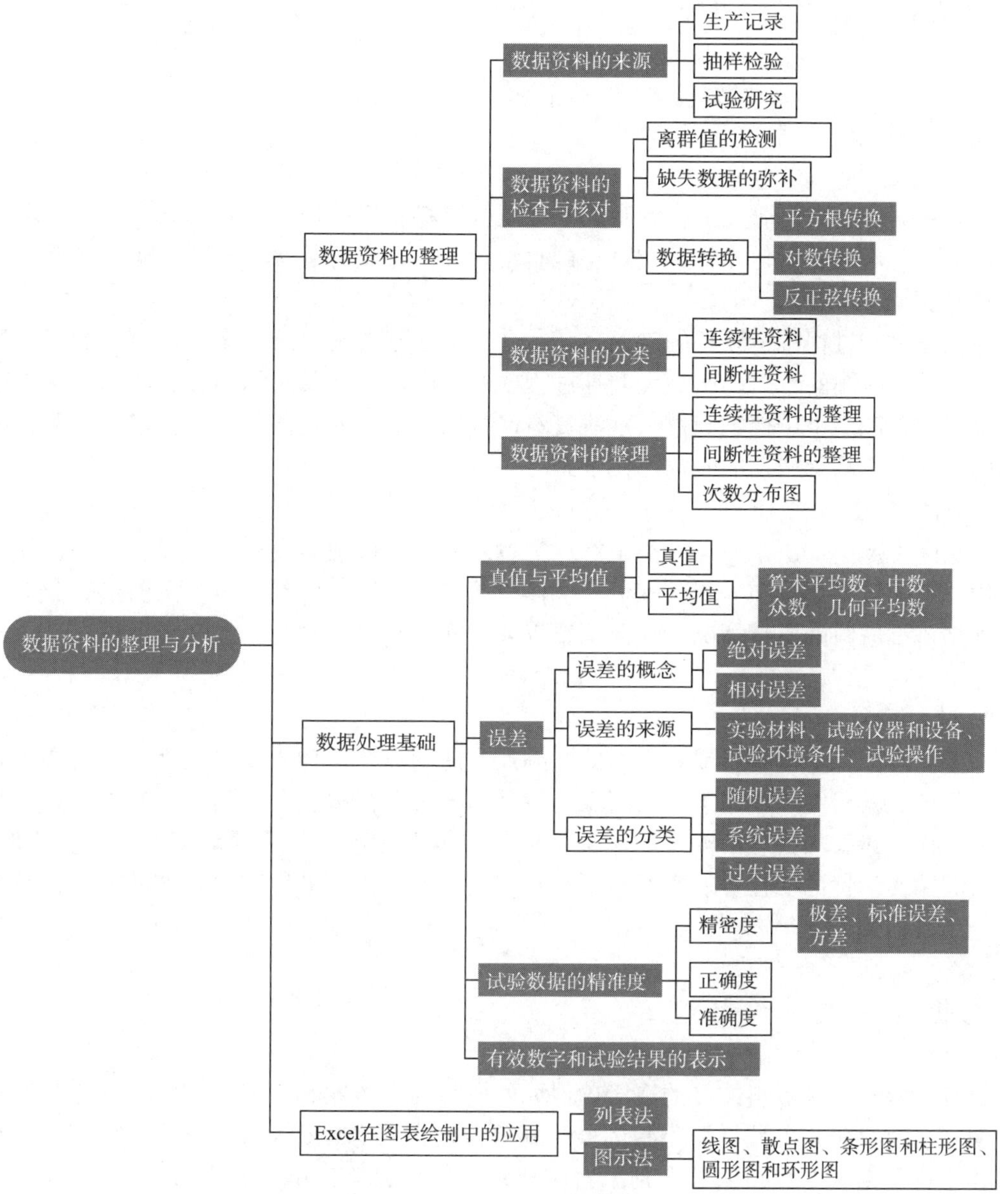
数据资料的整理与分析
数据资料的整理
数据资料的来源
生产记录
抽样检验
试验研究
数据资料的检查与核对
离群值的检测
缺失数据的弥补
数据转换
平方根转换
对数转换
反正弦转换
数据资料的分类
连续性资料
间断性资料
数据资料的整理
连续性资料的整理
间断性资料的整理
次数分布图
数据处理基础
真值与平均值
真值
平均值
算术平均数、中数、众数、几何平均数
误差
误差的概念
绝对误差
相对误差
误差的来源
实验材料、试验仪器和设备、试验环境条件、试验操作
误差的分类
随机误差
系统误差
过失误差
试验数据的精准度
精密度
极差、标准误差、方差
正确度
准确度
有效数字和试验结果的表示
Excel在图表绘制中的应用
列表法
图示法
线图、散点图、条形图和柱形图、圆形图和环形图

知识点一
数据资料的整理

一、数据资料的来源

试验数据的收集是研究工作的基础。在试验资料收集过程中，除对试验方案要求的试验指标进行正确测定量化外，还应对与试验结果分析有关的所有情况进行观察记录。

1. 生产记录

在实际生产过程中，原料的来源、品种和批次，每次投料的数量和比例，加工过程中温度的变动和时间的长短，产品在储存过程中的温度、湿度及时间等，这些均需认真地进行记录，并以产品生产档案归档。这些资料以数据资料的形式记载，为改进产品质量和新产品的开发及产品货架期的研究提供了第一手资料。

2. 抽样检验

在实际生产中，由于原料种类丰富、数量多，全面检验难度较大较难，因此，往往应对所用原料的重要成分和外观性状进行抽样检验，根据对所得到的数据资料进行分析，以深入评估该批原料的质量情况，从而调整工艺、配方及保存时间，进一步保证产品质量的稳定性。

3. 试验研究

一款新产品在规模生产或者某新鲜农副产品的商业性贮藏周期确定之前，需要对其进行一系列的试验研究。根据该阶段新工艺设计的方案进行试验，取得试验数据，如产品原辅料的比例，罐头热处理的温度和时间，果蔬在不同贮藏条件下的硬度、可溶性固形物、各种有关酶类活性的变化等。通过对所得数据资料的分析，最后判定新产品的工艺是否稳定，能否推向规模化生产。

二、数据资料的检查与核对

检查和核对原始资料的目的在于确保原始资料的完整性和正确性。完整性是指原始资料无遗缺或重复。正确性是指原始资料的测量和记载无差错或未进行不合理的归并。在检查过程中，要结合专业知识做出判断，应特别注意特大、特小和异常数据。对于有重复、异常或遗漏的资料，应予以删除或补齐；对有错误、相互矛盾的资料应进行更正，必要时进行复查或重新试验。虽然检查、核对资料的工作简单，但在数据处理过程中却是一项非常重要的步骤，因为只有完整、正确的资料，才能真实地反映出调查或试验的客观情况，经过统计分析后才能得出正确的结论。

（一）离群值的检测

离群值是指在数据中有一个或几个数值与其他数值相比差异较大。科学试验中经常会有出现离群值的情况，究竟是由于随机因素引起的，还是由于某些确定因素造成的，有时难以判断，如果处理不好将会引起较大的试验误差。对离群值的处理应该采用统计判断的方法，如 Chanwennt 准则规定，如果一个数值偏离观测平均值的概率小于等于 1/（2n），则应当舍弃该数据（其中 n 为观察次数，可以根据数据的分布估计该概率）。在统计学上也可用线性回归的方法对离群值进行判断。当出现离群值的时候，要慎重处理，要将专业知识和统计学方法结合起来，首先应认真检查原始数据，看能否从专业上加以合理的解释，如数据存在逻辑错误而原始记录又确实如此，又无法再找到该观察对象进行核实，则只能将该观测值删除。如果数据间无明显的逻辑错误，则可将离群值删除前后各做一次统计分析，若前后结果不矛盾，则该观测值可予以保留。

（二）缺失数据的弥补

在试验过程中由于意外造成试验数据缺失或试验数据无法测取，不要轻易放弃试验结果分析，当缺失数据不超过总数据的 3%时，可通过一定的统计原理，估算出缺失数据，然后再进行统计分析。

1. 随机区组试验缺区数据的估算

随机区组试验缺区数据的估算可按式（2-1）计算：

$$X=\frac{KT_{\mathrm{t}}+nT_{\mathrm{r}}-T}{(n-1)\ (k-1)} \tag{2-1}$$

式中 X——缺区理论估计值；

n——区组数（或重复数）；

k——处理数；

T_{t}——缺区所在的不包括缺区数值在内的处理总和；

T_{r}——缺区所在但不包括缺区数值在内的区组总和；

T——缺区除外的全试验数据总和。

2. 裂区试验缺区数据的估算

裂区试验缺区数据的估算可按式（2-2）计算：

$$X=\frac{rT_{\mathrm{m}}+bT_{\mathrm{t}}-T}{(b-1)\ (r-1)} \tag{2-2}$$

式中 X——缺区理论估计值；

r——区组数（或重复数）；

b——副区处理数；

T_{m}——缺区所在的不包括缺区数值在内的副处理总和；

T_{t}——缺区所在但不包括缺区数值在内的区组总和；

T——缺区除外的该主区试验数据总和。

裂区试验的每一个主区处理都可比作一个具有 b 个副区处理，r 次重复的随机区组试验。所以有副区缺失，可按随机区组相同原理来估算。

（三）数据转换

大多数试验数据都要进行方差分析，而方差分析是建立在线性可加模型基础上的，因此，进行方差分析的数据必须满足 3 个基本假定，即数据资料必须具有可加性、正态性和同质性。

试验所得的各种数据，要全部符合上述 3 个假定往往是不容易的，因而采用方差分析所得结果，只能认为是近似的结果。对于明显不符合基本假定的试验资料，在进行方差分析之前，一般要针对数据的主要缺陷，采用相应的变数转换，然后用转换后的数据进行方差分析。常用的数据转换方法有以下几种。

1. 平方根转换

平方根转换适用于较少发生事件的计数资料，一般这类资料其样本平均数与方差之间有某种比例关系。如单位面积上某种昆虫的头数或某种杂草的株数等资料。转换的方法是求出原始数据 x 的平方根。如果绝大多数原始数据小于 10，并有接近或等于 0 的数据出现，则可用原始数据加 1 再进行求平方根来转换数据。如果绝大多数原始数据大于 10，并有接近或等于 0 的数据出现，则宜用原始数据加 0.5 再进行求平方根来转换数据。

2. 对数转换

对数转换适用于来自对数正态分布总体的试验资料，这类数据表现为非可加性，具有呈倍加性或可乘性的特点，同时样本平均数与其极差或标准差成比例关系。如环境中某些污染物的分布、植物体内某些微量元素的分布等资料，可用对数转换来改善其正态性。对数转换的方法是取原始数据的常用对数或自然对数，如果原始数据值较小，有接近或等于 0 的数据出现，可采用原始数据加 1 再进行数据转换。

3. 反正弦转换

反正弦转换适用于百分数资料，这类资料来自二项分布总体，其方差不符合同质性假定，且当 $P \neq q$ 时其分布是偏态的。因此，在理论上如果 $P<0.3$ 就需做反正弦转换，以获得一个比较一致的方差。如种子发芽率、结实率、发病率等资料。反正弦转换的方法是将百分数的平方根值取反正弦值，也可直接查反正弦转换表得到相应的反正弦值。

三、数据资料的分类

在试验中所要观察记载的试验指标有些可以量化测定，有些则难以量化测定。为了科学合理地收集试验资料，必须清楚所观察记载的试验资料的性质。一般在调查或试验中，由观察、测量所得的数据按其性质的不同，一般可以分为连续性资料和间断性资料。

1. 连续性资料

连续性资料是指能够用测量手段得到的数量资料，即用度、量、衡等计量工具直接测定的数量资料。其数值特点是各个观测值不一定是整数，两个相邻的整数间可以有带小数的任何数值出现，其小数位数的多少由测量工具的精度而定，它们之间的变化是连续性的。因此，这类资料也称为连续性资料。常见的连续性资料有食品中各种营养素的含量、袋装食品中食品的质量、动植物的生理生化指标等。连续性资料一般也称为计量资料。

2. 间断性资料

间断性资料是指用计数方式得到的数据资料。在这类资料中，它的各个观察值只能以整数表示，在两个相邻整数间不得有任何带小数的数值出现。如一箱饮料的瓶数、一箱水果的个数、单位容积内细菌数、小麦穗粒数、鸡的产蛋数、鱼的尾数、小麦分蘖数等，这些观察值只能以整数来表示，观察值是不连续的，因此，该类资料也称为不连续性变异资料或计数资料。

四、数据资料的整理

试验或调查研究得到的资料，未经整理之前是杂乱无章的，很难找出其规律。所以第一步就是对资料进行整理，把观察值按数值大小或数据类别进行整理，便可以看到资料的集中和变异情况，这样才能对资料有一个初步的了解，也可从中发现一些规律和特点。

（一）连续性资料的整理

连续性资料可采用组距式分组法进行整理。必须先确定组数、组距、组限和组中值，然后按观察值大小进行分组。现以表 2-1 的某糖心苹果品种 100 个果实单果质量资料为例，说明其整理方法。

表 2-1　　某糖心苹果品种 100 个果实单果质量　　单位：g

210	216	405	444	204	441	270	555	285	279
327	192	174	237	120	354	252	525	297	396
462	300	231	102	204	480	324	261	255	285
369	315	321	165	135	219	327	315	303	396
282	282	186	468	183	252	231	369	405	120
321	237	393	216	198	309	312	423	294	300
270	234	132	150	174	318	228	321	276	303
186	456	291	240	162	294	312	354	90	447
345	408	300	243	390	294	222	75	375	426
228	168	219	129	66	246	351	348	354	417

1. 求全距

观察值中最大值与最小值的差数即为全距，要确定组数必须先求出全距，即整个样本的变异幅度，一般用 R 表示。从表 2-1 可以看出，最大的观察值为 555g，最小值为 66g，全距为 555-66=489（g）。

2. 确定组数和组距

根据全距分为若干组，每组距离相等，组与组之间的距离称为组距。组数和组距是相互决定的，组距小，组数多，反之组距大，组数少。在整理资料时，既要保持真实情况，又要使资料简化，认识其中的规律。在确定组数时应考虑观察值个数的多少，极差的大小，以及是否便于计算，能否反映出资料的真实情况等方面。一般样本适宜的分组数如表 2-2 所示。组数确定后，再决定组距。组距=全距/组数。表 2-1 某糖心苹果品种 100 个果实单果质量样本容量为 100，假定分为 11 组，则组距应为 489/11=44.5（g）。为方便起见，可用 45g 作为组距。

表 2-2　　不同容量样本适宜的分组数

样本容量/个	适宜分组数/组	样本容量/个	适宜分组数/组
50	5~10	100	8~16

续表

样本容量/个	适宜分组数/组	样本容量/个	适宜分组数/组
200	10~20	500	15~30
300	12~24	1000	20~40

3. 确定组限和组中值（中点值）

每组应有明确的界限才能使观察值划入一定的组内，为此必须选定适当的组中值和组限。组中值最好为整数，或与观察值位数相同，便于计算。一般第一组组中值应以接近最小观察值为优，其余的依次而定。这样避免第一组次数过多，不能正确反映资料的规律。组限要明确，最好比原始资料的数字多一位小数，这样可使观察值归组时不致含糊不清。上、下限为组中值±1/2 组距。本例第一组组中值定为 60g，它接近资料中最小的观察值。第二组的组中值为第一组组中值加组距，即 60+45 = 105（g）。第三组为 105+45 = 150（g），以此类推。每组有两个组限，数值小的为下限，大的为上限。本例中第一组的下限为该组组中值减去 1/2 组距，即 60−45/2=37. 5（g），上限为该组组中值加 1/2 组距，即 60+45/2=82. 5（g），所以第一组的组限为 37. 5~82. 5g。第二组和以后各组的组限可以以同样的方法算出。

原始资料的归类按原始资料中各个观察值的次序，把逐个数值归于各组。待全部观察值归组后，即可求出各组次数，制成次数分布表，如本例将表 2-1 资料整理后制成表 2-3。

表 2-3　某糖心苹果品种 100 个果实单果质量的次数分布表

组限/g	组中值/g	次数/次
37. 5~82. 5	60	2
82. 5~127. 5	105	4
127. 5~172. 5	150	7
172. 5~217. 5	195	12
217. 5~262. 5	240	17
262. 5~307. 5	285	18
307. 5~352. 5	330	15
352. 5~397. 5	375	10
397. 5~442. 5	420	7
442. 5~487. 5	465	6
487. 5~532. 5	510	1
532. 5~577. 5	555	1
合　计		100

（二）间断性资料的整理

非连续性资料的整理，根据资料性质不同可采用单项式分组法或组距式分组法进行整理。

1. 单项式分组法

单项式分组法是用样本的自然值进行分组，每个组都用一个观察值来表示。现以100包蒜香花生每包检出不合格颗数为例来说明单项式分组法。随机抽取100包蒜香花生，计数每包不合格颗数，其资料如表2-4所示。

表2-4　　100包蒜香花生每包检出不合格颗数　　单位：颗

18	15	17	19	16	15	20	18	19	17
17	18	17	16	18	20	19	17	16	18
17	16	17	19	18	18	17	17	17	18
18	15	16	18	18	18	17	20	19	18
17	19	15	17	17	17	16	17	18	18
18	19	19	17	19	17	18	16	18	17
17	19	16	16	17	17	17	16	17	16
17	19	18	18	19	19	20	15	16	19
18	17	18	10	19	17	18	17	17	16
15	16	18	17	18	16	17	19	19	17

上述资料是间断性（非连续性变数）资料，每包不合格颗数的变动范围在15~20颗，把所有的观察值按每包不合格蒜香花生颗数多少加以归类，共分为6组。每一个观察值按其大小归到相应的组内。用f表示每组出现的次数。这样就可得到表2-5形式的次数分布表。

表2-5　　100包蒜香花生每包检出的不合格花生颗数

每包不合格颗数/颗	次数（f）/次	每包不合格颗数/颗	次数（f）/次
15	6	19	17
16	15	20	5
17	32	合计	100
18	25		

从表2-5中可以看出，一堆杂乱无章的原始数据经初步整理后，就可以看出其大概情况，如每包不合格蒜香花生颗数以17颗为最多，以20颗为最少。经过整理的资料也有利于进一步分析。

2. 组距式分组

有些间断性（非连续性变数）资料，观察值的个数较多，变异幅度也较大，不可能如上例那样按单项式分组法进行整理。例如，研究某金钱橘品种的每果种子数，共观察 200 个果实，每果种子数变异幅度为 27~83 粒，相差 56 粒。这种资料如按单项式分组则组数太多（57 组），其规律性显示不出来。如按组距式分组，每组包含若干个观察值，例如，以 5 个观察值为一组，则可以使组数适当减少。经初步整理后分为 12 组，资料的规律性较明显，如表 2-6 所示。

表 2-6　　200 个金钱橘果实种子数的次数分布表

每果种子数/粒	次数（f）/次	每果种子数/粒	次数（f）/次
26~30	1	61~65	25
31~35	3	66~70	16
36~40	10	71~75	8
41~45	21	76~80	3
46~50	32	81~85	2
51~55	41	合计	200
56~60	38		

从表 2-6 中可看到，约半数金钱橘的每果种子数在 46~60 粒，大部分金钱橘的每果种子数在 41~70 粒，但也有少数金钱橘少到 26~30 粒，多到 81~85 粒。

（三）次数分布图

试验资料除用次数分布表表示外，还可以用次数分布图表示。用图形表示资料的分布情况称作次数分布图。次数分布图可以更形象更清楚地表明资料的分布规律。次数分布图有柱形图、多边形图、条形图和圆形图等。其中柱形图和多边形图适用于表示连续性资料的次数分布；条形图和圆形图则是表示间断性（非连续性变数）资料和分类资料的次数分布。柱形图、多边形图和条形图三种图形的关键是建立直角坐标系，横坐标用 x 表示，它一般表示组距或组中值；纵坐标用 y 表示，它一般表示各组的次数。

练习题

1. 数据资料的来源是什么？
2. 数据资料可以分为哪几类？它们有何区别？
3. 为什么要对资料进行整理？
4. 次数分布图主要有哪几种？分别适用于什么情况？
5. 请按要求整理下面所给的数据资料：

抽查某果酱加工厂的 150 瓶果酱，其每瓶净重（g）分别如下表所示。请按连续性变数资料整理的要求，整理确定该批抽查样本的组数、组距、组限和组中值。

591	602	448	480	428	460	408	440	588	420
573	566	436	591	439	603	476	426	528	490
519	513	464	563	486	493	577	493	581	469

续表

492	532	483	483	506	412	497	413	401	492
491	506	503	434	478	442	424	524	492	489
489	500	495	537	253	441	573	582	516	457
476	496	532	524	475	483	552	502	436	482
471	473	534	503	294	487	584	572	558	478
468	467	583	456	406	508	567	563	439	446
464	452	503	476	426	528	491	470	503	432
456	419	472	457	473	461	452	502	436	490
449	447	499	484	467	458	511	458	523	436
427	419	484	467	460	438	531	479	543	472
423	475	433	486	496	495	432	482	416	470
421	437	470	508	471	459	450	500	434	488

知识点二 数据处理基础

一、真值与平均值

（一）真值

真值（True Value）是指某一时刻和某一状态下，某量的客观值或实际值。真值在试验中一般是未知的。真值又是客观存在的，有时可以说真值又是已知的，例如，国家标准样品的标称值；国际上公认的计量值，如碳 12 的相对原子质量为 12，热力学温度零度为 −273. 15℃，试验方案设计中的因素水平等；有些值可以当作真值看待，如高精仪器的测量值、多次试验的平均值等。

在计算误差时，通常用以下三种代入计算。

1. 理论真值

如平面三角形三内角之和恒为 180°；某一物理量与本身之差恒为 0，与本身之比恒为 1；理论公式表达或理论设计值等。

2. 约定真值

计算单位制中的约定真值，国际单位制所定义的七个基本单位（长度、质量、时间、热力学温度、物质的量、电流、发光强度），根据国际计算大会的共同约定，国际上公认的计量值，如基本物理常数中的冰点热力学温度，$T_0 = 273.15\text{K}$，真空中的光速 $c = 2.99792458 \times 10^8 \text{m/s}$ 等。

3. 标准器相对真值

高一级标准器的误差与低一级标准器或普通仪器的误差相比，为1/5（或者1/10~1/8）时，则可以认为前者是后者的相对真值，用比被校仪器高级的标准器的量值作为相对真值。例如，用1.0级、量程为2A的电流表测得某电路电流为1.80A，改用0.1级、量程为2A的电流表通测同样电流时为1.802A，则可将后者视为前者的相对增值，如国家标准样品的标称值、高精度仪器所测之值和多次试验值的平均值等。在科学试验中，真值就是指无系统误差的情况下，观测次数无限多时所求得的平均值。但是，实际测量总是有限的，故将有限次测量所得的平均值作为近似真值（或称为最可信赖值、置信区间）。

（二）平均值

平均数（Mean）是统计学中最常用的统计量，指资料中数据集中较多的中心位置。在科学试验中，虽然试验误差在所难免，但平均值可综合反映试验值在一定条件下的一般水平，所以经常将多次试验值的平均值作为真值的近似值。

平均数的种类很多，统计学中常用的有算术平均数（Arithmetic Mean）、中数（Median）、众数（Mode）、几何平均数（Geometric Mean）等。

1. 算术平均数

算术平均数是指观测值的总和除以观测值个数所得的商值，常用 $\bar{x}$，$\bar{y}$ 等表示，根据样本大小及分组情况采用直接法或加权法计算。

（1）直接法　主要适用于样本含量 $n<30$ 且未经分组资料平均值的计算或等精度的试验、试验值服从正态分布（等精度的试验指试验人员、试验方法、试验场合、试验条件相同的试验）。

设有 n 个观测值：x_1，x_2，x_3，…，x_n；它们的算术平均数按式（2-3）计算：

$$\bar{x}=\frac{x_1+x_2+x_3+\cdots+x_n}{n}=\frac{1}{n}\sum_{i=1}^{n}x_i \tag{2-3}$$

式中　x_i——某个试验值。

（2）加权法　适用场合为对于样本含量 $n\geqslant30$ 且已分组的资料，可以在次数分布表的基础上，采用加权法计算平均值，非等精度的试验、试验值服从正态分布。

对某一物理量用不同方法测定，由不同人测定，采用不同试验条件或测定结果由不同部分组成，在计算平均值时常对比比较可靠的数值予以加重平均，称为加权平均。

设有 n 个试验值：x_1，x_2，x_3，…，x_n；w_1，w_2，w_3，…，w_n 代表单个试验值对应的权数，则它们的加权平均值计算公式为：

$$w=\frac{w_1x_1+w_2x_2+\cdots+w_nx_n}{w_1+w_2+\cdots+w_n}=\frac{\sum_{i=1}^{n}w_ix_i}{\sum_{i=1}^{n}w_i} \tag{2-4}$$

式中　w_i——统计权重。

权重或权值的确定：①当试验次数很多时，以试验 x_1 在测量中出现的频率 n_i/n 作为权数；②如果试验值是在同样的试验条件下测定但是源于不同的组，则以各组试验值出现的次数作为权数；③加权平均值即为总算术平均值；④根据权与绝对误差的平方成反比来确定权数。

例如，权数的计算。若 x_1 的绝对误差为0.1，x_2 的绝对误差为0.02，则：

x_1 的权数为：
$$w_1=\frac{1}{0.1^2}=100$$

x_2 的权数为：
$$w_2=\frac{1}{0.02^2}=2500$$

【例 2-1】某班一次技能考核成绩如下：得 100 分的 2 人，得 90 分的 9 人，得 80 分的 8 人，得 70 分的 5 人，得 60 分的 3 人，得 50 分的 2 人，计算这次全班考核的平均成绩。

分析：由于数据重复出现，可考虑用加权平均数进行计算。

解：用加权平均数公式得：

$$w=\frac{\sum_{i=1}^{n}w_i x_i}{\sum_{i=1}^{n}w_i}=\frac{2\times100+9\times90+80\times8+70\times5+60\times3+50\times2}{2+9+8+5+3+2}=78.6$$

算术平均数与每个观察值都有关系，能全面地反映整个观察值的平均数量水平和综合特性。因此，它的代表性是最强的，但它易受一些极端数据的影响。

2. 中数

中数（又称中位数，Median）是指观测值由小到大依次排列后居于中间位置的观测值，记为 M_d，它从位置上描述资料的平均水平。总体而言，中数对于资料的代表性不如算术平均数；但是如果资料呈偏态分布，或资料的一段或两端无确切数值时，中数的代表性优于算术平均数。

计算中数时，将所有的观测值由小到大依次排列，若观测值的个数 n 为奇数，则中数为：

$$M_d=X_{(n+1)/2} \tag{2-5}$$

若观测值的个数 n 为偶数，则中数为：

$$M_d=(X_{n/2}+X_{n/2+1})/2 \tag{2-6}$$

3. 众数

众数（Mode）是指试验资料中出现次数最多的那个观测值，用 M_o 表示。由于间断性资料观测值易集中于某一个数值，故众数易于确定。连续性资料，由于观测值不易集中于某一数值，所以众数不易确定，可将连续性资料次数分布表中分布次数最多一组的组中值作为该样本的概约众数。

使用众数描述试验资料的平均水平，其代表性一般优于中数。因为中数只是从位置上说明资料的数量特征，涉及的观测值数目太少，对于整个试验的全部资料的代表性有限。而众数在资料中出现的次数多、所占比例大，当然对资料有较高的代表性。

4. 几何平均数

几何平均数（Geometric Mean）是指 n 个观测值连乘的积的 n 次方根值，用 G 表示其计算公式为：

$$G=\sqrt[n]{x_1\cdot x_2\cdot x_3\cdots x_n}=(x_1\cdot x_2\cdot x_3\cdots x_n)^{\frac{1}{n}} \tag{2-7}$$

当资料中的观察值呈几何级数变化时计算平均增长率、平均比率等时用几何平均数较好。如计算中国改革开放 30 多年的年均 GDP 增长率等。

【例 2-2】某果汁厂生产某果汁要经过 3 道连续作业的工序，3 道工序合格率依次为 95%、90%和 98%，试求 3 道工序的平均合格率。

解：因为果汁的总合格率是各道工序合格率的连乘积，所以计算 3 道工序的平均合格率应采用几何平均数方法：

$$G=\sqrt[3]{95\%\times 90\%\times 98\%}=94.28\%$$

即3道工序的平均合格率为94.28%。

二、误差

（一）误差的概念

由于试验方法和试验设备的不完善、周围环境的影响以及人的观察力、测量程序等限制，试验观测值和真值之间总是存在一定的差异。人们常用绝对误差、相对误差或有效数字来说明一个近似值的准确程度。为了评定试验数据的准确性或误差，认清误差的来源及其影响，需要对试验的误差进行分析和讨论。由此可以判定哪些因素是影响试验准确度的主要方面，从而在以后的试验中，进一步改进试验方案，缩小试验观测值和真值之间的差值，提高试验的准确性。

1. 绝对误差

在试验过程中由于受技术条件、仪器设备、人为因素及偶然因素的影响，导致试验结果与真值之间存在偏差，这种偏差称为误差，又称绝对误差。即

绝对误差=试验值−真值

绝对误差反映的是试验值偏离真值的大小，可正可负。通常所说的误差一般是指绝对误差。若用 x、x_t、Δx 分别表示试验值、真值和绝对误差，则有：

$$\Delta x=x-x_t \tag{2-8}$$

由于 Δx 可正可负所以可进一步转化为 $x-x_t=\pm|\Delta x|$

或

$$x_t=x\pm|\Delta x| \tag{2-9}$$

由此可得：

$$x-|\Delta x|\leqslant x_t\leqslant x+|\Delta x| \tag{2-10}$$

试验时真值往往是未知的，所以绝对误差也无法计算出来。但是在试验中可以依据所使用仪器的精密度，或根据试验数据进一步通过合理的统计分析方法对绝对误差的大小进行估算和预测。

最大绝对误差的估算：

（1）用仪器的精度等级估算。

（2）用仪器最小刻度估算一般可取最小刻度值作为最大绝对误差，而取其最小刻度的一半作为绝对误差的计算值。

例如，某压强表注明的精度为1.5级，则表明该表的绝对误差为最大量程的1.5%，若最大量程为0.4MPa，该压强表绝对误差为：0.4×1.5%=0.006MPa；又如某天平的最小刻度为0.1mg，则表明该天平有把握的最小称量质量是0.1mg，所以它的最大绝对误差为0.1mg。可见，对于同一真值的多个测量值，可以通过比较绝对误差限的大小来判断它们精度的大小。

2. 相对误差

对于相同或相似的试验，绝对误差可以反映试验值的准确程度，而对于某些试验就无法反映试验值的准确程度。例如，测量大象的体重时出现几千克的绝对误差是正常的，反之我们要测量一个蚂蚁的体重要出现几千克的绝对误差是无法想象的。所以，为了判断试验值的准确性，或必须考虑试验值本身的大小时，我们引入了相对误差（Relative Error）。

$$相对误差=\frac{绝对误差}{真值}$$

即

$$E_r=\frac{\Delta x}{x_t}=\frac{x-x_t}{x_t} \tag{2-11}$$

这里 E_r 表示相对误差，Δx 表示绝对误差，x_t 表示真值，有以上表达式可以看出相对误差能更准确地表达试验值的准确程度。

【例 2-3】已知某样品质量的称量结果为：（38.4±0.2）g，试求其相对误差。

$$E_r=\frac{\Delta x}{x_t}=\frac{0.2}{38.4}=0.5\%$$

（二）误差的来源

1. 试验材料

试验中，所用的试验材料在质量、纯度上不可能完全一致，就是同一厂家生产的同批号的同一包装内的产品，有时也存在某种程度的不均匀性。试验材料的差异在一定范围内是普遍存在的，这种差异会对试验结果带来影响，产生试验误差。

2. 试验仪器和设备

（1）仪器精度有限。

（2）仪器的磨损。

（3）仪器可能不在最佳状态。

（4）测量工具可能没有校正，即使校正，也不可能绝对准确，也有误差。

（5）有时试验中需要同时使用多台仪器，即使使用同一型号的仪器，也会存在一定的差异，同一台仪器不同时间的测定也有差异。

3. 试验环境条件

环境因素主要包括温度、湿度、气压、振动、光线、电磁场、海拔高度和气流等。试验在完全相同的环境条件下进行，才能得到可靠的结果。但是由于环境条件复杂且难以控制，因此，环境条件对试验结果的影响不可避免，特别是试验周期较长的试验环境的变化，可能会使原料的组成、性质和结构等发生变化，同时也可能影响仪器的稳定性，从而引起误差。

4. 试验操作

试验操作误差主要是由操作人员引起的。人的生理功能的差异如眼睛的分辨能力，不能正确读数以及辨别颜色的色调及深浅；嗅觉对气味的敏感度等。操作人员的习惯，读数的偏高和偏低，终点观察的超前或滞后。有的试验由多人共同操作，操作人员的素质和固有习惯等，也会对试验结果带来影响。

（三）误差的分类

试验误差根据其性质或产生的原因可分为随机误差（Chance Error）、系统误差（Systematic Error）和过失误差（Mistake Error）。

1. 随机误差

随机误差是指在一定试验条件下，由于受偶然因素的影响而产生的试验误差，如气温的微小波动、电压的波动、原材料质量的微小差异、仪器的轻微振动等。这些影响试验结果的偶然因素是试验者无法严格控制的，所以试验时随机误差是无法避免的，试验者只能在试验时通过试验设计控制误差，进一步通过合理的统计分析方法估算误差。

随机误差是无法预知的，同一个试验多个重复或重复同一试验，各观察值或试验结果之间的绝对误差时正时负，绝对误差的绝对值时大时小。随机误差值的出现频率一般具有统计规律，即一般服从正态分布，绝对值小的误差值出现的概率高，而绝对值大的误差值出现的概率低，且绝对值相等的正负误差值出现的概率近似相等，因此当试验次数较多时，由于正负误差值的相互抵消，随机误差的平均值趋向于零。所以，试验时为了提高试验的准确度，进一步减小误差，可以增加试验次数，或者增加重复次数。

2. 系统误差

系统误差是指在一定试验条件下，由某个或某些因素按某一确定的规律起作用而产生的误差。系统误差产生的原因是多方面的，可来自仪器（如砝码生锈、皮尺因受力变长等），可来自操作不当，可来自个人的主观因素（如读取液面刻度或尺子刻度时的视角等），也可来自试验方法本身的不完善等。

系统误差的大小及其符号在同一试验中基本上是恒定的，或者随试验条件的改变，系统误差随某一确定的规律变化，试验条件一旦确定，系统误差就是客观存在的恒定值。系统误差不能通过多次试验被发现，也不能通过多次试验取平均值而减小。但只要对系统误差产生的原因有了充分的认识，就可以对它进行校正或设法消除。

3. 过失误差

过失误差主要是由于试验人员的粗心大意、失误造成的差错，过失误差是显然与事实不符的误差，没有一定的规律。如读数错误、记录错误或操作失误等。要避免过失误差就要求试验者加强工作责任心。

总之，试验过程中出现误差是不可避免的，但可以设法尽量减少误差，这正是试验设计的主要任务之一。

三、试验数据的精准度

试验过程中的误差是无法消除的，这个误差可能是由系统误差产生的，或由随机误差造成的，也有可能是二者叠加造成的。为了更好地将它们加以区分，引入了精密度、正确度、准确度三个能表示误差性质的术语。

（一）精密度

精密度是指在一定条件下多次试验，或同一试验多次重复的彼此符合程度或一致程度，它可以反映随机误差大小的程度。精密度的概念与重复试验时单次试验值的变动性有关，如果试验数据的分散程度较小则说明是精密的。如甲乙两人各做 5 次同一个试验，所得的数据为：

甲：8.5，8.6，8.5，8.4，8.5

乙：8.2，8.4，8.7，8.5，8.9

很显然，甲的试验数据彼此符合程度优于乙的数据，故甲试验员的试验结果精密度较高。

由于精密度反映了随机误差的大小，因此对于无系统误差的试验，可以通过增加试验次数达到提高试验精密度的目的。如果结果足够精密，则只需少量几次重复就能满足试验要求。

1. 极差

极差是指一组试验数据中最大值与最小值之间的差值，用 R 表示。

$$R=R_{max}-R_{min} \tag{2-12}$$

由于极差仅利用了最大和最小两个试验值，因此无法精确反映随机误差的大小。但由于它计算方便，在快速检验中仍然得到了广泛的应用。

2. 标准误差

标准误差也称作均方根误差、标准偏差或简称为标准差。其计算方法为若随机误差服从正态分布则可用标准差来反映随机误差的大小。总体标准差用 σ 表示，而样本方差用拉丁字母 S 表示：

$$\sigma=\sqrt{\frac{\sum_{i=1}^{n}(x_i-x_t)^2}{n}}=\sqrt{\frac{\sum_{i=1}^{n}d_i^2}{n}}=\sqrt{\frac{\sum_{i=1}^{n}x_i^2-(\sum_{i=1}^{n}x_i)^2/n}{n}} \tag{2-13}$$

$$S=\sqrt{\frac{\sum_{i=1}^{n}(x_i-x_t)^2}{n-1}}=\sqrt{\frac{\sum_{i=1}^{n}d_i^2}{n-1}}=\sqrt{\frac{\sum_{i=1}^{n}x_i^2-(\sum_{i=1}^{n}x_i)^2/n}{n-1}} \tag{2-14}$$

标准差不仅与资料值中的每一个数据有关，而且能明显地反映出较大的个别误差。标准差在试验数据分析中有很高的利用频率，常被用来表示试验值的精密度，标准差越小，则试验数据的精密度越高。

3. 方差

方差是各个数据与平均数之差的平方和的平均数。这里就是标准差的平方，可用 σ^2（总体方差）和 S^2（样本方差）表示，显然方差与标准差一样可以反映试验的精密程度，即可以反映随机误差的大小。

（二）正确度

正确度是指大量测试结果的（算术）平均数与真值或接受参照值之间的一致程度，它反映了系统误差的大小。是在一定试验条件下，所有系统误差的综合。由于精密度与正确度的高低反映了不同的误差性质与来源，因此试验的精密度高，正确度不一定高，反之试验的精密度不高也不能得到正确度不高的结论。如图 2-1 所示很好地说明了精密度和正确度的关系。

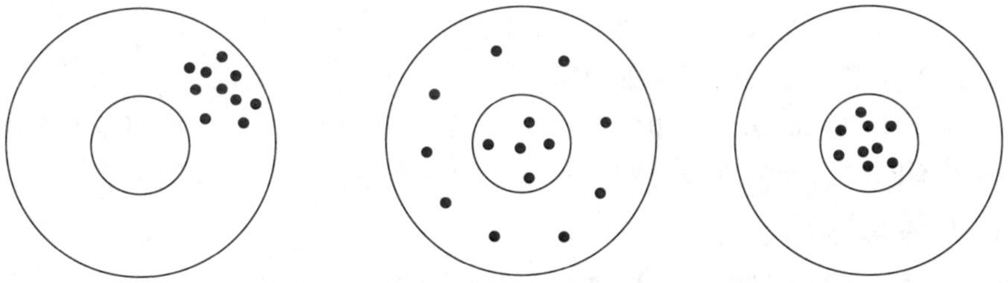

（a）精密度好，正确度不好　（b）精密度不好，正确度好　（c）精密度好，正确度好

图 2-1　精密度与正确度的关系

（三）准确度

准确度（Accuracy）反映了系统误差和随机误差的综合情况，表示试验结果与真值或标准值之间相接近的程度。

图 2-2 中 A、B、C 三个试验均无系统误差，试验误差均来自随机误差，试验结果服从正态分布，且对应着同一个真值，即 A、B、C 三个试验的正确度相同，而三个试验的

精密度则依次下降。图 2-3 中由于试验存在系统误差，A^*、B^*、C^* 三个试验的极限平均值都与真值不符，但在多数情况下，A^* 试验的准确度要高于 B^* 试验和 C^* 试验的准确度。

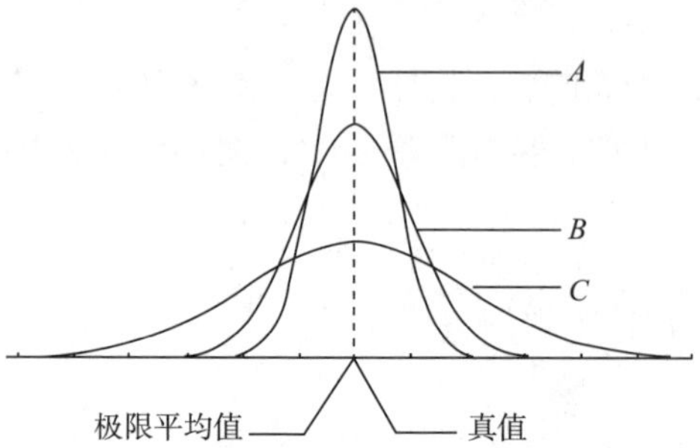

图 2-2　无系统误差的试验

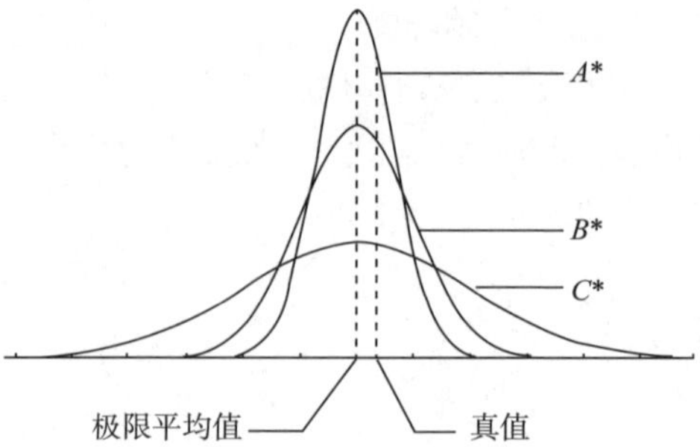

图 2-3　有系统误差的试验

四、有效数字和试验结果的表示

（一）有效数字

在测量结果的数字表示中，若干位可靠数字加一位可疑数字便构成了有效数字。试验数据总是以一定位数的数字表示出来，这些数字都是有效数字，而有效数字的末位数字往往是估计出来的，具有一定的误差。例如，用量筒测量出试验液体的体积为 35.55mL，共有四位有效数字，其中 35.5 是由量筒的刻度读出的，是准确的，而最后一位“5”则是估计出来的，是存在可疑成分的或欠准确的。

有效数字的位数可反映试验的精度或表示所用试验仪器的精度，所以不能随意多写或少写，若多写一位，则该数据不真实，不可靠；若少写一位，则损失了试验精度，试验结果同样不可靠，更是对高精仪器和时间的浪费。

小数点的位置不影响数据中有效数字的位数，例如，$120cm^3$，$10.0cm^3$ 两个数据的准确度是相同的，它们有效数字的位数都为 3 位。

数字 0 在非 0 数字之间或末尾为有效数字，第一个非零数前的数字都不是有效数字。例如，$12cm^3$ 和 $12.00cm^3$ 并不等价，前者有效数字为两位，后者是四位有效数字。它们是由精密程度不同的仪器测量获得的。所以在记录测量数据时不能随便省略末位的 0。

（二）有效数字的运算

在试验数据的整理或者数据分析过程中总是要涉及有效数字的运算，有以下几种运算类型。

1. 加、减运算

加、减运算后的有效数字，取到参与运算各数中最靠前出现可疑数的那一位。例如，12.6+8.46+0.008 计算方法如下：

$$\begin{array}{r} 12.6 \\ 8.46 \\ +\quad 0.008 \\ \hline 21.068 \end{array}$$

计算结果应为21.1。

2. 乘、除运算

在乘、除运算中，乘积和商的有效数位数，以参与运算各数中有效位数最少的为准。例如，$12.6 \times 2.21 = 27.846$ 其有效数字为27.8。

3. 乘方、开方运算

乘方、开方运算结果有效数字的位数应与其底数的相同。例如，$\sqrt{5.8} = 2.4083$ 其有效数字为2.4，而 $3.4^2 = 11.56$ 其有效数字为11.6。

4. 对数运算

对数的有效数字位数与其真数相同。例如，$\ln 2.84 = 1.0438$ 其有效数字为1.04。

自然数不是测量值，不存在误差，故有效数字为无穷位；常数π、e等的位数可与参与运算的量中有效数字最少的位数相同或多取一位；一般试验中，取2~3位有效数字就可以满足试验对精密度的要求，只有试验对精密度要求特别高时才取四位有效数字。

从有效数字的运算可以看出，每一个中间数据对试验结果的影响程度是不同的，精度低的数据对结果的影响较大。所以在试验中应尽量选用精度一致的仪器和仪表，一两个高精度的仪器仪表无助于提高整个试验的精度。

(三) 有效数字的修约规则

对某一表示试验结果的数值（拟修约数）根据保留位数的要求，将多余的数字进行取舍，按照一定的规则，选取一个近似数（修约数）来代替原来的数，这一过程称为数值修约。有效数字的修约规则有以下几种：①拟舍弃数字的最左一位小于5，则舍弃，即保留的个位数不变。例如，将53.4423修约到小数点后一位为53.4，将4.2348修约到小数点后两位为4.23。②拟舍弃数字的最左一位大于或等于5，且其后跟有非0数值时，则进1，即保留的末位数加1，例如，将1578修约到保留两位有效数字为 16×10^2，将10.50修约到保留两位有效数字为11。③拟舍弃数字的最左一位等于5，且其右无数字或皆为0时，若所保留的末位数字为奇数（1，3，5，7，9）则进1，为偶数（2，4，6，8，0）则舍弃。例如，将13.50修约到保留两位有效数字为14，将18.50修约到保留两位有效数字为18。

需要注意的是，若有多位要舍去，不能从最后一位开始进行连续的取舍，而是以拟舍弃数字的最左一位数字作为取舍的标准。

练习题

一、单选题

1. 在相同条件下，同一样品进行多次测定，测定值有大有小，误差时正时负，但通过测量次数的增加，存在的误差可减小，这种误差称为（　　）。

A. 偶然误差　　B. 仪器误差　　C. 试剂误差　　D. 系统误差

2. 下列论述中正确的是（　　）。

A. 准确度高，一定需要精密度高

B. 精密度高，准确度一定高

C. 精密度高，系统误差一定小

D. 分析工作中，要求分析误差为零

3. 在分析过程中，通过（　　）可以减少随机误差对分析结果的影响。

A. 增加平行测定次数　B. 做空白试验　C. 对照试验　D. 校准仪器

4. 下列情况所引起的误差中，不属于系统误差的是（　　）。

A. 移液管转移溶液之后残留量稍有不同

B. 称量时使用的砝码锈蚀

C. 滴定管刻度未经校正

D. 以失去部分结晶水的硼砂作为基准物质标定盐酸

5. 下列有关随机误差的论述中不正确的是（　　）。

A. 随机误差是随机的

B. 随机误差的数值大小，正负出现的机会是均等的

C. 随机误差在分析中是无法避免的

D. 随机误差是由一些不确定的偶然因素造成的

6. 2.050×10^{-2} 是几位有效数字（　　）。

A. 一位　B. 两位　C. 三位　D. 四位

7. 下列数据中，有效数字是 4 位的是（　　）。

A. 0.132　B. 1.0×10^{3}　C. 6.023×10^{23}　D. pH = 0.150

8. 用同一台分析天平称取下列药品，相对误差最小的是（　　）。

A. 0.9867g　B. 0.5432g　C. 0.1222g　D. 0.4567g

9. 在进行样品称量时，由于汽车经过天平室附近引起天平震动属于（　　）。

A. 系统误差　B. 偶然误差　C. 过失误差　D. 操作误差

10. 分析测定中出现的下列情况，属于随机误差的是（　　）。

A. 某学生几次读取同一滴定管的读数不能取得一致

B. 某学生读取滴定管读数时总是偏高或偏低

C. 甲、乙两个学生用同样的方法测定，但结果总不能一致

D. 滴定时发现有少量溶液溅出

二、填空题

1. 将下列数据保留四位有效数字。

3.1459 ________　　136653 ________

2.33053 ________　　2.7500 ________

2.77447 ________

2. 用氧化还原法测得某试样中铁的质量分数为：20.01%、20.03%、20.04%、20.05%，分析结果的标准偏差为________。（结果保留两位有效数字）

三、简答题

1. 误差根据其性质或产生的原因如何分类？

2. 何为系统误差、随机误差？想一想在实验室如何控制试验误差。

3. 精密度、正确度、准确度的概念及意义是什么？

4. 有效数字的修约规则是什么？

四、计算题

1. 设用三种方法测定某溶液浓度时，得到三组数据，其平均值如下：

$$\bar{x}_1 = (2.38\pm0.02)\ \text{mol/L}$$

$$\bar{x}_2 = (2.5\pm0.1)\ \text{mol/L}$$

$$\bar{x}_3 = (2.538 \pm 0.005)\ \text{mol/L}$$

试求它们的加权平均值。(结果保留小数点后三位)

2. 在测定菠萝中维生素 C 含量的试验中，测得每 100g 菠萝中含有 18.2mg 维生素 C，已知测量的相对误差为 0.1%，试求每 100g 菠萝中含有的维生素 C 的质量范围。

3. 在用发酵法生产赖氨酸的过程中，对产酸率（%）作 6 次测定。样本测定值为 3.48，3.37，3.47，3.38，3.40，3.43，求该组数据的算术平均值、中数、几何平均数、标准差、样本方差。

知识点三

Excel 在图表绘制中的应用

表格和图例是试验数据分析的两种基本表现方式。表格能将杂乱的数据简明、条理地组织起来，图例则能将试验数据形象地显示出来，图表绘制是处理和分析数据的最基本技能。

一、列表法

在整理和分析试验数据的过程中，表格是显示数据不可缺少的基本工具。许多杂乱无章的数据，既不便于阅读，也不便于理解和分析，但一旦整理在一张表格内，就会使这些试验数据变得一目了然，清晰易懂。因此，绘制表格是做好试验数据处理的基本要求。

列表法就是将试验数据列成表格，将各变量的数值依照一定的形式和顺序一一对应起来，它通常是整理数据的第一步。试验数据记录表是试验记录和试验数据初步整理的表格，是专门根据试验内容设计的一种表格。表中数据可分为三类：原始数据，中间数据和最终计算结果。试验数据记录表必须在试验正式开始之前列出，可以使试验数据记录更有计划，而且也不容易遗漏数据（表 2-7）。

表 2-7　　果汁中酸度测定记录单

基本信息	样品名称		样品编号		
	检测项目		检测日期		
分析条件	依据标准		检测方法		
	仪器名称		仪器状态		
	试验环境	温度/℃		湿度/%	
分析数据	平行试验	1	2	3	空白
	数据记录				
	检测结果				

试验数据记录表一般由三个部分组成，即表名、表头和数据资料。必要时还可以在

表格下方加上表外附加。表名应放在表的上方，主要用于说明表的主要内容，为了应用方便，还应包括表号。表头通常放在第一行或第一列，也可以根据记录情况进行调整，它主要是表示所研究问题的类别名称和指标名称。数据资料是表格的主要部分，应按一定的规律排列；表外附加通常放在表格下方，主要是一些不便列在表内的内容，如指标注释、资料来源、不变的试验数据等。

由于使用者的目的和试验数据的特点不同，试验数据记录表在形式和结构上会有较大的差异，但基本原则是一致的。在拟定时应注意下列事项。

（1）表格设计应简明合理，层次清晰，以便于阅读和使用。

（2）表头要列出变量的名称，符号和单位，如果表中所有数据的单位都相同，这时可以在表的右上角标明单位。

（3）要注意有效数字位数，即记录的数字与试验的精度相匹配。

（4）试验数据较大或较小时，要用科学记数法来表示，将 $10^{\pm n}$ 符号记录在表头。

（5）数据表格记录要正规，原始数据要书写清楚整齐，不得潦草，要记录各种试验条件或现象，并妥善保管。

公式是 Excel 进行数据处理最常用的工具之一，通过公式的应用，用户可以快速计算单元格中的数据结果，并从中整理出数据的关系。在 Excel 中，有一些预定义的公式，不需要用户自己编写，称之为函数（表 2-8）。使用者可以直接套用得到可信任的结果而提高办公效率。

表 2-8　　数据处理中常用的 Excel 函数

函数	函数说明
SUM	计算所有参数数值的和
AVERAGE	求出所有参数的算术平均值
COUNT	返回数据库或列表的列中满足指定条件并且包含数字的单元格数目
STDEV	估算样本的标准偏差
STDEVP	计算样本总体的标准偏差
VAR	计算样本方差
VARP	计算样本总体的方差
MAX	计算数据集中的最大数值
MIN	计算给定参数表中的最小值
HARMEAN	计算一组正数的调和平均数
GEOMEAN	计算一组正数的几何平均数
FTEST	计算 F 检验的结果
PEARSON	计算相关系数 r
RSQ	计算决定系数 R^2

二、图示法

试验数据图示法，就是将试验数据用图形表示出来，使复杂的数据更加直观和形象，在数据分析中，一张好的数据图，往往胜过冗长的文字表述，通过数据图可以直观地看出试验数据变化的特征和规律，它的优点是形象直观、便于比较，容易看出数据中的极值点、转折点、周期性、变化率及其他特性。

用于试验数据处理的图形种类很多，本书主要介绍二维图形，常用的数据图有线图、散点图、条形图和柱形图及圆形图等。

1. 线图

线图是将图表中各点之间用线段连起来而形成的连续图形，图中各点的高度代表该点数据的值，它一般用来描述某一变量在一段时间内的变动情况，能较好地反映事物的发展趋势。一般分为单式线图和复式线图。单式线图表示某一种事物或者现象的动态变化情况。复式线图可以在同一图中表示两种及以上事物或者现象的动态变化情况，可用于不同事物或现象的比较。在绘制复式线图时，不同线上的数据点应该用不同的符号表示，以示区别，而且还应在图上明显地注明。

2. 散点图

散点图用于表示两个变量间的相互关系，从散点图可以看出变量关系的统计规律。应用过程中，经常有人将散点图和线图混淆，其实散点图和线图的区别很大。线图可以显示随单位而变化的连续数据，适用于显示在相等间隔下数据的趋势；散点图显示若干数据系列中各数值之间的关系，或者将两组数绘制为 xy 坐标的一个系列。在线图中，类别数据沿水平轴均匀分布，所有值数据沿垂直轴均匀分布；散点图有两个数值轴，沿水平轴（x 轴）方向显示一组数值数据，沿垂直轴（y 轴）方向显示另一组数值数据。散点图将这些数值合并到单一数据点并以不均匀间隔或簇呈现。散点图通常用于显示和比较数值，如科学数据、统计数据和工程数据等。

3. 条形图和柱形图

条形图是用等宽条形的长短来表示数据的大小，以反映各数据点的差异。条形图纵置时称为柱形图，柱形图是用等宽长柱的高低表示数据的大小。值得注意的是，这类图形的两个坐标轴的性质不同，其中一条轴为数值轴，用于表示数量属性的因素或变量，另一条轴为分类轴，常表示的是非数量属性因素或变量。此外，条形图和柱形图也有单式和复式两种形式，如果只涉及一项指标，则采用单式，如果涉及两项或两项以上的指标，则可采用复式。

4. 圆形图

圆形图也称饼图，它可以表示总体中各组分所占的比例。圆形图只适用于包含一个数据系列的情况，它在需要重点突出某个重要项时十分有用。将圆形图的总面积看成 100%，按各项的构成比将圆面积分成若干份，每 3.6°圆心角所对应的面积为 1%，以扇形面积的大小来分别表示各项的比例。

练习题

一、选择题

1. 计算所有参数数值的和用的函数是（　　）。

A. SUM　　B. AVERAGE　　C. COUNT　　D. STDEV

2. 估算样本的标准偏差用的函数是（　　）。

A. SUM　　B. AVERAGE　　C. COUNT　　D. STDEV

3. 一般表示总体中各组分所占比例的图形是（　　）。

A. 柱形图　　B. 圆形图　　C. 散点图　　D. 线图

二、简单题

谈一谈线图和散点图的区别。

拓展阅读

大数据分析对精准扶贫的重要作用

在顺利完成脱贫攻坚任务前，精准扶贫是减贫工作的重要策略。然而，要实现精准扶贫并确保帮助到真正需要帮助的人群，需要大量的数据支持和分析。大数据分析在精准扶贫中扮演着重要的角色，它可以帮助政府和相关机构更好地了解贫困人口的需求，制定更有效的扶贫政策，并确保扶贫资源的精准投放。

首先，大数据分析可以帮助政府和相关机构更好地了解贫困人口的需求。通过收集和分析大量的数据，可以了解贫困人口的基本情况、家庭背景、生活条件、教育水平等方面的信息。这些数据可以帮助政府了解贫困人口的实际情况，从而更准确地制定扶贫政策。例如，通过分析贫困地区的教育数据，可以了解到教育资源的不均衡分布情况，有针对性地制定教育扶贫政策，确保贫困地区的孩子能够接受良好的教育。

其次，大数据分析可以帮助政府制定更有效的扶贫政策。通过对大数据的分析，可以发现贫困人口的主要困难和问题所在，进而制定出更具针对性的扶贫政策。例如，通过分析贫困地区的就业数据，可以了解到就业机会的不足和就业结构的问题，政府可以通过培训、创业扶持等方式来解决就业问题，推动贫困地区的经济发展。

此外，大数据分析还可以帮助政府确保扶贫资源的精准投放。通过对大数据的分析，可以了解到贫困地区的基础设施建设、医疗保障、社会保障等方面的需求。政府可以根据这些数据，有针对性地投入扶贫资源，确保资源的最大化利用和最大化效益。例如，通过分析贫困地区的医疗数据，可以了解到贫困地区的医疗设施和医疗资源的不足，政府可以通过建设医疗机构、加强医疗队伍建设等方式来改善贫困地区的医疗条件。

然而，大数据分析在精准扶贫中也面临一些挑战和问题。首先，数据的质量和准确性是保证大数据分析有效性的关键。如果数据质量不高或者数据不准确，那么分析结果就会失去参考价值，无法真正帮助到贫困人口。因此，政府和相关机构需要加强数据采集和管理，确保数据的质量和准确性。

其次，大数据分析涉及隐私和安全问题。在进行大数据分析时，需要收集大量的个人信息和敏感数据。政府和相关机构需要确保数据的安全性，保护贫困人口的隐私权益。同时，也需要建立相应的法律法规和监管机制，规范大数据分析的行为。

总之，大数据分析在精准扶贫中发挥着重要的作用。通过大数据分析，政府和相关机构可以更好地了解贫困人口的需求，制定更有效的扶贫政策，并确保扶贫资源的精准投放。然而，大数据分析也面临着一些挑战和问题，需要政府和相关机构加强数据管理和安全保障，以确保大数据分析的有效性和可持续发展。只有充分利用大数据分析的优势，才能更好地实现精准扶贫，推动贫困地区的脱贫攻坚工作。

任务二 Excel 软件在数据资料整理中的应用

项目二任务二（视频）

任务要求

1. 能根据试验数据使用 Excel 绘制单式、复式线图。
2. 能根据试验数据使用 Excel 绘制单式、复式柱形图或条形图。
3. 能根据试验数据使用 Excel 绘制圆形图。
4. 能使用 Excel 整理连续性或间断性资料。

任务实施

1. 计算标准差并绘制单式线图

应用 Excel 计算标准差并绘制单式线图，具体操作案例如下所示。

维生素 C 广泛存在于各种新鲜蔬果中，是人体必备的重要营养素之一。测定新鲜采摘番茄中维生素 C 含量，再测定储存 2，4，6，8d 后番茄中维生素 C 含量，平行测定 5 次，数据如表 2-9 所示。求储存过程中，番茄中维生素 C 平均值和样本标准差，并作图。

表 2-9　番茄中维生素 C 含量随储存时间的变化　单位：mg/100g

储存时间/d	1	2	3	4	5
0	269	257	278	262	273
2	245	221	235	242	245
4	147	152	139	162	128
6	103	110	109	98	113
8	99	87	89	92	79

（1）将表格复制到 Excel，求出平均值（AVERAGE）和标准差（STDEV），并保留一位小数（图 2-4）。

A	B	C	D	E	F	G	H
储存时间/d	1	2	3	4	5	平均值	标准差
0	269	257	278	262	273	267.8	8.4
2	245	221	235	242	245	237.6	10.1
4	147	152	139	162	128	145.6	12.9
6	103	110	109	98	113	106.6	6.0
8	99	87	89	92	79	89.2	7.3

图 2-4　将表格复制到 Excel

（2）在 Excel 中选中平均值这一列（图 2-5）。

	A	B	C	D	E	F	G	H
1	储存时间/d	1	2	3	4	5	平均值	标准差
2	0	269	257	278	262	273	267.8	8.4
3	2	245	221	235	242	245	237.6	10.1
4	4	147	152	139	162	128	145.6	12.9
5	6	103	110	109	98	113	106.6	6.0
6	8	99	87	89	92	79	89.2	7.3
7								
8								

图 2-5　选中平均值

（3）在 Excel 中选择“插入”，然后在界面中找到图标 并单击，然后选择“带数据标记的折线图”（图 2-6）。

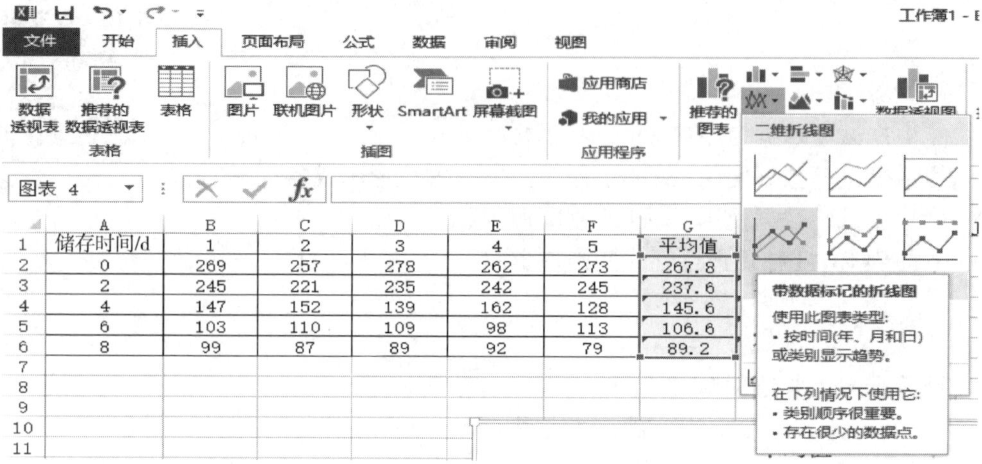

A	B	C	D	E	F	G
储存时间/d	1	2	3	4	5	平均值
0	269	257	278	262	273	267.8
2	245	221	235	242	245	237.6
4	147	152	139	162	128	145.6
6	103	110	109	98	113	106.6
8	99	87	89	92	79	89.2

图 2-6 选择“带数据标记的折线图”

（4）Sheet 表中出现折线图框，选中折线图框，单击右键对话框中选择“选择数据”（图 2-7）。

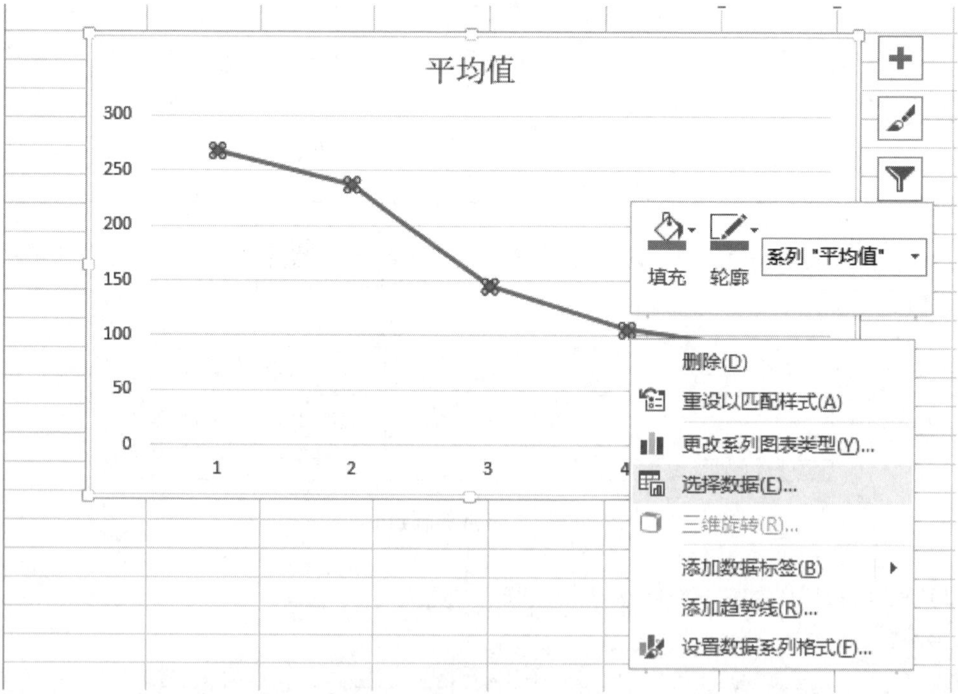

图 2-7 编辑线图

（5）点开“水平（分类）轴标签”下的 （图 2-8）。

（6）出现“轴标签”编辑对话框，单击 选择区域（图 2-9）。

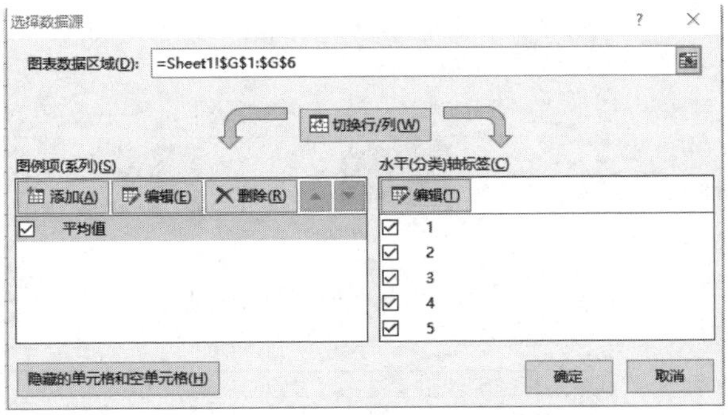

图 2-8　编辑水平轴

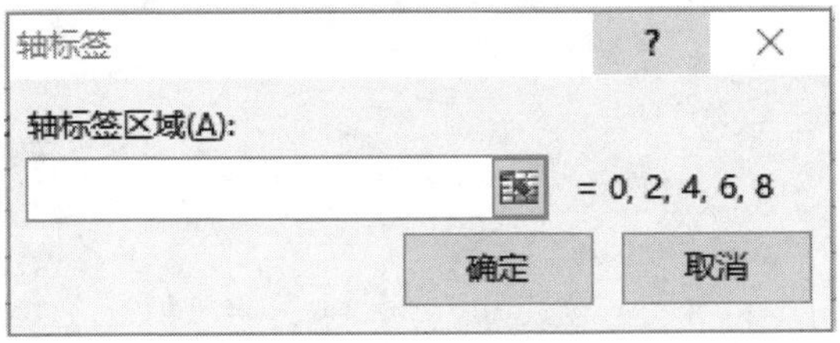

图 2-9　“轴标签”对话框

（7）选择储存时间下方数据，单击“确定”，回到“选择数据源”对话框，单击“确定”(图 2-10)。

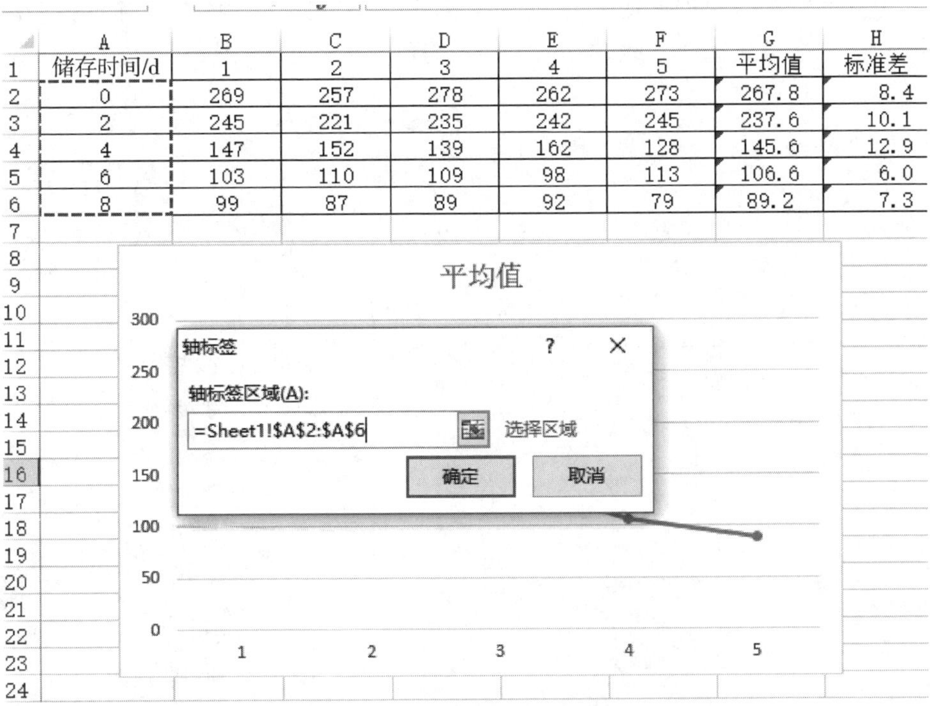

	A	B	C	D	E	F	G	H
1	储存时间/d	1	2	3	4	5	平均值	标准差
2	0	269	257	278	262	273	267.8	8.4
3	2	245	221	235	242	245	237.6	10.1
4	4	147	152	139	162	128	145.6	12.9
5	6	103	110	109	98	113	106.6	6.0
6	8	99	87	89	92	79	89.2	7.3

图 2-10　选择水平轴数据

（8）鼠标单击中“误差线”的“标准误差”（图 2-11）。

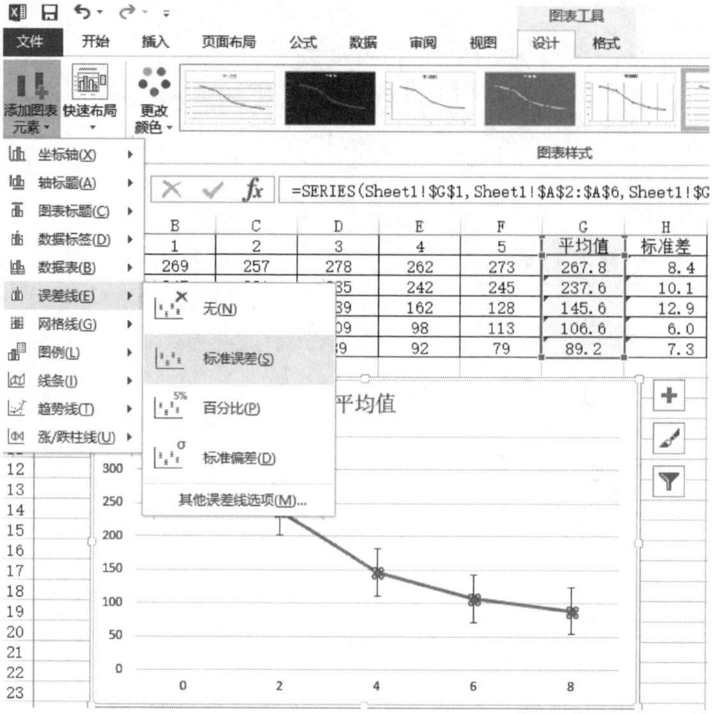

图 2-11　添加误差线

（9）鼠标左键单击“误差线”，界面右侧出现“设置误差线格式”对话框，方向选择“正负偏差”，末端样式选择“线端”，误差量选择“自定义”（图 2-12）。

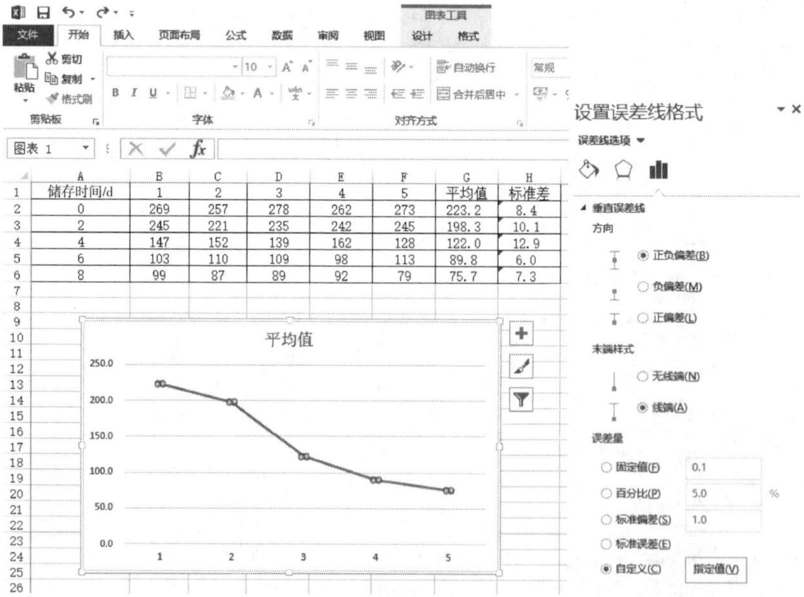

图 2-12　设置误差线格式

（10）单击自定义中“指定值”，出现“自定义错误栏”，正错误值与负错误值均选择标准差下数值。单击“确定”得到正负误差图。如图 2-13、图 2-14 所示。

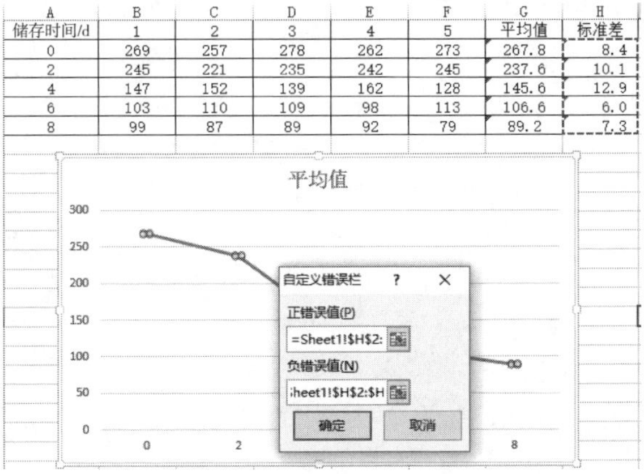

A	B	C	D	E	F	G	H
储存时间/d	1	2	3	4	5	平均值	标准差
0	269	257	278	262	273	267.8	8.4
2	245	221	235	242	245	237.6	10.1
4	147	152	139	162	128	145.6	12.9
6	103	110	109	98	113	106.6	6.0
8	99	87	89	92	79	89.2	7.3

图 2-13　选择正负误差数据

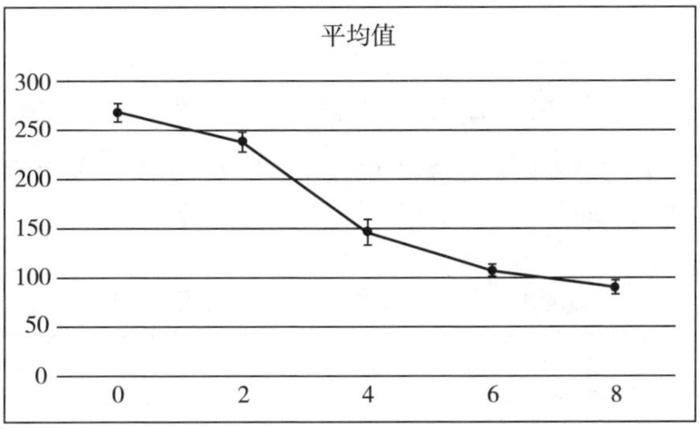

图 2-14　正负误差图

（11）设计界面选择，添加主要横坐标轴和纵坐标轴（图 2-15）。

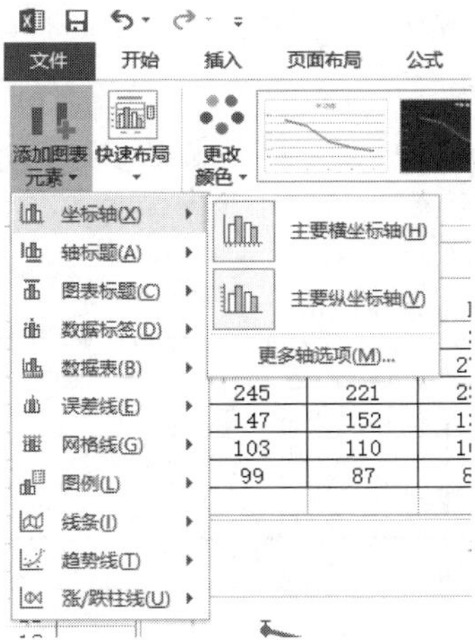

图 2-15　编辑折线图格式

（12）分别选中纵坐标、横坐标、网络线、图表区域和绘图区，修改设置，将图表修改成需要的格式，得到最终图形（图 2-16）。

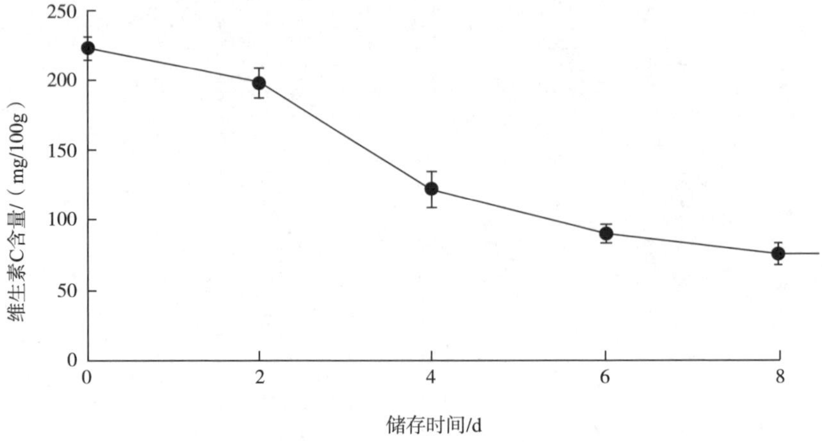

图 2-16　番茄中维生素 C 含量随储存时间的变化

2. 绘制复式线图和双坐标轴

应用 Excel 绘制复式线图和双坐标轴，具体操作案例如下所示。

研究料液比 1∶25，调 pH 至 10~11，酶添加量为 3%，55℃酶解 1，2，3，4，5h，测定这些条件对绿豆蛋白提取的影响。其结果如表 2-10 所示，作线图。

表 2-10　　酶解时间对蛋白质含量及固含量影响

酶解时间/h	固含量/%	蛋白质含量/（mg/mL）
1	5.6	4.26
2	5.4	5.2
3	5.8	6.15
4	5.6	7.78
5	5.9	8.68

（1）将酶解时间对蛋白质含量及固含量影响数据复制到 Excel，如图 2-17 所示。

A	B	C
酶解时间/h	固含量/%	蛋白质含量/(mg/mL)
1	5.6	4.26
2	5.4	5.2
3	5.8	6.15
4	5.6	7.78
5	5.9	8.68

图 2-17　将酶解时间对蛋白质含量及固含量影响数据复制到 Excel

（2）以酶解时间为横坐标，固含量和蛋白质含量为纵坐标绘制线图（图 2-18）。

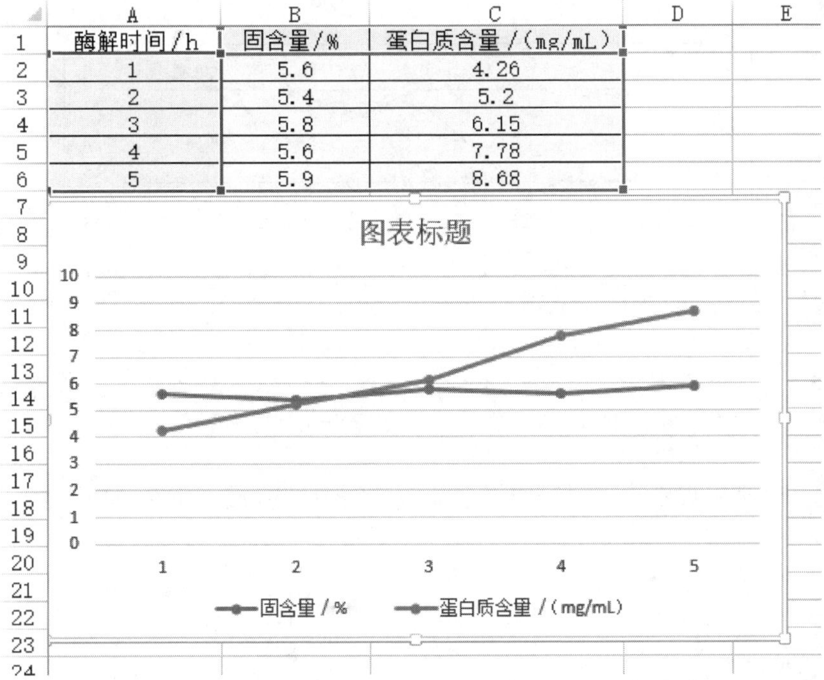

图 2-18　绘制线图

（3）将标志固含量的曲线放置于次坐标轴。选中标志固含量的曲线点击右键，选择“设置数据系列格式”，出现“设置数据系列格式”对话框，在系列选项中选择系列绘制在次坐标轴，得到线图。如图 2-19、图 2-20 所示。

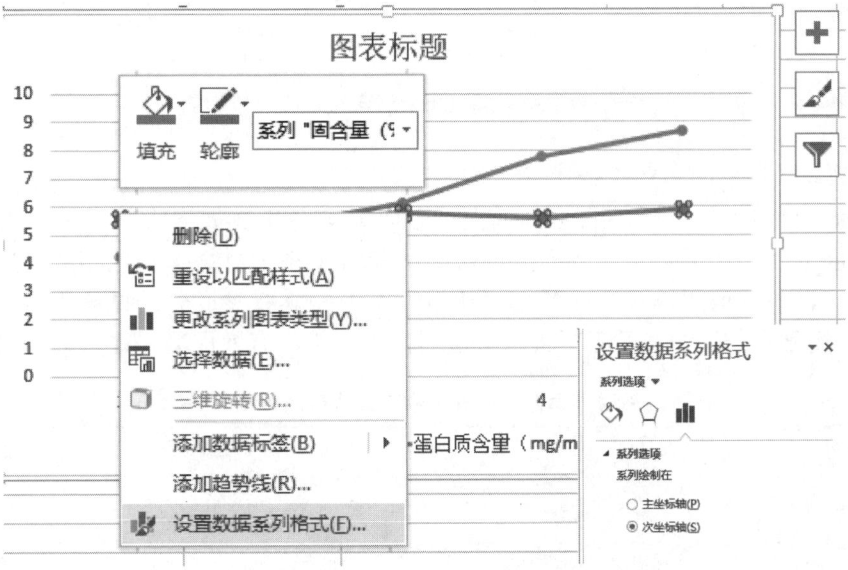

图 2-19　设置数据系列格式

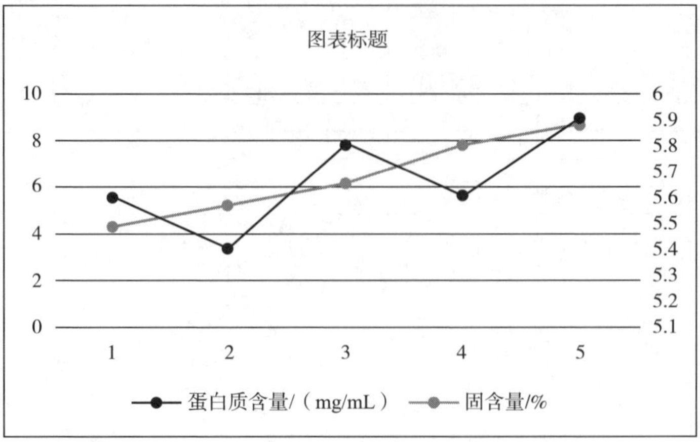

图 2-20　固含量曲线放置于次坐标轴图

（4）选择表格出现图表工具，将图表修改成需要的格式（图 2-21）。

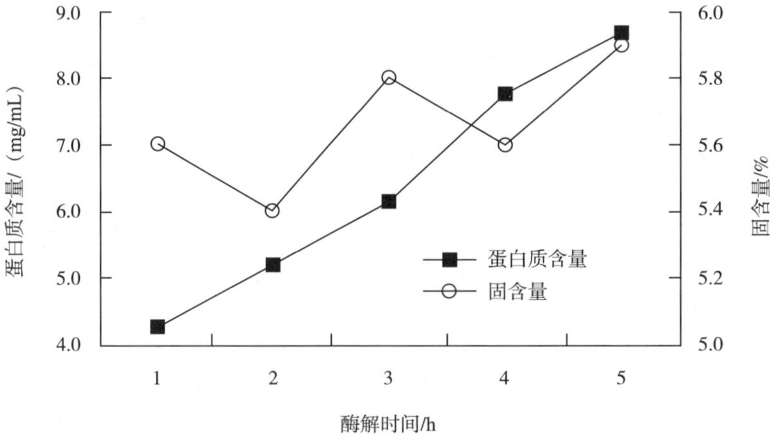

图 2-21　酶解时间对蛋白质含量及固含量影响

3. 绘制单式柱形图和复式条形图

应用 Excel 绘制单式柱形图和复式条形图，具体操作案例如下所示。

表 2-11 表示采用碱提法、醇提法、酶提法和微波法从植物 1 和植物 2 中提取有效成分的提取率（%）。请用单式柱形图表示从植物 1 中提取有效成分的试验中，不同提取效果的比较；用复式条形图表示不同提取方法对两种植物中有效成分提取率的比较。

表 2-11　　采用不同方法提取植物有效成分的提取率　　单位：%

样品编号	碱提法	醇提法	酶提法	微波法
植物 1	3. 3	4. 7	8. 6	9. 3
植物 2	3. 8	5. 2	9. 5	9. 8

（1）将表格复制到 Excel，选中提取方法和植物 1 两行，单击柱形图图标下“二维柱

形图”中的“簇状柱形图”（图 2-22）。

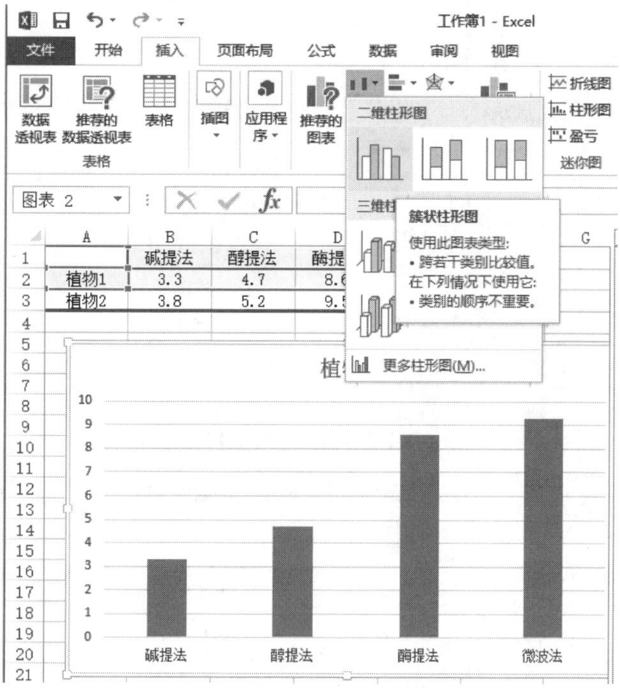

图 2-22　绘制单式柱形图

（2）选中全部表格，点击条形图图标下“二维条形图”中的“簇状条形图”（图 2-23）。

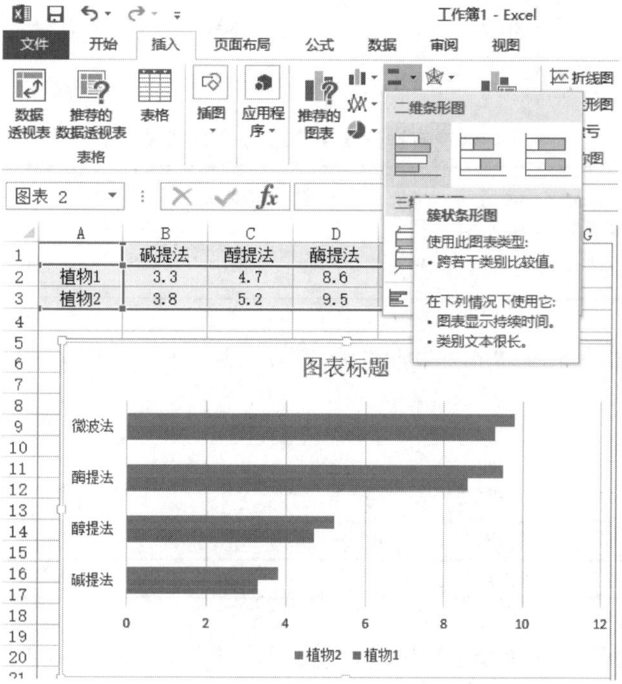

图 2-23　绘制复式条形图

（3）选择表格出现图表工具，将图表修改成需要的格式。如图 2-24、图 2-25 所示。

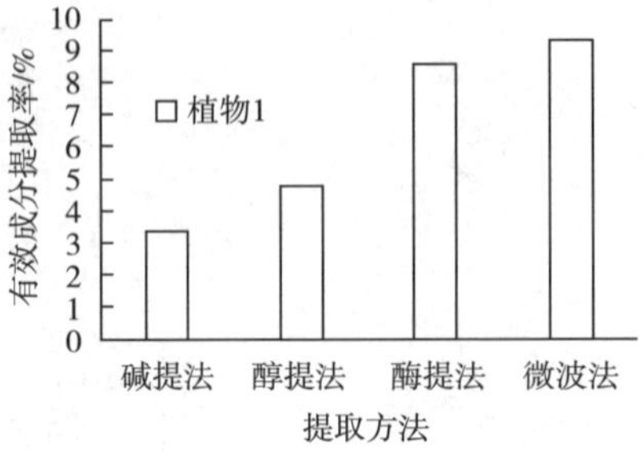

图 2-24　修改单式柱形图格式

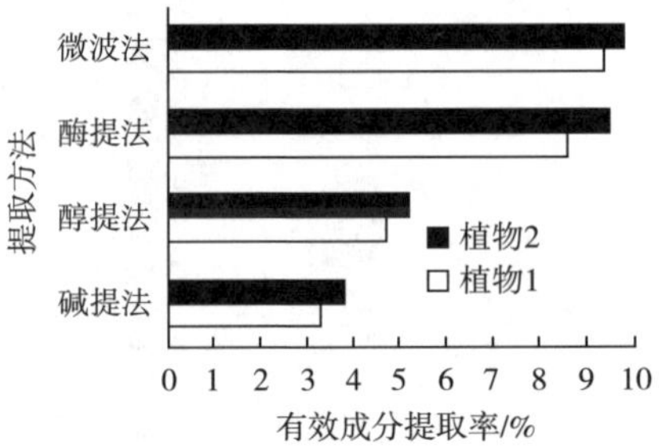

图 2-25　修改复式条形图格式

4. 绘制圆形图

应用 Excel 绘制圆形图，具体操作案例如下所示。

玉米是一种重要的粮食作物，表 2-12 列出了全球新鲜玉米生产区域分布，试根据这些数据绘制圆形图，如表 2-12 所示。

表 2-12　全球新鲜玉米生产区域分布情况

分布区域	美洲	亚洲	非洲	大洋洲	欧洲
比例/%	58.5	10.6	16.8	3.8	10.3

（1）将全球新鲜玉米生产区域分布数据复制到 Excel 中（图 2-26）。

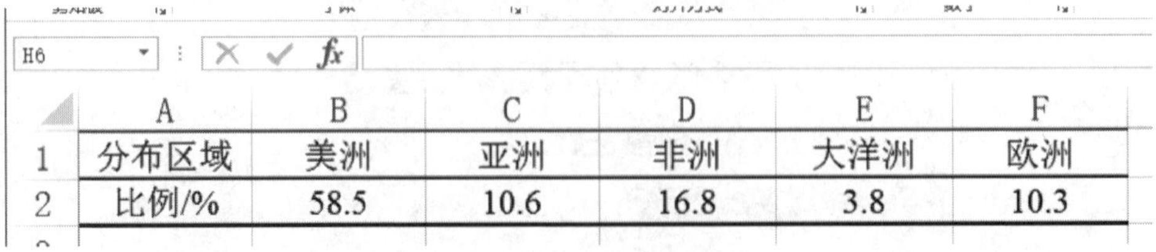

	A	B	C	D	E	F
1	分布区域	美洲	亚洲	非洲	大洋洲	欧洲
2	比例/%	58.5	10.6	16.8	3.8	10.3

图 2-26　将全球新鲜玉米生产区域分布数据复制到 Excel 中

（2）选中全部表格，点击饼图图标下“二维饼图”中的“饼图”（图 2-27）。

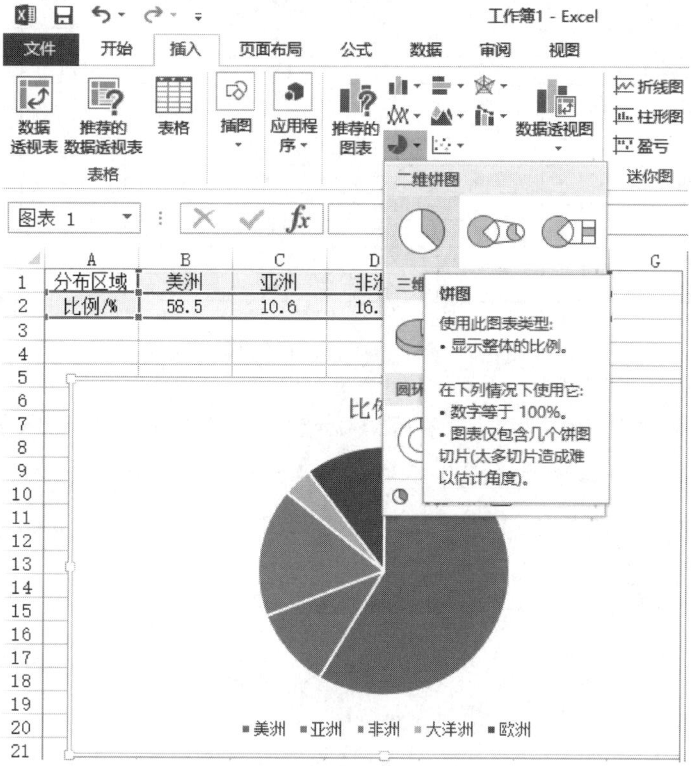

图 2-27　根据表格绘制饼图

（3）选择表格出现图表工具，将图表修改成需要的格式（图 2-28）。

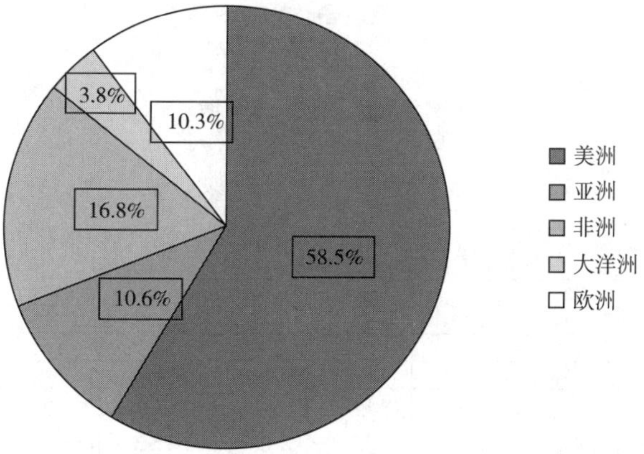

图 2-28　全球新鲜玉米生产区域分布情况

5. Excel 在连续性资料整理中的应用

现以表 2-1 某糖心苹果品种 100 个果实单果质量资料为例，用 Excel 对数据进行整理。

（1）输入数据　将某糖心苹果品种 100 个果实单果质量资料表格复制到 Excel 中（图 2-29）。

	A	B	C	D	E	F	G	H	I	J
1	某糖心苹果品种100个果实单果质量（单位：g）									
2	210	216	405	444	204	441	270	555	285	279
3	327	192	174	237	120	354	252	525	297	396
4	462	300	231	102	204	480	324	261	255	285
5	369	315	321	165	135	219	327	315	303	396
6	282	282	186	468	183	252	231	369	405	120
7	321	237	393	216	198	309	312	423	294	300
8	270	234	132	150	174	318	228	321	276	303
9	186	456	291	240	162	294	312	354	90	447
10	345	408	300	243	390	294	222	75	375	426
11	228	168	219	129	66	246	351	348	354	417

图 2-29　将单果质量数据复制到 Excel

（2）求数据最大值和最小值　在 Excel 选项栏里点击“自动求和”旁的小三角 Σ自动求和 ▾，选“最大值”选项（图 2-30），出来选择框后，框选所有要整理的数据，按回车，即得到最大值（图 2-31）；点击“自动求和”旁小三角 Σ自动求和 ▾，选“最小值”选项，再选中所有要整理的数据，按回车，即得到最小值（图 2-32）。

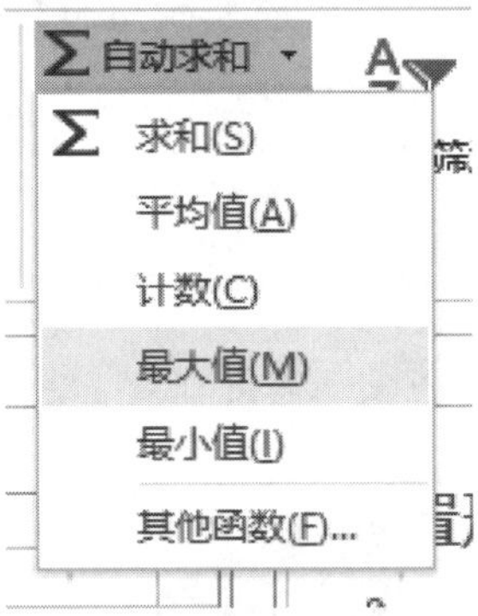

图 2-30　选择最大值

	A	B	C	D	E	F	G	H	I	J
1	某糖心苹果品种100个果实单果质量（单位：g）									
2	210	216	405	444	204	441	270	555	285	279
3	327	192	174	237	120	354	252	525	297	396
4	462	300	231	102	204	480	324	261	255	285
5	369	315	321	165	135	219	327	315	303	396
6	282	282	186	468	183	252	231	369	405	120
7	321	237	393	216	198	309	312	423	294	300
8	270	234	132	150	174	318	228	321	276	303
9	186	456	291	240	162	294	312	354	90	447
10	345	408	300	243	390	294	222	75	375	426
11	228	168	219	129	66	246	351	348	354	417
12										
13	最大值	555								

图 2-31　求出最大值

	A	B	C	D	E	F	G	H	I	J
1	某糖心苹果品种100 个果实单果质量（单位：g）									
2	210	216	405	444	204	441	270	555	285	279
3	327	192	174	237	120	354	252	525	297	396
4	462	300	231	102	204	480	324	261	255	285
5	369	315	321	165	135	219	327	315	303	396
6	282	282	186	468	183	252	231	369	405	120
7	321	237	393	216	198	309	312	423	294	300
8	270	234	132	150	174	318	228	321	276	303
9	186	456	291	240	162	294	312	354	90	447
10	345	408	300	243	390	294	222	75	375	426
11	228	168	219	129	66	246	351	348	354	417
12										
13	最大值	555								
14	最小值	66								

图 2-32　求出最小值

（3）求出全距和组距　在单元格里输入公式，用最大值减去最小值求出全距（图 2-33）；某糖心苹果品种 100 个果实单果质量样本容量为 100，假定分为 11 组，则组距应为 489/11＝44. 46（g）。为方便起见，可用 45g 作为组距（图 2-34）。

最大值	555
最小值	66
全距	=B13-B14

最大值	555
最小值	66
全距	489

图 2-33　求出全距

最大值	555
最小值	66
全距	489
组距	= B15/11

最大值	555	
最小值	66	
全距	489	
组距	44.455	45

图 2-34　求出组距

（4）求出组中值和上限、下限　设定第一组组中值为 60，下一组组中值等于上一组数值加 45。下限＝组中值−45/2，上限＝组中值＋45/2。在 Excel 对应的单元格进行计算（图 2-35）。

（5）运用 FREQUENCY 函数进行分组　Excel 中 FREQUENCY 函数用于计算数值在某个区域内的出现频率，并返回一个垂直数组。该函数的语法规则如下：Data_ array 是一个数组或对一组数值的引用，将用于计算频率。Bins_ array 是一个区间数组或对区间的引用，该区间用于对 Data_ array 中的数值进行分组。选中所有要输出结果的区域（图 2-36），再选择函数“FREQUENCY”（图 2-37），出现对话框，在“Data_ array”中选择 100 个果实单果质量数据，在“Bins_ array”中选择上限中所有数据（图 2-38），然后按 Ctrl+Shift+Enter，得到分组数据（图 2-39）。

最大值	555			
最小值	66			
全距	489			
组距	44.45455	45		
组号	下限	上限	组中值	计数
1	37.5	82.5	60	
2	82.5	127.5	105	
3	127.5	172.5	150	
4	172.5	217.5	195	
5	217.5	262.5	240	
6	262.5	307.5	285	
7	307.5	352.5	330	
8	352.5	397.5	375	
9	397.5	442.5	420	
10	442.5	487.5	465	
11	487.5	532.5	510	
12	532.5	577.5	555	

图 2-35　求出组中值和上限、下限

组号	下限	上限	组中值	计数
1	37.5	82.5	60	
2	82.5	127.5	105	
3	127.5	172.5	150	
4	172.5	217.5	195	
5	217.5	262.5	240	
6	262.5	307.5	285	
7	307.5	352.5	330	
8	352.5	397.5	375	
9	397.5	442.5	420	
10	442.5	487.5	465	
11	487.5	532.5	510	
12	532.5	577.5	555	

图 2-36　选中输出结果区域

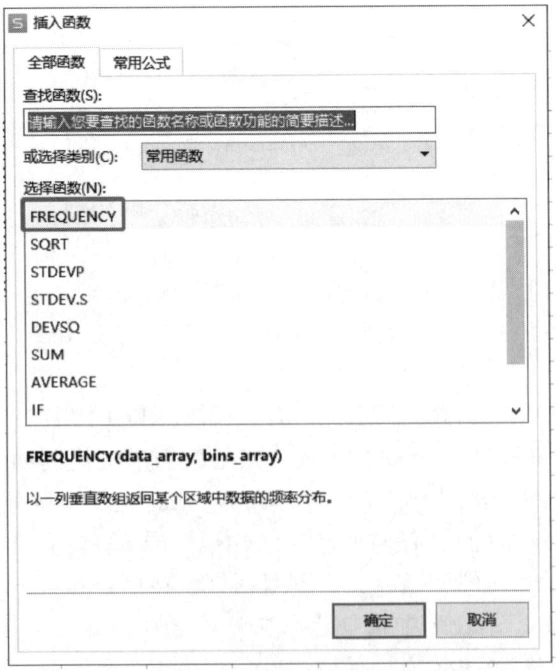

图 2-37　选择函数“FREQUENCY”

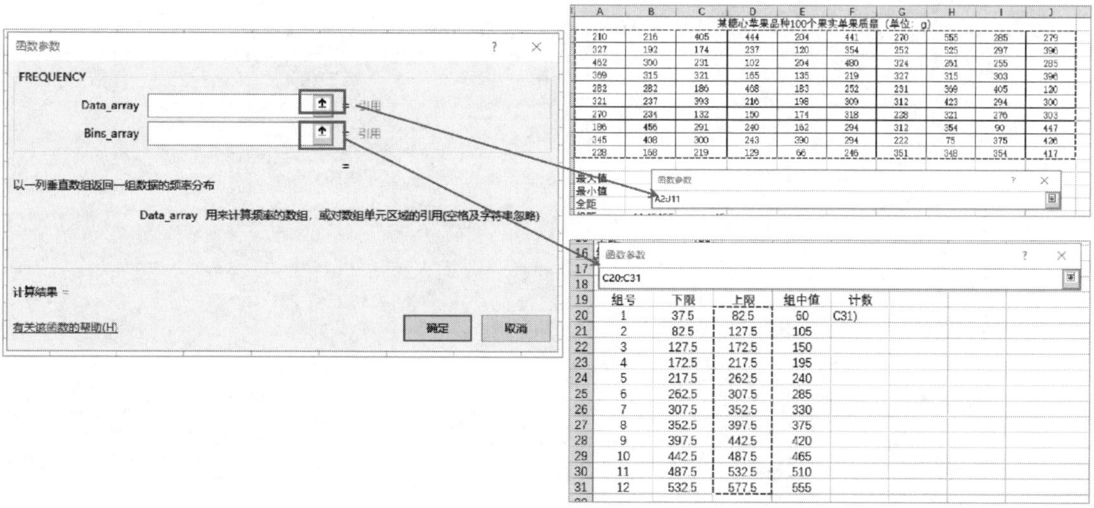

图 2-38　选择“Data_array”和“Bins_array”数据范围

E19　=SUM(COUNTIF(A2:J11,">"&{37.5,82.5})*{1,-1})

	A	B	C	D	E	F	G	H	I	J
1	表9-7 某糖心苹果品种100个果实单果质量（单位：g）									
2	210	216	405	444	204	441	270	555	285	279
3	327	192	174	237	120	354	252	525	297	396
4	462	300	231	102	204	480	324	261	255	285
5	369	315	321	165	135	219	327	315	303	396
6	282	282	186	468	183	252	231	369	405	120
7	321	237	393	216	198	309	312	423	294	300
8	270	234	132	150	174	318	228	321	276	303
9	186	456	291	240	162	294	312	354	90	447
10	345	408	300	243	390	294	222	75	375	426
11	228	168	219	129	66	246	351	348	354	417
12										
13	最大值	555								
14	最小值	66								
15	全距	489								
16	组距	44.45455	45							
17										
18	组号	下限	上限	组中值	计数					
19	1	37.5	82.5	60	2					
20	2	82.5	127.5	105	4					
21	3	127.5	172.5	150	7					
22	4	172.5	217.5	195	12					
23	5	217.5	262.5	240	17					
24	6	262.5	307.5	285	18					
25	7	307.5	352.5	330	15					
26	8	352.5	397.5	375	10					
27	9	397.5	442.5	420	7					
28	10	442.5	487.5	465	6					
29	11	487.5	532.5	510	1					
30	12	532.5	577.5	555	1					

图 2-39　通过函数进行计数

（6）统计结果如表 2-13 所示。

表 2-13　　某糖心苹果品种 100 个果实单果质量的次数分布表

组号	下限	上限	组中值	计数
1	37.5	82.5	60	2
2	82.5	127.5	105	4
3	127.5	172.5	150	7
4	172.5	217.5	195	12
5	217.5	262.5	240	17
6	262.5	307.5	285	18
7	307.5	352.5	330	15
8	352.5	397.5	375	10
9	397.5	442.5	420	7
10	442.5	487.5	465	6
11	487.5	532.5	510	1
12	532.5	577.5	555	1

6. Excel 在间断性资料整理中的应用

表 2-4 表示 100 包蒜香花生每包检出不合格颗数，用 Excel 对数据进行整理。

（1）将 100 包蒜香花生每包检出不合格颗数数据复制到 Excel 中（图 2-40）。

	A	B	C	D	E	F	G	H	I	J
1	100包蒜香花生每包检出不合格颗数									
2	18	15	17	19	16	15	20	18	19	17
3	17	18	17	16	18	20	19	17	16	18
4	17	16	17	19	18	18	17	17	17	18
5	18	15	16	18	18	18	17	20	19	18
6	17	19	15	17	17	17	16	17	18	18
7	18	19	19	17	19	17	18	16	18	17
8	17	19	16	16	17	17	17	16	17	16
9	17	19	18	18	19	19	20	15	16	19
10	18	17	18	10	19	17	18	17	17	16
11	15	16	18	17	18	16	17	19	19	17

图 2-40　将 100 包蒜香花生每包检出不合格颗数数据复制到 Excel 中

（2）在计数单元格下需要统计每包不合格颗数为 15 的单元格数，在计算格输入 = COUNTIF（A2：J11，15），即可得到 100 包蒜香花生每包检出 15 颗不合格颗数的包数。运算公式中 A2：J11 是统计的数据区。其他组计算方法同第一组计数方法，改变不合格的颗数即可统计出来（图 2-41）。

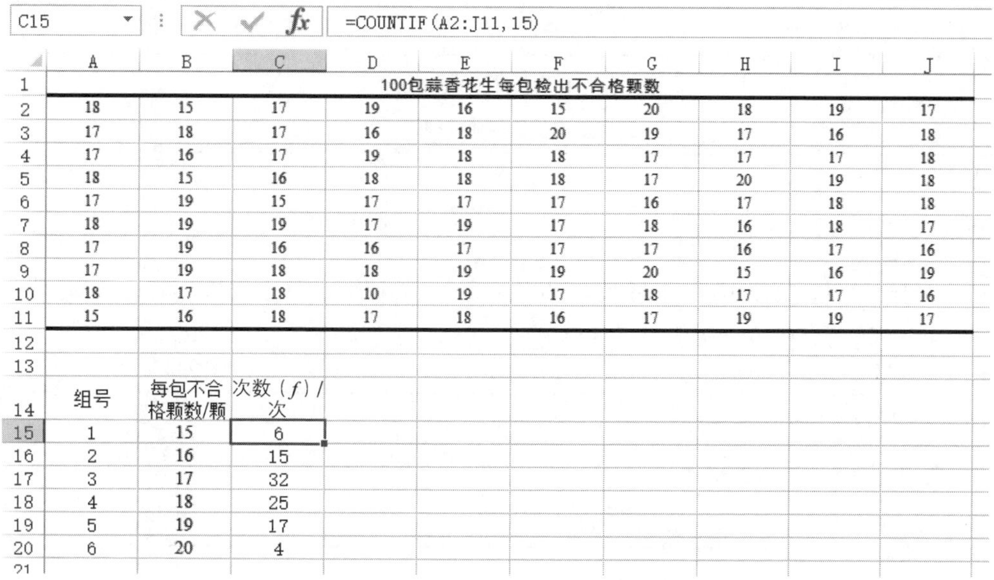

C15 =COUNTIF(A2:J11,15)

	A	B	C	D	E	F	G	H	I	J
1	100包蒜香花生每包检出不合格颗数									
2	18	15	17	19	16	15	20	18	19	17
3	17	18	17	16	18	20	19	17	16	18
4	17	16	17	19	18	18	17	17	17	18
5	18	15	16	18	18	18	17	20	19	18
6	17	19	15	17	17	17	16	17	18	18
7	18	19	19	17	19	17	18	16	18	17
8	17	19	16	16	17	17	17	16	17	16
9	17	19	18	18	19	19	20	15	16	19
10	18	17	18	10	19	17	18	17	17	16
11	15	16	18	17	18	16	17	19	19	17
12										
13										
14	组号	每包不合格颗数/颗	次数（f）/次							
15	1	15	6							
16	2	16	15							
17	3	17	32							
18	4	18	25							
19	5	19	17							
20	6	20	4							

图 2-41 选择函数进行计数

（3）统计结果如表 2-16 所示。

表 2-16　100 包蒜香花生每包检出的不合格花生颗数

组号	每包不合格颗数/颗	次数（f）/次
1	15	6
2	16	15
3	17	32
4	18	25
5	19	17
6	20	4

任务考核

考核项目	考核内容	分值	得分
图示法表示数据	单式线图、标准差	10	
	复式线图和双坐标轴应用	10	
	单式柱形图和复式条形图	10	
	圆形图	10	
数据资料整理	连续性资料的整理	20	
	间断性资料的整理	20	

续表

考核项目	考核内容	分值	得分
职业素质	严谨的科学态度	10	
	实事求是的职业精神	10	

练习题

1. 在利用某种细菌发酵产生纤维素的研究中，选用甘露醇作为碳源，发酵液 pH 和残糖量随发酵时间而发生变化，试验数据如下。

发酵时间/d	0	1	2	3	4	5	6	7	8
发酵液 pH	5.4	5.8	6	5.9	5.8	5.7	5.6	5.4	5.3
残糖量/(g/L)	24.5	13.3	11.2	10.1	9.5	8.1	7.8	7.2	6.5

试根据上表数据，在一个普通直角坐标系中画出发酵时间与发酵液 pH，以及发酵时间与发酵液残糖量的关系曲线，并根据图形说明变化规律。

2. 在用大孔吸附树脂纯化某种天然棕色素的试验中，以每克树脂的吸附量作为试验指标，通过静态吸附试验筛选合适的大孔吸附树脂，试验数据如下表所示。试选用合适的图形来表达图中数据。

树脂型号	DA-201	NKA-9	AB-8	D-4006	D-101	S-8	NKA-Ⅱ
吸附量/(mg/g)	17.14	17.77	1.87	13.71	0.55	13.33	3.67

3. 试根据以下两个产地几种植物油的凝固点（℃）数据，画出复式柱形图或条形图。

植物油	凝固点/℃	
	甲	乙
花生油	2.9	3.5
棉籽油	-6.3	-6.2
蓖麻油	-0.1	0.5
菜籽油	5.3	5.0

4. 现以下表某学校 100 名学生体重（kg）资料为例，用 Excel 对数据进行整理。

55	58	52	72	52	70.5	85	47	92.5	89.5
53	46	57	68.5	64	55	76	45	101	48
81	47	65.5	58	52	80	75	80.5	77.5	92.5

续表

54.5	57	69	56.5	47.5	59.5	53	57	51	48
91	87	42	64	41.5	76	65.5	54	52	49
60	68.5	46.5	58	49	54	56	61	97	68
85	67	56	65	57	69	64	75	88	80
44	78	95.5	70	51	77	66	68	74	75
52	54	50	71.5	45	97	61	52.5	67	63
64	44	59.5	47	49	57	60	74	77	58

知识链接

试验设计与数据处理相关软件介绍

试验设计与数据处理常用的软件有 Excel、Origin、SAS 等，合理地使用软件可以使研究工作事半功倍。

一、Microsoft Office Excel

Microsoft Office Excel 是微软公司的办公软件 Microsoft Office 的组件之一，简称为 Excel。Excel 是目前应用最广泛的表格处理软件之一，具有强有力的数据库管理、丰富的函数及图表功能，Excel 在试验设计与数据处理中的应用主要体现在图表功能、公式与函数、数据分析工具这几个方面。由于高职学生涉及的试验分析相对简单，Excel 即能满足学习所需，因此本书试验分析以 Excel 为主。

二、Origin

Origin 为 Origin Lab 公司出品的专业函数绘图软件。Origin 具有数据分析和绘图两大主要功能。数据分析主要包括统计、信号处理、图像处理、峰值分析和曲线拟合等功能。分析数据时，将数据准备好，选择要分析的数据，再选择相应的菜单命令即可。绘图功能基于模板，Origin 提供了几十种二维和三维绘图模板，并允许用户自己定制模板。绘图时，只要选择所需要的模板即可。Origin 可以导入包括 ASCII、Excel、pClamp 等多种数据。Origin 图形可以输出如 JPEG、GIF、EPS、TIFF 等多种格式的图像文件。Origin 也支持编程，以方便拓展 Origin 的功能和执行批处理任务。

三、SAS

SAS（Statistical Analysis System）是目前国际上最著名的数学统计分析软件之一，它由数十个专用模块构成，功能包括数据访问、数据储存及管理、应用开发、图形处理、数据分析、报告编制、运筹学方法、计量经济学与预测等。SAS 系统基本上可以分为四大部分：SAS 数据库部分，SAS 分析核心，SAS 开发呈现工具，SAS 对分布处理模式的支持及其数据仓库设计。

四、Design-Expert

Design-Expert 是全球顶尖的试验设计软件，是最容易使用、功能最完整、界面最具亲和力的软件。在已经发表的有关响应面（RSM）优化试验的论文中，Design-Expert 是最广泛使用的软件。

五、正交设计助手

正交试验设计（Orthogonal Experimental Design）是研究多因素多水平的一种设计方法，它根据正交性从全面试验中挑选出部分有代表性的点进行试验，这些点具备“均匀分散，齐整可比”的特点，是一种高效率、快速、经济的试验设计方法。正交设计助手是一款针对正交试验设计及结果分析而制作的专业软件。正交设计方法是我们常用的试验设计方法，它让我们以较少的试验次数得到更科学的试验结论。但是我们经常不得不重复一些机械的工作，比如填试验安排表，计算各个水平的均值等等。正交设计助手可以帮助完成这些烦琐的工作。

六、SPSS

SPSS（Statistical Product and Service Solutions）是世界著名的统计软件之一，它应用于自然科学、社会科学等各个领域的数据统计处理。SPSS 是世界上最早采用图形菜单驱动界面的统计软件，它最突出的特点就是操作界面极为友好，输出结果美观漂亮。它将几乎所有的功能都以统一、规范的界面展现出来，使用 Windows 的窗口方式展示各种管理和分析数据方法的功能，对话框展示出各种功能选择项。

项目三

正态分布及过程能力分析

学习目标

知识目标

1. 掌握正态分布的概念、基本原理及性质特点。
2. 理解标准正态分布表、双侧分位数表的制作意义。
3. 理解过程能力的概念、指数及评价标准。

技能目标

1. 会通过正态分布 3σ 原则对服从正态分布的变量进行应用。
2. 学会正态分布与标准正态分布的转化，会查阅标准正态分布表和双侧分位数表。
3. 会计算过程能力指数，并进行过程能力分析评价。

素质目标

1. 培养解决问题和创新的能力，从而在未来发挥更大的价值。
2. 树立质量强国的信念和目标。
3. 养成重视大局（大概率事件），不忽视小细节（小概率事件）的行事作风。

项目导学

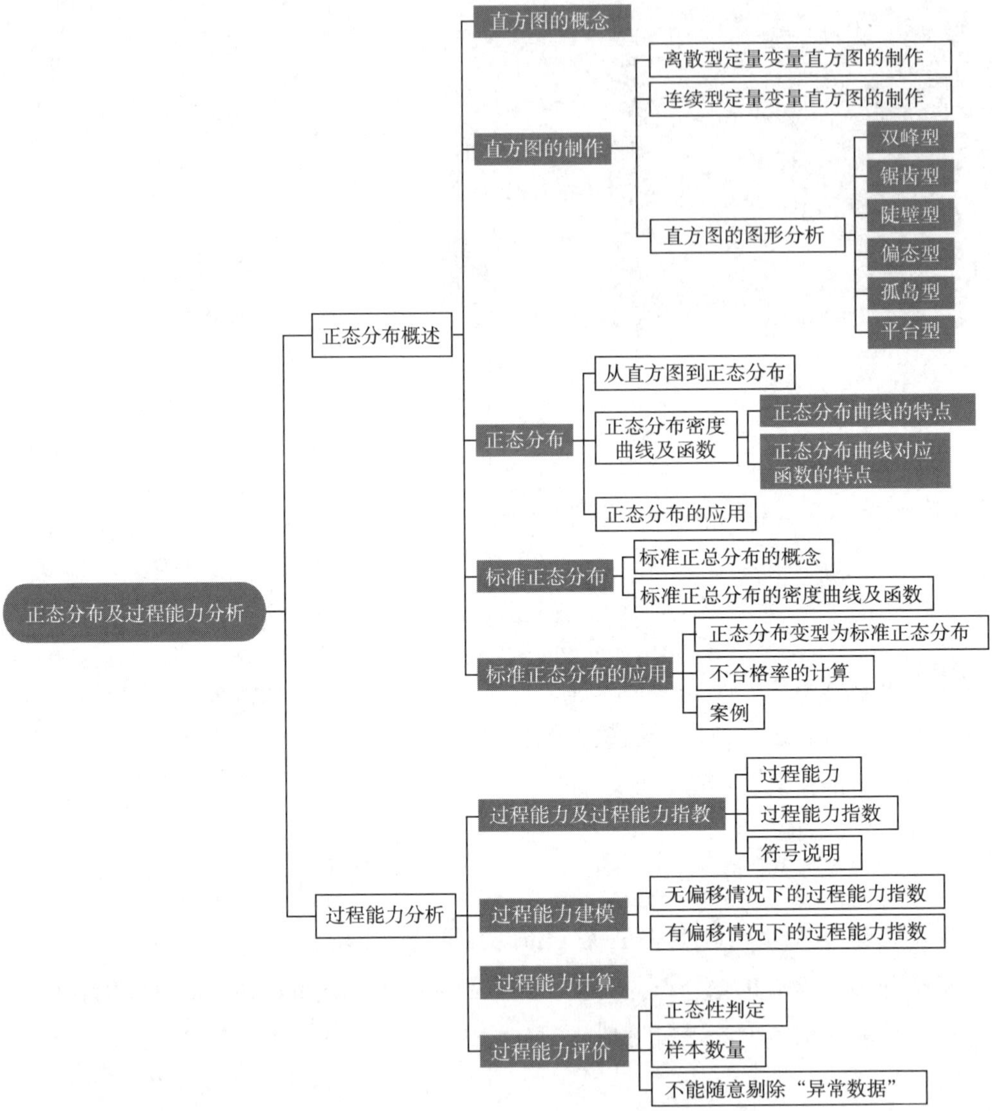
正态分布及过程能力分析
正态分布概述
直方图的概念
直方图的制作
离散型定量变量直方图的制作
连续型定量变量直方图的制作
直方图的图形分析
双峰型
锯齿型
陡壁型
偏态型
孤岛型
平台型
正态分布
从直方图到正态分布
正态分布密度曲线及函数
正态分布曲线的特点
正态分布曲线对应函数的特点
正态分布的应用
标准正态分布
标准正总分布的概念
标准正总分布的密度曲线及函数
标准正态分布的应用
正态分布变型为标准正态分布
不合格率的计算
案例
过程能力分析
过程能力及过程能力指数
过程能力
过程能力指数
符号说明
过程能力建模
无偏移情况下的过程能力指数
有偏移情况下的过程能力指数
过程能力计算
过程能力评价
正态性判定
样本数量
不能随意剔除“异常数据”

知识点一
正态分布概述

一、直方图的概念

直方图也称频率分布图，直方图法是从总体中随机抽取样本，将从样本中获得的数据进行整理，从而找出数据变化的规律，以便分析样本质量的好坏。直方图法属于统计描述，可以直观地发现统计资料的集中和离散趋势。绘制直方图首先需要掌握频数的概念，所谓频数（Frequency）是指某变量值或指标值出现的次数。将变量值划分为若干个组段，清点并记录各组段变量值的个数，这样得到的表称为频数表（Frequency Table）。

二、直方图的制作

1. 离散型定量变量直方图的制作

离散型（Discrete）随机变量的特点是其样本空间的可能结果是可数的，即性别只有[男性，女性]，问卷满意度调查只有［不满意，满意，非常满意］等，变量的可能值为可数集合。离散型数据是一种定性或者属性数据，如果给其定量描述就变成了离散型定量变量，其取值是不连续的，比如某食品企业向市场推出某款网红新饮品，为了跟踪市场的接受度，对 50 位消费者进行了问卷调查，问卷中涉及对产品的喜爱程度，A：特别喜欢；B：喜欢；C：一般；D：不太喜欢；E：特别不喜欢。其中，选择 A 有 12 人，B 有 18 人，C 有 12 人，D 有 4 人，E 有 4 人，总计 50 人。案例中，每个选项的统计人数就相当于频数表中的频数。因此，对于离散型定量变量直方图的制作步骤可以分为以下 4 步。

第一步，收集数据。数据个数一般为 50 个以上，最少不少于 30 个。

第二步，确定分组及频数（表 3-1）。

表 3-1　问卷频数分布表

问卷选项	频数
A：特别喜欢	12
B：喜欢	18
C：一般	12
D：不太喜欢	4
E：特别不喜欢	4
合计	50

第三步，计算频率和累计频数（表 3-2）。

表 3-2　　问卷频率和累计频数表

问卷选项	频数	频率	累计频数
A：特别喜欢	12	12/50=0.24	12
B：喜欢	18	18/50=0.36	30
C：一般	12	12/50=0.24	42
D：不太喜欢	4	4/50=0.08	46
E：特别不喜欢	4	4/50=0.08	50
合计	50	1	50

第四步，画直方图。以问卷选项作为横坐标，频数为纵坐标，画出一系列直方柱，就形成了直方图（图 3-1）。

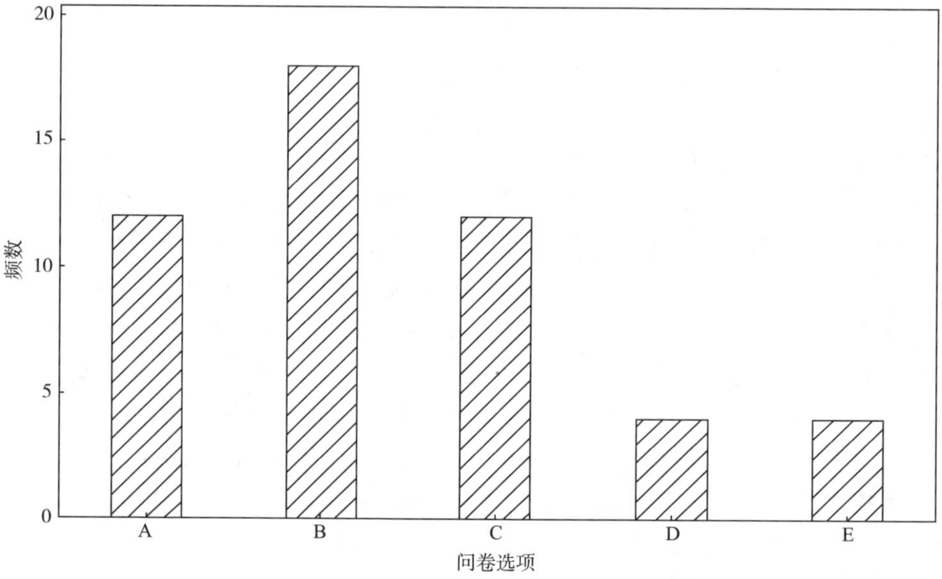

图 3-1　问卷直方图
（此图由 Minitab 17 制作）

由直方图可以清晰地看出，大多数消费者还是比较喜欢这款新产品的，企业推出产品的市场接受度相对较高。

2. 连续型定量变量直方图的制作

连续型（Continuous）变量也称为数值型变量，是描述事物数字信息的变量，如长度、重量、产量、人口、速度和温度。连续型定量变量的频数表和直方图的制作如例 3-1 所示。

【例 3-1】某益生菌生产厂家的包装车间，对益生菌粉末进行机器定量称量及封口包装，要求每包的质量控制在 1.40g 左右，这个数值是根据研发团队多次论证获得的最佳人体一次补充剂量，由于益生菌粉的成本很高，包装质量需要严格控制在（1.40 ± 0.10）g，质量超标会对企业造成经济损失，质量不足则不能对人体起到相应的功效。因此，车间品控人员需要实时监控称量包装净含量以防止因设备原因导致称量出错。

现获取 100 件益生菌称量净含量数据，如表 3-3 所示。

表 3-3　　100 件益生菌称量净含量　　单位：g

1.39	1.36	1.34	1.42	1.45	1.38	1.39	1.42	1.47	1.35
1.41	1.43	1.44	1.48	1.45	1.43	1.46	1.40	1.51	1.45
1.40	1.39	1.41	1.36	1.38	1.31	1.56	1.43	1.40	1.38
1.37	1.44	1.33	1.46	1.40	1.49	1.34	1.42	1.50	1.37
1.35	1.32	1.45	1.40	1.27	1.43	1.54	1.39	1.45	1.43
1.40	1.43	1.44	1.41	1.53	1.37	1.38	1.24	1.44	1.40
1.36	1.42	1.39	1.46	1.38	1.35	1.31	1.34	1.40	1.36
1.41	1.32	1.38	1.42	1.40	1.33	1.37	1.41	1.49	1.35
1.47	1.34	1.30	1.39	1.36	1.46	1.29	1.40	1.37	1.33
1.40	1.35	1.41	1.37	1.47	1.39	1.42	1.47	1.38	1.39

直方图的制作步骤可以参考连续性变数资料的整理：

（1）收集数据　案例中收集了 100 个数据。

（2）求极差（Range）　在案例的 100 个数值中找出最大值为 1.56，最小值为 1.24，因此 $R=0.32$。

（3）确定组数、组距　根据研究目的和观察例数 n 来确定；组数 k 通常取 10~15 个组，组距=极差/组数；组距可以相等也可以不相等，一般采用等距分组。根据案例，组数 k 取值为 13。

（4）确定分组组界　第一组段的下限略小于最小值，最后一个组段的上限必须包含最大值，L（最小值）$\leqslant X<U$（最大值），某组段的组中值为该组段（下限+上限）/2。

组距 $h=\frac{R}{k}=\frac{0.32}{13}\approx 0.025$，第一组段下限：$L-\frac{h}{10}=1.24-0.0025=1.2375$，最后一个组段上限：$U+\frac{h}{10}=1.56+0.0025=1.5625$，因此数据范围为 [1.2375，1.5625]，分组后，统计落入该组段的数据个数即为该组段内的频数，为解决“不重”的问题，统计分组时习惯上规定“上组限不在内”，即当相邻两组的上下限重叠时，恰好等于某一组上限的变量值不算在本组内，而计算在下一组内。因此，获得频数如表 3-4 所示。

表 3-4　　益生菌称量净含量频数表

组段	组中值	频数	频率
[1.2375，1.2625]	1.250	1	0.01
[1.2625，1.2875]	1.275	1	0.01
[1.2875，1.3125]	1.300	4	0.04

续表

组段	组中值	频数	频率
[1.3125, 1.3375]	1.325	5	0.05
[1.3375, 1.3625]	1.350	14	0.14
[1.3625, 1.3875]	1.375	13	0.13
[1.3875, 1.4125]	1.400	25	0.25
[1.4125, 1.4375]	1.425	12	0.12
[1.4375, 1.4625]	1.450	13	0.13
[1.4625, 1.4875]	1.475	5	0.05
[1.4875, 1.5125]	1.500	4	0.04
[1.5125, 1.5375]	1.525	1	0.01
[1.5375, 1.5625]	1.550	2	0.02
合计		100	1

（5）画直方图。从直方图中可以看出，频数集中在中间，左右两侧频数大致对称，这样可以判断机器运行大致正常（图 3-2）。

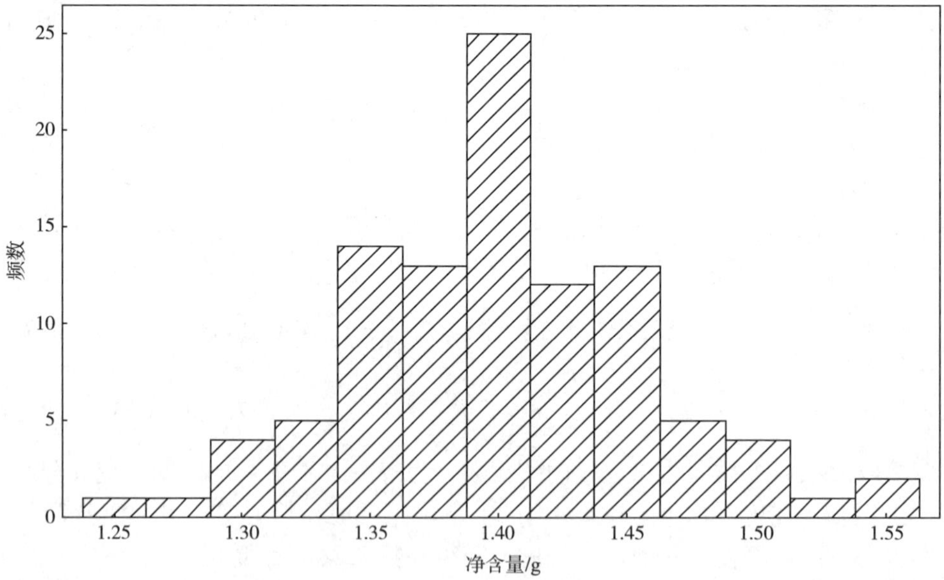

图 3-2　益生菌称量净含量频数直方图

3. 直方图的图形分析

直方图的分布可以显而易见地表现出产品质量特性的分布形态，可以通过图形判断仪器或者生产过程是否受控，如果受控就是中间高两边低的正常型；如果不受控，图形就会发生改变成为异常型。目前异常型直方图有 6 种形态，如图 3-3 所示。

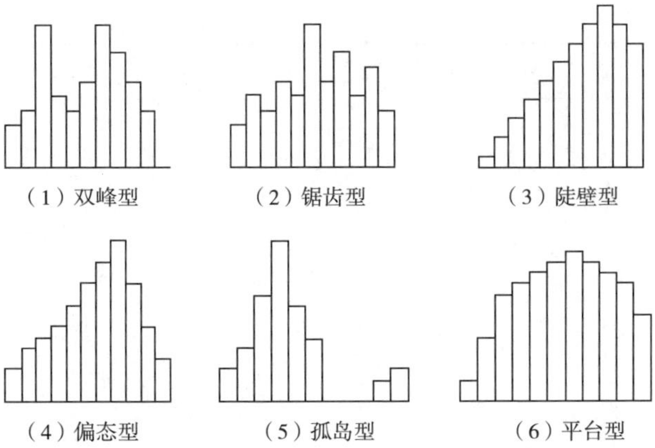

图 3-3　异常型直方图的形态

遇到以上形状的直方图需要分析原因，并加以处理。

（1）双峰型　直方图中有两个峰，说明样品包含两个总体，两个分布的数据混在一起，因此，检查抽样的样品是否有混淆。

（2）锯齿型　直方图出现高低不平的趋势，可能原因有分组太多、测量误差较大或者测量数据不准确，应该从收集数据和整理数据两个方面进行分析。

（3）陡壁型　直方图有一边倒的倾斜，可能是进行了全数抽样，且不包含不合格品的产品数据进行直方图的制作。

（4）偏态型　直方图顶峰偏向一侧，主要原因是由于某种原因使下限受到限制时，容易发生偏左型；由于某种原因使上限受到限制时，容易发生偏右型。

（5）孤岛型　主要是数据采集发生突发情况，如原材料发生变化，工人临时更换为不熟练工人导致产品数据发生突发性改变。

（6）平台型　直方图顶峰不明显，主要原因是多个不同总体的样本混合在一起，或者生产过程中某种缓慢的倾向在起作用（如工具磨损、人员疲劳等）。

直方图是一种能一目了然地把这些问题图表化处理的工具。它通过对收集到的貌似无序的数据进行处理，来反映产品质量的分布情况，判断和预测产品质量及不合格率，从而解析出资料的规则性，能够比较直观地看出产品质量特性的分布状态，对于资料分布状况一目了然，便于判断其总体质量分布情况。

三、正态分布

（一）从直方图到正态分布

将本项目案例频数表再变化一个形式，数据图形进行改变，以益生菌称量净含量为横坐标，频率/组距为纵坐标，将频数表进行变化，如表 3-5 和图 3-4 所示。

表 3-5　　益生菌称量净含量-频率/组距表

组段	组中值	频率	频率/组距
[1.2375，1.2625]	1.250	0.01	0.4

续表

组段	组中值	频率	频率/组距
[1.2625，1.2875]	1.275	0.01	0.4
[1.2875，1.3125]	1.300	0.04	1.6
[1.3125，1.3375]	1.325	0.05	2
[1.3375，1.3625]	1.350	0.14	5.6
[1.3625，1.3875]	1.375	0.13	5.2
[1.3875，1.4125]	1.400	0.25	10
[1.4125，1.4375]	1.425	0.12	4.8
[1.4375，1.4625]	1.450	0.13	5.2
[1.4625，1.4875]	1.475	0.05	2
[1.4875，1.5125]	1.500	0.04	1.6
[1.5125，1.5375]	1.525	0.01	0.4
[1.5375，1.5625]	1.550	0.02	0.8
合计		1	40

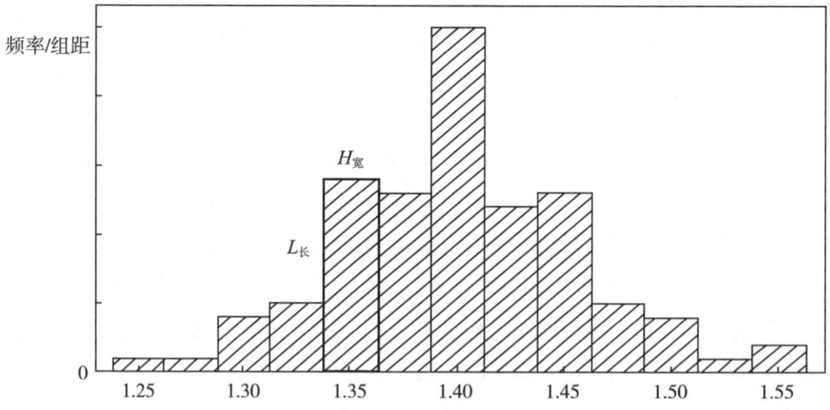

图 3-4　益生菌称量净含量-频率/组距直方图

通过观察图 3-4 发现每个长方形直方柱的面积计算 $S=L_{长}\times H_{宽}=\dfrac{频率}{组距}\times 组距=频率$，将这些直方柱面积求和，发现阴影部分面积为 1。

通过此案例，在机器运行正常的情况下，通过抽取更多数量的样品，形成了新的直方图（图 3-5）。

从图 3-5 可以看出，当样本容量无限大，分组的组距无限缩小时，这个频率分布直方图上面的折线就会无限接近于一条光滑的曲线，这条光滑似钟形的曲线称作正态曲线。曲

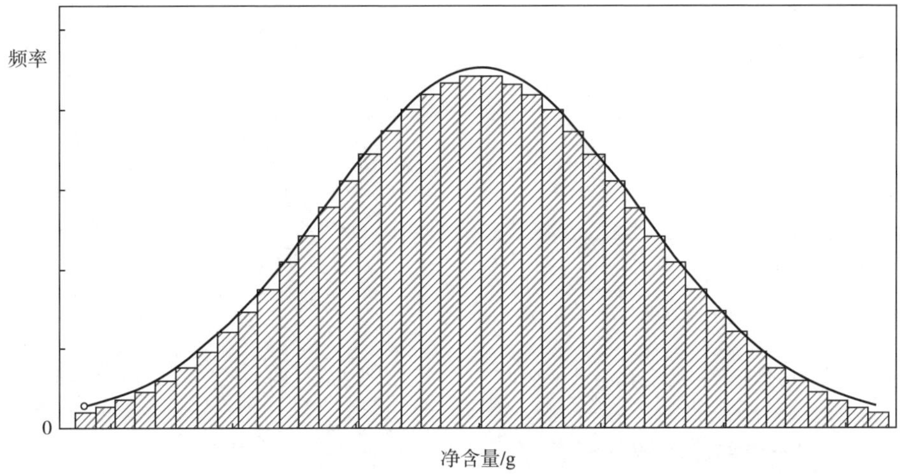

图 3-5　益生菌称量净含量频率分布直方图

线对应的分布是正态分布（Normal Distribution），也称常态分布，又名高斯分布（Gaussian Distribution），是一个常见的连续概率分布。

（二）正态分布密度曲线及函数

正态分布图形对应的函数式为：

$$\varphi_{\mu,\sigma}(x)=\frac{1}{\sqrt{2\pi}\sigma}e^{-\frac{(x-\mu)^2}{2\sigma^2}},\quad x\in(-\infty,+\infty) \tag{3-1}$$

正态分布图形也称为正态密度分布曲线，其函数式（3-1）中随机变量 x 服从数学期望为 μ（即密度曲线的中心对称轴）、总体方差为 σ^2 的高斯分布，记为：$X\sim N(\mu,\sigma^2)$，正态分布的期望值 μ 决定了其位置，其标准差 σ 决定了分布的幅度。

在日常生活中，正态分布应用非常广泛。例如，在生产中，正常生产条件下各种产品的质量指标随机现象都服从或近似服从正态分布；在测量中，一些测量结果可能符合正态分布；在生物学中，同一群体的某一特征服从正态分布；在气象中，某地每年某月的平均气温、平均湿度、降雨量、水文中的水位等也可能服从正态分布。总之，正态分布广泛存在于自然界、生产及科学技术等许多领域中。

1. 正态分布曲线的特点

根据图 3-6 坐标轴上正态分布曲线的分布可以看出：①曲线在 x 轴的上方，与 x 轴不相交；②曲线是单峰的，它关于直线 $x=\mu$ 对称；③曲线在 $x=\mu$ 处达到峰值（最高点），$\varphi_{\mu,\sigma}(\mu)=\frac{1}{\sqrt{2\pi}\sigma}$；④曲线与 x 轴之间的面积为 1；⑤当 σ 一定时，曲线随着 μ 的变化沿着 x 轴平移（图 3-7）；⑥当 μ 一定时，曲线的形状由 σ 确定：σ 越大，曲线越“矮胖”，表示总体的分布越分散；σ 越小，曲线越“瘦高”，表示总体的分布越集中（图 3-8）。

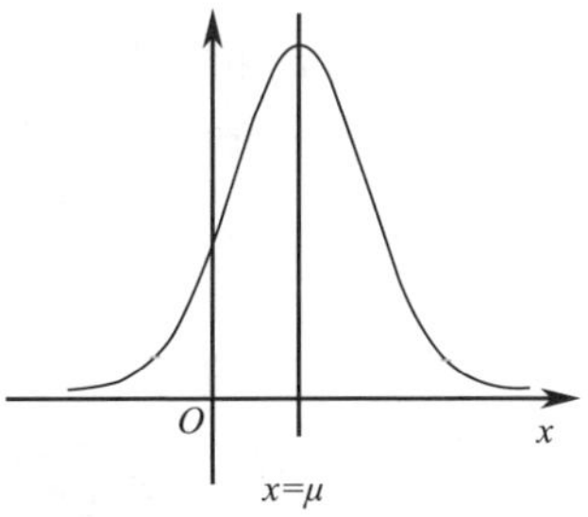

图 3-6　正态分布曲线图

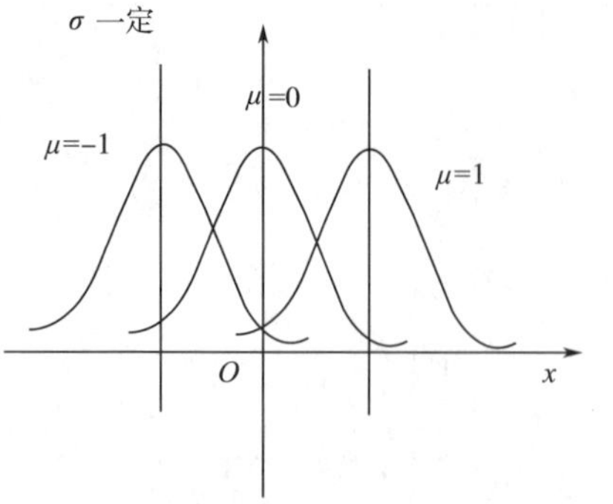

图 3-7　曲线随着 μ 的变化沿着 x 轴平移

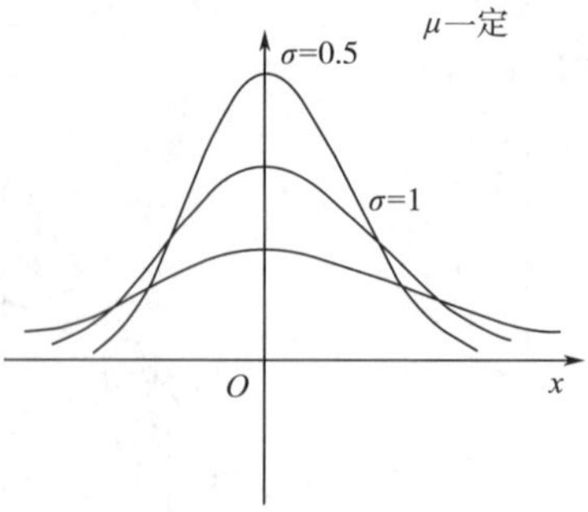

图 3-8　曲线的形状随 σ 大小变化

2. 正态分布曲线对应函数的特点

根据式（3-1）正态分布曲线对应的函数式以及结合对应的图形可以看出，函数有最大值，其 x 定义域为（$-\infty$，$+\infty$），且函数对应的图像关于 $x=\mu$ 对称，也是函数值达到最大值的点，且值域为（0，$\frac{1}{\sqrt{2\pi}\sigma}$］。当 $x\in$（$-\infty$，0）时，函数为增函数；当 $x\in$（0，$+\infty$）时，函数为减函数。

正态分布曲线是由直方图演变而来，直方图主要数据点落在对应区间组的频率，即概率。对于函数面积的计算主要采用积分的方法，如图 3-9 所示，阴影部分的面积即数据落入区间［a，b］的概率为 P（$a\leqslant x\leqslant b$）$\approx\int_a^b\varphi_{\mu,\sigma}(x)\,\mathrm{d}x$，代表由 $x=a$，$x=b$ 以及正态分布曲线 x 轴共同围成的阴影部分面积，即 x 落入阴影部分的概率近似值。

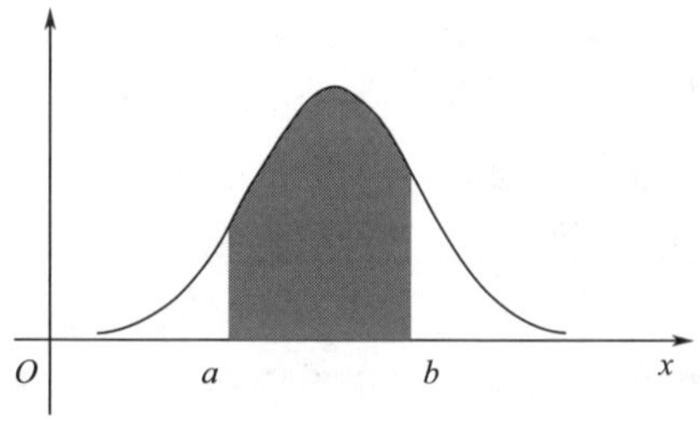

图 3-9　区间［a，b］所围成的阴影部分面积

对于正态分布曲线及其函数有个很神奇的区间概率规律，当区间为 $x\in$［$\mu-\sigma$，$\mu+\sigma$］对应围成的阴影部分的面积正好为 0.6826；当区间为 $x\in$［$\mu-2\sigma$，$\mu+2\sigma$］对应的阴影部分面积正好为 0.9544；当区间为 $x\in$［$\mu-3\sigma$，$\mu+3\sigma$］对应的阴影部分面积正好为 0.9974（图 3-10）。

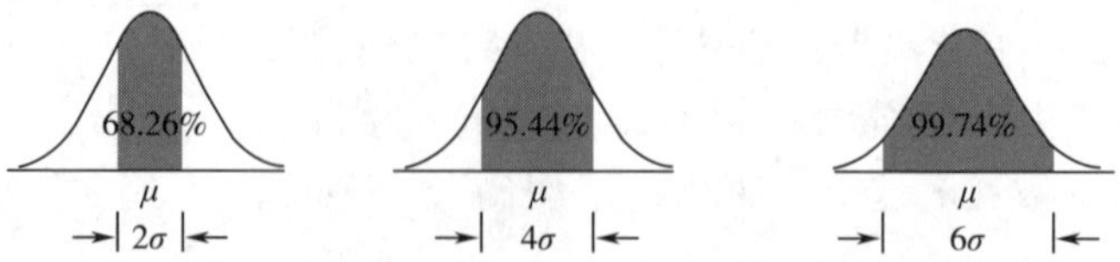

图 3-10　不同特定区间阴影部分的概率近似值

（三）正态分布的应用

从正态分布曲线特点可以看出，曲线两端只会无限接近于 x 轴却不相交，通过直方图（频率/组距图）可以判定整个曲线与 x 轴围成的面积为 1。因此，当 $x \in [\mu-3\sigma, \mu+3\sigma]$ 对应的阴影部分面积正好为 0.9974，即数据落在区间外的概率为 0.0026，这个概率非常小，在日常生活中基本认为是小概率事件。在实际应用中，常常利用正态分布的这一特点，根据 $X \sim N(\mu, \sigma^2)$ 的随机变量只取 $x \in [\mu-3\sigma, \mu+3\sigma]$ 的值，简称 3σ 原则，很多知名大企业做质量管理为特色的领域也将之称为六西格玛。

四、标准正态分布

1. 标准正态分布的概念

正态分布由 2 个参数 μ 和 σ 确定，对任意一个服从 $N(\mu, \sigma^2)$ 分布的随机变量 X，当 $\mu=0$ 和 $\sigma=1$ 时，正态分布 $N(0, 1)$ 就成了标准正态分布（Standard Normal Distribution）。标准正态分布是正态分布的特殊情况，在很多统计学计算过程中，为了便于计算，往往都会用到标准正态分布，也常常将普通正态分布转化为标准正态分布。转化的思路可以理解为正态分布 $N(\mu, \sigma^2)$，均值 μ 减少 μ 个单位即 $\mu-\mu=0$，标准差 σ 缩小 σ 倍，即 $\frac{\sigma}{\sigma}=1$，这样就转化成了标准正态分布 $N(0, 1)$。

2. 标准正态分布的密度曲线及函数

标准正态分布密度曲线就是对称轴为 y 轴的对称钟形图，如图 3-11 所示。标准正态分布密度曲线对应函数关系式为式（3-1）。

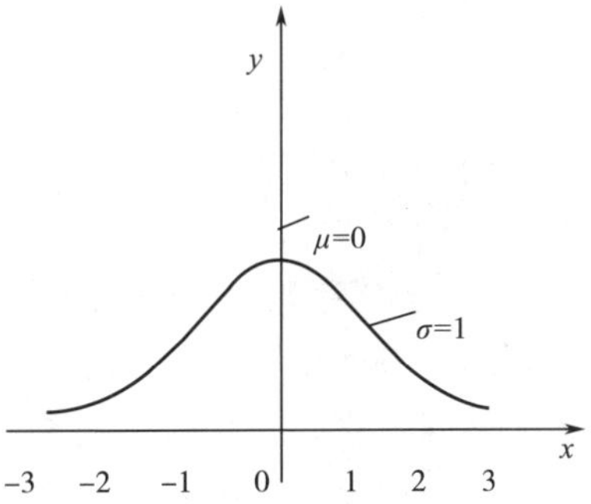

图 3-11　标准正态分布密度曲线

将 $\mu=0$，$\sigma=1$ 代入式（3-1），则标准正态分布的密度曲线对应的密度函数为：

$$\varphi_{0,1}(x)=\frac{1}{\sqrt{2\pi}}e^{-\frac{x^2}{2}},\quad x\in(-\infty, +\infty)$$

结合图 3-12 可以看出，标准正态分布曲线是偶函数，且 $x \in (-\infty, 0)$ 为增函数，$x \in [0, +\infty)$ 为减函数。当 $x=0$ 时函数有最大值为 $\frac{1}{\sqrt{2\pi}}$。与正态分布曲线概率特点一样。

$P(\mu-\sigma<x\leqslant\mu+\sigma)=0.6826$，即标准 $P(-1<x\leqslant 1)=0.6826$；

$P(\mu-2\sigma<x\leqslant\mu+2\sigma)=0.9544$，即标准 $P(-2<x\leqslant 2)=0.9544$；

$P(\mu-3\sigma<x\leqslant\mu+3\sigma)=0.9974$，即标准 $P(-3<x\leqslant 3)=0.9974$。

区别于正态分布，标准正态分布还有一个特点，即标准正态分布曲线下面积分布规律是：在 -1.96～+1.96 范围内曲线下的面积等于 0.9500，在 -2.58～+2.58 范围内曲线下面积为 0.9900。统计学家还制订了一张统计用表（自由度为∞时），借助该表就可以估计出某些特殊 x_α 值范围内的曲线下面积（附录 1）。

附录 1 显示的是标准正态分布图表，第一列与第一行代表 x 的值，中间的数据是指代

最上方标准正态分布曲线（图 3-12）以 $x=x_\alpha$ 与标准正态分布曲线以左围成的阴影部分面积，即

$$\Phi(x_\alpha)=\int_{-\infty}^{x_\alpha}\frac{1}{\sqrt{2\pi}}\cdot e^{-\frac{t^2}{2}}dt=P(x\leqslant x_\alpha)$$

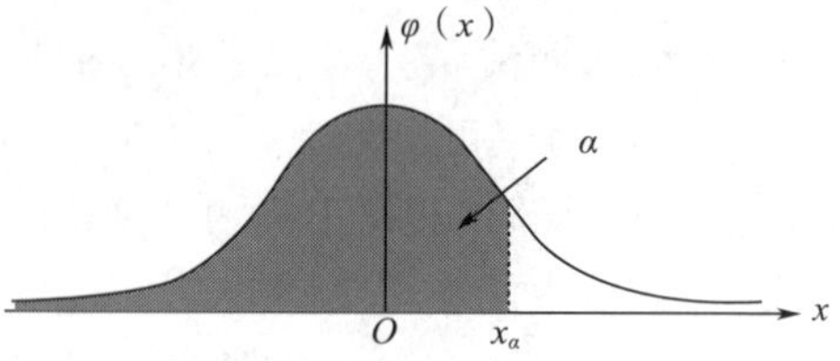

图 3-12　标准正态分布曲线

注意，α 数值是阴影部分面积值即表中的数值。对于 $x=x_\alpha$ 与曲线向右围成的阴影部分面积就可以通过总面积 1 减去 x_α 与曲线向左围成的面积，即 $\Phi(-x_\alpha)=\int_{x_\alpha}^{\infty}\frac{1}{\sqrt{2\pi}}\cdot e^{-\frac{t^2}{2}}dt=P(x\geqslant x_\alpha)=1-\Phi(x_\alpha)=1-\int_{-\infty}^{x_\alpha}\frac{1}{\sqrt{2\pi}}\cdot e^{-\frac{t^2}{2}}dt=P(x\leqslant x_\alpha)$，亦可表述为 $\mu_\alpha=z=\Phi(x_\alpha)$。如当 $x=0.12$ 时，$\Phi(0.12)$ 或 $P(x\leqslant 0.12)$ 的值为多少？从标准正态分布表中可以先找第一列 0.1，再找第一行 0.02，两者相加就是 0.12，行列交叉位置（表中方格显示）0.5478 即为 $x=0.12$ 的曲线右方面积或者相对应的概率，即 $P=\alpha=0.5478$。

由图 3-13 可以看出，标准正态分布反函数的阴影部分面积 $\alpha=1$，则查表对应的 $\mu_{\frac{1}{2}}=-\mu_{\frac{1}{2}}=0$；再比如 $\alpha=0.55$，对应的 $\mu_{\frac{0.55}{2}}=0.597760$，$-\mu_{\frac{0.55}{2}}=-0.597760$。

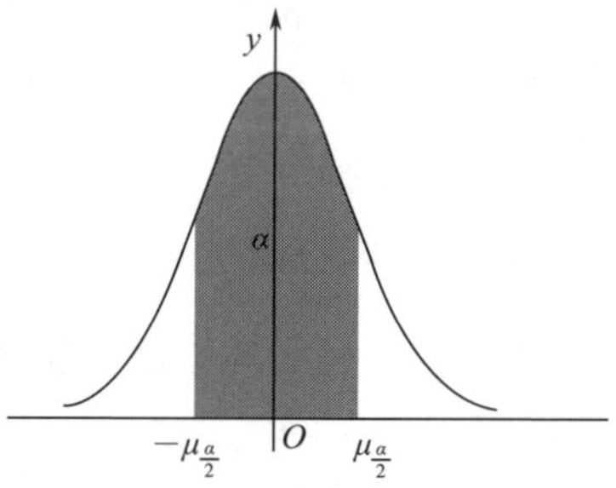

图 3-13　标准正态分布双侧分位数图

五、标准正态分布的应用

1. 正态分布变型为标准正态分布

正态分布如何变化为标准正态分布的基本思路，即由正态分布中自变量 x 减少 μ（正态分布曲线向左移 μ 个单位至对称轴与 y 轴重叠），同时自变量 x 还要缩小 σ 倍以达到标准正态曲线标准差为 1 的要求。因此，正态分布自变量 x 变化为标准正态分布自变量 $x\to\frac{x-\mu}{\sigma}$，函数关系就由原来的 $\varphi_{\mu,\sigma}(x)$ 变型为 $\varphi_{0,1}\left(\frac{x-\mu}{\sigma}\right)$ 形成标准正态分布。因此，对于正态分布的数值进行计算时，往往先变型为标准正态分布，通过附录 1 和附录 2 进行查表值换算获得相应的值。

【例 3-2】已知正态分布曲线对称轴 $\mu=19.010$，标准差 $\sigma=0.0143$，求对称阴影面积 $\alpha=0.55$ 时，双侧分位数的取值。

解题思路：正态分布变型为标准正态分布，并且查附录 2 得到双侧分位数数值，再转化成正态分布对应双侧分位数值。

解：标准正态分布 $\alpha=0.55$，对应的 $\mu_{\frac{0.55}{2}}=0.597760$，$-\mu_{\frac{0.55}{2}}=-0.597760$。则根据自变量变型公式 $x\to\frac{x-\mu}{\sigma}$ 推出：$\frac{x-\mu}{\sigma}=0.59776\Rightarrow\frac{x-19.010}{0.0143}=0.59776$。

根据计算，正态分布自变量 $x\approx19.019$ 即对于正态分布其对应的双侧分位数为 $\mu_{\frac{0.55}{2}}=$

19.019；$-\mu_{\frac{0.55}{2}}=\mu-(19.019-\mu)=2\times 19.010-19.019=19.001$（图 3-14）。

2. 不合格率的计算

对称的正态分布阴影部分面积可以通过变型为标准正态分布进行查表计算，对于企业生产而言，产品某个质量指标若近似正态分布，则其合格率相当于正态分布阴影部分面积 α，而不合格率则为 $1-\alpha$，但是 α 不一定为对称的阴影部分面积，因此，对于产品不合格率的计算常用 p 来表示，不对称阴影部分面积则用 P 来表示。由于不对称性，需将阴影部分面积按对称轴一分为二，分别从相应的分位数值转化成 1/2 面积求和即概率（合格率），不合格率 $p=1-P$。

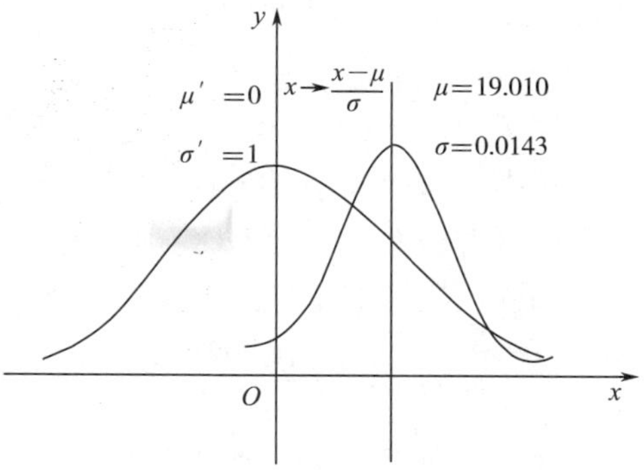

图 3-14　正态分布曲线变型为标准正态分布曲线

$\mu=2.75$，$\sigma=0.05$

【例 3-3】某乳品企业生产婴儿乳粉，要求每百克乳粉中的含水量不得超过 2.95g，同时不得低于 2.60g，目前抽检结果表明，每百克乳粉中平均含水量 2.75g，标准差为 0.05g，试计算这批产品的不合格率（图 3-15）。

解题思路：由正态分布分位数值相应变化为标准正态分布分位数值，查附录 1 获得两端数值对应的一半阴影部分面积，并且面积求和获得产品合格率，从而通过总面积 1－合格率获得不合格率。

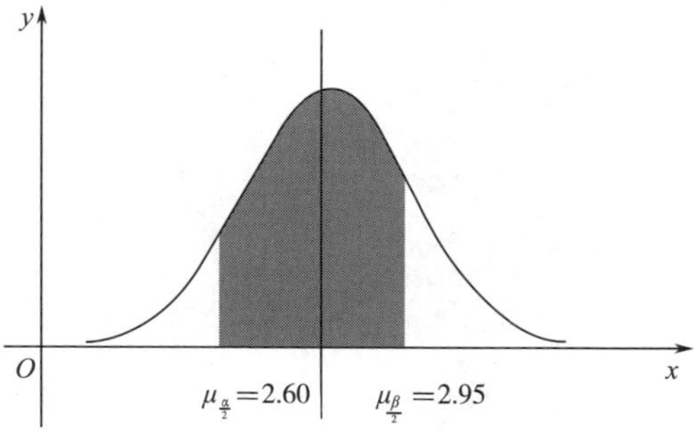

图 3-15　对应正态曲线合格率

解：因为正态分布变型为标准正态分布，因此，正态分布 2 个分位点分别变化为标准正态分布分位点：

$\mu'_{\frac{\alpha}{2}}=\dfrac{\mu_{\frac{\alpha}{2}}-\mu}{\sigma}=\dfrac{2.60-2.75}{0.05}=-3.00$，$\mu'_{\frac{\beta}{2}}=\dfrac{\mu_{\frac{\beta}{2}}-\mu}{\sigma}=\dfrac{2.95-2.75}{0.05}=4$，通过查附录 1，$\mu'_{\frac{\alpha}{2}}=-3.00$ 对应的以左围成面积为 0.0014；$\mu'_{\frac{\beta}{2}}=4$ 对应的以左围成面积为 0.999968。因此不合格率为阴影面积之外的面积即 $0.0014+(1-0.999968)=0.001432$。

本题乳粉的不合格率 $p=0.1432\%$。

3. 案例

某地区秋收小麦，根据小麦长度来初步判断其质量品质，已知小麦长度近似的服从正态分布 $N(70, 10^2)$，如果规定低于 55cm 为不合格小麦，那这批小麦质量如何？

本项目案例小麦长度服从正态分布 $N(70, 10^2)$，由此可知正态分布 $\mu=70$，$\sigma=10$，那小于 55cm 为不合格，则需要将正态分布转化为标准正态分布。$x\rightarrow\frac{x-\mu}{\sigma}$获得标准正态分布分位点值为 $\mu_{\frac{\alpha}{2}}=\frac{x-\mu}{\sigma}=\frac{55-70}{10}=-1.5$，通过查附录 1，得到左侧面积为 0.06681，因此可以判断，正态分布曲线小于 55cm 相当于标准正态分布曲线小于-1.5 的面积概率，所以，此批小麦的不合格率在 6.681%。那小麦长度在 85~95cm 的占比大概在多少？

我们同样利用标准正态分布求解，85~95cm 可以变型为标准正态分布的分位点即 $\mu_1=\frac{x-\mu}{\sigma}=\frac{85-70}{10}=1.5$，$\mu_2=\frac{x-\mu}{\sigma}=\frac{95-70}{10}=2.5$，也代表着标准正态分布分位点 1.5 和 2.5 与曲线围成的面积即概率占比，通过查附录 1 可知：$\mu_1=1.5$ 对应的靠左面积为 0.9332，$\mu_2=2.5$ 靠左面积为 0.9938，因此，分位点 1.5 和 2.5 与曲线围成的面积即概率占比=0.9938-0.9332=0.0606，即占比为 6.06%（图 3-16）。

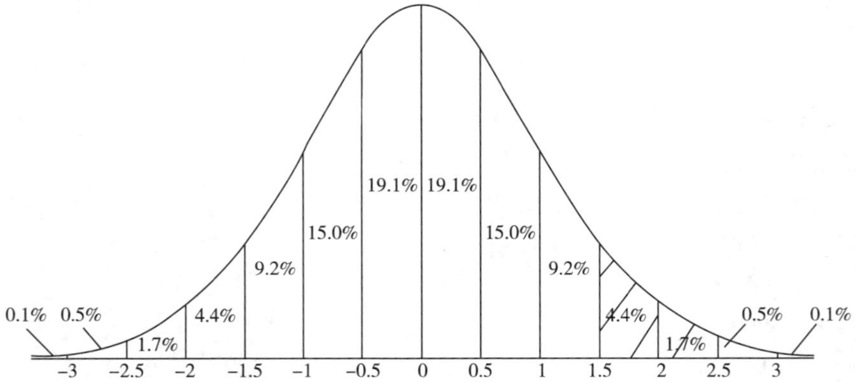

图 3-16　案例标准正态分布 1.5~2.5 围成的面积

练习题

1. 在某项测量中，测量结果 ξ 服从正态分布 $N(1, \sigma^2)$ $(\sigma>0)$。若 ξ 在（0，1）内取值的概率为 0.4，则 ξ 在（0，2）内取值的概率为________。

2. 某年级的一次信息技术测验成绩近似服从正态分布 $N(70, 10^2)$，如果规定低于 60 分为不及格，求成绩不及格的人数占________。

3. 假设总体服从正态分布 $N(3, \frac{1}{16})$，如要拒绝这个统计假设，则在一次试验中 α 应落在区间（　　）。

A. $(-\infty, \frac{9}{4})$　　B. $(\frac{15}{4}, +\infty)$

C. $(-\infty, \frac{9}{4})\cup(\frac{15}{4}, +\infty)$　　D. $(\frac{9}{4}, +\infty)$

4. 已知随机变量 ξ 服从正态分布 $N(2, \sigma^2)$，$P(\xi\leqslant4)=0.84$，则 $P(\xi\leqslant0)=$（　　）。

A. 0.16　　B. 0.32　　C. 0.68　　D. 0.84

5. 某益生菌生产厂家的包装车间，对益生菌粉末进行机器定量称量及封口包装，要求每包的质量控制在 1.40g 左右，这个数值是根据研发团队多次论证获得的最佳人体一次补充剂量，由于益生菌粉的成本很高，包装质量需要严格控制在（1.40 ± 0.10）g，质量超标了对企业造成经济亏损，质量不足则不能对人体起到相应的功效。因此，车间品控人员实时监控称量包装净含量，防止因设备原因导致称量出错。现获取 100 件益生菌称量净含量（g）数据：

1.39	1.36	1.34	1.42	1.45	1.38	1.39	1.42	1.47	1.35
1.41	1.43	1.44	1.48	1.45	1.43	1.46	1.40	1.51	1.45
1.40	1.39	1.41	1.36	1.38	1.31	1.56	1.43	1.40	1.38
1.37	1.44	1.33	1.46	1.40	1.49	1.34	1.42	1.50	1.37
1.35	1.32	1.45	1.40	1.27	1.43	1.54	1.39	1.45	1.43
1.40	1.43	1.44	1.41	1.53	1.37	1.38	1.24	1.44	1.40
1.36	1.42	1.39	1.46	1.38	1.35	1.31	1.34	1.40	1.36
1.41	1.32	1.38	1.42	1.40	1.33	1.37	1.41	1.49	1.35
1.47	1.34	1.30	1.39	1.36	1.46	1.29	1.40	1.37	1.33
1.40	1.35	1.41	1.37	1.47	1.39	1.42	1.47	1.38	1.39

当设备正常运行时，随机抽样数据服从正态分布，如果要保证厂家产品净含量合格率达到 99%以上，即净含量基本重量在厂家规定的 1.40g 左右，那如何来规定这个上下限？

知识点二

过程能力分析

一、过程能力及过程能力指数

在实际生产过程或设备使用中，要对其质量进行控制，常用到的方法是检验，比如生产巧克力企业，巧克力质量要求按照产品标准对巧克力成品进行相关的理化、微生物、感官、卫生等方面的检测，检测合格后判定产品质量可控。然而，对于一些特殊产品无法进行成品检验，例如，烟花、子弹、火箭等，成品检验会导致产品破坏而无法使用，因此需要采用过程能力分析。

1. 过程能力

ISO 3534.2—2006《统计学词汇及符号　第 2 部分：应用统计》给过程能力一个标准定义：所谓过程能力，是指过程的质量满足过程要求的能力。过程能力也称工序能力，是指过程加工方面满足加工质量的能力，它是衡量过程加工内在一致性的，最稳态下的最小波动。过程能力分析研究的目的就是判断过程是否能够持续生产出符合规格的产品，具备了预测功能。分析影响过程能力的主要因素有生产过程中所涉及的人、机、料、法、环、测，其稳定性分析可以通过质量特性正态分布 $X \sim N(\mu, \sigma^2)$ 进行分析。

2. 过程能力指数

过程能力的数学表达或者数学模型就是过程能力指数。过程能力指数是由著名的质量大师朱兰创造的，目的是衡量过程能力满足过程要求的程度的数量值（记为 C_P），其过程要求指产品技术标准、产品规格、公差等。

3. 符号说明

过程能力进行数学建模或者分析需要满足 3 点：①过程稳定（即受控），过程的质量特性指标 X 的波动由正常随机性波动引起，从而过程输出的 X 不随时间而改变，过程的将来是可预测的；②质量特性 X 过程随机波动可以用统计学正态分布规律进行研究，服从某个正态分布 $X \sim N(\mu, \sigma^2)$；③质量特性指标 X 需要规定规范限作为合格判定依据。

由此，过程能力数学建模即过程能力指数所涉及的参数符号如下：

T——公差，表示产品质量标准要求的公差范围；

T_U——产品质量标准要求的规格上限值；

T_L——产品质量标准要求的规格下限值；

σ——过程特性正态分布的标准差；

S——样本方差；

$\bar{x}$——样本均值；

μ——过程质量特性分布中心；

M——公差中心，$M=\dfrac{T_L+T_U}{2}$；

k——相对偏移量；

ε——绝对偏移量；

C_P——无偏移的过程能力指数；

C_{PU}——只有上限要求的过程能力指数；

C_{PL}——只有下限要求的过程能力指数；

C_{PK}——中心偏移的过程能力指数。

二、过程能力建模

1. 无偏移情况下的过程能力指数

当过程处于稳态时，产品的质量特性 X 的值有 99.74%散布在区间 $[\mu-3\sigma, \mu+3\sigma]$，其中，$\mu$ 为产品特性值的总体均值，σ 为产品特性值总体标准差。即几乎全部产品特性值都落在 6σ 的自然波动范围内；因此，通常用 6σ 表示自然的过程能力，它的值越小越好，即 C_P 与 σ 成反比，C_P 越大越好。此外，另一因素 T，即指技术规范的公差，它反映了技术标准与技术要求，显然 T 越大 C_P 也越大，即 C_P 与 T 成正比。其中“σ”也常被视为过程能力的度量单位。

如有上下限要求即为双侧情形，在无偏移的情况下过程能力指数按式（3-2）计算：

$$C_P=\frac{T}{6\sigma}\approx\frac{T}{6S} \tag{3-2}$$

式中，$T=T_U-T_L$（公差也称容差），无偏移的情况是相对比较理想的情况，可能只能在短期出现，因此，这时的 C_P 是指短期无偏移双侧过程能力指数，也称潜在过程能力指数，其对应的正态分布如图 3-17 所示。

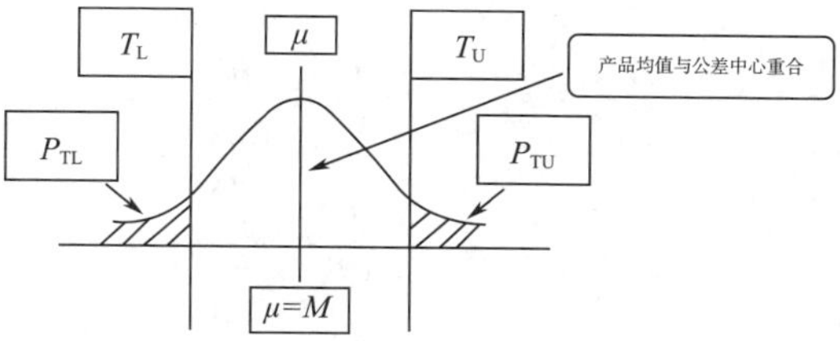

图 3-17　无偏移情况下的过程能力正态分布

由公式可知，C_P 值越大表示过程能力越好。反过来，C_P 值越低，则表明过程质量不能满足标准要求，从而造成不合格品的出现。

在真实的生产中，诸如产品杂质含量等要求只有公差上限要求并希望越小越好，没有下限要求，因此过程能力指数针对单向公差只有上限要求的计算式（3-3）如下：

$$C_P=C_{PU}=\frac{T_U-\mu}{3\sigma}\approx\frac{T_U-\bar{x}}{3S} \tag{3-3}$$

有些产品如使用寿命要求不低于某个下限，而对上限没有限制且越高越好，此种情况属于单向公差，只有下限要求，按式（3-4）计算：

$$C_P=C_{PL}=\frac{\mu-T_L}{3\sigma}\approx\frac{\bar{x}-T_L}{3S} \tag{3-4}$$

2. 有偏移情况下的过程能力指数

上面讨论的 C_P 即过程输出的平均值与目标值重合的情形，事实上目标值与平均值重合情形较为少见；因此，引进一个偏移度 k 的概述，即过程平均值 μ 与目标值 M 的偏离过程，如图 3-18 所示，按式（3-5）和式（3-6）计算：

$$k=\frac{E}{T/2}=\frac{2\varepsilon}{T}\quad(k\geqslant0) \tag{3-5}$$

$$\varepsilon=|M-\mu|\ (\varepsilon\geqslant0) \tag{3-6}$$

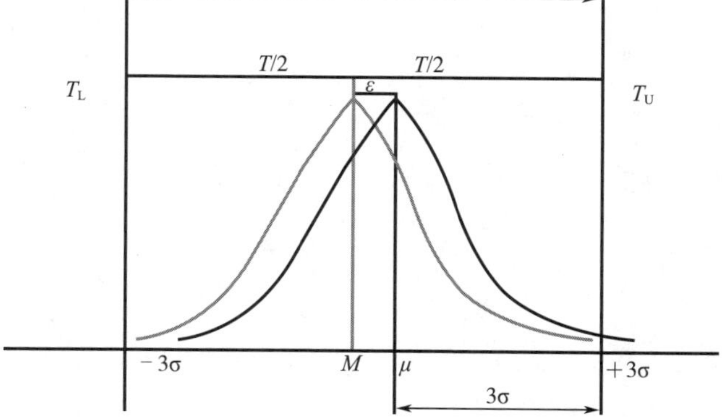

图 3-18　过程平均值 μ 与目标值 M 的偏离过程能力分布图

当分布中心往公差中心左边偏移时，其不合格率所在坐标不变的前提下，概率面积变大即出现不合格品的危险变大，偏移侧单向过程能力指数变小，因此可以考虑有偏移情况下的过程能力指数 C_{PK}，按式（3-7）计算：

$$C_{PK}=\min\{C_{PU},\ C_{PL}\}=\frac{\min\{T_U-\mu,\ \mu-T_L\}}{3\sigma} \tag{3-7}$$

此外通过公式代换，C_{PK} 还可以按式（3-8）和式（3-9）计算：

$$C_{PK}=\frac{T}{6\sigma}-\frac{|M-\mu|}{3\sigma}=\frac{T}{6\sigma}-\frac{\frac{T}{2}|M-\mu|}{\frac{T}{2}3\sigma}=\left(1-\frac{2|M-\mu|}{T}\right)\frac{T}{6\sigma}=(1-k)\ C_P \tag{3-8}$$

$$C_{PK}=(1-k)\ C_P=(1-k)\ \frac{T}{6\sigma}=\frac{T-2\varepsilon}{6\sigma} \tag{3-9}$$

三、过程能力计算

使用火焰原子吸收光谱仪对标准钙样液进行了 50 次的重复测量，测量值如表 3-6 所示。

表 3-6　对标准钙样液的 50 次测量值　单位：mg/L

24.950	25.120	25.080	25.085	25.105	24.930	25.100	25.090	25.060	25.095
25.080	25.085	25.155	25.090	25.085	25.100	25.075	25.190	25.065	25.095
24.750	25.099	25.100	25.070	25.070	25.095	25.085	25.090	25.080	24.890
25.110	24.990	24.885	25.065	25.105	25.080	25.070	25.090	25.085	25.090
25.080	25.180	25.065	25.075	25.085	24.820	25.070	25.075	24.788	25.150

50 个重复检测的数据均值为 $\bar{x}=25.058$，公差中心 $M=25.000$，由此可以判定为有偏移情况下的过程能力指数。一般条件下，火焰法的相对偏差<1%，由此可知检测结果在 24.75~25.25mg/L 属于可接受区间，$T_U=25.25$，$T_L=24.75$，$T=0.5$，样本标准差 $\sigma=0.09$，$\varepsilon=0.058$，按照公式计算得到 $k=0.232$。

因此，根据 C_{PK} 的计算公式进行计算。

（1）按式（3-7）计算：

$$C_{PK}=\frac{\min\ (25.25-25.058,\ 25.058-24.75)}{3\times0.09}=\frac{0.192}{0.27}\approx0.71$$

（2）按式（3-8）计算：

$$C_{PK}=(1-0.232)\ \times\frac{0.5}{6\times0.09}=0.768\times0.93\approx0.71$$

（3）按式（3-9）计算：

$$C_{PK}=\frac{0.5-2\times0.058}{6\times0.09}=\frac{0.384}{0.54}\approx0.71$$

四、过程能力评价

在开展过程能力评价时，应确定评价对象与抽样方法，定期计算评价过程能力指数。

一般而言，只要生产工艺或者操作流程不变，生产或操作是连续的，就可以通过不同的技术要求，对某个质量特征值的偏移情况，采用相应的过程能力指数公式进行计算，并对过程的控制能力进行评价。评价时应该遵循以下 3 个条件。

1. 正态性判定

由于过程能力指数是在假设正态分布的基础上定义的，故在进行过程能力评价时，应对数据的正态性进行判定。样本数据不服从正态分布（或近似正态分布），则不能运用过程能力指数公式进行计算，否则将根据样本均值和样本标准差直接计算，结果会失真，分析评价结论就会出现误导。

2. 样本数量

根据统计学原理，样本越多越能反映总体的特性。因此，为确保样本数据的正态性，必须抽取足够数量的样本，且样本要具有一定的代表性，这就需要采取随机抽样。样本数据太少，不能充分代表总体客观的情况，难以判定数据分布的正态性，这样得出的数据与客观上有差距。因此，有条件时，应尽可能抽取足够多的样本。一般情况下，在数据采集时样本量 $n=100$ 就可以了。然而，对于一些特殊过程，若采集数据难度大或成本太高，考虑实际可能性，可取 $n=30$。但应该明确一点，样本越少，结果的置信区间就越大，评价结果的可信度就越差。

3. 不能随意剔除“异常数据”

按照抽样方案抽取测试数据时，不能凭个人感觉随意剔除所谓的“异常数据”。否则，不能真实客观地反映过程的本来面目。过程能力指数等级评价标准如表 3-7 所示。

表 3-7　过程能力指数等级评价标准

C_P（或 C_{PK}）值范围	评价级别	过程能力判断及采取措施
$C_P \geqslant 1.67$	Ⅰ	过程能力过剩，可适当考虑经济性要求
$1.67 \geqslant C_P \geqslant 1.33$	Ⅱ	过程能力充分，可适当简化质量检验，降低检验成本
$1.33 \geqslant C_P \geqslant 1.00$	Ⅲ	过程能力尚可，但接近 1.00 时危险。警戒，时刻关注质量波动，采取措施加以消除
$1.00 > C_P \geqslant 0.67$	Ⅳ	过程能力不足，需采取改进措施。找出原因，进行整改
$0.67 > C_P$	Ⅴ	过程能力严重不足，必须停产整顿。一般停止生产，进行整改后，C_P 大于 1 继续再生产

根据过程能力指数评判标准，本节案例的 $C_{PK}=0.71$，落在Ⅳ级别里，显示过程能力不足，需要采取改进措施，因此，虽然数据都在可接受误差范围内，但是通过过程能力分析，就能发现过程能力不足，此刻需要对原子吸收光谱仪进行全面检查，发现问题及时整修，从而保证 $C_{PK}>1$ 的情况下保证数据的准确性。

练习题

1. 根据某工序加工零件的测试数据计算得出，$\bar{x}=6.5$，$S=0.0055$，规格要求为 $\Phi 6.5^{+0.015}_{-0.015}$。试求该工序的过程能力指数 C_P 及产品不合格率 p。

2. 要求零件淬火后的硬度≥71，实测数据后计算得 $\bar{x}=73$；$S=1$，试计算过程能力指

数 C_{PL} 及产品不合格率 p。

3. 测试一批零件外径尺寸的平均值 $\bar{x}=19.0101$，$S=0.0143$，规格要求为 $\Phi19^{+0.04}_{-0.03}$，试计算过程能力指数并估计产品的不合格率。

拓展阅读

正态分布——国家统计工作的重要基础工具

正态分布是统计学中的核心概念，它描述了大批量数据分布的形态，其中大部分数据集中在平均值周围，而极端值出现的频率较低。作为一种统计工具，正态分布还可以帮助国家在多个方面解决问题和做出决策。以下是一些正态分布在国家问题解决中的应用示例。

教育和考试：在教育领域，正态分布可以用来分析学生的考试成绩，从而评估教育质量和公平性。如果考试分数呈现出正态分布，教育者可以更好地理解学生的整体表现，并针对成绩较差的学生提供额外的支持。

公共卫生：在公共卫生领域，正态分布可以用来监测人口的健康状况，如身高、体重、血压等指标。通过对这些指标数据的分析，公共卫生部门可以识别出潜在的健康问题，并制订相应的干预措施。

经济发展：在经济领域，正态分布可以用来分析收入分布、消费模式和企业绩效。这有助于政策制定者理解经济的整体状况，并采取措施减少不平等，促进经济增长。

社会政策：在社会政策制定中，正态分布可以用来分析社会福利、住房需求和就业数据。这些分析有助于政府更好地理解社会需求，并制订有效的政策来满足这些需求。

环境监测：在环境科学中，正态分布可以用来分析污染物浓度、降水模式和温度变化等数据。这有助于环境保护机构监测环境状况，并采取措施应对气候变化和环境污染。

灾害响应：在灾害管理中，正态分布可以用来分析灾害发生的频率和强度，如洪水、地震或飓风。这些分析有助于政府和救援组织更好地准备和响应灾害。

选举和民意调查：在政治领域，正态分布可以用来分析选举结果和民意调查数据。这有助于政治分析师和决策者理解公众意见和选举趋势。

作为国家统计工作的重要工具——正态分布的应用不仅限于上述领域，它在任何需要数据分析和决策制订的领域都有潜在的价值。通过理解数据的分布特征，国家可以更有效地解决问题，提高政策制订的质量，并促进社会的整体福祉。高质量发展是全面建设社会主义现代化国家的首要任务。推动高质量发展，必须完整、准确、全面贯彻新发展理念，必须更好统筹质的有效提升和量的合理增长，始终坚持质量第一、效益优先，大力增强质量意识，视质量为生命，以高质量为追求。统计工作作为不可或缺的综合性、基础性工作，应紧密围绕高质量发展大局，为全面建设社会主义现代化国家这一宏伟目标充分发挥其独特的职能作用。

任务三　过程能力指数判断设备质量问题

任务要求

1. 收集大型检测仪器近期测试的 50 个标品的检测数据，判断仪器运行的质量情况。

2. 对检测数据进行统计分析和过程能力指数的计算。

3. 对结果进行分析，找出质量问题并分析改进措施，提供设备检测质量评价报告。

项目三任务三
（视频）

任务实施

小张同学为了参加农产品质量安全检测技能大赛，正在实验室里刻苦训练赛项“原子吸收光谱法测定牛奶中钙的含量”，由于学校实验室原子吸收光谱仪已经使用很多年了，有些老旧。为了能评估设备检测出来的数据的准确性，指导老师和小张每隔一段时间都会用标样进样检测（重复 50 次，标准溶液钙质量浓度为 25.0mg/L）来判断仪器是否在稳定受控状态。一般条件下，火焰法的相对误差<1%，由此可知检测结果在 24.75~25.25mg/L 之间属于可接受区间。某次，小张按照老师的指导要求，规范操作火焰原子吸收光谱仪对标准钙样液进行了 50 次的重复测量，具体测量值如表 3-6 所示。

从数值上看，基本都在可接受区间内，于是，小张继续进行仪器操作训练，但是机器使用一段时间后就出现了严重的质量问题——数据不准确，指导老师发现这一问题就翻出了小张最近一次的标液测量数据进行分析，确定标液测量期间仪器已经开始出现问题，老师同时也指出了小张对检测工作的严谨态度还有待提高，在获得任何检测结果后都应该和老师汇报相关检测工作，不应该自己想当然，导致设备出现异常。

一、选择实验室使用频率较高的大型仪器

可以选择如 HPLC、原子吸收光谱仪、气相色谱仪、紫外分光光度仪等仪器，本任务要求数据 RSD<1.5%，即测得数据浮动区间在 $(\bar{x}-1.5\%\cdot\bar{x},\ \bar{x}+1.5\%\cdot\bar{x})$ 内，端点值即为规格下限与规格上限。如上述例题所示，以火焰原子吸收光谱仪数据为例。

二、实施步骤

1. 检测数据的收集

按照仪器操作验证标准方案实施数据采集。注意需要严格按照标准设定条件及操作流程，保证每次数据采集规范并且可靠。每次使用设备 5 个平行样一组，收集 10 次，共 50 个数据。

2. 数据的整理

按照直方图章节步骤进行数据整理，步骤包括：①收集数据；②找出数据中最大，最小值求极差；③确定数据的分组数；④确定分组组距；⑤计算各组上下限；⑥计算各组中心值、频数和频率；⑦绘制直方图。

3. 统计分析

（1）首先双击“Minitab 17”，打开软件（图 3-19）。将数据录入在工作表中，一般为 50 个数据，但不要低于 30 个。

（2）录入 50 个仪器收集数据（同一个标准品，同一个设备同样条件不同时间检测的数据）（图 3-20）。

图 3-19　Minitab 17 图标

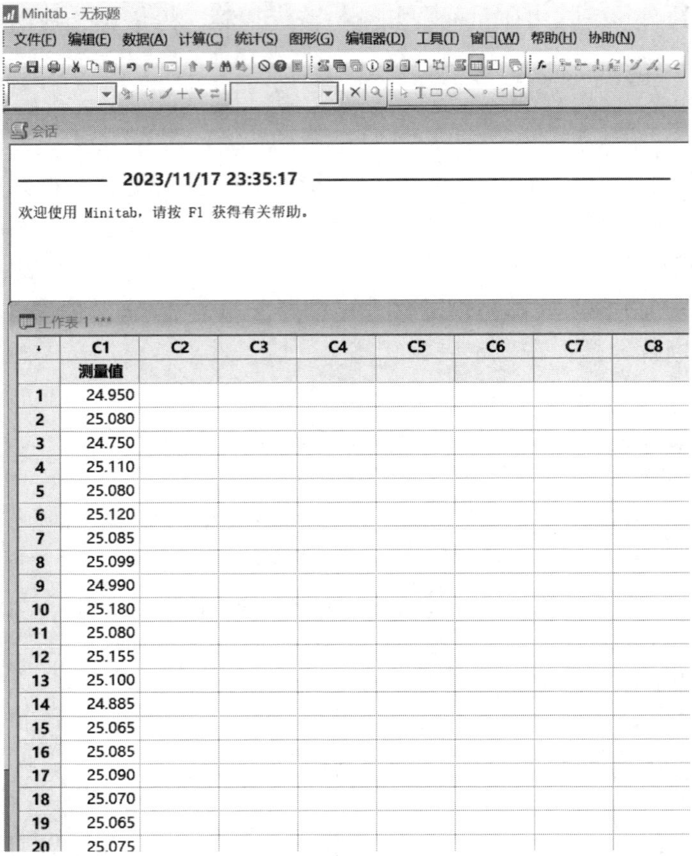

图 3-20　录入 50 个检测数据（单列）

（3）选择“统计”→“质量工具”→“能力分析”→“正态”（图 3-21）。

图 3-21　工具栏中正态位置

（4）打开对话框，在单列中双击左边“能力分析（正态分布）”框内的列名称，或者输入列名称。在“子组大小”中，输入 5（图 3-22）。

（5）“规格下限”输入 $\bar{x}-1.5\%\cdot\bar{x}$（需要输入根据公式计算后的数值），“规格上限”输入$\bar{x}+1.5\%\cdot\bar{x}$（图 3-22）。

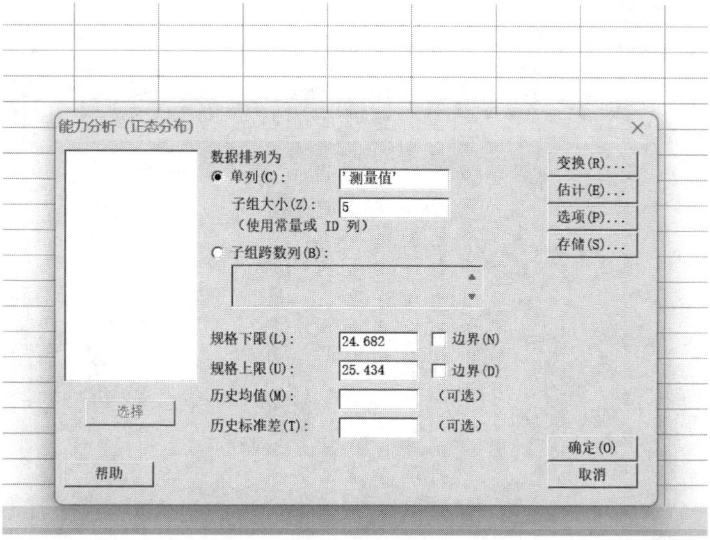

图 3-22　能力分析设置参数

（6）单击“选项”，在“目标（添加 C_{PM} 到表格）”中，输入 $\bar{x}$，在每个对话框中单击“确定”（图 3-23）。

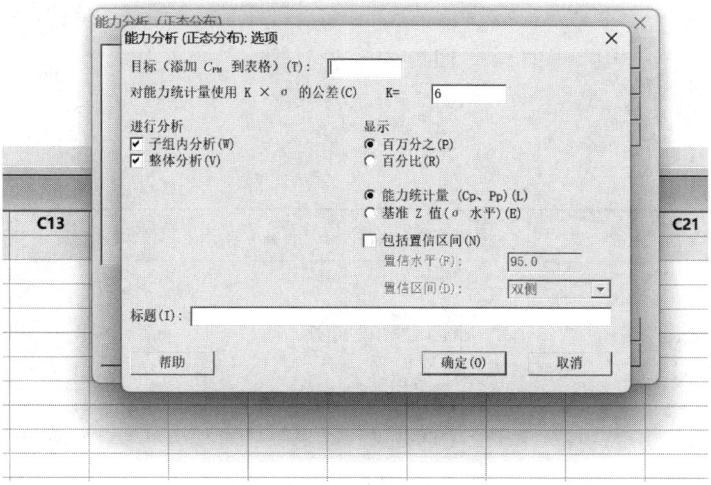

图 3-23　能力分析选项参数设置

（7）根据制作的过程能力图进行过程能力指数分析，可以通过 $C_P>1.33$ 判断机器运行正常，$C_P<1$ 则判断设备出现质量问题，需要调试改善。本例题 $C_{PK}=1.37$，显示过程能力充足，原子吸收光谱仪运行正常，且保证 $C_{PK}>1$ 的情况下数据的准确性。

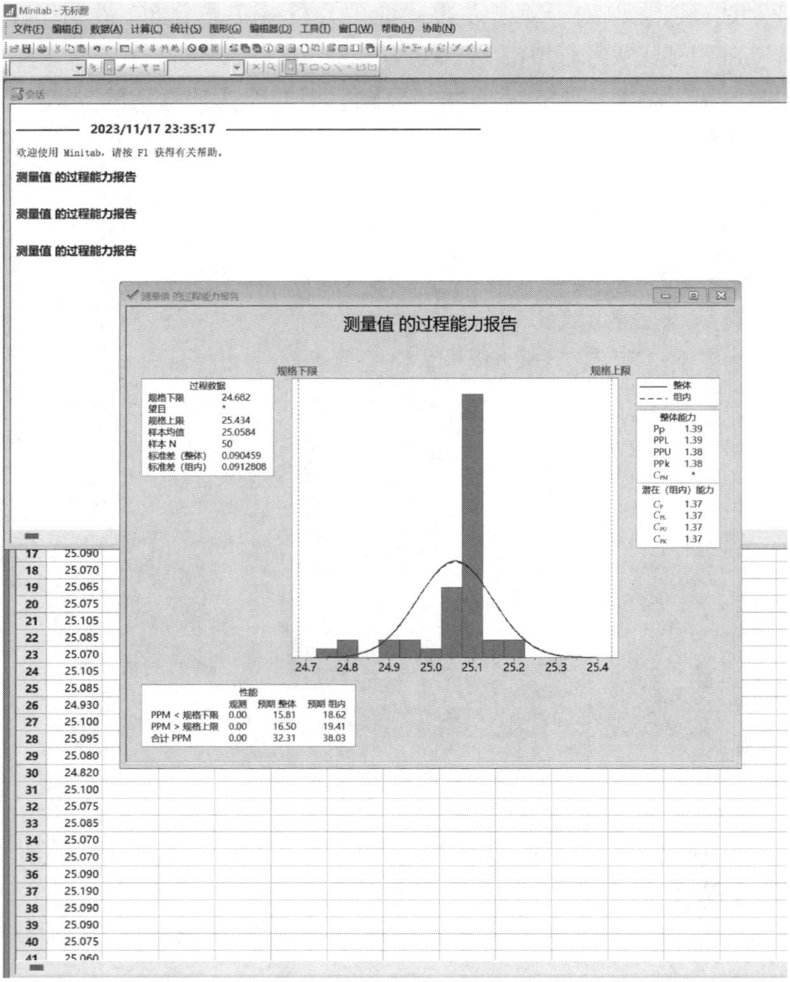

图 3-24　运行结果

任务考核

考核项目	考核内容	分值	得分
	样品检测规范	20	
检测数据收集	原始记录填写正确	10	
	数据计算	10	
	数据分组	10	
数据整理分析	直方图流程	20	
	过程能力指数分析	20	
职业素质	严谨的科学态度	5	
	实事求是的职业精神	5	

练习题

某食品企业生产的果酱食品，其中防腐剂山梨酸钾由机器限量自动添加，为了监控机器质量，根据 GB 2760—2024《食品安全国家标准　食品添加剂使用标准》要求每个包装规格为 11kg，则每个包装果酱中防腐剂山梨酸钾的检测量最高不能超过 11g，最低不能低于 4g，根据以往检测均值约每个包装 8g，这反映了设备的正常运行情况。在某个生产旺季在生产线抽样 50 包产品，检测山梨酸钾的含量（g）如下：

9.5	6.0	8.0	8.5	10.5	8.5	10.0	9.0	6.0	9.5
8.0	8.5	7.5	9.0	8.5	10.0	7.5	9.0	6.5	9.5
8.0	8.5	10.0	7.0	7.0	9.5	8.5	9.0	8.0	8.0
11.0	7.5	8.5	6.5	10.5	8.0	7.0	9.0	8.5	9.0
8.0	8.0	6.5	7.5	8.5	8.5	7.0	7.5	9.0	9.0

从这些数据可以看出机器运行情况良好，没有产品是超标添加，是否可以说该设备质量达到了标准？品控经理应该如何评估设备的运行能力呢？

知识链接

统计过程控制图

1918 年，休哈特作为一名物理学家，进入西部电子公司的贝尔实验室工作。1931 年，他出版了《产品制造质量的经济控制》（*Economic Control of Quality of Manufactured Product*）一书，概述了统计过程控制的原理。控制图（Control Chart）由此诞生，用以对生产过程的关键质量特性进行测定、记录、评估、监测，以评估过程是否处于受控状态。

控制图是反映和控制质量特性值分布状态随时间发生变动的图表。它是判断工序是否处于稳定状态、保持生产过程始终处于正常状态的有效工具。

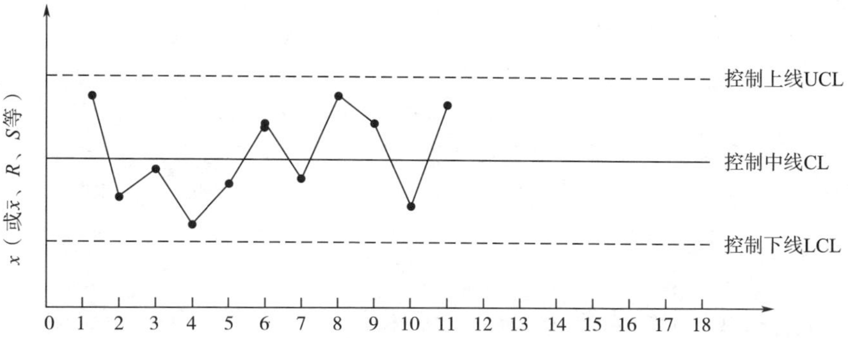

控制图上有三条平行于横轴的直线：控制中线（CL，Central Line）、控制上线（UCL，Upper Control Line）和控制下线（LCL，Lower Control Line），并有按时间顺序抽取的样本统计量数值的描点序列。UCL、LCL 通常控制界限设定在±3 标准差的位置，中心线是所控

制的统计量的平均值。

控制线是控制图中判断过程是否失控的上下界限，超过控制线，表明过程已失控，控制线是项目管理团队（或项目经理）确定的。规格线是判断产品或成果是否符合要求，是次品的分界线，超过规格线，表明产品不合格，规格线是合同（用户）确定的。

一般控制线在规格线之内。控制图中的情形：

（1）当出现 5 个点链在中心线一侧时，应注意工序的发展；当出现 6 个点链在中心线一侧时；应开始作原因调查，当出现 7 个点链在中心线一侧时，判断工序为异常状态，须马上进行处理。

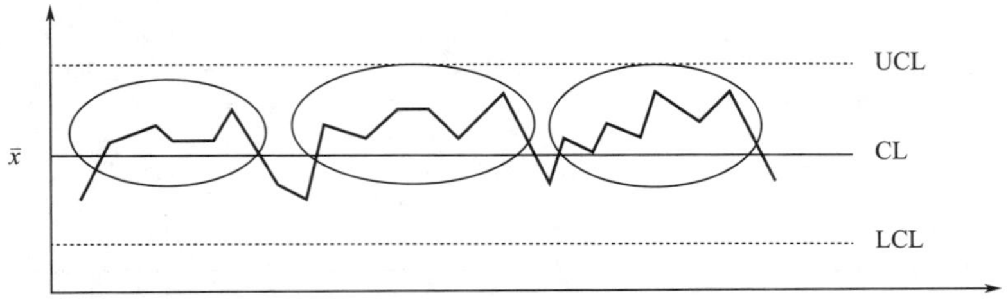

（2）当连续 11 个点中至少有 10 个点在中心线一侧；连续 14 个点中至少有 12 个点在中心线一侧；连续 17 个点中至少有 14 点在中心线一侧；连续 20 个点中至少有 16 个点在中心线一侧时，都说明工序处于异常状态。

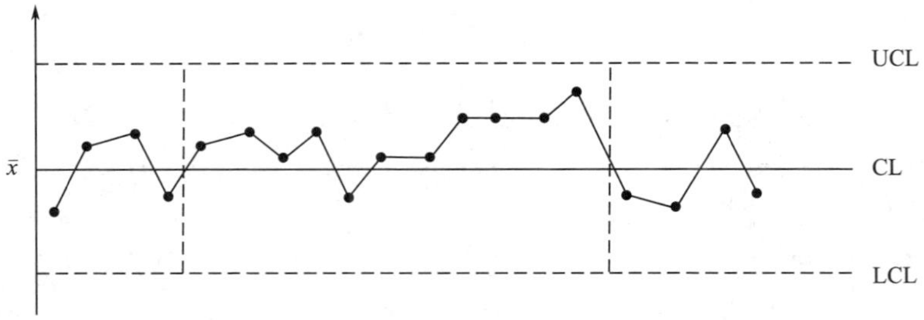

（3）当出现 7 个点连续上升或 7 个点连续下降时，应判断工序处于异常状态。

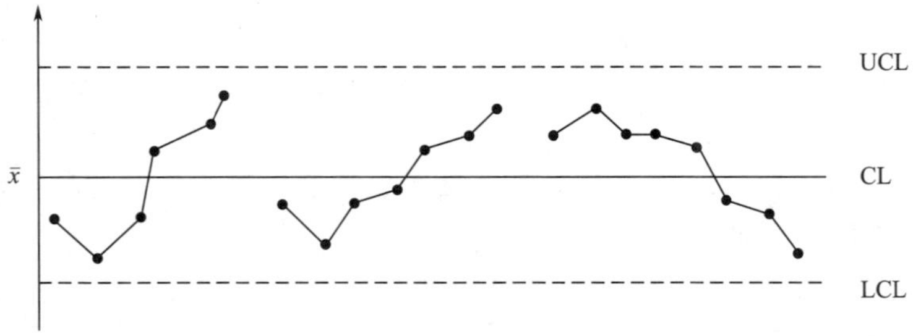

（4）在中心线与控制线间划等分线，若点大部分在靠近中心线一侧，则判断工序状态发生异常。

（5）在中心线与控制线间作三等分线，如果连续 3 个点中至少有 2 个点，连续 7 个点中至少有 3 个点，连续 10 个点中至少有 4 个点居于靠近上、下控制线的 1/3 带内，则判断工序异常。

项目四

统计资料的检验

学习目标

知识目标

1. 理解统计假设的含义、基本原理和步骤。
2. 掌握样本平均数的假设检验。
3. 掌握总体参数的区间估计。
4. 掌握抽样检验的一般原理，理解接受概率曲线。
5. 理解各类数据的抽样检验方案。

技能目标

1. 能够判断某一样本平均数 $\bar{x}$ 与已知总体平均数 μ_0 是否有显著性差异。

2. 能够合理地估计出参数可能出现的范围，使绝大多数该参数的点估计值包含在该区间内。

3. 会运用公式和抽样方案表制订一次抽样检验方案。

4. 会通过 Minitab 进行抽样检验的基本运算操作。

素质目标

1. 建立公平正义之心对待事物，不错判，不误判。
2. 培养科学决策和正确执行的工作作风。
3. 培养透过现象分析问题本质的高阶思维。

项目导学

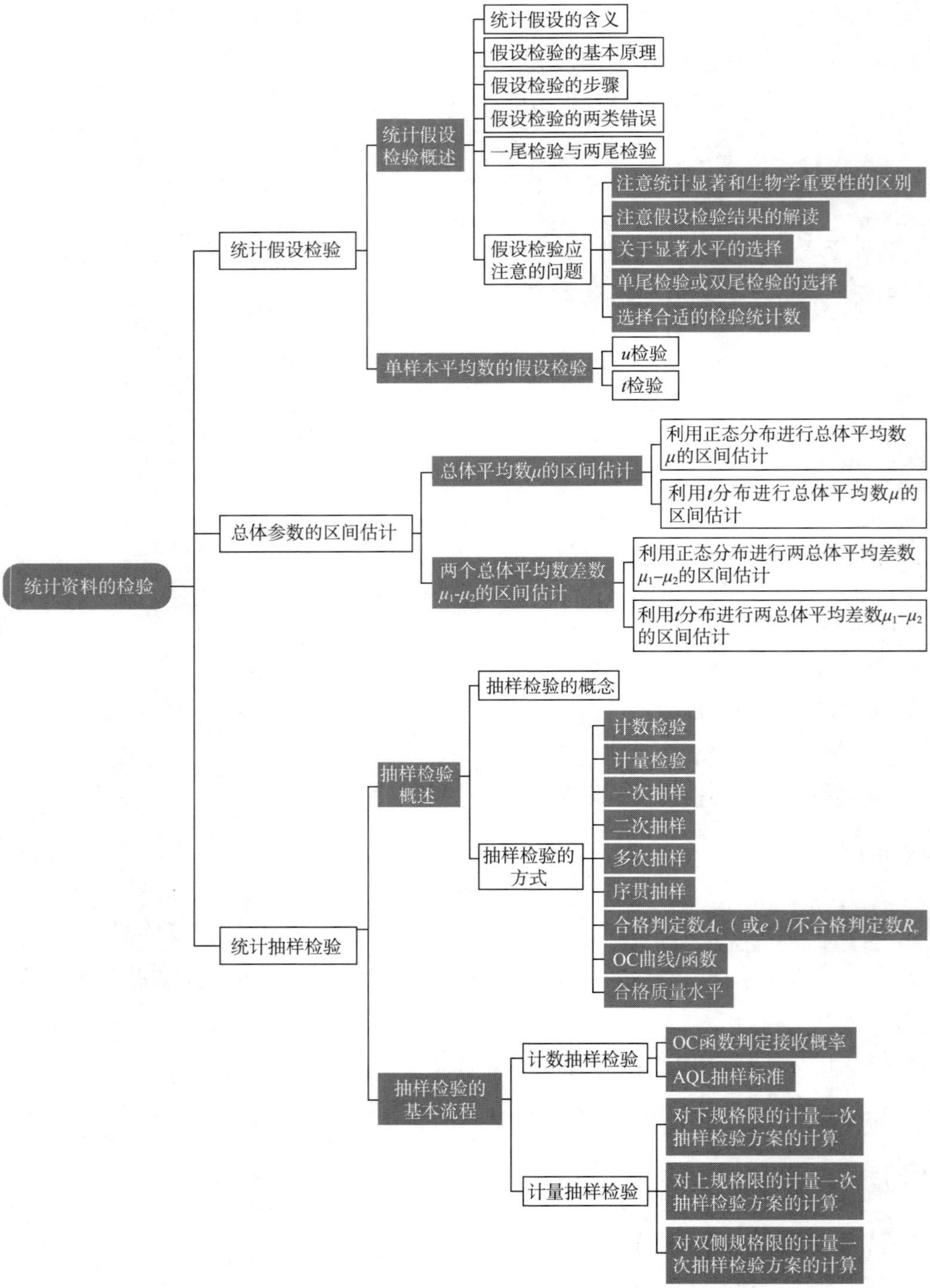
统计资料的检验
统计假设检验
统计假设检验概述
统计假设的含义
假设检验的基本原理
假设检验的步骤
假设检验的两类错误
一尾检验与两尾检验
假设检验应注意的问题
注意统计显著和生物学重要性的区别
注意假设检验结果的解读
关于显著水平的选择
单尾检验或双尾检验的选择
选择合适的检验统计数
单样本平均数的假设检验
u检验
t检验
总体参数的区间估计
总体平均数μ的区间估计
利用正态分布进行总体平均数μ的区间估计
利用t分布进行总体平均数μ的区间估计
两个总体平均数差数$\mu_1-\mu_2$的区间估计
利用正态分布进行两总体平均差数$\mu_1-\mu_2$的区间估计
利用t分布进行两总体平均差数$\mu_1-\mu_2$的区间估计
统计抽样检验
抽样检验概述
抽样检验的概念
抽样检验的方式
计数检验
计量检验
一次抽样
二次抽样
多次抽样
序贯抽样
合格判定数A_c（或e）/不合格判定数R_e
OC曲线/函数
合格质量水平
抽样检验的基本流程
计数抽样检验
OC函数判定接收概率
AQL抽样标准
计量抽样检验
对下规格限的计量一次抽样检验方案的计算
对上规格限的计量一次抽样检验方案的计算
对双侧规格限的计量一次抽样检验方案的计算

知识点一 统计假设检验

样本平均数的抽样分布是从由总体到样本的方向来研究样本与总体的关系。然而，在实践中所获得的资料通常都是样本结果，但我们希望了解的却是样本所在的总体情况。因此，须从由样本到总体的方向来研究样本与总体的关系，即进行统计推断（Statistical Inference）。所谓统计推断，就是根据抽样分布规律和概率理论，由样本结果去推论总体特征。它主要包括假设检验（Hypothesis Test）和参数估计（Parameter Estimation）两部分内容。

假设检验又称为显著性检验（Test of Significance），是统计学中一个很重要的内容。显著性检验的方法有很多，常用的有 t 检验、F 检验和 χ^2 检验等。尽管这些检验方法的用途及使用条件不同，但其检验的基本原理是相同的。本项目以单样本平均数（总体标准差已知）的假设检验为例，阐明假设检验的原理和步骤，然后介绍单样本平均数（总体标准差未知）的假设检验和两个样本的假设检验，最后介绍区间估计（Interval Estimation）的基本知识等。

一、统计假设检验概述

1. 统计假设的含义

在统计学上，假设（Hypothesis）是指关于总体的某些未知或不完全知道性质的待证明的声明（Assertion）。假设可分为研究假设（Research Hypothesis）和统计假设（Statistical Hypothesis）。研究假设是指研究人员根据以往的研究结果、科学文献或者经验而提出的假设。统计假设则是根据研究假设提出的，描述根据研究假设进行试验结果的两种统计选择。

统计假设有两种，分别为原假设（Null Hypothesis，H_0；或称零假设，虚假设，无效假设）和备择假设（Alternative Hypothesis，H_A；或称对立假设）。原假设通常为不变情况的假设。比如，H_0 声明两个群体某些性状间没有差异，即两个群体的平均数和方差相同。而备择假设 H_A，则通常声明一种改变的状态，如两个群体间存在差异。研究假设可以为两种可能之一，即没有差异和有差异。通常情况下，备择假设和研究假设相同，因此，原假设与研究者的期望相反。一般地，证明一个假设是错误的较正确的容易，因此，研究者通常试图拒绝原假设。

假设检验的定义为，假定原假设正确，检验某个样本是否来自某个总体，它可以使研究者把根据样本得出的结果推广到总体。根据样本进行的假设检验有两种结果：①拒绝 H_0，因为发现其是错误的；②不能拒绝 H_0，因为没有足够的证据拒绝它。原假设和备择假设总是互斥的，而且包括了所有的可能，因此，拒绝 H_0 则 H_A 正确。另一方面，证明原假设 H_0 是正确的比较困难。

根据概率理论和理论分布的特性进行假设检验，概率理论用来拒绝或接受某个假设。因为结果是从样本而不是整个总体得出的，因此，结果不是100%正确。

2. 假设检验的基本原理

实际中，多数情况是用样本数据去推断总体，由于个体变异和随机抽样误差，不能简单地根据样本统计量数值的大小直接获得结论。例如，比较甲、乙两种食品包装的受欢迎程度，甲种包装的食品购买量为200袋，乙种包装的食品购买量为300袋，并不能说明乙包装更受欢迎，因为如果再重新做一次试验其结果可能相反。所以需要利用假设检验的方法达到由样本推断总体的目的。

假设检验的理论依据是"小概率事件原理"，在上例对 H_0 作出的判断中，实际上运用了小概率事件原理。所谓小概率事件原理，就是认为小概率事件在一次试验（观察）中实际上不会发生。在统计推断中，把概率很小的事件称作小概率事件。如果预先的假设使得小概率事件发生了，类似于数学中传统推理的反证法出现了逻辑矛盾，就认为出现了不合理的现象，从而拒绝假设。一般把概率不超过0.10，0.05，0.01的事件当作"小概率事件"，用 α 表示，称为检验水准或显著水平（Significance Level），α 通常取0.05，0.01，实际问题中也可取0.10等。

3. 假设检验的步骤

（1）建立假设　对样本所属总体提出假设，包括无效假设 H_0 和备择假设 H_A。H_0 与 H_A 在假设检验问题中是两个对立的假设：H_0 成立则 H_A 不成立，反之亦然。例如，对总体均值 μ 可以提出3个假设检验：①H_0：$\mu=\mu_0$，对 H_A：$\mu\neq\mu_0$；②H_0：$\mu=\mu_0$，对 H_A：$\mu<\mu_0$；③H_0：$\mu=\mu_0$，对 H_A：$\mu>\mu_0$。①称为双尾或双侧检验，②和③称为单尾或单侧检验。

（2）规定显著水平　由于总是在有相当的根据后才做出原假设 H_0 的，为此，选取一个很小的正数 α，如0.01或0.05。检验时，就是要解决当原假设 H_0 成立时，做出不接受原假设 H_0 的这一决定的概率不大于这个显著水平 α。

（3）检验计算　从无效假设 H_0 出发，根据所得检验统计量的抽样分布（不同的假设检验，所得统计量不同），计算表面效应仅由误差造成的概率。

（4）统计推断　根据计算的概率值大小来推断无效假设是否错误，从而决定接受还是否定 H_0。

由于常用显著水平 α 有0.05和0.01，故作统计推断时就有3种可能结果，每次检验必须且只能得其中之一：

①当计算出的概率 $P>0.05$ 时，说明表面效应仅由误差造成的概率不是很小，故应接受无效假设 H_0，拒绝 H_A。此时称为差异不显著。

②当计算出的概率 $0.01<P\leqslant 0.05$ 时，说明表面效应仅由误差造成的概率很小，故应否定无效假设 H_0，接受 H_A。此时的显著水平称为差异显著。差异显著通常是在计算的统计量值上用记"*"来表示。

③当计算出的概率 $P\leqslant 0.01$ 时，说明表面效应仅由误差造成的概率更小，更应否定无效假设 H_0，接受 H_A。此时的显著水平称为差异极显著。差异极显著通常是在计算的统计量值上用记"**"来表示。

下面通过举例说明假设检验的基本原理和步骤。

【例4-1】某工厂生产的咀嚼片额定标准为8.9g/片，从机器所生产的产品中随机抽取9片，$\bar{x}=9.0111$，$S=0.1182$。该厂生产的咀嚼片是否符合标准？

（1）建立假设　样本的均数 $\bar{x}=9.0111$ 与额定标准8.9g/片之间的差异由两种原因造

成：一种是机器工作不正常造成的，也称为本质原因，样本均数与总体均数有实质性差异；另一种是机器正常工作，样本均数与总体均数没有实质性差异，差异是由随机误差所造成的。统计上就是要根据样本的信息去推断究竟是哪种原因造成的。

先假设该厂生产的咀嚼片的重量μ符合标准μ_0，即H_0：$\mu=\mu_0$，则H_A：$\mu\neq\mu_0$。

（2）规定显著水平　由附录3可知：

$$P(|t|>1.86)=0.05 \tag{4-1}$$

式（4-1）说明$|t|>1.86$是一个小概率事件，即$|t|$超过1.86的可能性是很小的。

（3）检验计算　根据抽样分布的理论，在此假设条件下，可以构造出一个统计量，按式（4-2）计算：

$$t=\frac{\bar{x}-\mu_0}{S/\sqrt{n}}=\frac{9.0111-8.9}{0.1182/\sqrt{9}}=2.82 \tag{4-2}$$

根据式（4-2）可知，服从自由度为$df=n-1=9-1=8$的t分布。

（4）统计推断　$|t|=2.82>1.86$，因此，$P<0.05$，显然是发生了小概率事件，与“小概率事件原理”相违背。上面的推理没有错误，问题只能出在假设上，从而拒绝假设，可以认为该工厂生产的咀嚼片的重量不符合标准。

4. 假设检验的两类错误

统计假设检验是根据小概率事件的实际不可能性原理来否定或接受无效假设的。因此在做出是否否定无效假设的统计推断时，没有100%的把握，总是要冒一定的下错误结论的风险。表4-1列出了在一次统计假设检验中可能出现的4种情况。

在表4-1列出的4种情况中，有两种情况的检验结果是错误的。其中，当H_0本身正确，但通过假设检验后却否定了它，也就是将非真实差异错判为真实差异，这样的错误统计上称为第一类错误，亦称Ⅰ型错误（Type Ⅰ Error）；反之，当H_0本身错误时，通过假设检验后却接受了它，也即把真实差异错判为非真实差异，这样的错误称作第二类错误，亦称Ⅱ型错误（Type Ⅱ Error）。

表4-1　　统计假设检验结果的4种情况

检验结果	客观存在	
	H_0正确	H_0错误
否定H_0	第一类错误（α）	推断正确（$1-\alpha$）
接受H_0	推断正确（$1-\beta$）	第二类错误（β）

由表4-1第三行可知，如果结论为否定H_0，则可能得出正确结论，也可能犯概率为α的第一类错误。由第4行可知，如果接受H_0，则或者得出正确的结论，或者犯概率为β的第二类错误。对于某一次检验，其结果是不是出错，一般无从知晓。但可以肯定的是，否定无效假设H_0时可能犯第一类错误，而接受无效假设时可能犯第二类错误，并且犯两类错误的概率有多大是可知的。

犯第一类错误的概率通常不会超过显著水平α。因为在无效假设H_0正确的情况下，从μ_0总体中随机抽出的样本平均数$\bar{x}$仍有α大小的概率出现在否定域。然而在假设检验中，一旦$\bar{x}$落入否定域，就否定H_0。因此，犯第一类错误的概率通常不会超过H_0，正确

时 $\bar{x}$ 出现在否定域的概率 α，即显著水平。由此可见，当在显著水平 α 下做出否定 H_0 的推断时，有 $1-\alpha$ 的可靠性保证结论正确。同时要冒 α 的下错误结论的风险。要使犯第一类错误的概率小一些，可将显著水平定得小一点。从以上例子可知，可以控制显著水平（第一类错误 α），那么为什么推荐的显著水平为 0.05，而不是更低的第一类错误概率 0.01 或 0.001 呢？有时确实会选择较高的显著水平，但是，这时，第二类错误 β 反而升高，检验功效下降。通过下面一个例子进行说明。

【例 4-2】假设有一个总体服从正态分布，其平均数等于 100，标准差等于 10。另一个总体也服从正态分布，平均数等于 105，标准差等于 10。不知道样本是从哪一个总体抽取的，只知道为其中之一。而实际上，样本来自均值等于 105 的样本。

案例 1：假定样本含量 $n=25$，$\alpha=0.05$。

假设为：

H_0：$\mu=100$，$\sigma=10$；

H_A：$\mu=105$，$\sigma=10$。

首先计算当 H_0 正确时，什么情况下会犯第一类错误。临界值 $\mu_{0.05}=1.645$，注意这时为单尾检验，即

$$1.645=\frac{\bar{x}-100}{10/\sqrt{25}}$$

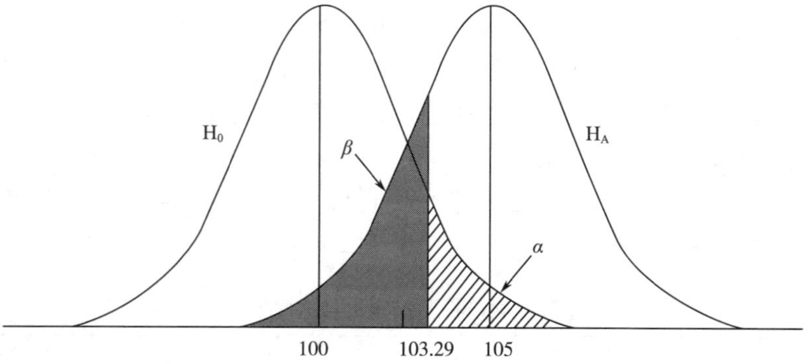

图 4-1　第一类错误和第二类错误示意图

于是得 $\bar{x}=103.29$。如果 H_0 正确，当平均数大于 103.29 时，拒绝 H_0，第一类错误的概率为 0.05。如果 H_0 是错误的，平均数低于 103.29 会导致第二类错误，得出样本来自平均数为 100 总体的结论。图 4-1 中平均数为 100 的分布的斜影部分为第一类错误，平均数为 105 的分布的阴影部分为第二类错误。现在可以根据定义，按式（4-3）计算第二类错误：

$$\beta=P\ (\bar{x}<103.29)\ =P\left(\mu<\frac{103.29-105}{10/\sqrt{25}}\right)=P\ (\mu<-0.855)\ =0.1963 \qquad (4-3)$$

这时 u 检验的检验功效等于 $1-\beta=1-0.1963=0.8037$。

案例 2：假定样本含量 $n=25$，$\alpha=0.01$。

同样地，先计算当 H_0 正确时，什么时候会犯第一类错误。与前面的相同，查附录 2，统计数临界值 $\mu_{0.01}=2.330$，即

$$2.330=\frac{\bar{x}-100}{110/\sqrt{25}}$$

于是得 $\bar{x}=104.66$。按式（4-4）计算第二类错误：

$$\beta=P\ (\bar{x}<104.66)\ =P\left(\mu<\frac{104.66-105}{10/\sqrt{25}}\right)=P\ (\mu<-0.170)\ =0.4325 \tag{4-4}$$

这时 u 检验的检验功效等于 $1-\beta=1-0.4325=0.5675$。

表 4-2 列出了 3 种显著水平下第二类错误和检验功效。从表 4-2 可以看出，随着显著性水平的提高，第二类错误增大，检验功效下降。这种现象的根本原因，是因为两个样本分布存在重叠。比如，如果一个样本的均值等于 100，而另一个为 10000，由于两个样本分布没有重叠，第二类错误就消失了。

表 4-2　显著水平和第二类错误、检验功效的关系

α	β	检验功效
0.05	0.1963	0.8037
0.01	0.4325	0.5675
0.001*	0.7190	0.2810

注：* $\alpha=0.001$ 时，临界值 $\mu_\alpha=3.09$。

案例 3：假定样本含量 $n=100$，$\alpha=0.05$。

$$1.645=\frac{\bar{x}-100}{10/\sqrt{100}}$$

得 $\bar{x}=101.645$，于是，按式（4-5）计算第二类错误：

$$\beta=P\ (\bar{x}<101.645)\ =P\left(\mu<\frac{101.645-105}{10/\sqrt{100}}\right)=P\ (\mu<-3.355)\ =0.0004 \tag{4-5}$$

检验功效等于 0.9996。

样本含量提高后，样本平均数的标准误下降，使样本分布间的重叠减少，因此，可以通过增加样本含量来提高检验功效，降低第二类错误。

5. 一尾检验与两尾检验

上述假设检验中，对应于无效假设 H_0：$\mu=\mu_0$ 的备择假设为 H_A：$\mu\neq\mu_0$。它实际上包含了 $\mu<\mu_0$ 和 $\mu>\mu_0$ 这两种情况，因而这种检验有两个否定域，分别位于 $\bar{x}$ 分布曲线的两尾，故称两尾检验（Two-tailed Test）。两尾检验的目的在于判断 μ 和 μ_0 有无差异，而不考虑 μ 和 μ_0 谁大谁小，把 $\mu<\mu_0$ 和 $\mu>\mu_0$ 合为一种结果。这种检验中运用的显著水平 α 也被平分在两尾，各尾有 $\alpha/2$，称作两尾概率。

两尾检验在实践中被广泛应用。但在有些情况下，两尾检验不一定符合实际情况。例如，某酿醋厂的企业标准规定曲种酿造醋的醋酸含量应保证在 12%以上（μ_0），若进行抽样检验，则抽出的样本平均数 $\bar{x}\geqslant\mu_0$ 时，无论大多少，该批醋都应是合格产品。但 $\bar{x}<\mu_0$ 时，却有可能是一批不合格产品。这类否定域位于 $\bar{x}$ 分布曲线某一尾的统计假设检验称为一尾检验（One-tailed Test）。应当注意的是，在实际检验中，为了构造检验统计量，一尾检验的无效假设仍采用 H_0：$\mu=\mu_0$。

选用两尾检验还是一尾检验应根据专业的要求在试验设计时就确定。一般而论，若事先不知道 μ 和 μ_0 谁大谁小，为了检验 μ 和 μ_0 是否有差异，则用两尾检验；如果凭借一定的专业知识和经验，推测 μ 不会小于（或大于）μ_0 时，为了检验 μ 是否大于（或小于）μ_0，应用一尾检验。

6. 假设检验应注意的问题

（1）注意统计显著和生物学重要性的区别　假设检验结果为差异显著，只是统计分析的结果，并不一定具有重要的生物学意义，也不表明差异非常大。假设两个奶牛群的305d产奶量平均数差异10kg，如果样本足够大，进行假设检验结果可能会达到显著，但是，对于生产实际却没有任何价值。相反，如果两个蛋鸡群的平均蛋重相差5g，假设检验结果可能不显著，但是，却可能有重要的经济价值。同样地，如果假设检验结果为差异不显著，不能理解为样本间没有差异，假设检验不显著可能是因为误差太大而掩盖了真正的差异，进一步试验结果的假设检验可能会得出差异显著的结果。

（2）注意假设检验结果的解读　根据表4-1，无论我们是否定 H_0 还是接受 H_0，都有可能会犯错误。因此，假设检验结果假如为 $P>0.05$，不能“证明” H_0 是正确的，因为证明的意思为100%正确，但可以说数据“支持”原假设；同理，如果 $P<0.05$，可以说数据支持备择假设。

（3）关于显著水平的选择　随 α 值的下降，第二类错误上升，检验功效下降。一般地，取 $\alpha=0.05$ 比较合适。有时，犯第一类错误有严重后果，而且由于某些研究的特点决定了容易犯第一类错误，如遗传学中的QTL（数量性状座位）定位研究，需要利用较低的显著水平，这时可以根据研究中染色体的数量校正显著水平的大小；关于假设检验时 α 值的取值校正方法超出了本书的范围，读者可以参考有关的统计学专著。由于样本含量升高可以提高检验功效，因此，如果条件允许，试验设计时应该尽量使各组样本含量大一些。

（4）单尾检验或双尾检验的选择　关于假设检验时是采用单尾检验还是双尾检验，要根据不同问题的要求和专业知识来决定，一般在试验设计时就已经确定。如果事先不知道假设检验的结果，分析的目的是处理间有无差异，则进行双尾检验；如果根据专业知识或前人的结果，A处理的平均数比B处理的平均数高（或相反），假设检验的目的是A处理的平均数是否高于B处理的平均数（或差），则进行单尾检验。由上可知，如果对同一资料同时进行双尾检验和单尾检验，假设检验的结果是不同的，即单尾检验在显著水平 α 时显著，相当于双尾检验的 2α 水平显著。双尾检验显著的，单尾检验结果一定显著；而单尾检验显著的，双尾检验结果不一定显著。

（5）选择合适的检验统计数　假设检验时要根据样本分布理论选择合适的检验统计数，每种检验统计数都有其适用条件。从后文可知，单样本的假设检验有 u 检验和 t 检验之分，要注意它们不同的应用条件。

此外，“显著”针对的是样本而不是总体，只能说“样本A和样本B平均数间存在显著差异”，而不能说“总体A和总体B的平均数差异显著”。

二、单样本平均数的假设检验

单个样本平均数的假设检验是检验某一样本平均数 $\bar{x}$ 与已知总体平均数 μ_0 是否有显著差异的方法，即是检验无效假设 H_0：$\mu=\mu_0$ 或 $\mu\leq\mu_0$（$\mu\geq\mu_0$）对备择假设 H_A：$\mu\neq\mu_0$ 或

$\mu>\mu_0$（$\mu<\mu_0$）的问题。具体方法有 u 检验和 t 检验两种。

1. *u* 检验

u 检验（u-Test）是指在假设检验中利用标准正态分布来进行统计量的概率计算的检验方法。以下两种情况的资料可以用 u 检验方法分析：①样本资料所属总体服从正态分布 $N(\mu, \sigma^2)$，总体方差 σ^2 为已知；②样本平均数 $\bar{x}$ 来自一个大样本（通常 $n>120$）。以如下实例说明 u 检验的具体方法步骤。

【例 4-3】某罐头厂生产水果罐头，其自动装罐机在正常工作状态时每罐净重具正态分布 $N(500, 64)$（单位：g）。某日随机抽查了 10 听罐头，测定结果如下：

505，512，497，493，508，515，502，495，490，510

问装罐机在该日的工作是否正常？

由题意可知，样本所属总体服从正态分布，并且总体标准差 $\sigma=8$，符合 u 检验的应用条件。由于当日装罐机的每罐平均净重可能高于或低于正常工作状态下的标准净重，故须做两尾检验。其方法步骤如下：

①提出假设。

H_0：$\mu=\mu_0=500$g，即该日装罐机平均净重与标准净重一样。

H_A：$\mu\neq\mu_0$，即该日装罐机平均净重与标准净重不一样，装罐机工作不正常。

②确定显著水平。$\alpha=0.05$（两尾概率）。

③检验计算。

样本平均数

$$\bar{x}=\sum x/n=\frac{505+512+\cdots+510}{10}=502.700$$

均数标准误

$$\sigma_{\bar{x}}=\sigma/\sqrt{n}=8/\sqrt{10}=2.530$$

统计量 μ 值

$$\mu=(\bar{x}-\mu_0)/\sigma_{\bar{x}}=（507-500/2.53）=1.067$$

④统计推断。由显著水平 $\alpha=0.05$ 查附录 2 得临界 μ 值：$\mu_{0.05}=1.96$。

由于实得 $|\mu|=1.067<\mu_{0.05}=1.96$，可知表面效应 $\bar{x}-\mu_0=502.7-500=2.7$ 仅由误差造成的概率 $P>0.05$，故不能否定 H_0，推断该日装罐平均净重与标准净重差异不显著，表明该日装罐机工作属正常状态。

2. *t* 检验

t 检验（t-Test）是指利用 t 分布来进行统计量的概率计算的假设检验方法。它要求资料必须服从正态分布，主要应用于总体方差 σ^2 未知的小样本资料，当然大样本也可用。其他方法步骤由下面的例子进行说明。

【例 4-4】用山楂加工果冻，传统工艺平均每 100g 山楂出果冻 500g。现采用一种新工艺进行加工，测定了 16 次，得每 100g 山楂出果冻平均数为 $\bar{x}=520$g，标准差 $S=12$g。问新工艺每 100g 山楂出果冻量与传统工艺有无显著差异？

本例中总体方差 σ^2 未知，又是小样本，资料也服从正态分布，故可做 t 检验。检验步骤如下：

①建立假设。

H_0：$\mu=\mu_0=500g$，即新、旧工艺每 100g 山楂出果冻量没有差异；

H_A：$\mu \neq \mu_0$，即新、旧工艺每 100g 山楂出果冻量有差异。

②确定显著水平。$\alpha=0.05$（两尾概率）。

③检验计算。

均数标准误

$$S_{\bar{x}}=S/\sqrt{n}=12/\sqrt{16}=3$$

统计量 t 值

$$t=(\bar{x}-\mu_0)/S_{\bar{x}}=\frac{520-500}{3}=6.667^{**}$$

自由度

$$df=n-1=16-1=15$$

④统计推断。由自由度 $df=15$ 和显著水平 $\alpha=0.01$ 查附录 3 得临界 t 值 $t_{0.01(15)}=2.947$。由于实得 $|t|=6.667>t_{0.01(15)}=2.947$，故 $P<0.01$，应否定 H_0，接受 H_A，推断新、旧工艺的每 100g 山楂出果冻量差异极显著（在数字右上角标注“＊＊”），亦即采用新工艺可提高每 100g 山楂出果冻量。

练习题

1. 简述统计假设检验的概念及基本步骤。

2. 在什么情况下应用一尾检验或两尾检验？

3. 什么是统计假设检验的第一类错误和第二类错误？

4. 从胡萝卜中提取 β-胡萝卜素的传统工艺提取率为 91%。现有一新的提取工艺，用新工艺重复 8 次提取试验，得平均提取率 $\bar{x}=95\%$，标准差 $S=7\%$。试检验新工艺与传统工艺在提取率上有无显著差异。

5. 分别在 10 个食品厂各测定了大米饴糖和玉米饴糖的还原糖含量（%），结果如下表所示。试比较两种饴糖的还原糖含量是否有显著差异。

品种	厂序号									
	1	2	3	4	5	6	7	8	9	10
大米	38.3	37.3	37.2	37.6	37.5	37.9	38	38.5	37.2	38.1
玉米	34.9	35.2	35.5	36.9	36.8	36.5	37.8	35.5	35.9	36.4

注：$d_1=3.4$，$d_2=2.1$，$d_3=1.7$，$d_4=0.7$，$d_5=0.7$，$d_6=1.4$，$d_7=0.2$，$d_8=3$，$d_9=1.3$，$d_{10}=1.7$。

6. 某药厂生产复方维生素，要求每 50g 维生素含铁 2400mg。从该厂某批产品随机抽取 5 个样品，测得含铁量（mg/50g）：2372，2409，2395，2399，2411，判断该批产品含铁量是否合格。

7. 用新旧两种方法测定某乳制品中的蛋白质含量，取 5 份乳制品样品，每份乳制品样品均分为两份，分别用新旧两种方法测定蛋白质含量（g/L），测得的数据如表所示，判断新旧两种方法之间有无显著性差异。

检测方法	样品编号				
	1	2	3	4	5
新方法	20.5	25.1	23.6	21.2	26.8
旧方法	23.2	26.3	25.3	22.5	28.7

注：$d_1=2.7$，$d_2=1.2$，$d_3=1.7$，$d_4=1.3$，$d_5=1.9$。

知识点二

总体参数的区间估计

研究某一事物，总希望了解其总体特征。描述总体特征的数为参数。然而，总体参数往往无法直接求得，都是由样本统计量来估计。在前面的统计假设检验方法中，都是用某一个样本统计量直接估计相应的总体参数。如以样本平均数 $\bar{x}$ 估计总体平均数 μ，用样本方差 S^2 估计总体方差 σ^2。这样的参数估计方法称作点估计（Point Estimation）。但由于样本是由总体中抽出的部分个体构成，受抽样误差的影响，使得即使来自同一总体的不同样本求得的 $\bar{x}$、S^2 也不同。究竟用哪个样本的统计数更能代表相应的总体参数呢？这很难判断。因此，合理的办法是在一定概率保证下，结合抽样误差，估计出参数可能出现的一个范围（区间），使绝大多数该参数的点估计值都包含在这个区间内。这种估计参数的方法称作参数的区间估计（Interval Estimation），所给出的这个区间称为置信区间（Confidence Interval，CI）。区间的下、上限，分别用 L_1、L_2 表示。置信下、上限的差值称为置信半径。置信半径的一半称为置信距。保证参数在置信区间内的概率称为置信度或置信概率（Confidence Probability），以 $P=1-\alpha$ 表示（α 为显著水平）。描述总体的参数有多种。各种参数的区间估计计算方法有所不同，但基本原理都一致，均为运用样本统计数的抽样分布来计算相应参数置信区间的下、上限。

一、总体平均数 μ 的区间估计

1. 利用正态分布进行总体平均数 μ 的区间估计

当样本来自正态总体，且总体方差 σ^2 已知时；或者 n 足够大时，总体均属 μ 的置信度为 $1-\alpha$ 的置信区间是：

$$\bar{x}-\mu_{\alpha}\sigma_{\bar{x}} \leqslant \mu \leqslant \bar{x}+\mu_{\alpha}\sigma_{\bar{x}} \tag{4-6}$$

其置信下、上限为：

$$L_1=\bar{x}-\mu_{\alpha}\sigma_{\bar{x}}, L_2=\bar{x}+\mu_{\alpha}\sigma_{\bar{x}} \tag{4-7}$$

式中，$\sigma_{\bar{x}}=\sigma/\sqrt{n}$；$\mu_{\alpha}$ 是两尾概率为 α 时的临界 μ 值，如 $\mu_{0.05}=1.96$、$\mu_{0.01}=2.58$。

按式（4-6）和式（4-7）计算可知，若置信度大，求出的置信区间就宽，而相应的估计精度就较低；反之，置信度小，置信区间就窄，相应的估计精度就较高。这里置信度与估计精度成了一对矛盾。解决这一矛盾的办法，应是降低试验误差和适当增加样本容量。

2. 利用 t 分布进行总体平均数 μ 的区间估计

若总体方差 σ^2 未知，只要样本来自正态总体，不论小样本还是大样本，统计量 $t=(\bar{x}-\mu)/S_{\bar{x}}$ 服从具有自由度 $df=n-1$ 的 t 分布。于是很容易推导出总体平均数 μ 的置信度为 $1-\alpha$ 的置信区间是：

$$\bar{x}-t_{\alpha(df)}S_{\bar{x}} \leqslant \mu \leqslant \bar{x}+t_{\alpha(df)}S_{\bar{x}} \tag{4-8}$$

其置信下、上限为：

$$L_1=\bar{x}-t_{\alpha(df)}S_{\bar{x}},\ L_2=\bar{x}+t_{\alpha(df)}S_{\bar{x}} \tag{4-9}$$

式（4-8）和式（4-9）中：$S_{\bar{x}}=S/\sqrt{n}$；$t_{\alpha(df)}$ 是由两尾概率为 α 及自由度 $df=n-1$ 查附录 3 得到的临界 t 值。

【例 4-5】求【例 4-4】中采用新工艺后每 100g 山楂出果冻量的总体平均数 μ 的置信度为 99%的置信区间。

本例中 $\bar{x}=520$g、$S=12$g、$n=16$、$df=n-1=16-1=15$，由 $1-\alpha$ 可知 $\alpha=0.01$，查附录 3 得 $t_{0.01(15)}=2.947$。

$$L_1=520-2.947\times12/\sqrt{16}=511.159\ (\text{g})$$

$$L_2=520+2.947\times12/\sqrt{16}=528.841\ (\text{g})$$

所以采用新工艺后每 100g 山楂原料产出果冻量为 511.159~528.841g。此估计的可靠度为 99%。在大样本情况下，也可由 $\bar{x}-\mu_\alpha\sigma_{\bar{x}} \leqslant \mu \leqslant \bar{x}+\mu_\alpha\sigma_{\bar{x}}$ 对 μ 作较为粗略的区间估计，此时 σ 由 S 代替。

二、两个总体平均数差数 $\mu_1-\mu_2$ 的区间估计

这是由两个样本平均数的差数 $\bar{x}_1-\bar{x}_2$ 去作它们所在总体平均数差数 $\mu_1-\mu_2$ 的区间估计。这种估计一般在确认两个总体平均数有本质差异时才有意义，估计的方法因采用的概率分布不同而有所差异。

（一）利用正态分布进行两总体平均数差数 $\mu_1-\mu_2$ 的区间估计

如果两个总体为正态总体，且两个总体方差已知；或者虽然两个总体方差未知，但两个都是大样本时，对 $\mu_1-\mu_2$ 的置信度为 $1-\alpha$ 的置信区间为：

$$(\bar{x}_1-\bar{x}_2)-\mu_\alpha\sigma_{\bar{x}_1-\bar{x}_2} \leqslant \mu_1-\mu_2 \leqslant (\bar{x}_1-\bar{x}_2)+\mu_\alpha\sigma_{\bar{x}_1-\bar{x}_2} \tag{4-10}$$

其置信下、上限为：

$$L_1=(\bar{x}_1-\bar{x}_2)-\mu_\alpha\sigma_{\bar{x}_1-\bar{x}_2}$$

$$L_2=(\bar{x}_1-\bar{x}_2)+\mu_\alpha\sigma_{\bar{x}_1-\bar{x}_2} \tag{4-11}$$

式（4-10）和式（4-11）中：$\sigma_{\bar{x}_1-\bar{x}_2}=\sqrt{\sigma_1^2/n_1+\sigma_1^2/n_1}$；$\mu_\alpha$ 为置信度 $1-\alpha$ 对应的两尾概率 α 的临界 μ 值。

如果总体方差未知，但 $n_1 \geqslant 30$、$n_2 \leqslant 30$ 时，可由样本方差 S_1^2、S_2^2 估计总体方差 σ_1^2、σ_2^2。

（二）利用 t 分布进行两总体平均数差数 $\mu_1-\mu_2$ 的区间估计

利用 t 分布进行 $\mu_1-\mu_2$ 的区间估计方法又因为试验设计和数据特点不同而分为成组资

料和成对资料两种。

1. 成组资料两总体平均数差数 $\mu_1-\mu_2$ 的区间估计

如果两个总体为正态总体，并且总体方差相等，无论是大样本还是小样本，只要是分别独立获得的，则有 $t=\dfrac{(\bar{x}_1-\bar{x}_2)-(\mu_1-\mu_2)}{S_{\bar{x}_1-\bar{x}_2}}$ 服从具有自由度 $df=n_1+n_2-2$ 的 t 分布。由此容易导出满足上述条件的 $\mu_1-\mu_2$ 的置信度为 $1-\alpha$ 置信区间：

$$(\bar{x}_1-\bar{x}_2)-t_{\alpha(df)}S_{\bar{x}_1-\bar{x}_2}\leqslant\mu_1-\mu_2\leqslant(\bar{x}_1-\bar{x}_2)+t_{\alpha(df)}S_{\bar{x}_1-\bar{x}_2} \tag{4-12}$$

其置信下、上限为：

$$L_1=(\bar{x}_1-\bar{x}_2)-t_{\alpha(df)}S_{\bar{x}_1-\bar{x}_2}$$

$$L_2=(\bar{x}_1-\bar{x}_2)+t_{\alpha(df)}S_{\bar{x}_1-\bar{x}_2} \tag{4-13}$$

式（4-12）和式（4-13）中：$t_{\alpha(df)}$ 为由两尾概率 α 和自由度 $df=n_1+n_2-2$ 查附录 3 所得的临界 t 值。

【例 4-6】在选择酱油蛋白质原料时，分别从花生饼和菜籽饼中各随机抽取了 10 个样品来做对比试验，测得花生饼的粗蛋白平均值 $\bar{x}_1=44.5\%$，标准差 $S_1=3.5\%$；菜籽饼的粗蛋白平均值 $\bar{x}_2=36.9\%$，标准差 $S_2=3.4\%$。试估计两种酱油蛋白质原料在粗蛋白含量上差值的置信度为 95%的置信区间。

本例 $n_1=n_2=10$，故：

$$S_{\bar{x}_1-\bar{x}_2}=\sqrt{(S_1^2+S_2^2)/n}=\sqrt{(0.035^2+0.034^2)/10}=0.0154$$

已知 $\alpha=0.05$，$df=n_1+n_2-2=10+10-2=18$，查附录 3 得 $t_{0.05(18)}=2.101$。

因此 $\mu_1-\mu_2$ 的 95%置信区间：

$$L_1=(0.445-0.369)-2.101\times0.0154=0.044$$

$$L_2=(0.445-0.369)+2.101\times0.0154=0.108$$

所以，花生饼原料的粗蛋白含量比菜籽饼原料的粗蛋白含量最少要多 4.4%，最多要多 10.8%，此估计的可靠度为 95%。

2. 成对资料总体差数平均数 μ_d 的区间估计

成对资料两个总体差数平均数 μ_d（也等于两个总体均数的差数）可由式（4-14）作置信度为 $1-\alpha$ 的区间估计：

$$\bar{d}-t_{\alpha(df)}S_{\bar{d}}\leqslant\mu_d\leqslant\bar{d}+t_{\alpha(df)}S_{\bar{d}} \tag{4-14}$$

其置信下、上限为：

$$L_1=\bar{d}-t_{\alpha(df)}S_{\bar{d}}$$

$$L_2=\bar{d}+t_{\alpha(df)}S_{\bar{d}} \tag{4-15}$$

式（4-14）和式（4-15）中：$t_{\alpha(df)}$ 为自由度 $df=n-1$ 和两尾概率 α 对应的临界 t 值。

【例 4-7】为研究电渗处理对草莓果实中钙离子含量的影响，选用 10 个草莓品种来进行电渗处理与对照的对比试验，结果如表 4-3 所示。问电渗处理对草莓钙离子含量是否有影响？以及对电渗处理和对照两种草莓果实的钙离子含量差异 μ_d 做置信度为 99%的区间估计。

表 4-3　　电渗处理草莓果实钙离子含量　　单位：mg

项目	1	2	3	4	5	6	7	8	9	10
电渗处理（x_1）	22.23	23.42	23.25	21.38	24.45	22.42	24.37	21.75	19.82	22.56
对照（x_2）	18.04	20.32	19.64	16.38	21.37	20.43	18.45	20.04	17.38	18.42
差数 d（$d=x_1-x_2$）	4.19	3.10	3.61	5.00	3.08	1.99	5.92	1.71	2.44	4.14

本例因每个品种实施了一对处理，所以试验资料为成对资料。

①建立假设。

H_0：$\mu_d=0$，即电渗处理后草莓果实钙离子含量与对照的钙离子含量无差异；

H_A：$\mu_d\neq0$，即电渗处理后草莓果实钙离子含量与对照的钙离子含量有差异。

②确定显著水平。$\alpha=0.01$（两尾概率）。

③检验计算。

$$\sum d=4.19+3.10+\cdots+4.14=35.180$$

$$\sum d^2=4.19^2+3.10^2+\cdots+4.14^2=139.708$$

$$\bar{d}=\sum d_i/n=35.18/10=3.518$$

$$S_{\bar{d}}=\sqrt{[\sum d_i^2-(\sum d_i)^2/n]/[n(n-1)]}=0.421$$

$$t=\bar{d}/S_{\bar{d}}=3.518/0.421=8.356^{**}$$

$$df=n-1=10-1=9$$

④统计推断。由 $df=9$ 和 $\alpha=0.01$ 查临界 t 值得 $t_{0.01(9)}=3.250$。由于实得 $|t|=8.356>t_{0.01(9)}=3.250$，故 $P<0.01$，应否定 H_0，接受 H_A，认为电渗处理后草莓果实钙离子含量与对照的钙离子含量差异极显著，即电渗处理能提高草莓果实钙离子含量。

⑤置信区间。已知：$\bar{d}=3.518$mg，$S_{\bar{d}}=S_d/\sqrt{n}=0.4209$mg，$df=n-1=10-1=9$。由 $1-\alpha=0.99$ 得 $\alpha=0.01$；查附录 3 得 $t_{0.01(9)}=3.250$。

计算出 μ_d 的 99%置信区间为：

$$L_1=3.518-3.250\times0.4209=2.150\ (\text{mg})$$

$$L_2=3.518+3.250\times0.4209=4.886\ (\text{mg})$$

所以，可推断电渗处理后草莓果实的钙离子含量要比对照的高 2.150~4.886mg，此估计可靠度为 99%。

练习题

1. 什么是置信区间？

2. 抽样的样本是 100 人，样本平均值是 167.1cm，样本的标准差是 0.2cm，求置信区间。

3. 抽样大小为 10，注射药物 A 平均反应时间为 1.05s，样本标准差为 0.5s，求置信区间。

知识点三

统计抽样检验

一、抽样检验概述

人们经常会到水果摊采购一些水果，一般都会问摊主这个水果甜不甜，从而判断是否购买，摊主一般会随机挑选一个水果给顾客品尝，抽到质量好的水果，顾客品尝满意，自然会买下一定量的水果，但是不能保证买下的这些水果就一定全部都是质量好的，但也会遇到摊主抽到了那个概率极小质量不行的水果，顾客品尝后拒绝购买，对摊主来说就造成了一定损失。这个案例就可以用抽样检验来解释，主要通过以下 3 个步骤由样本推断总体的质量：①抽样（随机挑选水果，一般一个或几个）；②检验（品尝）；③推断（是否购买）。其中抽样步骤包括怎么抽和抽多少两个方面的内容。推断步骤是通过抽样对总体进行推断，①和③构成了抽样方案，①和②构成了抽样检验，检验一般是利用工具方法对样品质量指标进行检测，从而获得可靠的检验结果。

1. 抽样检验的概念

抽样检验是从批或过程中随机抽取样本，对批或过程中的样本质量进行检验。与抽样检验对应的是全数检验，全数检验是最可靠的检验，能提供较完整的检验数据，获得较全面的质量信息。但是，对于数量多或需要破坏性检验产品或工序，全数检验就有其致命的局限性，比如一个批次产品数量巨大，全数检验耗费大量的人力物力和时间；再如判断一批鞭炮是否合格，检验的方法就是点燃能爆炸的自然就是合格产品，不能爆炸的自然不合格，但是爆炸了也就代表产品被破坏了不能使用了；对于食品而言，也属于一次性消费品，无法使用全数检验，因此，抽样检验是一种较为经济的质量评估方式。抽样检验主要适合以下情况：①生产批量大、自动化程度高、产品质量比较稳定的产品或工序；②带有破坏性的检验产品或工序；③外协件、外购件成批进货的验收检验；④某些生产效率高、检验时间长的产品或工序；⑤检验成本太高的产品或工序等。

2. 抽样检验的方式

（1）计数检验　是指对抽样检验批中每一个个体进行有无某种属性的记录，进行个体数量的统计，或者计算每一个个体中缺陷数的检验方法。

（2）计量检验　是指对抽样检验批中每一个个体的某个定量质量特性进行测量的检验方法。

（3）一次抽样　是指从批中只抽取一个样本的抽样方式。

（4）二次抽样　是指根据第一个样本提供的信息，决定是否抽取第二个样本的抽样方式。

（5）多次抽样　是指进行两次以上抽样的方式。

（6）序贯抽样　是指逐个抽取个体，但事先并不固定抽取个数的抽样方法，根据事先制订的规则，直到可以做出接受或者拒收批次的决定为止。

（7）合格判定数 A_C（或 c）/不合格判定数 R_e　A_C 代表允收（即是合格品），R_e 代表拒收（即是不合格品）。如 A_C 是 1，R_e 为 2，则表示按照抽样标准如在抽样数中有 1 个不合格的产品是可以接受的，如是有 2 个不合格的产品则表示不可接受。在计数抽样检验中经常用 3 个参数表征抽样方案（N，n，c），其中 N 为总体量，n 为抽样数量。

（8）OC 曲线/函数（Operating Characteristic Curve）　是指一批产品不合格率 p 与接受概率 L 之间的函数关系，记作 $L(p)$，反映了抽样方案（n，c）的操作特性。OC 曲线在 $p=0$ 时，$L(0)=1$；在 $p=1$ 时，$L(1)=0$。

（9）合格质量水平（Acceptable Quality Level，AQL）　是指在抽样检查中所能容许的最高不合格品的百分率（或百单位的最大不合格数）。也就是当检查批的质量水平不大于 AQL 值时，将以较高的概率接受该批产品。

二、抽样检验的基本流程

抽样检验的基本流程为：

总体 N 抽样→样本 n 检验→d（不合格品）→$d \leqslant A_C$ 批产品合格

↘$d \geqslant R_e$ 批产品不合格

一个完整的抽样检验流程包括如何抽取样本，样本大小，以及判定标准等，这一组规则也称抽样方案，记为（N，n，c），在一次抽样方案中 $R_e=A_C+1$。

（一）计数抽样检验

1. OC 函数判定接收概率

在计数抽样检验中，尤其在一次计数型抽样方案中，OC 函数的计算是判断产品接受与否的重要依据（图 4-2）。

【例 4-8】有一批产品总数 $N=100$，给定的抽样方案为 $n=5$，$A_C=0$，这表明从这批产品中随机抽取 5 件样品进行检验，如果没有不合格品，则接受这批产品，否则拒收这批产品。

在这批产品中如果不合格率 $p=0.05$，则 100 件产品中就有 5 件是不合格品，那么从 100 件中抽取 5 件，则不合格品就有被抽到的可能性，该如何计算接受这批产品的概率呢？

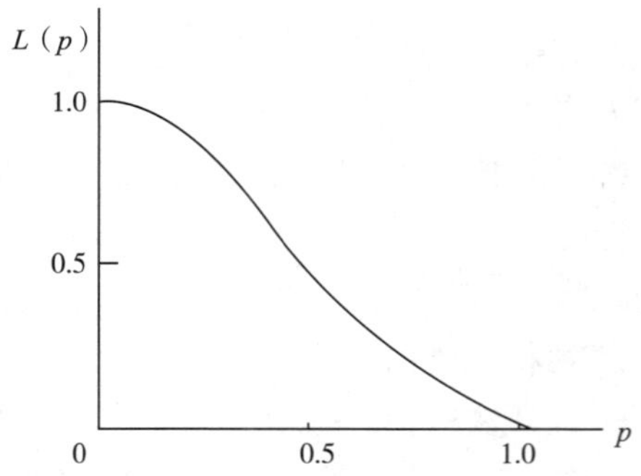

图 4-2　OC 曲线

根据题意分析，5 件抽样产品中没有不合格品的概率就是接受这批产品的概率，因此设 $d=0$，$L(p)=p(d=0)$，关键是如何计算 $p(d=0)$ 的概率。

依据 GB/T 2818.1—2012 规定，接受概率可以利用超几何分布进行计算。N 件产品，p 为不合格率，则不合格产品数为 N_p，合格数为 $N(1-p)$，那么抽取 n 件产品不合格品的概率为：

$$p(X=d)=\frac{C_{N_p}^{d}C_{N(1-p)}^{n-d}}{C_N^n} \tag{4-16}$$

对于 $L(p)$ 而言，其概率为所有不合格品抽到的概率的和，即

$$L(p)=p(X\leq A_C)=p(X=0)+p(X=1)+\cdots+p(X=A_C)$$

根据例 4-8 可知，$L(0.05)=p(X=0)$，将数值代入公式（4-16）计算：

$$L(0.05)=p(X=0)=\frac{C^{0}_{100\times0.05}C^{5-0}_{100\times0.95}}{C^{5}_{100}}=\frac{95\times94\times93\times92\times91}{100\times99\times98\times97\times96}\approx0.7696$$

则例 4-8 抽样方案的接受概率为 76.96%。

如果不合格率为 $p=0.01$，则 $L(0.01)=95\%$，由此可见，p 越小，接受概率就越接近于 1，p 越大，接受概率就越接近于 0。有时为了便于计算，当 $n/N<0.1$ 时，可以用二项式分布式（4-17）简化计算，即

$$p(X=d)=C^{d}_{n}p^{d}(1-p)^{n-d} \tag{4-17}$$

当 N 较大，$n/N<0.1$，且 np 在 0.1～10 时，可用泊松分布式（4-18）进一步简化计算，即

$$p(X=d)=\frac{\lambda^{d}}{d!}e^{-\lambda}=\frac{(np)^{d}}{d!}e^{-np} \tag{4-18}$$

注意，所有的接受概率函数计算都可以用超几何分布，也是最准确的计算方法，而二项分布与泊松分布只是超几何分布的近似计算，用于简化计算而使用且有前提条件限制。

【例 4-9】设一次计数型抽样方案为（100000，100，3），$p=10\%$，求接受概率。

分析【例 4-9】可知，产品总体 $N=100000$，抽样数 $n=100$，合格判定数 $A_C=3$，求 $L(0.1)$。

首先判断 $n/N<0.1$，且 $np=10$，可以使用泊松分布简化计算，计算公式如下：

$$\begin{aligned}L(0.1)&=p(X=0)+p(X=1)+p(X=2)+p(X=3)\\&=\frac{(100\times0.1)^{0}}{0!}\cdot e^{(-100\times0.1)}+\frac{(100\times0.1)^{1}}{1!}\cdot e^{(-100\times0.1)}+\frac{(100\times0.1)^{2}}{2!}\cdot e^{(-100\times0.1)}\\&\quad+\frac{(100\times0.1)^{3}}{3!}\cdot e^{(-100\times0.1)}\\&\approx0.010\end{aligned}$$

所以，接受概率为 1.0%。

2. AQL 抽样标准

AQL 又称为接受质量限（Acceptance Quality Limit），是对产品抽检的一种判定方式，其定义为“当一个连续系列批被提交验收抽样时，可允许的最差过程平均质量水平”，具体可以参考 GB/T 2828.1—2012《计数抽样检验程序　第 1 部分：按接收质量限（AQL）检索的逐批检验抽样计划》。

AQL 主要应用在计数抽样当中，当生产批是连续的，且验收也是连续进行的，可以根据验收情况调整抽样方案，主要的调整方式有以下 3 种。

（1）可以调整宽严程度的抽样方案　当正常检验出现不合格批或者产品质量下降时，就需要调整到加严抽样方案以保证客户使用方的利益；当生产改进，产品质量提升时，可以调整到放宽抽样方案，即样本量抽取少，从而保护生产方利益。判断宽严调整的依据是利用转移分计算方法，对于计数一次抽样方案，当 $A_C\geq2$，如果 AQL 加严一级后该批被接受，则转移加 3 分，否则转移分归 0；当 $A_C=0$ 或者 $A_C=1$ 时，如果该批被接受，则转移加 2 分，否则转移分归 0。对于二次和多次抽样，如果该批在检验第一样本后被接受（二次抽样），则转移加 3 分，否则转移分归 0；如果该批第 3 样本检验时已被接受（多次抽

样），则转移加 3 分，否则转移分归 0。调整抽样方案转移规则可以参考 GB/T 2828.1—2012。

（2）检验水平的调整　对于批量 N 来说，当抽样过程中增加样品的抽样量 n，抽样方案变严；减少抽样量，抽样方案变宽，这样可以将检验水平分为标准检验水平，增加检验水平和减少检验水平，通常用“样本量字码表”规定（表 4-4）。

表 4-4　样本量字码表（GB/T 2828.1—2012）

批量	特殊检验水平				一般检验水平		
	S-1	S-2	S-3	S-4	Ⅰ	Ⅱ	Ⅲ
2~8	A	A	A	A	A	A	B
9~15	A	A	A	A	A	B	C
16~25	A	A	B	B	B	C	D
26~50	A	B	B	C	C	D	E
51~90	B	B	C	C	C	E	F
91~150	B	B	C	D	D	F	G
151~280	B	C	D	E	E	G	H
281~500	B	C	D	E	F	H	J
501~1200	C	C	E	F	G	J	K
1201~3200	C	D	E	G	H	K	L
3201~10000	C	D	F	G	J	L	M
10001~35000	C	D	F	H	K	M	N
35001~150000	D	E	G	J	L	N	P
150001~500000	D	E	G	J	M	P	Q
500001 及以上	D	E	H	K	N	Q	R

从表 4-4 可见，有 3 种一般检验水平（Ⅰ、Ⅱ、Ⅲ）和 4 种特殊检验水平（S-1、S-2、S-3、S-4）。在 3 种一般检验水平中，除非特别规定，通常采用检验水平Ⅱ，也是最常采用的水平。从水平Ⅰ到水平Ⅲ抽样的数量逐渐增加。水平Ⅰ的抽样数是水平Ⅱ的 40%，适用于品质较为稳定或产品出现不一致可能性极小的状况。水平Ⅲ的抽样数是水平Ⅱ的 160%，加大检验的样本数量可以降低接受不合格产品的可能性。

（3）检验方式的调整　检验方式的调整主要分为全数检验，抽样检验和免检，根据企业要求调整。一般 AQL 计算调整型抽样方案制订的步骤是：①获得 AQL、检验水平、批量及方案类型参数值；②根据批量与检验水平查得样本量字码；③根据样本量字码及 AQL、方案类型，可以从国标中正常、加严和放宽检验一次抽样方案表中查阅抽样方案。

【例 4-10】设有一批食品批量为 4000，规定 AQL=0.4%，采用一般检验水平Ⅱ，试给出正常、加严、放宽的一次抽样检验方案。

根据题目已知参数，通过查样本量字码表，$N=4000$，一般检验水平Ⅱ可以获得字母 L。通过正常、加严、放宽抽样检验方案表，由 L 获得正常一次抽样检验的样本量 $n=200$，加严 $n=200$，放宽 $n=80$；再从 AQL=0.4%查的交点对应的值正常（2，3）、加严（1，2）以及放宽（1，2），前一个数值代表 A_C，后一个数字代表 R_e，$R_e=A_C+1$，因此，正常一次抽样方案（200，2），加严为（200，1），放宽为（80，1）。

（二）计量抽样检验

对于样品的验收采用计量指标进行判定是否合格就需要采用计量抽样检验。计量抽样检验是定量地检测从批中随机抽取的样本，利用样本特性值计算特定统计量，与判定标准比较，以判断产品是否可以被接收。计量抽样检验的方案形式是（n，k），k 是一个实数。与计数抽样相比，计量抽样所需的样本量更少，但需要检测的要求较高，判断程序比较复杂。同时，当检验指标较多时，计量抽样是不适合的，因此计数抽样普遍采用率更高，若质量指标只有 1~2 个，才会考虑采用计量抽样。一般进行计量抽样检验时，一批产品质量的好坏可以根据样本的验收质量特性指标的平均值、标准差或者不合格率作为标准来判定，同时，在计量抽样检验中，通常假定质量特性近似服从正态分布，因为只有确定质量特性服从正态分布才能使用计量抽样检验。目前，国标中涉及计量抽样检验的标准有：①GB/T 8054—2008《计量标准型一次抽样检验程序及表》；②不合格率计量一次抽样方案的验收抽样系统 GB/T 6378.1—2008《计量抽样检验程序　第 1 部分：按接收质量限（AQL）检索的对单一质量特性和单个 AQL 的逐批检验的一次抽样方案》。

对于接受计量抽样检验的判断规则主要分为以下 3 种情况：①对质量特征指标仅有下规格限的情况，如 0~6 个月婴幼儿乳粉的蛋白质含量必须高于 12g/100g，否则产品不合格。由于要求指标最低规格限，因此 12g 蛋白质/100g 乳粉就是这批产品的下规格限，记作 k_L，质量特性指标就是蛋白质的含量，当抽取的乳粉样本蛋白质含量的均值 $\bar{x} \geqslant k_L$ 时接受该批产品，此时一次计量抽样检验方案可以用（n，k_L）表示。②对质量特征指标仅有上限规格限的情况：如乳粉中亚硝酸盐（以 $NaNO_2$ 计）的限量是 2.0mg/kg，否则产品不合格。由于要求指标值越小越好，因此，2.0mg/kg 亚硝酸盐含量就是这批产品的上规格限，记作 k_U，质量特性指标就是亚硝酸盐的含量，当抽取的乳粉样本亚硝酸盐含量的均值 $\bar{x} \leqslant k_U$ 时接受该批产品，否则拒收，此时一次计量抽样检验方案可以用（n，k_U）表示。③对质量特征指标具有双侧规格限的情况：要求质量指标值接近于某个值 μ_0，如酿造葡萄酒的 pH 要求控制在 2.9~3.9 太低或者太高都会影响葡萄酒的口感，因此，对于质量指标 pH 有了规格下限 k_L 以及规格上限 k_U，当葡萄酒样本 pH 均值 $\bar{x} \leqslant k_L$ 或者 $\bar{x} \geqslant k_U$ 时，拒收这批葡萄酒产品，否则就接受，这时计量一次抽样的方案可以用（n，k_L，k_U）来表示。

1. 对下规格限的计量一次抽样检验方案的计算

（1）抽样量 n 和下规格限 k_L 的计算　在进行计量一次抽样检验方案计算时，需先对两个参数进行解读，在判断检验方案是否合格时会遇到两类错误（两种错判）。第一类错误判断是指合格批被判定为不合格批，第一类错误判断的概率为 α，对于检验方案质量特性服从正态分布的角度考虑，正态分布曲线计算产品合格率总有一小部分曲线接近 x 轴的小面积概率作为拒绝域，当抽样正好抽到拒绝域内的产品时，明明产品批合格的概率很高，被接受的概率也很高，但是总会有风险被拒绝，因为产品不可能 100%合格，因此就产生了第一类错误判断，即本来可以被接受的产品批，但是被拒绝了，其拒收的概率也称生产方风险（造成生产方经济损失）α。第二类错误判断是指不合格批被判定为合格批，第二类错误判断的概率为 β，同样对于某个质量特性服从正态分布，由于产品质量比较差，不合格率比较高，但是抽样时正巧抽到都是合格品，于是接受了该批质量差的产品，这时接受概率便成了使用方风险（造成使用方经济损失）β。

回顾之前所描述的接受曲线OC曲线，对于下规格限的计量一次抽样检验而言，OC接受函数为$L(\mu)=P(\bar{x}\geqslant k_L)$，通过正态分布转化成标准正态分布公式计算，$L(\mu)=1-\Phi\left(\frac{k_L-\mu}{\sigma/\sqrt{n}}\right)$，如果要制订计量标准一次抽样检验方案，应该事先给出4个参数值：生产方风险α、使用方风险β、双方可以接受的合格批质量指标均值μ_0与极限批质量指标均值μ_1，注：$\mu_1<\mu_0$。于是接受函数符合式（4-19）：

$$\begin{cases}L(\mu_0)=1-\alpha\\L(\mu_1)=\beta\end{cases}\tag{4-19}$$

当$\bar{x}\geqslant k_L=\mu_0$时，接受概率为总概率1扣除拒收概率$\alpha$；当$\bar{x}=\mu_1$时，而$\mu_1<k_L=\mu_0$，说明产品被接受的可能性下降，其接受概率就成了第二类判断的β。通过标准正态分布转化公式的变形，获得抽样量n和下规格限k_L的计算公式：

$$\begin{cases}n=\left[\dfrac{(\mu_\alpha+\mu_\beta)\ \sigma}{\mu_0-\mu_1}\right]^2\\k_L=\dfrac{\mu_1\mu_\alpha+\mu_0\mu_\beta}{\mu_\alpha+\mu_\beta}\end{cases}\tag{4-20}$$

其中，μ_α，μ_β可以通过标准正态分布单侧分位数表（附录2）查询得到数值。式（4-20）中把n代入k_L，可以变型为式（4-21）：

$$k_L=\mu_0-\frac{\sigma}{\sqrt{n}}\cdot\mu_\alpha\tag{4-21}$$

【例4-11】对已知某品牌天然乳粉进行抽样检查，要求蛋白质含量越高越好，并且已知蛋白质含量符合正态分布，其标准差为$\sigma=2.2$g/100g乳粉，现在生产方和使用方商定，$\alpha=0.05$，$\beta=0.10$，$\mu_0=14$g/100g乳粉，$\mu_1=12$g/100g乳粉，也就是抽样批蛋白质平均含量高于14g/100g，算符合要求，稍微让利，含量最低不能低于12g/100g，制订一个计量标准型一次抽样检验方案。

解：查标准正态分布分位数表（左单侧），$\mu_{0.05}=-1.645$；$\mu_{0.10}=-1.282$。

将以上参数值代入公式，可得：

$$n=\left[\frac{(\mu_\alpha+\mu_\beta)\ \sigma}{\mu_0-\mu_1}\right]^2=\left[\frac{(-1.645-1.282)\ \times2.2}{14-12}\right]^2\approx10.34$$

$$k_L=\frac{\mu_1\mu_\alpha+\mu_0\mu_\beta}{\mu_\alpha+\mu_\beta}=\frac{12\times(-1.645)+14\times(-1.282)}{-1.645-1.282}\approx12.88$$

因此所求的$(n,\ k_L)$方案为（11，12.88），即抽取11袋乳粉测其蛋白质含量，其平均值为$\bar{x}$，若$\bar{x}\geqslant12.88$，接受这批乳粉；若$\bar{x}<12.88$，则拒收这批乳粉。

（2）查表法获得计量一次抽样检验方案$(n,\ k)$　可以运用抽样检验表快速获得抽样方案，通过引入统计量Q_L，作为抽样方案接受判定公式，对于σ已知，则：

$$Q_L=\frac{\bar{x}-\mu_0}{\sigma}\tag{4-22}$$

当$Q_L\geqslant k$时接受批，否则拒绝。若批的σ未知，可以用样本的S代替σ代入式（4-22），即

$$Q_L=\frac{\bar{x}-\mu_0}{S}$$

其中的抽样方案（n，k）可以从 GB/T 8054—2008《计量标准型一次抽样检验程序及表》中查阅，查表的依据是求出 $A'=\frac{(\mu_0-\mu_1)}{\sigma}$或 $B'=\frac{(\mu_0-\mu_1)}{S}$值。

以例 4-11 分析，查表法可以分成四步：

第一步，计算 $A'=\frac{(\mu_0-\mu_1)}{\sigma}=\frac{(14-12)}{2.2}\approx 0.91$。

第二步，查 GB/T 8054—2008 表 1（单侧限“σ”法的样本量与接受常数表）若 S 代替 σ，需相应查阅单侧限 S 法的样本与接受常数表，0.91 位于表中 0.882～0.924，查得 $n=11$，$k=-0.496$。

第三步，计算 $Q_L=\frac{\bar{x}-\mu_0}{\sigma}$，若乳粉抽了 11 件，蛋白质的平均含量 $\bar{x}=10$，则代入公式，$Q_L=\frac{\bar{x}-\mu_0}{\sigma}=\frac{10-14}{2.2}\approx -1.82$。

第四步，当 $Q_L\approx -1.82<k$（-0.496），拒绝该批乳粉。

2. 对上规格限的计量一次抽样检验方案的计算

在掌握了单侧下规格限查表法进行一次抽样检验方案的计算后，对于单侧上规格限的抽样检验方案就更容易理解，且查表还是单侧限 σ/S 法的样本与接受常数，其判断统计量为：

$$Q_U=\frac{\mu_0-\bar{x}}{\sigma}\quad(\sigma\text{ 已知})\tag{4-23}$$

当 $Q_U\geqslant k$ 时接受批，否则拒绝。若批的 σ 未知，可用样本的 S 代替 σ 代入公式（4-23），即

$$Q_U=\frac{\mu_0-\bar{x}}{S}$$

其中的抽样方案（n，k）可以从 GB/T 8054—2008 中查阅，查表的依据是求出 $A'=\frac{(\mu_1-\mu_0)}{\sigma}$或者 $B'=\frac{(\mu_1-\mu_0)}{S}$值。

【例 4-12】某品牌乳粉亚硝酸盐含量服从正态分布，当其均值不超过 1.8mg/kg 时为合格，超过 2.0mg/kg 时为不合格，在以下两种情况下求计量一次抽样方案（n，k）：（1）已知 $\sigma=0.3$mg/kg；（2）σ 未知，若从中抽取 10 件，得样本标准差 $S=0.35$mg/kg。判断这批产品能否被接受。

解：依据题意 $\mu_0=1.8$mg/kg；$\mu_1=2.0$mg/kg。

问题（1）

第一步，计算 $A'=\frac{2.0-1.8}{0.3}\approx 0.66$。

第二步，查 GB/T 8054—2008 表 1 单侧限 σ 法的样本与接受常数表（若 S 代替 σ，需相应查阅单侧限 S 法的样本与接受常数表），0.66 位于表中 0.654～0.670，查得 $n=20$，$k=-0.368$。

第三步，计算 $Q_U=\frac{\mu_0-\bar{x}}{\sigma}=\frac{1.8-\bar{x}}{0.3}$。

第四步，当 $Q_U \geq -0.368$ 接受该批乳粉，否则拒绝。

问题（2）

第一步，计算 $B' = \frac{2.0-1.8}{0.35} \approx 0.57$。

第二步，查 GB/T 8054—2008 表 1 单侧限 σ 法的样本与接受常数表（若 S 代替 σ，需相应查阅单侧限 S 法的样本与接受常数表），0.57 位于表中 0.534～0.584，查得 $n=30$，$k=-0.300$。

第三步，计算 $Q_U = \frac{\mu_0 - \bar{x}}{S} = \frac{1.8-\bar{x}}{0.35}$。

第四步，当 $Q_U \geq -0.300$ 接受该批乳粉，否则拒绝。

但对于问题（2）中只抽了 10 个样品获得的标准差，因此，接受方案的 k 需要按照 $n=10$ 进行重新查表得 $k=-0.520$，因此若抽样 10 件的均值 $\bar{x}=1.9$ 代入 $Q_U = \frac{1.8-1.9}{0.35} \approx -0.29 > k$（$-0.520$），从而接受该批。

3. 对双侧规格限的计量一次抽样检验方案的计算

对于双侧规格限的情况，其计量一次抽样方案为（n，k_L，k_U），当 $\bar{x} \leq k_L$ 或 $\bar{x} \geq k_U$ 时拒绝该产品，否则就接受。

在双侧规格限中，就不能单纯设定 μ_0 和 μ_1，而是需要一个区间判断，需要引入 d_0 和 d_1，代表合格接受质量指标值，即 $\mu_0 - d_0 < \mu < \mu_0 + d_0$ 则高概率（$1-\alpha$）接受该批产品；当 $\mu < \mu_0 - d_1$ 或者 $\mu > \mu_0 + d_1$ 则以低概率（β）接受，此时必须保证 $d_0 < k_0 < d_1$。利用抽样检验表需要引入统计量：

（1）当 σ 已知：$Q_U = \frac{\mu_0 + d_0 - \bar{x}}{\sigma}$，$Q_L = \frac{\bar{x} - \mu_0 + d_0}{\sigma}$，当 $Q_L \geq k$ 且 $Q_U \geq k$ 则接受该批产品，否则拒绝；

（2）当 σ 未知，用样本 S 替代：$Q_U = \frac{\mu_0 + d_0 - \bar{x}}{S}$，$Q_L = \frac{\bar{x} - \mu_0 + d_0}{S}$，当 $Q_L \geq k$ 且 $Q_U \geq k$ 则接受该批产品，否则拒绝。

为了获得抽样数 n，需要计算 $A = \frac{(d_1 - d_0)}{\sigma}$ 或者 $B = \frac{(d_1 - d_0)}{S}$，查 GB/T 8054—2008 表 2 或表 4 得到；k 值需要根据公式 $C = \frac{2d_0}{\sigma}$ 或者 $D = \frac{2d_0}{S}$，查 GB/T 8054—2008 表 2 或表 4 得到。

【例 4-13】某批葡萄酒产品，其 pH 在 3.0 时口感最优，如果批 pH 的均值在 3.1 之内，则合格，在 3.9 之外则不合格。已知批标准差 $\sigma=0.2$，试求双侧规格限的计量一次抽样检验方案（$\alpha=0.05$，$\beta=0.10$）。

解：依据题意有 $\mu_0=3.0$，$d_0=0.1$，$d_1=0.9$，$\sigma=0.2$。

第一步，计算 $A = \frac{(0.9-0.1)}{0.2} = 4$，查 GB/T 8054—2008 表 2 双侧限 σ 法的样本量与接受常数，属于 2.080 以上，查 GB/T 8054—2008 表 2 得到 $n=2$。

第二步，计算 $C=\dfrac{2\times0.1}{0.2}=1$，查 GB/T 8054—2008 表 2 属于 0.925 ~ 1.212，$k=-0.951$。

第三步，计算统计量 $Q_U=\dfrac{\mu_0+d_0-\bar{x}}{\sigma}=\dfrac{3.1-\bar{x}}{0.2}$，$Q_L=\dfrac{\bar{x}-\mu_0+d_0}{\sigma}=\dfrac{\bar{x}-2.9}{0.2}$。

第四步，当 $Q_L\geqslant-0.951$ 且 $Q_U\geqslant-0.951$ 接受该批产品，否则拒绝。

如果现在抽取了 2 件葡萄酒样品，pH 的均值为 3.95，那么 $Q_U=\dfrac{3.1-\bar{x}}{0.2}=-4.25$，$Q_L=\dfrac{\bar{x}-2.9}{0.2}=5.25$，$Q_L>-0.951$ 且 $Q_U<-0.951$，则拒收该批产品。

练习题

1. 抽样检验合格批中（　　）不合格品。

A. 必须全部换掉　　B. 一定不包括　　C. 可能包括　　D. 不允许包括

2. 在抽样检验中，样本的抽取一定要尽可能保证对其总体的（　　），否则，会直接影响对其检验结果的正确性。

A. 代表性　　B. 独特性　　C. 概括性　　D. 统一性

3. 抽样方案的接受概率为 95%，表示（　　）。

A. 使用此方案的概率为 95%

B. 交检 100 个产品，可接受 95 个

C. 该批产品被接受的概率为 95%

D. 所交检的每个产品被接受的概率为 95%

4. 抽样检验根据检验特性值属性可以分为（　　）检验。

A. 一次、二次、多次和序贯　　B. 调整型和周期

C. 读数和周期　　D. 计数型抽样检验和计量型抽样

5. 对于一般 N，一个抽样方案的 OC 曲线由参数（　　）决定。

A. c（不合格品数）　B. n（样本量）　C. p（不合格率）　D. N（总体）

6. 对于下限规格的情况下，计量一次抽样检验方案在运用抽样检验表（σ 法）时，两参数公式分别为（　　）。

A. $A'=\dfrac{\mu_0-\mu_1}{S}$，$Q_L=\dfrac{\bar{x}-\mu_0}{S}$　　B. $A'=\dfrac{\mu_0-\mu_1}{\sigma}$，$Q_L=\dfrac{\bar{x}-\mu_0}{\sigma}$

C. $A'=\dfrac{\mu_1-\mu_0}{\sigma}$，$Q_L=\dfrac{\mu_0-\bar{x}}{\sigma}$　　D. $A'=\dfrac{\mu_1-\mu_0}{S}$，$Q_L=\dfrac{\mu_0-\bar{x}}{S}$

7. 当 $N=500$ 时，求 AQL=0.4%，RQL=8%的一次抽样方案。

8. 假如取某产品不合格率的变化范围分别为：$p=0.01$，0.02，0.03，0.04，0.05，0.06，0.1，0.3，0.5，0.8。试求一次抽样方案（100，10，0）在相应处的接受概率并绘制 OC 曲线。

9. 在某外购件的抽样检查中，规定 AQL=1.5%，批量 $N=5000$，检查水平为Ⅱ，如果采用一次抽样检查，试求调整型正常、加严、放宽三个抽样方案。

10. 某厂生产一种食品要求氯化钠的含量要低，批均值不超过 0.004%时以高于 95%

的概率接受，批均值不低于0.005%时只能以10%的概率接受，已知该含量服从正态分布，且 $\sigma=0.0006\%$，试设计计量标准型一次抽样方案。

拓展阅读

假设检验在食品功效验证中的应用

荷叶碱是荷叶中的一种阿朴啡型生物碱，为荷叶中的主要降脂活性成分，为了验证荷叶碱的减脂功效，实验室利用高脂大鼠模型进行试验组和对照组的试验研究，试验组给高脂大鼠喂养一定浓度的荷叶碱溶液，每8h一次；对照组用蒸馏水替代荷叶碱溶液，最终获得喂养为期3个月的大鼠血脂数据（每24h测一次）。获得试验组90个数据，对照组90个数据，通过假设检验判断试验组和对照组的数据是否有显著性差异。若有差异，那试验组数据是否低于对照组，如果 $P<0.05$，代表有显著性差异；如果 $P<0.01$，代表极显著性差异。利用假设检验就能很快判断功效成分荷叶碱对减脂的功效是否显著。在很多研究型论文中均显示，荷叶碱成分在小鼠试验中试验组和对照组存在显著性差异，也就意味着其减脂效果显著。在很多科学研究中，都会利用假设检验对一个样本与总体进行比较，或者两个配对样本进行比较，通过统计分析进行差异性比较，获得试验结论。

因此，作为一名大学生，在验证一个问题的背后，需要有科学的试验设计，假设检验不仅是一种重要的统计方法，更是一种思维方式，需要用数据来说话，理性地看待问题，培养透过现象看本质这一统计思维。调查、试验检测得来的数据是现象，借助数学模型发现规律，并结合统计方法来摸索发现，通过潜移默化有意识地利用统计学原理解决科学问题，培养逻辑思维和严谨的科学学习态度，锻炼统计思维，为日后在岗位工作中客观科学地解决问题提供扎实的统计思路方法。

任务四 利用Minitab进行属性抽样检验的应用

项目四任务四
（视频）

任务要求

1. 创建属性抽样验收即计数型抽样计划。
2. 通过AQL和RQL分析抽样质量水平。
3. 根据结果做出抽样方案分析。

任务实施

一、计数型抽样方案设计案例

某白酒生产厂家有一批白酒需要提交检验，其批量为6000，规定AQL=1.0%，RQL=8.0%，试给出一个抽样计划，以便能够据此接受或拒收整个批次？

不借助软件做计数型抽样方案就是通过计算和查表。借助Minitab可以快速获得单个计数型抽样计划，且不需要输入原始数据。

二、实施步骤

（1）选择“统计”→“质量工具”→“按属性抽样验收”（图 4-3）。

图 4-3　Minitab 按属性抽样验收界面图

（2）选择“创建抽样计划”。

（3）在“测量值类型”中，选择“接受/不接受（缺陷）”。

（4）在“质量水平的单位”中，选择“不良品率”。

（5）在“可接受质量水平（AQL）”中，输入 1.0，在“可拒收质量水平（RQL 或 LTPD）”中，输入 8。

解释：AQL 和 RQL 表示 OC 曲线上要关注的点。消费者和供应商应议定可作为过程平均水平接受的最差质量水平 AQL；消费者和供应商还应议定消费者在单个批次中所能容忍的最差质量水平（RQL）。

（6）在“生产者风险（α）”中，输入 0.05，在“消费者风险（β）”中，输入 0.10。

解释：抽样风险表示接受一个较差批次的概率（消费者风险 β）或拒收一个较好批次的概率（生产者风险 α）。

（7）在“批次大小”中，输入 6000。

解释：批次大小表示要从中抽样的单位的整个总体。批次应该是同质的。这些批次应以消费者和供应商都可以管理好的大小并采取易于选择样本的方式进行打包和转运。检验较大批次通常比检验较小批次更经济。

（8）单击“确定”（图 4-4）。

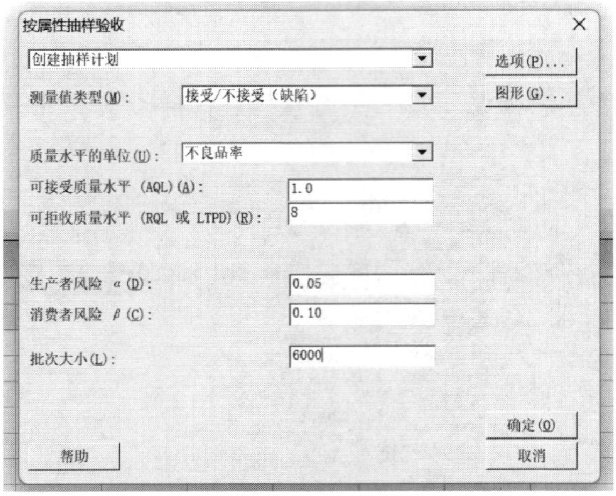

图 4-4　按属性抽样验收参数录入

（9）会话窗口输出（图 4-5）。

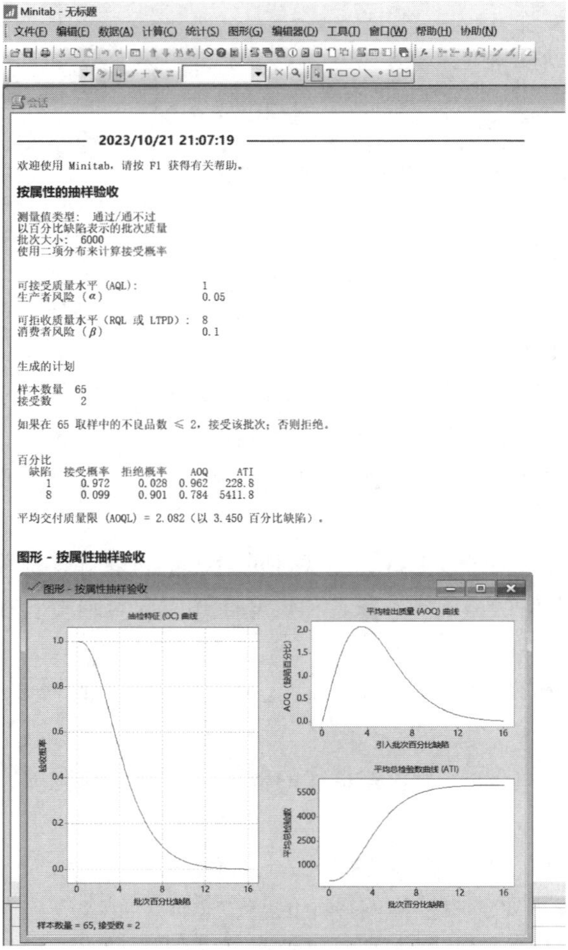

图 4-5　按属性抽样验收结果输出

三、结果解释

对于每个6000瓶批次白酒，需要随机选择并检验其中的65件，如果65件产品中发现不合格品超过2瓶，则应该拒收整个批次。如果不合格品为2瓶或更少，则接受整个批次。因此抽样方案为（6000，65，2）。

在本例中，AQL（1.0%）处的接受概率为0.972，拒收概率为0.028。在建立抽样计划时，消费者和供应商商议大约有97.2%的概率会接受含1.0%不合格品的白酒批次，以保护生产者的利益。RQL（8%）下接受概率为0.099，拒收概率为0.901。消费者和供应商商议多数情况下将拒收含8%不合格品的白酒批次，以保护消费者利益。

拒收批次时，抽样验收过程通常要求采取纠正措施，如果纠正措施是执行100%检验并将缺陷品项目返工，则平均检出质量（AOQ）表示批次的平均质量，平均总检验数（ATI）表示进一步筛选后检验项的平均数量。

AOQ水平在AQL处为0.962%，在RQL处为0.784%，其原因是当批次质量非常好或非常差时检出质量都会很好，因为将返工并重新检验较差的批次。以3.45%缺陷下的平均交付质量限（AOQL）= 2.082，表示平均检出质量的最大容许值（最差值）。

每批次的ATI表示在特定质量水平下所检验产品的平均数量。对于含1%不合格品的质量水平，每批次所检验产品的平均总数为228.8。对于含8%不合格品的质量水平，每批次所检验产品的平均总数为5411.8。

任务考核

考核项目	考核内容	分值	得分
一次计数型抽样（验收）方案软件输入流程	指标值设置	25	
	流程顺序	10	
	指标定义属性	10	
输出结果	输出方案	10	
	结果解释	25	
职业素质	严谨的科学态度	10	
	实事求是的职业精神	10	

练习题

假设一个食品厂商在食品贸易展会上需要成交一批纯可可脂巧克力块商品，客户通过巧克力外观是否有白点来评判产品质量好坏，会上产品批量约8000块，按照有无白点来判断合格与否，规定AQL=1.4%，RQL=4.0%，试给出一个抽样计划，以便客户能够据此接受或者拒绝整个批次巧克力。（$\alpha=0.05$，$\beta=0.10$）

知识链接

两个样本平均数的假设检验

两个样本平均数的假设检验，就是由两个样本平均数之差（$\bar{x}_1-\bar{x}_2$）去推断两个样本所在总体平均数 μ_1 和 μ_2 是否有差异，即检验无效假设 H_0：$\mu_1=\mu_2$（或 $\mu_1\leqslant\mu_2$，或 $\mu_1\geqslant\mu_2$）和备择假设 H_A：$\mu_1\neq\mu_2$（或 $\mu_1>\mu_2$，或 $\mu_1<\mu_2$）这类问题。实际上这是检验两个处理的效应是否一样。

一、成组资料平均数的假设检验

成组资料是指在试验调查时分别从两个处理中各随机抽取一个样本而构成的资料。其特点是两组数据相互独立，各组数据的个数不一定相等。在各种试验资料中，两个处理的完全随机试验资料属于成组资料。成组资料平均数的假设检验也有 u 检验和 t 检验之分。

1. *u* 检验

如果两个样本资料都服从正态分布，且总体方差 σ_1^2 和 σ_2^2 已知；或者总体方差未知，但两个样本都是大样本时，平均数差数的分布呈正态分布，因而可采用 u 检验法来检验两个样本平均数的差异显著性。由两均数差数抽样分布理论可知，两个样本平均数 $\bar{x}_1$ 和 $\bar{x}_2$ 的差数标准误 $\sigma_{\bar{x}_1-\bar{x}_2}$ 为：

$$\sigma_{\bar{x}_1-\bar{x}_2}=\sqrt{\sigma_1^2/n_1+\sigma_2^2/n_2} \tag{4-24}$$

并有

$$\mu=\frac{(\bar{x}_1-\bar{x}_2)-(\mu_1-\mu_2)}{\sigma_{\bar{x}_1-\bar{x}_2}}\sim N(0,1) \tag{4-25}$$

在 H_0：$\mu_1=\mu_2$ 下，正态离差 μ 值为：

$$\mu=(\bar{x}_1-\bar{x}_2)/\sigma_{\bar{x}_1-\bar{x}_2} \tag{4-26}$$

根据式（4-24）、式（4-25）和式（4-26）即可对两个样本平均数的差异进行假设检验。如果总体方差未知，但 $n_1\geqslant30$，$n_2\geqslant30$ 时，可由样本方差 S_1^2、S_2^2 估计总体方差 σ_1^2、σ_2^2。

【例 4-14】某食品厂在甲、乙两条生产线上各测了 30 个日产量如表 4-5 和表 4-6 所示，试检验 2 条生产线的平均日产量有无显著差异。

表 4-5　　甲生产线日产量记录　　单位：kg

74	71	56	54	71	78
62	57	62	69	73	63
61	72	62	70	78	74
77	65	54	58	63	62
59	62	78	53	67	70

表 4-6　　乙生产线日产量记录　　单位：kg

65	53	54	60	56	69
58	49	51	53	66	62
58	58	66	71	53	56
60	70	65	58	56	69
68	70	52	55	55	57

本例两个样本均为大样本，符合 u 检验条件。

①建立假设。

H_0：$\mu_1=\mu_2$，即两条生产线的平均日产量无差异；

H_A：$\mu_1\neq\mu_2$，即两条生产线的平均日产量有差异。

②确定显著水平。$\alpha=0.01$。

③检验计算。

$$\bar{x}_1=65.833$$
$$S_1^2=59.730$$
$$\bar{x}_2=59.767$$
$$S_2^2=42.875$$
$$S_{\bar{x}_1-\bar{x}_2}=\sqrt{S_1^2/n_1+S_2^2/n_2}=\sqrt{59.73/30+42.875/30}=1.849$$
$$\mu=(\bar{x}_1-\bar{x}_2)/S_{\bar{x}_1-\bar{x}_2}=(65.833-59.767)/1.849=3.281^{**}$$

④统计推断。由 $\alpha=0.01$ 查附录 2 得 $u_{0.01}=2.58$。由于实际 $|\mu|=3.281>\mu_{0.01}=2.58$，故 $P<0.01$，应否定 H_0，接受 H_A。这说明两条生产线的日平均产量有极显著差异，甲生产线日均产量高于乙生产线日均产量。

2. *t* 检验

当两个样本资料服从正态分布，且 $\sigma_1^2=\sigma_2^2=\sigma^2$ 时，不论是大样本还是小样本，都有式（4-27）服从具有自由度 $df=n_1+n_2-2$ 的 t 分布（n_1、n_2 为两个样本含量）：

$$t=\frac{(\bar{x}_1-\bar{x}_2)-(\mu_1-\mu_2)}{S_{\bar{x}_1-\bar{x}_2}} \tag{4-27}$$

在 H_0：$\mu_1=\mu_2$ 下，上式为：

$$t=\frac{(\bar{x}_1-\bar{x}_2)}{S_{\bar{x}_1-\bar{x}_2}} \tag{4-28}$$

当两个样本含量相等（$n_1=n_2=n$）时，则：

$$S_{\bar{x}_1-\bar{x}_2}=\sqrt{2S_0^2/n}=\sqrt{(S_1^2+S_2^2)/n} \tag{4-29}$$

此时自由度为 $df=2(n-1)$。

【例 4-15】海关检查某罐头厂生产的出口红烧花蛤罐头时发现，虽然罐头外观无胖听现象，但产品存在质量问题。于是从该厂随机抽取 6 个样品，同时随机抽取 6 个正常罐头测定其 SO_2 含量，测定结果如表 4-7 所示。试检验两种罐头的 SO_2 含量是否有差异。

表 4-7　正常罐头与异常罐头 SO_2 含量　单位：μg/mL

正常罐头（x_1）	100.0	94.2	98.5	99.2	96.4	102.5
异常罐头（x_2）	130.2	131.3	130.5	135.2	135.2	133.5

①建立假设。

H_0：$\mu_1=\mu_2$，即两种罐头的 SO_2 含量无差异。

H_A：$\mu_1\neq\mu_2$，即两种罐头的 SO_2 含量有差异。

②确定显著水平。$\alpha=0.01$（两尾概率）。

③检验计算。

$$\bar{x}_1=98.467$$
$$S_1^2=8.327$$
$$\bar{x}_2=132.650$$
$$S_2^2=5.235$$

本例的两个样本容量相等（$n_1=n_2=6$），所以：

$$S_{\bar{x}_1-\bar{x}_2}=\sqrt{(S_1^2+S_2^2)\ /n}=\sqrt{(8.327+5.235)\ /6}=1.503$$
$$t=(\bar{x}_1-\bar{x}_2)\ /S_{\bar{x}_1-\bar{x}_2}=(98.467-132.65)\ /1.503=-22.743$$
$$df=2(n-1)=2\times(6-1)=10$$

④统计推断。由 $df=10$ 和 $\alpha=0.01$ 查附录 3 得 $t_{0.01(10)}=3.169$。由于实际 $|t|=22.743>t_{0.01(10)}=3.169$，故 $P<0.01$，应否定 H_0，接受 H_A。即两种罐头的 SO_2 含量差异极显著，异常的罐头 SO_2 含量高于正常的，表明该批罐头已被硫化腐败菌感染变质了。

3. 近似 t 检验—— t' 检验

在两个样本所属总体的方差 σ_1^2 和 σ_2^2 未知，但根据专业知识或统计方法能确知 $\sigma_1^2\neq\sigma_2^2$ 时，做 t 检验的均数差数标准误 $S_{\bar{x}_1-\bar{x}_2}$ 就不能再用由两个样本方差的加权平均数作总体方差 σ^2 的估计值，而应分别由 S_1^2 和 S_2^2 去估计 σ_1^2 和 σ_2^2，于是均数差数标准误按式（4-30）计算：

$$S'_{\bar{x}_1-\bar{x}_2}=\sqrt{S_1^2/n_1+S_2^2/n_2} \tag{4-30}$$

此时的 $t'=(\bar{x}_1-\bar{x}_2)\ /S'_{\bar{x}_1-\bar{x}_2}$ 就不再准确地服从自由度为 $df=n_1+n_2-2$ 的 t 分布，而只是近似地服从 t 分布，因而不能直接做 t 检验。针对这一问题，Cochran 和 Con 提出了一个近似 t 检验法。该法在做统计推断时，所用临界 t 值不是直接由附录 3 查得，而须做一定矫正。矫正临界 t 值如式（4-31）所示为：

$$t'_{\alpha}=\frac{S_{\bar{x}_1}^2 t_{\alpha(df_1)}+S_{\bar{x}_2}^2 t_{\alpha(df_2)}}{S_{\bar{x}_1}^2+S_{\bar{x}_2}^2} \tag{4-31}$$

式中，$S_{\bar{x}_1}^2=S_1^2/n_1$；$S_{\bar{x}_2}^2=S_2^2/n_2$；$df_1=n_1-1$；$df_2=n_2-1$。

如果 $n_1=n_2=n$，因 $t_{\alpha(df_1)}=t_{\alpha(df_2)}$，由上式容易导出 $t'_{\alpha}=t_{\alpha(df)}$（$df=n-1$）。此时可直接由 $|t'|$ 与由 α 和 $df=n-1$ 查附录 3 得到的临界 t 值与 $t_{\alpha(df)}$ 比较后做出推断。

【例 4-16】在做各种大米的营养价值的研究中，测定了籼稻米的粗蛋白含量 5 次，得平均数 $\bar{x}_1=7.32$mg/100g，方差 $S_1^2=1.06$（mg/100g）^{2}；另测定了糯稻米的粗蛋白含量 5 次，得平均数 $\bar{x}_2=7.62$mg/100g，方差 $S_2^2=0.11$（mg/100g）^{2}。试检验两种大米的粗蛋白含量有无显著差异。

经方差同质性检验，可知本例的两个样本方差存在显著差异，因此只能做近似 t 检验。

①建立假设。

H_0：$\mu_1=\mu_2$，即两种大米的粗蛋白含量无差异。

H_A：$\mu_1\neq\mu_2$，即两种大米的粗蛋白含量有差异。

②确定显著水平。$\alpha=0.05$。

③检验计算。

$$S'_{\bar{x}_1-\bar{x}_2}=\sqrt{S_1^2/n_1+S_2^2/n_2}=\sqrt{1.06/10+0.11/5}=0.358$$

$$t'=(\bar{x}_1-\bar{x}_2)/S'_{\bar{x}_1-\bar{x}_2}=(7.32-7.62)/0.358=-0.838$$

$$df_1=n_1-1=10-1=9$$

$$df_2=n_2-1=5-1=4$$

$$S_{\bar{x}_1}^2=S_1^2/n_1=1.06/10=0.106$$

$$S_{\bar{x}_2}^2=S_2^2/n_2=0.11/5=0.022$$

④统计推断。由 $df_1=9$ 和 $df_2=4$ 及显著水平 $\alpha=0.05$ 查附录 3 得 t 值 $t_{0.05(9)}=2.262$，$t_{0.05(4)}=2.776$。因此：

$$t'_{0.05}=\frac{S_{\bar{x}_1}^2t_{0.05(9)}+S_{\bar{x}_2}^2t_{0.05(4)}}{S_{\bar{x}_1}^2+S_{\bar{x}_2}^2}=\frac{0.106\times2.262+0.022\times2.776}{0.106+0.022}=2.350$$

由于实得 $|t'|=0.838<t'_{0.05}=2.350$，故 $P>0.05$，应接受 H_0：$\mu_1=\mu_2$，故推断两种大米的粗蛋白含量无显著差异。

二、成对资料平均数的假设检验

若试验设计是将条件、性质相同或相近的两个供试单元配成一对，并设有多个配对，然后对每一配对的两个供试单元分别随机地给予不同处理，这样的试验称作配对试验。它的特点是配成对子的两个试验单元的非处理条件尽量一致，不同对子的试验单元之间的非处理条件允许有差异。配对试验的配对方式有自身配对和同源配对两种。所谓自身配对是指在同一试验单元上进行处理前与处理后的对比。如同一食品在贮藏前后的变化等。同源配对是指将非处理条件相近的两试验单元组成对子，然后分别对配对的两个试验单元施以不同的处理。如按产品批次划分对子，在每一批产品内分别安排一对处理的试验，或同一食品平分成两部分来安排一对处理的试验等。配对试验因加强了配对处理间的试验控制（非处理条件高度一致），使处理间可比性增强，试验误差降低，因而试验精度较高。

从配对试验中获得的观测值因是成对出现的，故称作成对资料。与成组资料相比，成对资料中两个处理的数据不是相互独立的，而是存在着某种联系。因而对其作样本平均数的差异显著性检验时，应从成对数据的角度切入。

可以将两个处理设想为两个总体。第一个总体观测值为 x_{11}，x_{12}，…，$x_{1\infty}$，第二个总体观测值为 x_{21}，x_{22}，…，$x_{2\infty}$。两个总体观测值间由于存在着一定联系而一一配对，即（x_{11}，x_{21}），（x_{12}，x_{22}），…，（x_{1i}，x_{2i}），…，（$x_{1\infty}$，$x_{2\infty}$）。每对观测值之间的差数为：$d_i=x_{1i}-x_{2i}$（$i=1$，2，…，∞）。差数 d_1，d_2，…，d_∞ 组成差数总体，总体平均数用 μ_d 表示。实际上，$\mu_d=\mu_1-\mu_2$。所以，在 $\mu_1=\mu_2$ 时，$\mu_d=0$；反之 $\mu_d\neq0$。

在上述两总体中抽出 n 对数据组成样本，每对数据的差数组成差数样本，即 d_1，d_2，…，d_n。

差数样本的平均数为：

$$\bar{d}=\sum d_i/n$$

差数标准差为：

$$S_d=\sqrt{\sum(d_i-\bar{d})^2/(n-1)}$$

差数均数标准误为：

$$S_{\bar{d}}=S_d/\sqrt{n}=\sqrt{\sum(d_i-\bar{d})^2/n(n-1)}$$

故 $t=(\bar{d}-\mu_d)/S_{\bar{d}}$ 服从自由度为 $df=n-1$ 的 t 分布。在无效假设 H_0：$\mu_1=\mu_2$，即 $\mu_d=0$ 时，t 值为：

$$t=\bar{d}/S_{\bar{d}}$$

于是便可对成对资料平均数进行假设检验。

项目五

试验的方差分析

学习目标

知识目标

1. 了解方差分析的基本概念和原理。
2. 掌握方差分析的计算步骤和相关公式。
3. 了解 SPSS 软件的运行条件和环境。
4. 掌握 SPSS 软件数据录入的方法。

技能目标

1. 能利用 SPSS 进行单因素方差分析。
2. 能应用方差分析进行多重比较。
3. 能正确标识多重比较的结果。

素质目标

1. 培养精益求精的质量意识。
2. 养成严谨求实的工作作风。
3. 培养分析问题、解决实际问题的能力。

项目导学

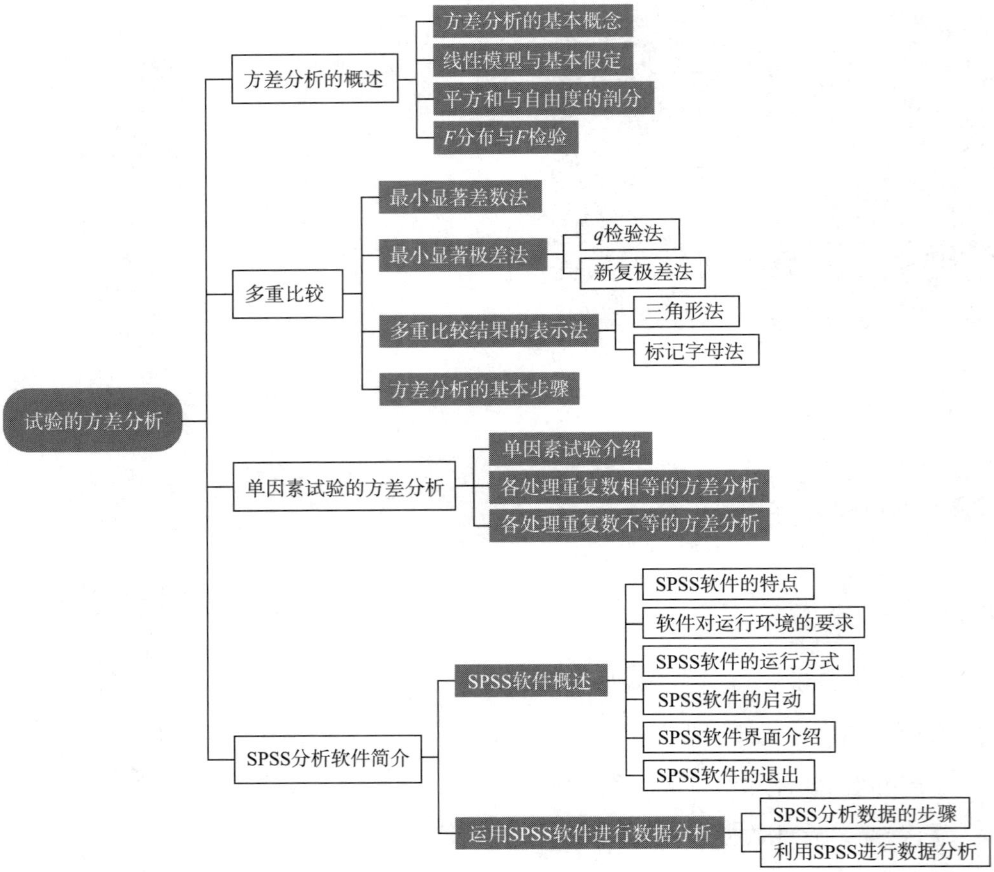
试验的方差分析
方差分析的概述
方差分析的基本概念
线性模型与基本假定
平方和与自由度的剖分
F分布与F检验
多重比较
最小显著差数法
最小显著极差法
q检验法
新复极差法
多重比较结果的表示法
三角形法
标记字母法
方差分析的基本步骤
单因素试验的方差分析
单因素试验介绍
各处理重复数相等的方差分析
各处理重复数不等的方差分析
SPSS分析软件简介
SPSS软件概述
SPSS软件的特点
软件对运行环境的要求
SPSS软件的运行方式
SPSS软件的启动
SPSS软件界面介绍
SPSS软件的退出
运用SPSS软件进行数据分析
SPSS分析数据的步骤
利用SPSS进行数据分析

知识点一

方差分析的概述

t 检验法适用于样本平均数、总体平均数及两样本平均数间的差异显著性检验，但在生产和科学研究中经常会遇到比较多个处理优劣的问题，即需要进行多个平均数间的差异显著性检验，这时不适宜采用 t 检验法，原因如下。

（1）检验过程烦琐　如一个试验包含 5 个处理，采用 t 检验法要进行 $C_5^2=10$ 次两两平均数的差异显著性检验；若有 k 个处理，则要做 k（$k-1$）/2 次类似的检验。因此，整个检验过程非常复杂、烦琐。

（2）无统一的试验误差，误差估计的精密度和检验的灵敏性低　对同一试验的多个处理进行比较时，应该有一个统一的试验误差估计值。若用 t 检验法作两两比较，由于每次比较需计算一个 $S_{\bar{x}_1-\bar{x}_2}$，故使得各次比较误差的估计不统一，同时没有充分利用资料所提供的信息而使误差估计的精密度降低，从而降低检验的灵敏性。如试验有 5 个处理，每个处理重复 6 次，共有 30 个观测值。进行 t 检验时，每次只能利用两个处理共 12 个观测值估计试验误差，误差自由度为 2 ×（6−1）= 10；若利用整个试验的 30 个观测值估计试验误差，显然估计的精密度高，且误差自由度为 5 ×（6−1）= 25。可见，在用 t 检验法进行检验时，由于估计误差的精密度低，误差自由度小，使检验的灵敏性降低，容易掩盖差异的显著性。

（3）推断的可靠性低，检验的错误率高　即使利用资料所提供的全部信息估计了试验误差，若用 t 检验法进行多个处理平均数间的差异显著性检验，由于没有考虑相互比较的两个平均数的秩次问题，因而会增加错误率，降低推断的可靠性。

由于上述原因，多个平均数的差异显著性检验不宜采用 t 检验，须采用方差分析法。

一、方差分析的基本概念

方差分析（Analysis of Variance）是由英国统计学家 R. 费雪于 1923 年提出的。这种方法是将 k 个处理的观测值作为一个整体看待，把观测值总变异的平方及自由度分解为相应的不同变异来源的平方及自由度，进而获得不同变异来源的总体方差的估计值。通过计算这些总体方差的估计值的适当比值，就能检验各样本所属总体平均数是否相等。方差分析实质上是关于观测值变异原因的数量分析，它在科学研究中应用十分广泛。

方差分析有很多类型，其数学模型的具体表达式也有所不同，但以下三点却是共同的，分别是：

（1）效应的可加性　进行方差分析的模型均为线性可加模型。这个模型明确提出了处理效应与误差效应是“可加的”，正是由于这一“可加性”，才有了样本平方和的“可加性”，亦即有了试验观测值总平方和的“可剖分”性。如果试验资料不具备这一性质，那么依据变异原因去剖分变量的总变异将失去根据，方差分析不能正确进行。

（2）分布的正态性　是指所有试验误差是相互独立的，且都服从正态分布 N（0，

σ^2）。只有在这样的条件下才能进行 F 检验。

（3）方差的同质性　即各个处理观测值总体方差 σ^2 应是相等的。只有这样，才有理由以各个处理均方的合并均方作为检验各处理差异显著性的共同误差均方。以上 3 点是进行方差分析的基本前提或基本假定。

二、线性模型与基本假定

假设某单因素试验有 k 个处理，每个处理有 n 次重复，共有 nk 个观测值。这类试验资料的数据模式如表 5-1 所示。

表 5-1　k 个处理每个处理有 n 个观测值的数据模式

处理	观测值 x_{ij}						合计 $x_{i.}$	平均 $\bar{x}_{i.}$
A_1	x_{11}	x_{12}	…	x_{1j}	…	x_{1n}	$x_{1.}$	$\bar{x}_{1.}$
A_2	x_{21}	x_{22}	…	x_{2j}	…	x_{2n}	$x_{2.}$	$\bar{x}_{2.}$
…	…	…	…	…	…	…	…	…
A_i	x_{i1}	x_{i2}	…	x_{ij}	…	x_{in}	$x_{i.}$	$\bar{x}_{i.}$
…	…	…	…	…	…	…	…	…
A_k	x_{k1}	x_{k2}	…	x_{kj}	…	x_{kn}	$x_{k.}$	$\bar{x}_{k.}$
合计							$x_{..}$	$\bar{x}_{..}$

表中 x_{ij} 表示第 i 个处理的第 j 个观测值（$i=1, 2, \cdots, k$；$j=1, 2, \cdots, n$）；$x_{ij}=\sum_{j=1}^{n}x_{ij}$ 表示第 i 个处理 n 个观测值的和；$x_{..}=\sum_{i=1}^{k}\sum_{j=1}^{n}x_{ij}=\sum_{i=1}^{k}x_{i.}$ 表示全部观测值的总和；$\bar{x}_{i.}=\sum_{j=1}^{n}x_{ij}/n=x_{i.}/n$ 表示第 i 个处理的平均数；$\bar{x}_{..}=\sum_{i=1}^{k}\sum_{j=1}^{n}x_{ij}/kn=x_{..}/n$ 表示全部观测值的总平均数；x_{ij} 可以按式（5-1）分解为：

$$x_{ij}=\mu_i+\varepsilon_{ij} \tag{5-1}$$

μ_i 表示第 i 个处理观测值总体的平均数。为了看出各处理的影响大小，将 μ_i 再进行分解，如式（5-2）和式（5-3）所示，令：

$$\mu=\frac{1}{k}\sum_{i=1}^{k}\mu_i \tag{5-2}$$

$$\alpha_i=\mu_i-\mu \tag{5-3}$$

则：

$$x_{ij}=\mu+\alpha_i+\varepsilon_{ij} \tag{5-4}$$

其中 μ 表示全试验观测值总体的平均数，α_i 是第 i 个处理的效应（Treatment Effects），表示处理 i 对试验结果产生的影响。显然有式（5-5）如下：

$$\sum_{i=1}^{k}\alpha_i=0 \tag{5-5}$$

ε_{ij} 是试验误差，相互独立，且服从正态分布 $N(0, \sigma^2)$。

式（5-4）称作单因素试验的线性模型（Linear Model），亦称数学模型。在这个模型中，x_{ij} 表示总平均数 μ、处理效应 α_i 和试验误差 ε_{ij} 之和。由于 ε_{ij} 相互独立且服从正态分布 $N(0, \sigma^2)$，可知各处理 A_i（$i=1, 2, \cdots, k$）所属总体亦应具正态性，即服从正态分布 $N(\mu_i, \sigma^2)$。尽管各总体的均数 μ_i 可以不等或相等，σ^2 则必须是相等的。所以，单因素试验的数学模型可归纳为：效应的可加性（Additivity）、分布的正态性（Normality）、方差的同质性（Homogeneity）。这也是进行其他类型方差分析的前提或基本假定。

若将表 5-1 中的观测值 x_{ij}（$i=1, 2, \cdots, k$；$j=1, 2, \cdots, n$）的数据结构（模型）用样本符号来表示，则：

$$x_{ij}=\bar{x}_{..}+(\bar{x}_{i.}-\bar{x}_{..})+(x_{ij}-\bar{x}_{i.})=\bar{x}_{..}+t_i+e_{ij} \tag{5-6}$$

与式（5-4）比较可知，$\bar{x}_{..}$、$(\bar{x}_{i.}-\bar{x}_{..})=t_i$、$(x_{ij}-\bar{x}_{i.})=e_{ij}$ 分别是 μ、$(\mu_i-\mu)=\alpha_i$、$(x_{ij}-\mu_i)=\varepsilon_{ij}$ 的估计值。

式（5-4）和式（5-6）表明，每个观测值都包含处理效应（$\mu_i-\mu$ 或 $\bar{x}_i-\bar{x}_{..}$）与误差（$x_{ij}-\mu_i$ 或 $x_{ij}-\bar{x}_{i.}$），故 kn 个观测值的总变异可分解为处理间的变异和处理内的变异两部分。

三、平方和与自由度的剖分

方差与标准差都可以用来度量样本的变异程度。因为方差在统计分析上有许多优点，而且不用开方，所以在方差分析中是用样本方差即均方（Mean Squares）来度量资料的变异程度。表 5-1 中全部观测值的总变异可以用总均方来度量。将总变异分解为处理间变异和处理内变异，就是要将总均方分解为处理间均方和处理内均方。但这种分解是通过将总均方的分子称为总离均差平方和，简称为总平方和，剖分成处理间平方和与处理内平方和两部分；将总均方的分母称为总自由度，剖分成处理间自由度与处理内自由度两部分来实现的。

1. 总平方和的剖分

在表 5-1 中，反映全部观测值总变异的总平方和是各观测值 x_{ij} 与总平均数 $\bar{x}_{..}$ 的离均差平方和，记为 SS_T。即

$$SS_T=\sum_{i=1}^{k}\sum_{j=1}^{n}(x_{ij}-\bar{x}_{..})^2$$

因为

$$\begin{aligned}\sum_{i=1}^{k}\sum_{j=1}^{n}(x_{ij}-\bar{x}_{..})^2&=\sum_{i=1}^{k}\sum_{j=1}^{n}[(\bar{x}_{i.}-\bar{x}_{..})+(x_{ij}-\bar{x}_{i.})]^2\\&=\sum_{i=1}^{k}\sum_{j=1}^{n}[(\bar{x}_{i.}-\bar{x}_{..})^2+2(\bar{x}_{i.}-\bar{x}_{..})(x_{ij}-\bar{x}_{i.})+(x_{ij}-\bar{x}_{i.})^2]\\&=n\sum_{i=1}^{k}(\bar{x}_{i.}-\bar{x}_{..})^2+2\sum_{i=1}^{k}[(\bar{x}_{i.}-\bar{x}_{..})\sum_{j=1}^{n}(x_{ij}-\bar{x}_{i.})]+\sum_{i=1}^{k}\sum_{j=1}^{n}(x_{ij}-\bar{x}_{i.})^2\end{aligned}$$

其中 $\sum_{j=1}^{n}(x_{ij}-\bar{x}_{i.})=0$

所以

$$\sum_{i=1}^{k}\sum_{j=1}^{n}(x_{ij}-\bar{x}_{..})^2=n\sum_{i=1}^{k}(\bar{x}_{i.}-\bar{x}_{..})^2+\sum_{i=1}^{k}\sum_{j=1}^{n}(x_{ij}-\bar{x}_{i.})^2 \tag{5-7}$$

式（5-7）中，$n\sum_{i=1}^{k}(\bar{x}_{i.}-\bar{x}_{..})^2$ 为各处理平均数 $\bar{x}_{i.}$ 与总平均数 $\bar{x}_{..}$ 的离均差平方和与重复数 n 的乘积，反映了重复 n 次的处理间变异，称为处理间平方和，记为 SS_t，即

$$SS_t=n\sum_{i=1}^{k}(\bar{x}_{i.}-\bar{x}_{..})^2$$

式（5-7）中，$\sum_{i=1}^{k}\sum_{j=1}^{n}(x_{ij}-\bar{x}_{i\cdot})^2$ 为各处理内离均差平方和之和，反映了各处理内的变异误差，称为处理内平方和或误差平方和，记为 SS_e，即

$$SS_e=\sum_{i=1}^{k}\sum_{j=1}^{n}(x_{ij}-\bar{x}_{i\cdot})^2$$

于是有

$$SS_T=SS_t+SS_e \tag{5-8}$$

式（5-7）和式（5-8）是单因素试验结果总平方和、处理间平方和以及处理内平方和的关系式。这个关系式中 3 种平方和的简便计算公式如下：

$$\begin{aligned} SS_T&=\sum_{i=1}^{k}\sum_{j=1}^{n}x_{ij}^2-C \\ SS_t&=\frac{1}{n}\sum_{i=1}^{k}x_{i\cdot}^2-C \\ SS_e&=SS_T-SS_t \end{aligned} \tag{5-9}$$

其中，$C=x_{\cdot\cdot}^2/kn$ 称为矫正数。

2. 总自由度的剖分

从平方和计算公式可以看出，在同样误差程度下，试验数据越多，计算出的平方和越大，因此，仅用平方和来反映试验值之间差异的大小是不够的，还需要根据试验次数的多少对平方和带来的影响，维持需要考虑的自由度（Degree of Freedom）。3 种平方和对应的自由度分别如下。

SS_T 的自由度称为总自由度，即

$$df_T=kn-1$$

SS_t 的自由度称为处理间自由度，即

$$df_t=k-1$$

SS_e 的自由度称为处理内自由度，即

$$df_e=kn-k=k(n-1)$$

因为

$$nk-1=(k-1)+(nk-k)=(k-1)+k(n-1)$$

所以

$$df_T=df_t+df_e \tag{5-10}$$

综合以上各式得：

$$\begin{aligned} df_T&=kn-1 \\ df_t&=k-1 \\ df_e&=df_T-df_t \end{aligned} \tag{5-11}$$

各部分平方和除以各自的自由度便得到总均方、处理间均方和处理内均方，分别记为 MS_T（或 S_T^2）、MS_t（或 S_t^2）和 MS_e（或 S_e^2）。即

$$\begin{aligned} MS_T&=S_T^2=SS_T/df_T \\ MS_t&=S_t^2=SS_t/df_t \\ MS_e&=S_e^2=SS_e/df_e \end{aligned} \tag{5-12}$$

总均方一般等于处理间均方加处理内均方。

【例 5-1】某高校畜牧实验室为了比较 4 种不同配方饲料对鸡的饲喂效果，选取了条件基本相同的 20 只鸡，随机分成 4 组，投喂不同饲料，经 1 个月试验以后，各组鸡的增重结果如表 5-2 所示。

表 5-2　　饲喂不同饲料的鸡的增重　　单位：10g

饲料	鸡的增重 x_{ij}					合计 $x_{i\cdot}$	平均 $\bar{x}_{i\cdot}$
A_1	31.9	27.9	31.8	28.4	35.9	155.9	31.18
A_2	24.8	25.7	26.8	27.9	26.2	131.4	26.28
A_3	22.1	23.6	27.3	24.9	25.8	123.7	24.74
A_4	27.0	30.8	29.0	24.5	28.5	139.8	27.96
合计						$x_{\cdot\cdot}=550.8$	

这是一个单因素试验，处理数 $k=4$，重复数 $n=5$。各项平方和及自由度计算如下。

矫正数

$$C=x_{\cdot\cdot}^2/nk=550.8^2/(4\times5)=15169.03$$

总平方和

$$SS_T=\sum_{i=1}^{k}\sum_{j=1}^{n}x_{ij}^2-C=31.9^2+27.9^2+\cdots+28.5^2-15169.03=199.67$$

处理间平方和

$$SS_t=\frac{1}{n}\sum x_{i\cdot}^2-C=\frac{1}{5}(155.9^2+131.4^2+123.7^2+139.8^2)-C=15283.3-15169.03=114.27$$

处理内平方和　　$SS_e=SS_T-SS_t=199.67-114.27=85.40$

总自由度　　$df_T=nk-1=5\times4-1=19$

处理间自由度　　$df_t=k-1=4-1=3$

处理内自由度　　$df_e=df_T-df_t=19-3=16$

用 SS_t、SS_e 分别除以 df_t 和 df_e 得到处理间均方 MS_t 及处理内均方 MS_e。

$$MS_t=SS_t/df_t=114.27/3=38.09$$

$$MS_e=SS_e/df_e=85.40/16=5.34$$

因为方差分析中不涉及总均方的数值，所以不必计算。

四、 F 分布与 F 检验

1. F 分布

设想做这样的抽样试验，即在一正态总体 $N(\mu,\sigma^2)$ 中随机抽取样本含量为 n 的样本 k 个，将各样本观测值整理成表 5-1 的形式。此时所谓的各处理没有真实差异，各处理只是随机分的组。因此，由式（5-12）算出的 S_t^2 和 S_e^2 都是误差方差 σ^2 的估计量。以 S_e^2 为分母，S_t^2 为分子，求其比值。统计学上把两个均方之比值称为 F 值。即

$$F=S_t^2/S_e^2 \tag{5-13}$$

F 具有 2 个自由度：$df_1=df_t=k-1$，$df_2=df_e=k(n-1)$。

若在给定的 k 和 n 的条件下，继续从该总体进行一系列抽样，则可获得一系列 F 值。这些 F 值所具有的概率分布称为 F 分布（F-distribution）。F 分布密度曲线是指随自由度 df_1、df_2 的变化而变化的一簇偏态曲线，其形态随着 df_1、df_2 的增大逐渐趋于对称，如图 5-1 所示。

F 分布的取值范围是（0，+∞），其平均值 $\mu_F=1$。

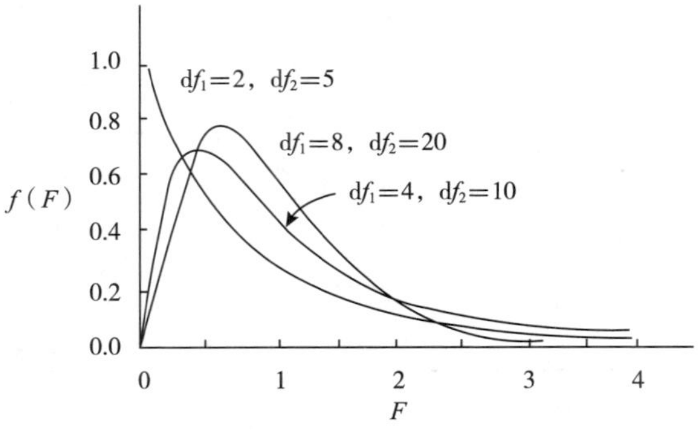

图 5-1　F 分布密度曲线

用 $f(F)$ 表示 F 分布的概率密度函数，则其分布函数 $F(F_a)$ 为：

$$F(F_{\alpha}) = P(F < F_{\alpha}) = \int_{0}^{F_{\alpha}} f(F)\mathrm{d}F \tag{5-14}$$

因而，F 分布右尾从 F_a 到+∞ 的概率为：

$$P(F \geqslant F_{\alpha}) = 1 - F(F_{\alpha}) = \int_{F_{\alpha}}^{+\infty} f(F)\mathrm{d}F \tag{5-15}$$

附录 4 列出的是不同 df_1 和 df_2 下，$P(F\geqslant F_{\alpha})=0.05$ 和 $P(F\geqslant F_{\alpha})=0.01$ 时的 F 值，即右尾概率 $\alpha=0.05$ 和 $\alpha=0.01$ 时的临界 F 值，一般记作 $F_{0.05(df_1,df_2)}$，$F_{0.01(df_1,df_2)}$。当 $df_1=3$，$df_2=18$ 时，查附录 4 可知，$F_{0.05(3,18)}=3.16$，$F_{0.01(3,18)}=5.09$，表示如以 $df_1=df_t=3$，$df_2=df_e=18$ 在同一正态总体中连续抽样，则所得 F 值大于 3.16 的仅为 5%，而大于 5.09 的仅为 1%。

2. F 检验

附录 4 是专门为检验 S_t^2 代表的总体方差是否比 S_e^2 代表的总体方差大而设计的。若实际计算的 F 值大于 $F_{0.05(df_1,df_2)}$，则 F 值在 $\alpha=0.05$ 的水平上显著，以 95%的可靠性（即冒 5%的风险）推断 S_t^2 代表的总体方差大于 S_e^2 代表的总体方差。这种用 F 值出现概率的大小推断两个总体方差是否相等的方法称为 F 检验（F-test）。

在方差分析中进行 F 检验的目的，在于推断处理间的差异是否存在，检验某项变异因素的效应方差是否为零。因此，在计算 F 值时总是以被检验因素的均方作分子，以误差均方作分母。应当注意，分母项的正确选择是由方差分析的模型和各项变异原因的期望均方决定的。

在单因素试验结果的方差分析中，无效假设为 H_0：$\mu_1=\mu_2=\cdots=\mu_k$，备择假设为 H_A：各 μ_i 不全相等，或 H_0：$\sigma_{\alpha}^2=0$，H_A：$\sigma_{\alpha}^2\neq 0$；$F=MS_t/MS_e$，也就是要判断处理间均方是否显著大于处理内（误差）均方。如果结论是肯定的，我们将否定 H_0；反之，不能否定 H_0。反过来理解：如果 H_0 是正确的，那么 MS_t 与 MS_e 都是总体误差 σ^2 的估计值，理论上讲 F 值等于 1；如果 H_0 是不正确的，那么 MS_t 中的 σ_{α}^2 就不等于零，F 值就必定大于 1。但是由于抽样的原因，即使 H_0 正确，F 值也会出现大于 1 的情况。所以，只有 F 值达到一定程度时，才有理由否定 H_0。

实际进行 F 检验时，是将由试验资料所算得的 F 值与根据 $df_1=df_t$（大均方，即分子均方的自由度)、$df_2 = df_e$（小均方，即分母均方的自由度）查附录 4 所得的临界 F 值 $F_{0.05(df_1,df_2)}$，$F_{0.01(df_1,df_2)}$ 相比较做出统计推断的。

若 $F<F_{0.05(df_1,df_2)}$，即 $P>0.05$，不能否定 H_0，统计学上把这一检验结果表述为：各处理间差异不显著，在 F 值的右上方标记"ns"，或不标记符号；若 $F_{0.05(df_1,df_2)} \leqslant F < F_{0.01(df_1,df_2)}$，即 $0.01<P \leqslant 0.05$，否定 H_0，接受 H_A，统计学上把这一检验结果表述为：各处理间差异显著，在 F 值的右上方标记"*"；若 $F \geqslant F_{0.01(df_1,df_2)}$，即 $P \leqslant 0.01$，否定 H_0，接受 H_A，统计学上把这一检验结果表述为：各处理间差异极显著，在 F 值的右上方标记"**"。

对于【例 5-1】，因为 $F=MS_t/MS_e=38.09/5.34=7.13^{**}$；根据 $df_1=df_t=3$，$df_2=df_e=16$ 查附录 4，得 $F>F_{0.01(3,16)}=5.29$，$P<0.01$，表明 4 种不同饲料对鸡的增重效果差异极显著，用不同的饲料饲喂，增重是不同的。

在方差分析中，通常将变异来源、平方和、自由度、均方和 F 值归纳成一张方差分析表（表 5-3）。

表 5-3　资料方差分析表

变异来源	平方和	自由度	均方	F 值
处理间	114.27	3	38.09	7.13^{**}
处理内	85.40	16	5.34	
总变异	199.67	19		

表中的 F 值应与相应的被检验因素齐行。因为经 F 检验差异极显著，故在 F 值 7.13 右上方标记"**"。

在实际进行方差分析时，只需计算出各项平方和与自由度，各项均方的计算及 F 值检验可在方差分析表上进行。

练习题

1. 多个处理平均数间的相互比较为什么不宜用 t 检验法？

2. 什么是方差分析？方差分析在科学研究中有何意义？

3. 养鸡场要检验 4 种饲料配方对小鸡增重是否相同，用同一种饲料分别喂养 6 只同一品种同时孵出的小鸡，共饲养了 8 周，每只鸡增重（g）数据如下：

配方	增量重 x_{ij}					
1	370	420	450	490	500	450
2	490	380	400	390	500	410
3	330	340	400	380	470	360
4	410	480	400	420	380	410

根据结果试分析 4 种不同配方的饲料对小鸡增重的影响。

知识点二

多重比较

F 值显著或极显著，否定了无效假设 H_0，表明试验的总变异主要来源于处理间的变异，试验中各处理平均数间存在显著或极显著差异，并不意味着每两个处理平均数间的差异都显著或极显著，也不能具体说明哪些处理平均数间有显著或极显著差异，哪些差异不显著。因此，有必要进行两两处理平均数间的比较，以具体判断两两处理平均数间的差异是否显著。统计上把多个平均数两两间的相互比较称为多重比较（Multiple Comparisons）。多重比较的方法有很多，常用的有最小显著差数法（LSD 法）和最小显著极差法（LSR 法）。

一、最小显著差数法

最小显著差数法简称 LSD 法（Least Significant Difference），该方法的基本原理是：在 F 检验显著的前提下，先计算出显著水平为 α 的最小显著差数 LSD_α，然后将任意两个处理平均数的差数的绝对值 $|\bar{x}_{i.}-\bar{x}_{j.}|$ 与其进行比较。若 $|\bar{x}_{i.}-\bar{x}_{j.}| > LSD_\alpha$，则 $\bar{x}_{i.}$ 与 $\bar{x}_{j.}$ 在 α 水平上差异显著；反之，在 α 水平上差异不显著。最小显著差数由式（5-16）计算。

$$LSD_\alpha = t_{\alpha(df_e)}\ S_{\bar{x}_{i.}-\bar{x}_{j.}} \tag{5-16}$$

式中 $t_{\alpha(df_e)}$——在 F 检验中误差自由度下，显著水平为 α 的临界 t 值；

$S_{\bar{x}_{i.}-\bar{x}_{j.}}$——均数差数标准误，由式（5-17）算得：

$$S_{\bar{x}_{i.}-\bar{x}_{j.}} = \sqrt{2MS_e/n} \tag{5-17}$$

式中 MS_e——F 检验中的误差均方；

n——各处理的重复数。

当显著水平 $\alpha=0.05$ 和 0.01 时，从 t 值表中查出 $t_{0.05(df_e)}$ 和 $t_{0.01(df_e)}$，代入式（5-16）得：

$$LSD_{0.05} = t_{0.05(df_e)}\ S_{\bar{x}_{i.}-\bar{x}_{j.}}$$
$$LSD_{0.01} = t_{0.01(df_e)}\ S_{\bar{x}_{i.}-\bar{x}_{j.}} \tag{5-18}$$

利用 LSD 法进行多重比较时，可按如下步骤进行：①列出平均数的多重比较表，比较表中各处理按其平均数从大到小自上而下排列；②计算最小显著差数 $LSD_{0.05}$ 和 $LSD_{0.01}$；③将平均数多重比较表中两两平均数的差数与 $LSD_{0.05}$、$LSD_{0.01}$ 比较，做出统计推断。

对于【例 5-1】，各处理的多重比较如表 5-4 所示。

表 5-4　四种饲料平均增重的多重比较表（LSD 法）

处理	平均 $\bar{x}_{i.}$	$\bar{x}_{i.}-24.74_{A3}$	$\bar{x}_{i.}-26.28_{A2}$	$\bar{x}_{i.}-27.96_{A4}$
A_1	31.18	6.44**	4.90**	3.22*

续表

处理	平均 $\bar{x}_{i.}$	$\bar{x}_{i.}-24.74_{A3}$	$\bar{x}_{i.}-26.28_{A2}$	$\bar{x}_{i.}-27.96_{A4}$
A_4	27.96	3.22*	1.68^{ns}	
A_2	26.28	1.54^{ns}		
A_3	24.74			

注：表中 A_4 与 A_3 的差数为 3.22，用 q 检验法时，在 $\alpha=0.05$ 的水平上不显著。

因为，$S_{\bar{x}_{i.}-\bar{x}_{j.}}=\sqrt{2MS_e/n}=\sqrt{2\times5.34/5}=1.462$；查 t 值表得：$t_{0.05(df_e)}=t_{0.05(16)}=2.120$，$t_{0.01(df_e)}=t_{0.01(16)}=2.921$。

所以，显著水平为 0.05 与 0.01 的最小显著差数为：

$$LSD_{0.05}=t_{0.05(df_e)}\ S_{\bar{x}_{i.}-\bar{x}_{j.}}=2.120\times1.462=3.099$$

$$LSD_{0.01}=t_{0.01(df_e)}\ S_{\bar{x}_{i.}-\bar{x}_{j.}}=2.921\times1.462=4.271$$

将表 5-4 中的 6 个差数与 $LSD_{0.05}$，$LSD_{0.01}$ 比较：小于 $LSD_{0.05}$ 者不显著，在差数的右上方标记“*ns*”，或不标记符号；介于 $LSD_{0.05}$ 与 $LSD_{0.01}$ 之间者显著，在差数的右上方标记“*”；大于 $LSD_{0.01}$ 者极显著，在差数的右上方标记“**”。检验结果除差数 1.68、1.54 不显著、3.22 显著外，其余两个差数 6.44、4.90 极显著。表明 A_1 饲料对鸡的增重效果极显著高于 A_2 和 A_3，显著高于 A_4；A_4 饲料对鸡的增重效果极显著高于 A_3 饲料；A_4 与 A_2、A_2 与 A_3 的增重效果差异不显著，以 A_1 饲料对鸡的增重效果最佳。

二、最小显著极差法

最小显著极差法简称 LSR 法（Least Significant Ranges），LSR 法的特点是把平均数的差数看成是平均数的极差，根据极差范围内所包含的处理数（称为秩次距）k 的不同而采用不同的检验尺度，以克服 LSR 法的不足。这些在显著水平 α 上，依秩次距 k 的不同而采用的不同的检验尺度称作最小显著极差法。例如，有 10 个 $\bar{x}$ 要相互比较，先将 10 个 $\bar{x}$ 依其数值大小顺次排列，两极端平均数的差数（极差）的显著性，由其差数是否大于秩次距 $k=10$ 时的最小显著极差决定（≥为显著，<为不显著；而后是秩次距 $k=9$ 的平均数的极差的显著性，则由极差是否大于 $k=9$ 时的最小显著极差决定；直到任何两个相邻平均数的差数的显著性由这些差数是否大于秩次距 $k=2$ 时的最小显著极差决定为止。因此，有 k 个平均数相互比较，就有 $k-1$ 种秩次距（k，$k-1$，$k-2$，…），因而需要求得 $k-1$ 个最小显著极差（$LSR_{\alpha,k}$），分别作为判断具有相应秩次距的平均数的极差是否显著的标准。

因为 LSR 法是一种极差检验法，所以当一个平均数大集合的极差不显著时，其中所包含的各个较小集合极差也应一概作不显著处理。

LSR 法克服了 LSD 法的不足，但检验的工作量有所增加。常用的 LSR 法有 q 检验法和新复极差法两种。

1. *q* 检验法

此法是以统计量 q 的概率分布为基础的。q 值由式（5-19）求得：

$$q=\omega/S_{\bar{x}} \tag{5-19}$$

式中　　ω——极差；

$S_{\bar{x}}=\sqrt{MS_e/n}$——标准误。

q 分布依赖于误差自由度 df_e 及秩次距 k。

利用 q 检验法进行多重比较时，为了简便起见，不是将由式（5-19）算出的 q 值与临界 q 值 $q_{\alpha(df_e,k)}$ 比较，而是将极差与 $q_{\alpha(df_e,k)}\ S_{\bar{x}}$ 比较如式（5-20）所示，从而做出统计推断。$q_{\alpha(df_e,k)}\ S_{\bar{x}}$ 即为 α 水平上的最小显著极差。

$$LSR_{\alpha}=q_{\alpha(df_e,k)}\ S_{\bar{x}} \tag{5-20}$$

当显著水平 $\alpha=0.05$ 和 0.01 时，从附录 7（q 值表）中根据自由度 df_e 及秩次距 k 查出 $q_{0.05(df_e,k)}$ 和 $q_{0.01(df_e,k)}$ 代入式（5-21）得：

$$\begin{aligned}LSR_{0.05,k}&=q_{0.05(df_e,k)}\ S_{\bar{x}}\\ LSR_{0.01,k}&=q_{0.01(df_e,k)}\ S_{\bar{x}}\end{aligned} \tag{5-21}$$

实际利用 q 检验法进行多重比较时，可按如下步骤进行。

①列出平均数多重比较表；

②由自由度 df_e、秩次距 k 查临界 q 值，计算最小显著极差 $LSR_{0.05,k}$，$LSR_{0.01,k}$；

③将平均数多重比较表中的各极差与相应的最小显著极差 $LSR_{0.05,k}$，$LSR_{0.01,k}$ 比较，做出统计推断。

对于【例 5-1】，各处理平均数多重比较表同表 5-4。在表 5-4 中，极差 1.54、3.22、4.90 的秩次距为 2；极差 1.68、6.44 的秩次距为 3；极差 3.22 的秩次距为 4。

因为，$MS_e=5.34$，故标准误 $S_{\bar{x}}$ 为：

$$S_{\bar{x}}=\sqrt{MS_e/n}=\sqrt{5.34/5}=1.033$$

根据 $df_e=16$，$k=2$，3，4，由附录 7 查出 $\alpha=0.05$、0.01 水平下临界 q 值，乘以标准误 $S_{\bar{x}}$ 求得各最小显著极差，所得结果列于表 5-5。

表 5-5　　q 值及 LSR 值

df_e	秩次距 k	$q_{0.05}$	$q_{0.01}$	$LSR_{0.05}$	$LSR_{0.01}$
16	2	3.00	4.13	3.099	4.266
	3	3.65	4.79	3.770	4.948
	4	4.05	5.19	4.184	5.361

将表 5-4 中的极差 1.54、1.68、3.22 与表 5-5 中的最小显著极差 3.099、4.266 比较；将极差 3.22、4.90 与 3.770、4.948 比较；将极差 6.44 与 4.184、5.361 比较。检验结果，除 A_4 与 A_3 的差数 3.22 由 LSD 法比较时的差异显著变为差异不显著外，其余检验结果同 LSD 法。

2. 新复极差法

此法是由邓肯（Duncan）于 1955 年提出，故又称 Duncan 法，此法还称 SSR 法（Shortest Significant Ranges）。新复极差法与 q 检验法的检验步骤相同，唯一不同的是计算最小显著极差时需查 SSR 表（附录 8）而不是查 q 值表。最小显著极差按式（5-22）计算：

$$\mathrm{LSR}_{\alpha,k}=\mathrm{SSR}_{\alpha(df_e,k)}S_{\bar{x}} \tag{5-22}$$

其中，$\mathrm{SSR}_{\alpha(df_e,k)}$ 是根据显著水平 α、误差自由度 df_e、秩次距 k，由 SSR 表查得的临界 SSR 值，$S_{\bar{x}}=\sqrt{MS_e/n}$。$\alpha=0.05$ 和 $\alpha=0.01$ 水平下的最小显著极差，如式（5-23）所示：

$$\begin{aligned}\mathrm{LSR}_{0.05,k}&=\mathrm{SSR}_{0.05(df_e,k)}\ S_{\bar{x}}\\ \mathrm{LSR}_{0.01,k}&=\mathrm{SSR}_{0.01(df_e,k)}\ S_{\bar{x}}\end{aligned} \tag{5-23}$$

对于【例 5-1】，已算出 $S_{\bar{x}}=1.033$，依 $df_e=16$，$k=2, 3, 4$，由附录 8 查临界 $\mathrm{SSR}_{0.05(16,k)}$ 和 $\mathrm{SSR}_{0.01(16,k)}$ 值，乘以 $S_{\bar{x}}=1.033$，求得各最小显著极差，所得结果列于表 5-6。

表 5-6　SSR 值与 LSR 值

df_e	秩次距 k	$\mathrm{SSR}_{0.05}$	$\mathrm{SSR}_{0.01}$	$\mathrm{LSR}_{0.05}$	$\mathrm{LSR}_{0.01}$
	2	3.00	4.13	3.099	4.266
16	3	3.15	4.34	3.254	4.483
	4	3.23	4.45	3.337	4.597

将表 5-4 中的平均数差数（极差）与表 5-6 中的最小显著极差比较，检验结果与 q 检验法相同。

当各处理重复数不等时，为了简便起见，不论 LSD 法还是 LSR 法，可用式（5-24）计算出一个各处理平均的重复数 n_0，以代替计算 $S_{\bar{x}_{i\cdot}-\bar{x}_{j\cdot}}$ 或 $S_{\bar{x}}$ 所需的 n。

$$n_0=\frac{1}{k-1}\left[\sum n_i-\frac{\sum n_i^2}{\sum n_i}\right] \tag{5-24}$$

式中　k——试验的处理数；

n_i（$i=1, 2, \cdots, k$）——第 i 处理的重复数。

以上介绍的三种多重比较方法，其检验尺度有如下关系：

LSD 法≤新复极差法≤q 检验法

当秩次距 $k=2$ 时，取等号；秩次距 $k\geqslant3$ 时，取小于号。在多重比较中，LSD 法的尺度最小，q 检验法尺度最大，新复极差法尺度居中。根据上述排列顺序，前面方法检验显著的差数，用后面方法检验未必显著；用后面方法检验显著的差数，用前面方法检验必然显著。一个试验资料究竟采用哪一种多重比较方法，主要应根据否定一个正确的 H_0 和接受一个不正确的 H_0 的相对重要性来决定。如果否定正确的 H_0 是事关重大或后果严重的，或对试验要求严格时，用 q 检验法较为妥当；如果接受一个不正确的 H_0 是事关重大或后果严重的，则宜用新复极差法。生物试验中，由于试验误差较大，常采用新复极差法；F 检验显著后，为了简便，也可采用 LSD 法。

三、多重比较结果的表示法

各平均数经多重比较后，应以简明的形式将结果表示出来，常用的有以下两种方式。

1. 三角形法

此法是将多重比较结果直接标记在平均数多重比较表上，如表 5-4 所示。由于在多重比较表中各个平均数差数构成一个三角形阵列，故称为三角形法。此法的优点是简便直观，缺点是所占篇幅较大。

2. 标记字母法

此法是先将各处理平均数由大到小、自上而下排列，然后在最大平均数后标记字母 a，并将该平均数与以下各平均数依次相比，凡差异不显著标记同一字母 a，直到某一个与其差异显著的平均数标记字母 b；再以标有字母 b 的平均数为标准，与上方比它大的各个平均数比较，凡差异不显著一律再加标 b，直至显著为止；再以标记有字母 b 的最大平均数为标准，与下面各未标记字母的平均数相比，凡差异不显著，继续标记字母 b，直至某一个与其差异显著的平均数标记 c，…；如此重复下去，直至最小一个平均数被标记比较完毕为止。这样，各平均数间凡有一个相同字母的即为差异不显著，凡无相同字母的即为差异显著。用小写拉丁字母表示显著水平 $\alpha=0.05$，用大写拉丁字母表示显著水平 $\alpha=0.01$。在利用字母标记法表示多重比较结果时，常在三角形法的基础上进行。此法的优点是占篇幅小，在科技文献中常见。

对于【例 5-1】，现根据表 5-4 所表示的多重比较结果用字母标记如表 5-7 所示（用新复极差法检验，表 5-4 中 A_4 与 A_3 的差数 3.22 在 $\alpha=0.05$ 的水平上不显著，其余的与 LSD 法相同）。

表 5-7　表 5-4 多重比较结果的字母标记（SSR 法）

处理	平均 $\bar{x}_{i\cdot}$	$\alpha=0.05$	$\alpha=0.01$
A_1	31.18	a	A
A_4	27.96	b	AB
A_2	26.28	b	B
A_3	24.74	b	B

在表 5-7 中，先将各处理平均数由大到小、自上而下排列。当显著水平 $\alpha=0.05$ 时，先在平均数 31.18 行上标记字母 a；由于 31.18 与 27.96 之差为 3.22，在 $\alpha=0.05$ 水平上显著，所以在平均数 27.96 行上标记字母 b；然后以标记字母 b 的平均数 27.96 与其下方的平均数 26.28 比较，差数为 1.68，在 $\alpha=0.05$ 水平上不显著，所以在平均数 26.28 行上标记字母 b；再将平均数 27.96 与平均数 24.74 比较，差数为 3.22，在 $\alpha=0.05$ 水平上不显著，所以在平均数 24.74 行上标记字母 b。类似地，可以在 $\alpha=0.01$ 将各处理平均数标记上字母，结果见表 5-7。q 检验结果与 SSR 法检验结果相同。由表 5-7 可以发现，A_1 饲料对鸡的平均增重极显著地高于 A_2 和 A_3 饲料，显著高于 A_4 饲料；A_4、A_2、A_3 三种饲料对鸡的平均增重差异不显著。4 种饲料中以 A_1 饲料对鸡的增重效果最好。

四、方差分析的基本步骤

根据任务一和任务二的介绍，方差分析的基本步骤现归纳如下。

（1）计算各项平方和与自由度。

（2）列出方差分析表，进行 F 检验。

（3）若 F 检验显著，则进行多重比较。多重比较的方法有最小显著差数法（LSD 法）

和最小显著极差法（LSR 法：包括 q 检验法和新复极差法）。

（4）表示多重比较结果的方法有三角形法和标记字母法。

练习题

1. 进行方差分析的基本步骤是什么？

2. 什么是多重比较？多个平均数相互比较时，LSD 法与一般 t 检验法相比有何优点？还存在什么问题？如何决定选用哪种多重比较法？

3. 在同样饲养管理条件下分别喂养 10 只羊，三个品种羊的增重（kg）数据如下表所示，试对三个品种增重差异是否显著进行检验。

品种	增重 x_{ij}									
A_1	16	12	18	18	13	11	15	10	17	18
A_2	10	13	11	9	16	14	8	15	13	8
A_3	11	8	13	6	7	15	9	12	10	11

注：$MS_e=8.57$，$F=6.42$。

知识点三

单因素试验的方差分析

一、单因素试验介绍

在试验中，将要考察的指标称为试验指标，影响试验指标的条件称为因素。因素可分为两类，一类是人们可以控制的；一类是人们不能控制的。例如，原料成分、反应温度、溶液浓度等是可以控制的，而测量误差、气象条件等一般是难以控制的。以下所说的因素都是可控因素，因素所处的状态称为该因素的水平。在方差分析中，根据所研究试验因素的多少，可分为单因素、双因素和多因素试验资料的方差分析。单因素试验资料的方差分析是其中最简单的一种，目的在于正确判断该试验因素各水平的优劣。根据各处理内重复数是否相等，单因素方差分析又分为重复数相等和重复数不等两种情况。

二、各处理重复数相等的方差分析

【例 5-2】抽测 5 个不同品种的若干头母猪的窝产仔数，结果如表 5-8 所示，试检验不同品种母猪平均窝产仔数的差异是否显著。

表 5-8　　五个不同品种母猪的窝产仔数　　单位：头/窝

品种号	观测值 x_{ij}					合计 $x_{i.}$	平均 $\bar{x}_i$
1	8	13	12	9	9	51	10.2

续表

品种号	观测值 x_{ij}					合计 $x_{i.}$	平均 $\bar{x}_i$
2	7	8	10	9	7	41	8.2
3	13	14	10	11	12	60	12.0
4	13	9	8	8	10	48	9.6
5	12	11	15	14	13	65	13.0
合计						$x_{..}=265$	

这是一个单因素试验，$k=5$，$n=5$。现对此试验结果进行方差分析如下：

（1）计算各项平方和与自由度。

$$C=x_{..}^2/kn=265^2/(5\times5)=2809.00$$

$$SS_T=\sum\sum x_{ij}^2-C=(8^2+13^2+\cdots+14^2+13^2)-2809.00$$
$$=2945.00-2809.00=136.00$$

$$SS_t=\frac{1}{n}\sum x_{i.}^2-C=\frac{1}{5}(51^2+41^2+60^2+48^2+65^2)-2809.00$$
$$=2882.20-2809.00=73.20$$

$$SS_e=SS_T-SS_t=136.00-73.20=62.80$$

$$df_T=kn-1=5\times5-1=24,\ df_t=k-1=5-1=4,\ df_e=df_T-df_t=24-4=20$$

（2）列出方差分析表，进行 F 检验见表 5-9。

表 5-9　不同品种母猪的窝产仔数的方差分析表

变异来源	平方和	自由度	均方	F 值
品种间	73.20	4	18.30	5.83**
误差	62.80	20	3.14	
总变异	136.00	24		

根据 $df_1=df_t=4$，$df_2=df_e=20$ 查临界 F 值得：$F_{0.05(4,20)}=2.87$，$F_{0.01(4,20)}=4.43$，因为 $F>F_{0.01(4,20)}$，即 $P<0.01$，表明品种间产仔数的差异极显著。

（3）多重比较：采用新复极差法，各处理平均数的多重比较见表 5-10。

表 5-10　不同品种母猪的平均窝产仔数多重比较表（SSR 法）

品种	平均 $\bar{x}_{i.}$	$\bar{x}_{i.}-8.2$	$\bar{x}_{i.}-9.6$	$\bar{x}_{i.}-10.2$	$\bar{x}_{i.}-12.0$
5	13.0	4.8**	3.4*	2.8*	1.0
3	12.0	3.8**	2.4	1.8	
1	10.2	2.0	0.6		
4	9.6	1.4			
2	8.2				

因为 $MS_e=3.14$，$n=5$，所以 $S_{\bar{x}}$ 为：

$$S_{\bar{x}}=\sqrt{MS_e/n}=\sqrt{3.14/5}=0.793$$

根据 $df_e=20$，秩次距 $k=2$，3，4，5，由附录 8 查出 $\alpha=0.05$ 和 $\alpha=0.01$ 的各临界 SSR 值，乘以 $S_{\bar{x}}=0.7925$，即得各最小显著极差，所得结果列于表 5-11。

表 5-11　　SSR 值及 LSR 值

df_e	秩次距 k	$SSR_{0.05}$	$SSR_{0.01}$	$LSR_{0.05}$	$LSR_{0.01}$
20	2	2.95	4.02	2.339	3.188
	3	3.10	4.22	2.458	3.346
	4	3.18	4.33	2.522	3.434
	5	3.25	4.40	2.577	3.489

将表 5-10 中的差数与表 5-11 中相应的最小显著极差比较，结果表明：5 号品种母猪的平均窝产仔数极显著高于 2 号品种母猪，显著高于 4 号和 1 号品种，但与 3 号品种差异不显著；3 号品种母猪的平均窝产仔数极显著高于 2 号品种，与 1 号和 4 号品种差异不显著；1 号、4 号、2 号品种母猪的平均窝产仔数间差异均不显著。五个品种中以 5 号品种母猪的窝产仔数最高，3 号品种次之，2 号品种母猪的窝产仔数最低。

三、各处理重复数不等的方差分析

在各处理重复数不等的情况下，方差分析步骤与各处理重复数相等的情况相同，只是在有关计算公式上略有差异。

设处理数为 k；各处理重复数为 n_1，n_2，…，n_k；试验观测值总数为 $N=\sum n_i$。则：

$$C=x_{..}^2/N$$
$$SS_T=\sum\sum x_{ij}^2-C,\ SS_t=\sum x_{i.}^2/n_i-C,\ SS_e=SS_T-SS_t \tag{5-25}$$
$$df_T=N-1,\ df_t=k-1,\ df_e=df_T-df_t$$

【例 5-3】5 个不同品种牛的育肥试验，后期 15d 增重（kg）如表 5-12 所示。试比较品种间增重有无差异。

表 5-12　　5 个品种牛 15d 增重　　单位：kg

品种	增重 x_{ij}						n_i	合计 $x_{i.}$	平均 $\bar{x}_{i.}$
B_1	21.5	19.5	20.0	22.0	18.0	20.0	6	121.0	20.2
B_2	16.0	18.5	17.0	15.5	20.0	16.0	6	103.0	17.2
B_3	19.0	17.5	20.0	18.0	17.0		5	91.5	18.3
B_4	21.0	18.5	19.0	20.0			4	78.5	19.6
B_5	15.5	18.0	17.0	16.0			4	66.5	16.6
合计							25	$x_{..}=460.5$	

此例处理数 $k=5$，各处理重复数不等。现对此试验结果进行方差分析如下：

（1）计算各项平方和与自由度　利用式（5-25）计算得到：

$$C=x_{..}^2/N=460.5^2/25=8482.41$$

$$SS_T=\sum\sum x_{ij}^2-C=(21.5^2+19.5^2+\cdots+17.0^2+16.0^2)-8482.41$$
$$=8567.75-8482.41=85.34$$

$$SS_t=\sum x_{i.}^2/n_i-C=(121.0^2/6+103.0^2/6+91.5^2/5+78.8^2/4+66.5^2/4)-8482.41$$
$$=8528.91-8482.41=46.50$$

$$SS_e=SS_T-SS_t=85.34-46.50=38.84$$

$$df_T=N-1=25-1=24$$

$$df_t=k-1=5-1=4$$

$$df_e=df_T-df_t=24-4=20$$

（2）列出方差分析表，进行 F 检验　临界 F 值为：$F_{0.05(4,20)}=2.87$，$F_{0.01(4,20)}=4.43$，因为品种间的 F 值 $5.99>F_{0.01(4,20)}$，$P<0.01$，表明品种间差异极显著。

表 5-13　　5 个品种育肥牛增重方差分析表

变异来源	平方和	自由度	均方	F 值
品种间	46.50	4	11.63	5.99**
品种内（误差）	38.84	20	1.94	
总变异	85.34	24		

（3）进行多重比较　采用新复极差法，各处理平均数多重比较见表 5-13。因为各处理重复数不等，应先由式（5-25）计算出平均重复次数 n_0 来代替标准误 $S_{\bar{x}}=\sqrt{MS_e/n}$ 中的 n，此例

$$n_0=\frac{1}{k-1}\left[\sum n_i-\frac{\sum n_i^2}{\sum n_i}\right]=\frac{1}{5-1}\left[25-\frac{6^2+6^2+5^2+4^2+4^2}{25}\right]=4.96$$

于是，标准误 $S_{\bar{x}}$ 为：

$$S_{\bar{x}}=\sqrt{MS_e/n_0}=\sqrt{1.94/4.96}=0.625$$

根据 $df_e=20$，秩次距 $k=2,3,4,5$，从附录 8 中查出 $\alpha=0.05$ 与 $\alpha=0.01$ 的临界 SSR 值，乘以 $S_{\bar{x}}=0.63$，即得各最小显著极差，所得结果列于表 5-14。

表 5-14　　5 个品种育肥牛平均增重多重比较表（SSR 法）

品种	平均 $\bar{x}_{i.}$	$\bar{x}_{i.}-16.6$	$\bar{x}_{i.}-17.2$	$\bar{x}_{i.}-18.3$	$\bar{x}_{i.}-19.6$
B_1	20.2	3.6**	3.0**	1.9	0.6
B_4	19.6	3.0**	2.4*	1.3	
B_3	18.3	1.7	1.1		
B_2	17.2	0.6			
B_5	16.6				

表 5-15　　SSR 值及 LSR 值表

df_e	秩次距 k	$SSR_{0.05}$	$SSR_{0.01}$	$LSR_{0.05}$	$LSR_{0.01}$
20	2	2.95	4.02	1.844	2.513
	3	3.10	4.22	1.938	2.638
	4	3.18	4.33	1.988	2.706
	5	3.25	4.40	2.031	2.750

将表 5-14 中的各个差数与表 5-15 中相应的最小显著极差比较，多重比较结果表明，B_1、B_4 品种的平均增重极显著或显著高于 B_2、B_5 品种的平均增重，其余不同品种之间差异不显著。可以认为 B_1、B_4 品种增重最快，B_2、B_5 品种增重较慢，B_3 品种居中。单因素试验只能解决一个因素各水平之间的比较问题。如上述研究几个品种牛的育肥试验，只能比较几个品种的增重快慢。而影响增重的其他因素，如饲料中能量的高低、蛋白质含量的多少、饲喂方式及环境温度的变化等就无法得以研究。

练习题

1. 什么是因素？方差分析有哪些分类？

2. 某乳制品公司研制出一种新型乳制品。饮料口味有四种，分别为芒果味、草莓味、香草味和原味。随机从五家超市收集前一期该种乳制品的销售额（万元）数据，如下表所示，试问乳制品口味是否对销售产生影响。

口味	销售额 x_{ij}				
芒果味	26.5	28.7	25.1	29.1	27.2
草莓味	31.2	28.3	30.8	27.9	29.6
香草味	27.9	25.1	28.5	24.2	26.5
原味	30.8	29.6	32.4	31.7	32.8

知识点四

SPSS 分析软件简介

一、 SPSS 软件概述

SPSS（Statistical Product and Service Solutions）即“统计产品与服务解决方案”软件。最初软件全称为“社会科学统计软件包”（Statistical Package for the Social Sciences），但是随着 SPSS 产品服务领域的扩大和服务深度的增加，SPSS 公司已于 2000 年正式将英文全称更改为“统计产品与服务解决方案”。SPSS 为 IBM 公司推出的一系列用于统计学分析运算、数据挖掘、预测分析和决策支持任务的软件产品及相关服务的总称。

SPSS 是世界上最早的统计分析软件之一，由三位美国斯坦福大学的研究生于 1968 年研究开发成功。他们成立了 SPSS 公司，1975 年在芝加哥组建了 SPSS 总部。2009 年，IBM 公司用 12 亿美元收购了 SPSS 公司。如今 SPSS 已出至版本 24.0，而且更名为 IBM SPSS。它和 SAS、BMDP 并称为国际上最有影响力的三大统计软件。在国际学术界有条不成文的规定，即在国际学术交流中，凡是用 SPSS 软件完成的计算和统计分析，可以不必说明算法，由此可见其影响之大和信誉之高。

SPSS 集数据录入、整理、分析功能于一身，基本功能包括数据管理、统计分析、图表分析、输出管理等。SPSS 统计分析的过程包括描述性统计、均值比较、一般线性模型、相关分析、回归分析、对数线性模型、聚类分析、数据简化等几大类，每一类又分为好几个统计过程，比如回归分析又分线性回归分析、曲线估计、Logistic 回归、Probit 回归、加权估计、两阶段最小二乘法、非线性回归等多个统计过程，而且每个过程都允许用户选择不同的方法及参数。SPSS 也有专门的绘图系统，可以根据数据绘制各种图形。SPSS 的分析结果清晰、直观、易学、易用，而且可以直接读取 EXCEL 及 DBF 的数据文件，现已推广到各种操作系统的计算机上。

（一）SPSS 软件的特点

1. 操作简便

界面非常友好，除了数据录入及部分命令程序等少数输入工作需要键盘键入外，大多数操作可通过鼠标拖曳、点击“菜单”“按钮”和“对话框”来完成。

2. 编程方便

具有第 4 代语言的特点，只需告诉系统要做什么，无需告诉怎样做，操作者只需了解统计分析的原理，不需通晓统计方法的各种算法，即可得到需要的统计分析结果。对于常见的统计方法，SPSS 的命令语句、子命令及选择项的选择绝大部分由“对话框”的操作完成。因此，用户无需花费时间记忆大量的命令、过程和选择项等。

3. 功能强大

具有完整的数据输入、编辑、统计分析、报表、图形制作等功能。自带 11 种类型的 136 个函数。SPSS 提供了从简单的统计描述到复杂的多因素统计分析方法，比如数据的探索性分析、统计描述、列联表分析、二维相关、秩相关、偏相关、方差分析、非参数检验、多元回归、生存分析、协方差分析、判别分析、因子分析、聚类分析、非线性回归、Logistic 回归等。

4. 全面的数据接口

能够读取及输出多种格式的文件。如由 dBASE、FoxBASE、FoxPRO 产生的 *.dbf 文件，文本编辑器软件生成的 ASC Ⅱ 数据文件，Excel 的 *.xls 文件等均可转换成可供分析的 SPSS 数据文件。能够把 SPSS 的图形转换为 7 种图形文件。结果可保存为 *.txt、word、PPT 及 html 格式的文件。

5. 针对性强

SPSS 均适用于初学者、熟练者及精通者，并且很多群体只需要掌握简单的操作分析。初学者大多青睐 SPSS，而那些熟练或精通者也较喜欢 SPSS，因为他们可以通过编程来实现更强大的功能。

（二）软件对运行环境的要求

1. 硬件环境要求

SPSS 运行时往往需要打开图形编辑或文本编辑等应用软件。为了保证电脑的运行速度及各应用软件功能的正常实现，内存配置最好在 512M 以上。

2. 软件环境要求

建议在简体中文版 Windows 下运行。

（三）SPSS 软件的运行方式

1. 批处理方式

将已经编好的程序存储为一个文件，然后打开在 SPSS 软件中的 Production 程序并运行。

2. 完全菜单窗口运行方式

主要通过鼠标选择窗口菜单和对话框完成各种操作。本书将主要介绍这种运行方式。

3. 程序运行方式

在命令窗口中直接运行编写好的程序或在脚本窗口中运行脚本程序。它与批处理方式都需要使用者掌握专业的 SPSS 编程语法才能完成操作。

（四）SPSS 软件的启动

有以下三种方式启动 SPSS 软件。

（1）通过单击“开始”→“所有程序”→“IBM SPSS Statistics”快捷方式启动。

（2）通过双击 SPSS 的默认文件“ * . sav”启动。

（3）通过双击桌面创建的 SPSS 快捷方式启动。

（五）SPSS 软件界面介绍

下面以 SPSS 20.0 为例来介绍软件的界面（图 5-2），启动软件后，可见如下界面。

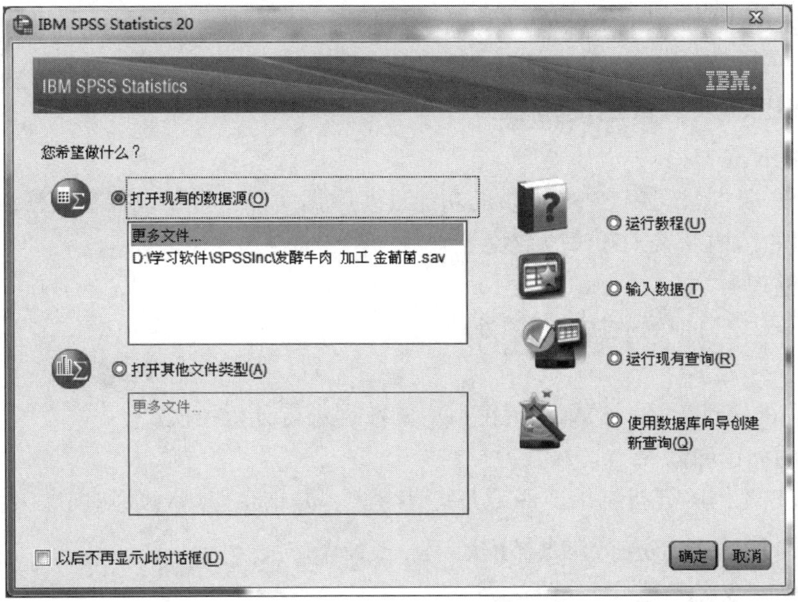

图 5-2　软件打开后界面

（六）SPSS 软件的退出

（1）直接单击 SPSS 窗口右上角的关闭按钮（图 5-3）。

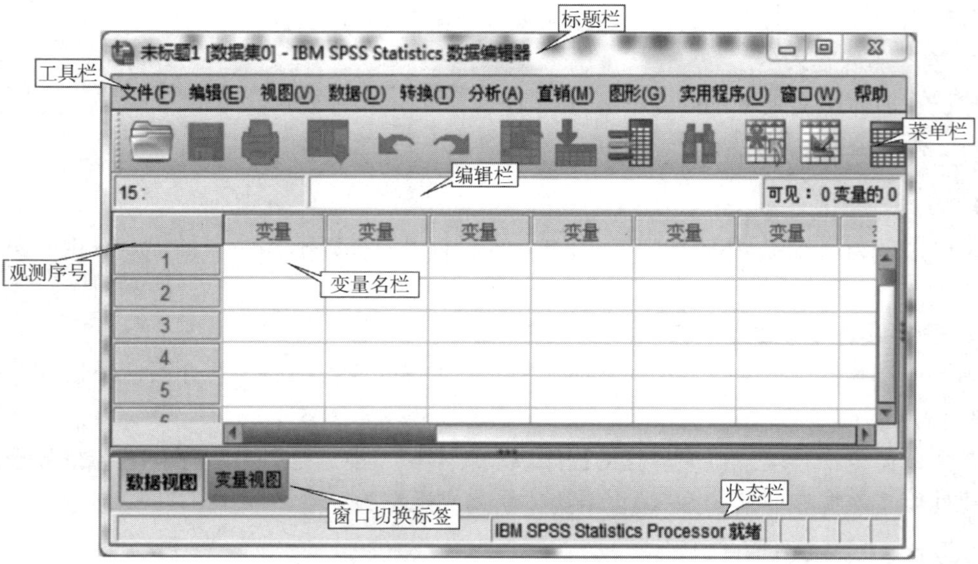

图 5-3　软件界面介绍

（2）单击 SPSS 标题栏上的快捷图标，在弹出的快捷菜单中选择“关闭”。

（3）单击菜单栏中的“文件”，选择“退出”。

（4）在桌面状态栏上，用鼠标选择 SPSS 程序并单击右键，在弹出的快捷菜单中选择“关闭窗口”。

二、运用 SPSS 软件进行数据分析

（一）SPSS 分析数据的步骤

1. 文件的准备

按照 SPSS 要求，利用 SPSS 提供的功能准备数据文件，主要包括在数据编辑窗口中定义 SPSS 数据的结构、录入和修改数据等。

2. 加工整理

对数据编辑窗口中的数据进行预处理。

3. 分析

选择正确的统计方法对数据编辑窗口中的数据进行分析建模。

4. 结果的阅读和解释

读懂 SPSS 输出的分析结果，明确其统计含义，并结合应用背景知识做出合理的解释。

（二）利用 SPSS 进行数据分析

1. 创建数据文件

（1）SPSS 数据文件简介　SPSS 数据文件是一种结构性数据文件，由数据的结构和内

容两部分组成（图 5-4）。

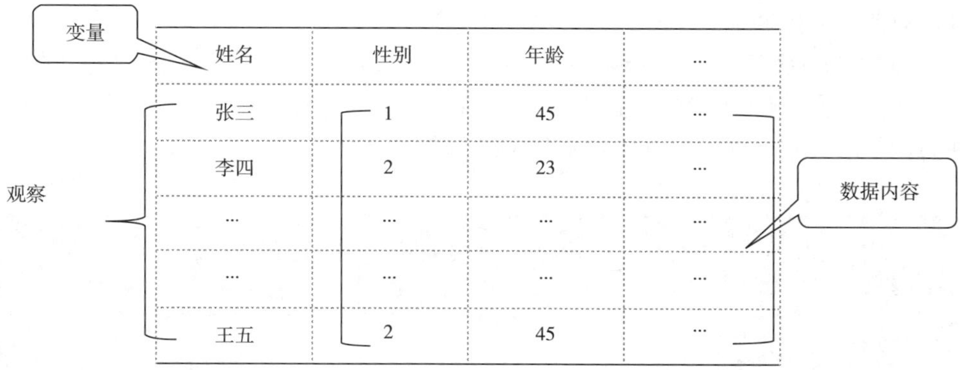

图 5-4　数据的结构和内容

（2）SPSS 数据中变量的属性　SPSS 中变量共有 10 个属性：变量名（Name）、类型（Type）、宽度（Width）、小数点位置（Decimals）、变量名标签（Label）、变量名值标签（Value）、缺失值（Missing）、数据列的显示宽度（Columns）、对齐方式（Align）以及度量标准（Measure）等。在定义一个变量时至少要定义它的两个属性：变量名和变量类型。其他的暂时采用系统默认，待以后分析过程中根据需要进行设置。

（3）SPSS 中变量属性的定义　在 SPSS 数据编辑窗口中单击“变量视图”标签，打开“变量视窗”界面，对变量的各个属性进行定义（图 5-5）。

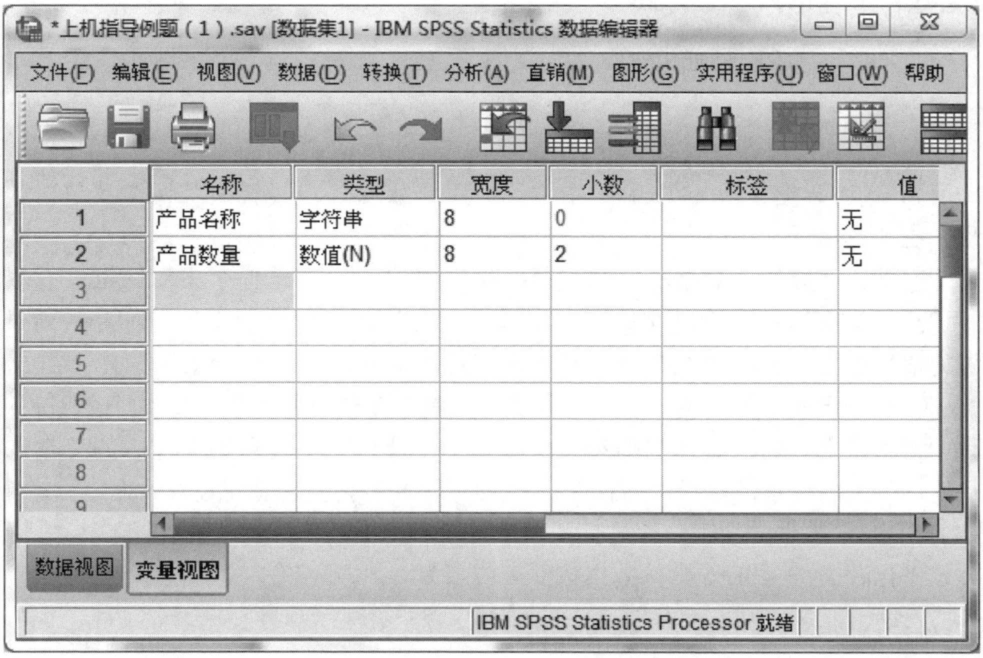

图 5-5　变量属性定义

2. 准备数据

（1）录入数据　单击左下角的“数据视图”标签进入“数据视窗”界面，将每个变量的具体数值录入到数据库单元格内。

（2）读取外部数据　按“文件”→“打开”→“数据”的顺序调出“打开数据”对话框，在文件类型下拉列表中选择你要打开的数据文件类型，然后在查找范围处选择要打开文件的位置及文件，即可打开所需要的文件（图 5-6）。

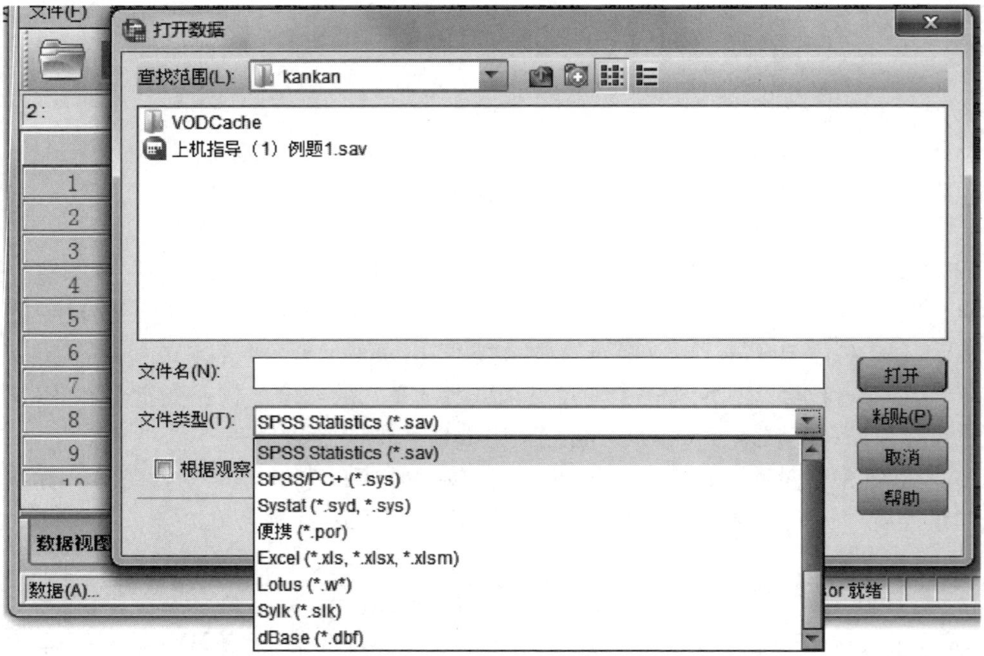

图 5-6　打开数据

（3）SPSS 中数据整理　在 SPSS 中主要使用“数据”和“转换”两个菜单对数据进行整理，主要有以下几个步骤：①排序：选择“数据”→“排序个案”命令，打开排序对话框；②抽样：选择“数据”→“选择个案”命令，打开选择个案对话框；③数据的合并：选择“数据”→“合并文件”→“添加个案”或者“添加变量”命令，通过进一步设置完成数据合并；④数据拆分：对数据文件中的观测值进行分组，选择“数据”→“拆分文件”，打开拆分文件对话框；⑤计算新变量：在对数据文件中的数据进行统计分析的过程中，为了更有效地处理数据和反映事物的本质，需要对数据文件中的变量进行加工，从而产生新的变量。选择“转换”→“计算变量”打开计算变量对话框进行操作。

（4）SPSS 中数据的保存　通过打开“文件”→“保存”或者“文件”→“另存为”菜单方式来保存文件，SPSS 默认数据文件扩展名为“ *. sav”。

练习题

1. SPSS 软件的功能有哪些？
2. SPSS 软件的特点有哪些？
3. SPSS 分析数据的步骤有哪些？

拓展阅读

3种不同保鲜方法对香椿贮藏期间挥发性风味成分的影响

香椿，又名椿芽，是中国特有的一种木本蔬菜，它不仅具有独特的风味，还富含多种营养成分。这种绿色蔬菜因其独特的口感和营养价值，深受消费者的喜爱。然而，香椿的季节性很强，其嫩芽含有的水分较高，采后呼吸作用旺盛，导致其容易出现萎蔫、脱叶和腐烂等问题。在常温下，香椿仅能存放2到3天，之后便基本失去其商品价值。因此，贮藏和运输香椿的难度较大，这在很大程度上限制了香椿产业的发展和市场扩展。

为了应对这一挑战，近年来，科研人员开始致力于研究多种保鲜技术，以期延长香椿的保鲜期。这些技术包括气调保鲜包装、生物保鲜剂以及减压技术等。尽管这些研究主要集中在失重率、理化指标和酶活性的分析上，但对香椿风味变化的研究相对较少。研究发现，香椿的特征香气在贮藏期间的变化与温度呈反比关系，即温度越高，特征香气的下降速度越快。

有研究者尝试使用紫外照射（ZW）、1-甲基环丙烯（1-MCP）和乙烯吸收剂（EA），分别结合聚氯乙烯膜（PVC）对香椿进行保鲜处理。通过采用顶空固相微萃取法（HS-SPME）和气相色谱-质谱联用仪（GC-MS），研究人员分析和比较了以上三种不同保鲜处理法对贮藏期间的香椿挥发性风味成分及特征风味成分相对含量变化的影响。3种不同保鲜方法一共检测出63种挥发性成分，主要包括12大类，分别为硫醚类、硫醇类、呋喃类、烯类、酯类、酮类、烃类、酸类、噻吩类、醛类、醇类和其他类。试验数据采用Excel软件处理，并采用SPSS软件进行显著性分析。多重比较的结果表明，噻吩类化合物的相对含量最高，为46.41%~77.05%。在贮藏的后期，酸类和醛类物质的相对含量有所增加。特别是紫外照射+聚氯乙烯膜处理组，其顺式-2-巯基-3，4-二甲基-2，3-二氢噻吩和反式-2-巯基-3，4-二甲基-2，3-二氢噻吩的相对含量比其他处理组高，且下降幅度较慢。因此，紫外照射技术能够有效保留香椿的特征风味，延长香椿的贮藏时间，并保持了其贮藏品质。

未来，随着保鲜技术的不断进步和创新，香椿的贮藏和运输难题有望得到更有效的解决。这不仅有助于推动香椿产业的发展，也将为消费者提供更多健康、美味的绿色食品选择。

任务五　SPSS软件进行单因素方差分析

任务要求

1. 能根据工作的实际数据情况运用SPSS软件进行单因素方差分析。
2. 能对单因素方差分析的结果进行多重比较，并正确标识。

项目五任务五
（视频）

任务实施

一、试验方案设计案例

某牛肉加工厂在制作发酵牛肉时，分别在第 0，15 和 30d 对样品抽样进行 pH 检测，结果如表 5-16 所示，试在显著性水平为 0.05 下检验发酵牛肉在加工过程中平均 pH 有无显著性差异。

表 5-16　发酵牛肉在加工过程中的 pH

0d	15d	30d	0d	15d	30d
5.77	6.35	6.06	5.75	6.29	6.07
5.7	6.27	5.94	5.68	6.36	5.98
5.73	6.38	5.91	5.74	6.33	5.96
5.71	6.32	6.05	5.69	6.34	5.99

二、实施步骤

（1）建立发酵牛肉在加工过程中的 pH 数据文件，并保存为“发酵牛肉在加工过程中的 pH. sav”（图 5-7）。

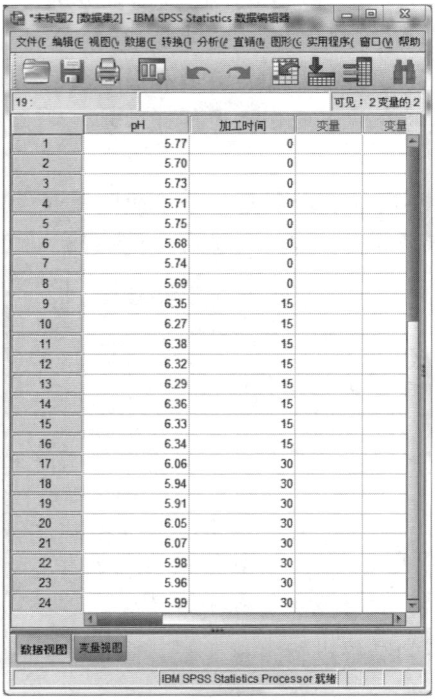

图 5-7　发酵牛肉在加工过程中的 pH 数据文件

（2）选择“分析”→“比较均值”→“单因素 ANOVA”（图 5-8），打开单因素方差分析窗口，将“pH”移入“因变量列表”框，将“加工时间”移入“因子”列表框（图 5-9）。

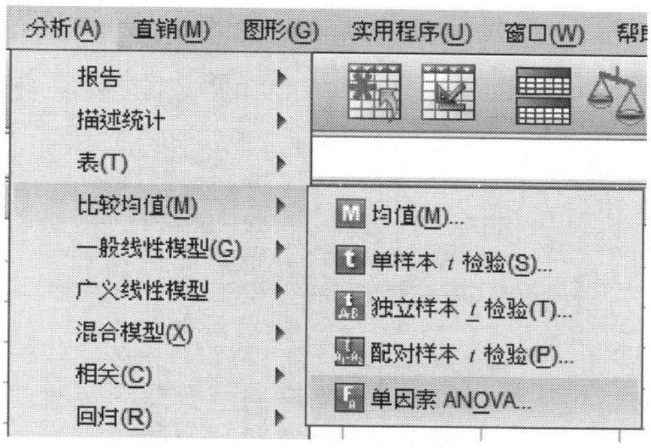

图 5-8　选择单因素方差分析

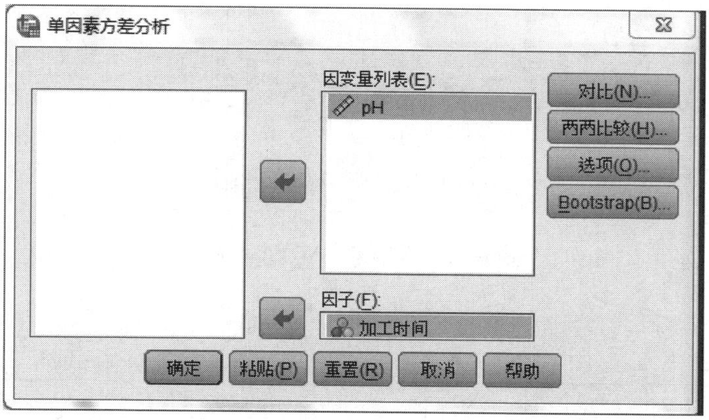

图 5-9　选择因变量和因子

（3）单击“两两比较”按钮，打开“单因素 ANOVA：两两比较”窗口（图 5-10）。

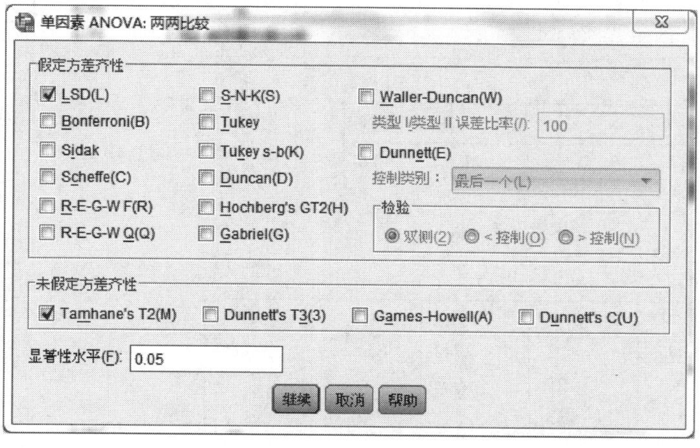

图 5-10　单因素两两比较

（4）在“假定方差齐性”选项栏中选择常用的 LSD 检验法，在“未假定方差齐性”选项栏中选择 Tamhane's 检验法。在“显著性水平”框中输入 0.05，点击“继续”，回到方差分析窗口（图 5-10）。

（5）单击“选项”按钮，打开“单因素 ANOVA：选项”窗口（图 5-11），在统计量选项框中勾选“描述性”和“方差同质性检验”。并勾选“均值图”复选框，单击“继续”，回到“单因素方差分析”窗口，单击“确定”，就会在输出窗口中输出分析结果（图 5-12 和图 5-13）。

图 5-11　单因素 ANOVA：选项

描述

pH

	N	均值	标准差	标准误	均值的95%置信区间		极小值	极大值
					下限	上限		
0	8	5.7213	.03137	.01109	5.6950	5.7475	5.68	5.77
15	8	6.3300	.03625	.01282	6.2997	6.3603	6.27	6.38
30	8	5.9950	.05928	.02096	5.9454	6.0446	5.91	6.07
总数	24	6.0154	.25775	.05261	5.9066	6.1243	5.68	6.38

方差齐性检验

pH

Levene 统计量	df_1	df_2	显著性
2.656	2	21	.094

单因素方差分析

pH

	平方和	df	均方	F	显著性
组间	1.487	2	.744	383.822	.000
组内	.041	21	.002		
总数	1.528	23			

图 5-12　方差分析结果

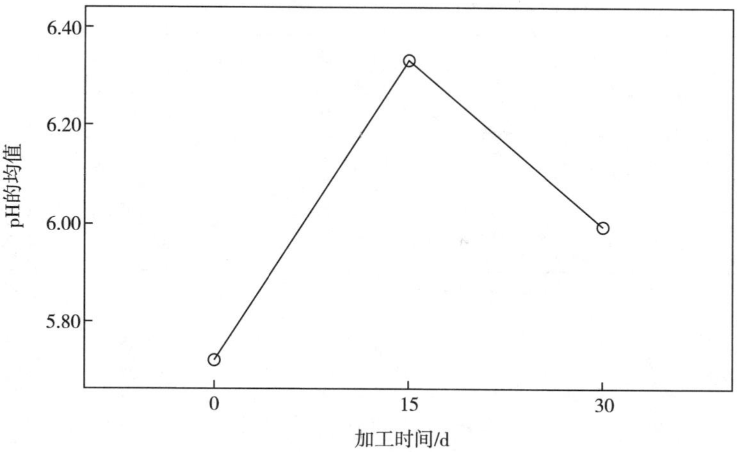

图 5-13　方差分析结果：均值轮廓图

（6）输出结果分析　图 5-12 中“描述”结果中说明了在发酵牛肉在加工的第 0，15 和 30d 的 pH 检测情况；“方差齐性检验”中显著性 $P=0.094>0.05$，因此不能拒绝方差相等的原假设，表示在加工的三次检测结果没有显著差异，符合方差相等（同质）的假定；“单因素方差分析”中显著性 $P=0.000<0.01$，表明发酵牛肉在加工过程中 pH 的 3 次检测差异极显著。图 5-13 表明发酵牛肉在加工过程中 pH 呈先增大再减小的趋势。

任务考核

考核项目	考核内容	分值	得分
SPSS 软件数据的录入	数据数值录入准确	20	
	数据按 SPSS 特定格式录入	20	
SPSS 软件数据的分析	数据分析步骤正确	20	
	结果输出正确	20	
职业素质	严谨的科学态度	10	
	实事求是的职业精神	10	

练习题

为考察中药黄根对心脏功能的影响，配制每 100mL 含黄根 1，1.5，3 和 5g 的药液，用来测定大鼠离体心脏在药液中 7~8min 内心脏冠脉血流量，所得数据见下表。试考察不同剂量对心脏冠脉血流量是否有显著影响。（$\alpha=0.01$）

剂量/g	冠脉血流量/（mL/min）					
1.0	6.2	6.0	6.8	1.0	6.0	6.4	12.0

续表

剂量/g	冠脉血流量/（mL/min）					
1.5	6.4	5.4	0.8	0.8	1.1	0.3	1.0
3.0	2.0	1.2	1.7	3.2	0.5	1.1	0.5
5.0	0.2	0.2	0.5	0.5	0.4	0.3	

知识链接

单变量多因素方差分析

为了检验提取温度和提取时间对β-葡聚糖提取率的影响，对提取温度取4个不同水平，对提取时间取了3个不同的水平，在不同水平组合下各测定2次β-葡聚糖提取率，其结果如表5-17所示，试检验2个因素对β-葡聚糖提取率有无显著影响。

表5-17　不同提取时间和温度下β-葡聚糖提取率

提取时间/h	温度/℃	提取率/%	
2	40	14	10
	50	11	11
	60	13	9
	70	10	12
4	40	9	7
	50	10	8
	60	7	11
	70	6	10
6	40	5	11
	50	13	14
	60	12	13
	70	14	10

操作步骤：

（1）建立数据文件“不同提取时间和温度下β-葡聚糖提取率.sav”（图5-14）。

（2）选择“分析”→“一般线性模型”→“单变量”，打开单变量设置窗口（图5-15）。

选项说明：

（1）因变量：用于设置因变量，本例中为“提取率”；固定因子：设置用于方差分析的因素，可以选择多个因素变量，本例中为“提取时间”和“温度”（图5-16）；随机因子变量：可以选择多个随机变量。

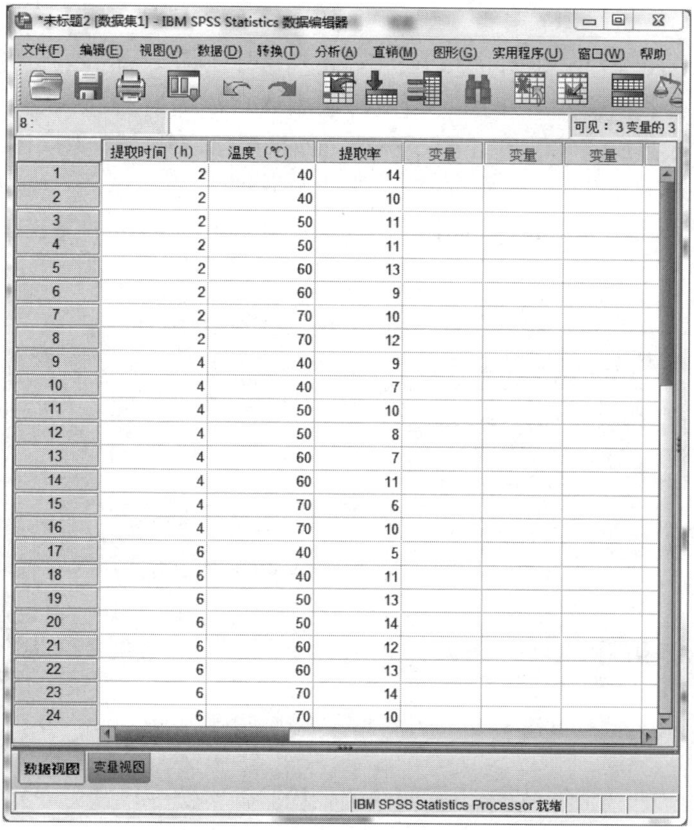

	提取时间（h）	温度（℃）	提取率	变量	变量	变量
1	2	40	14			
2	2	40	10			
3	2	50	11			
4	2	50	11			
5	2	60	13			
6	2	60	9			
7	2	70	10			
8	2	70	12			
9	4	40	9			
10	4	40	7			
11	4	50	10			
12	4	50	8			
13	4	60	7			
14	4	60	11			
15	4	70	6			
16	4	70	10			
17	6	40	5			
18	6	40	11			
19	6	50	13			
20	6	50	14			
21	6	60	12			
22	6	60	13			
23	6	70	14			
24	6	70	10			

图 5-14　不同提取时间和温度下 β-葡聚糖提取率数据文件

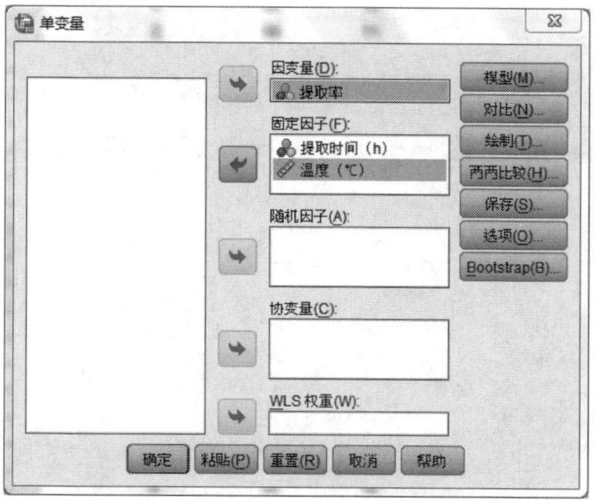

图 5-15　单变量对话框

（2）协变量：如果需要去除某个变量对因素变量的影响，可将这个变量移到“协变量”框中。权重变量：如果需要分析权重变量的影响，将权重变量移到“WLS 权重”框中。

（3）分析模型选择　在窗口中单击“模型”按钮，则打开“模型”设置窗口，设置所需要的模型，此处选用默认，单击“继续”返回。

（4）比较方法选择　在窗口中单击“对比”按钮，打开“单变量：对比”窗口进行设置，单击“继续”返回。

（5）均值轮廓图选择　单击“绘制”按钮，出现“单变量：轮廓图”对话框，将因子中的点选到“水平轴”及“单图”框中，再点选“添加”，此时在“图”框中会出现“提取时间（h）＊温度（℃）”（图 5-16）。如果要绘制第二个轮廓图，可以将“温度（℃）”和“提取时间（h）”分别点选到“水平轴”及“单图”框中，再点选“添加”，此时在“图”框中会出现“温度（℃）＊提取时间（h）”，单击“继续”返回。

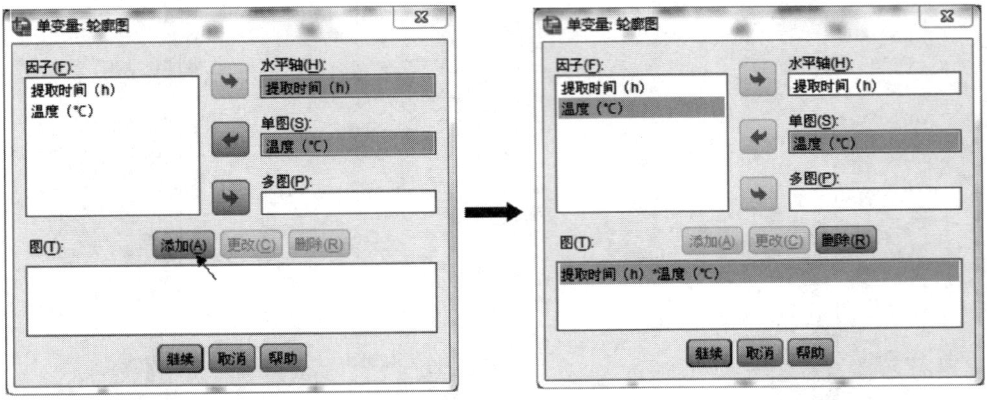

图 5-16　“单变量：轮廓图”对话框

（6）“两两比较”选择　用于设置两两比较检验，本例中设置为“提取时间”和“温度”，勾选“假定方差齐性”框中的“LSD（L）”和“Duncan（D）”（图 5-17），单击“继续”返回。

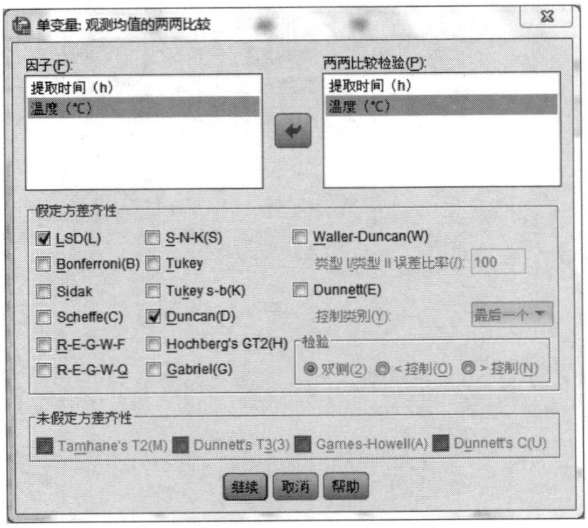

图 5-17　“单变量：观测均值的两两比较”对话框

（7）保存运算值　通过对“单变量：保存”窗口进行设置，可以将所计算的预测值、残差和检测值作为新的变量保存在编辑数据文件中，以便在其他统计分析中使用这些值。

（8）输出项设置　单击“选项”按钮，勾选“描述统计”、“功效估计”和“方差齐性检验”（图 5-18），单击“继续”，回到“单变量”窗口，单击“确定”，就会在输出窗口中输出分析结果（图 5-19、表 5-18、表 5-19）。

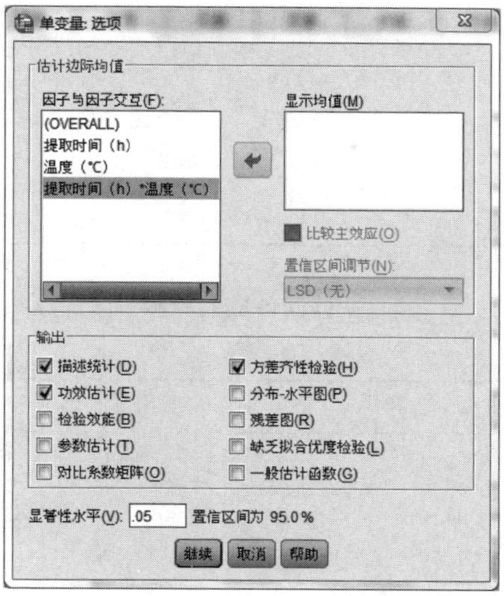

图 5-18　“单变量：选项”对话框

表 5-18　　描述性统计量

因变量：提取率

提取时间/h	温度/℃	均值	标准偏差	N
2	40	12.00	2.828	2
	50	11.00	.000	2
	60	11.00	2.828	2
	70	11.00	1.414	2
	总计	11.25	1.669	8
4	40	8.00	1.414	2
	50	9.00	1.414	2
	60	9.00	2.828	2
	70	8.00	2.828	2
	总计	8.50	1.773	8
6	40	8.00	4.243	2
	50	13.50	.707	2
	60	12.50	.707	2
	70	12.00	2.828	2
	总计	11.50	2.976	8

续表

提取时间/h	温度/℃	均值	标准偏差	N
	40	9.33	3.141	6
	50	11.17	2.137	6
总计	60	10.83	2.401	6
	70	10.33	2.658	6
	总计	10.42	2.535	24

表 5-19　　主体间效应的检验

因变量：提取率

源	Ⅲ型平方和	df	均方	F	Sig.	偏 Eta 方
校正模型	82.833*	11	7.530	1.390	.290	.560
截距	2604.167	1	2604.167	480.769	.000	.976
提取时间/h	44.333	2	22.167	4.092	.044	.405
温度/℃	11.500	3	3.833	.708	.566	.150
提取时间/h×温度/℃	27.000	6	4.500	.831	.568	.293
误差	65.000	12	5.417			
总计	2752.000	24				
校正的总计	147.833	23				

注：* $R^2=0.560$（调整 $R^2=0.157$）。

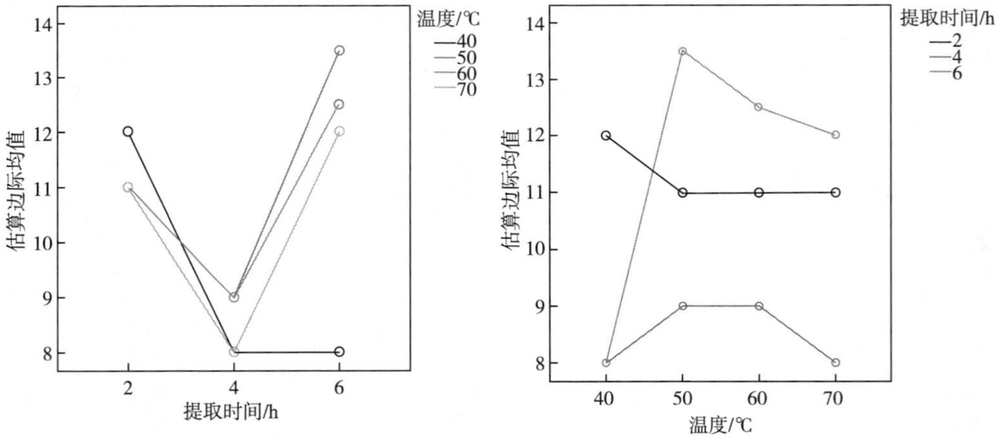

图 5-19　均值轮廓图

（9）输出结果分析　表 5-19 表示提取时间和温度的统计量、均值、标准偏差与样本量（N）；图 5-19 表示方差分析，从结果可以看出提取时间对提取率有显著影响（$P=0.044<0.05$），提取温度（$P=0.566>0.05$）以及其和提取时间的交互作用（$P=0.568>0.05$）对 β-葡聚糖提取率的影响不显著。图 5-19 中可以看出不同提取时间和温度下提取率的变化趋势。

项目六

相关分析与直线回归

学习目标

知识目标

1. 正确理解相关关系的含义、种类及相关分析的主要内容。
2. 理解回归分析的含义、种类和内容。
3. 掌握一元线性回归分析方法。

技能目标

1. 学会使用 Excel 软件绘制线性标准曲线，得到一元线性回归方程。
2. 学会使用 Excel 软件进行一元线性回归分析。
3. 学会使用 SPSS 软件进行相关分析。

素质目标

1. 培养探究事物内在规律和原理，研究问题本质的科学精神。
2. 养成客观评价与实事求是的工作作风。
3. 培养全心付出、艰苦奋斗的奉献精神。

项目导学

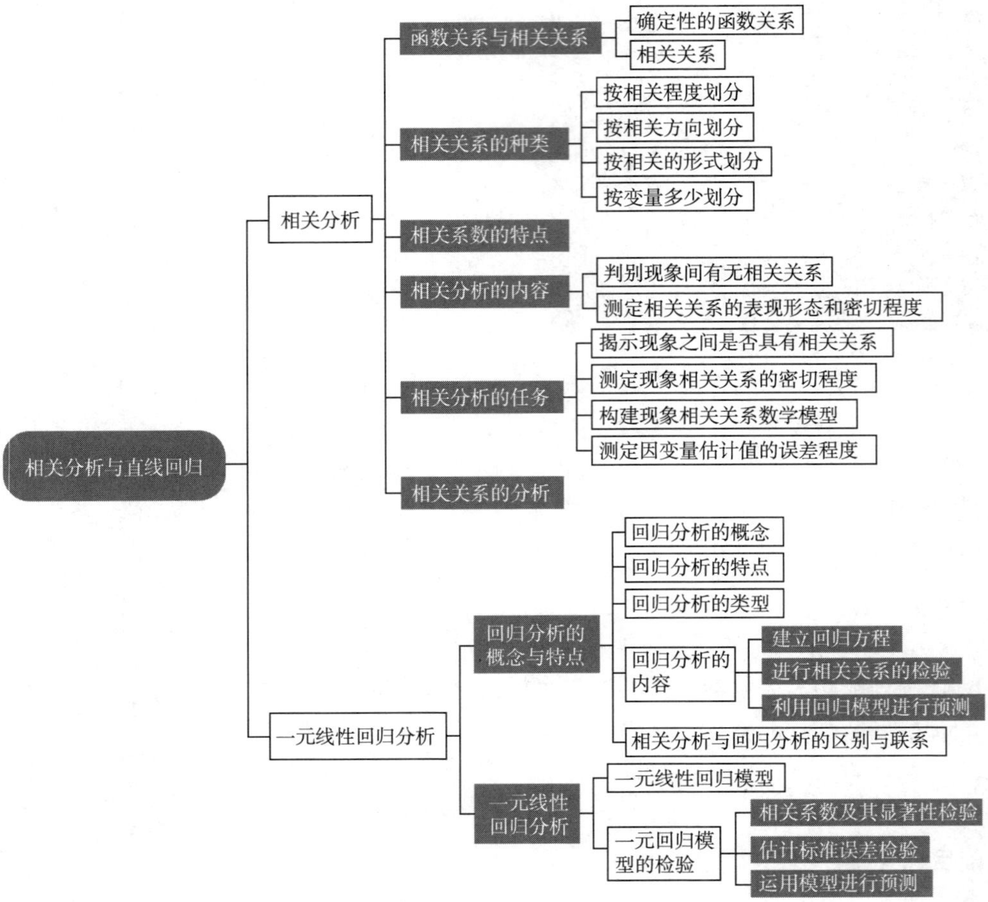
相关分析与直线回归
相关分析
函数关系与相关关系
确定性的函数关系
相关关系
相关关系的种类
按相关程度划分
按相关方向划分
按相关的形式划分
按变量多少划分
相关系数的特点
相关分析的内容
判别现象间有无相关关系
测定相关关系的表现形态和密切程度
相关分析的任务
揭示现象之间是否具有相关关系
测定现象相关关系的密切程度
构建现象相关关系数学模型
测定因变量估计值的误差程度
相关关系的分析
一元线性回归分析
回归分析的概念与特点
回归分析的概念
回归分析的特点
回归分析的类型
回归分析的内容
建立回归方程
进行相关关系的检验
利用回归模型进行预测
相关分析与回归分析的区别与联系
一元线性回归分析
一元线性回归模型
一元回归模型的检验
相关系数及其显著性检验
估计标准误差检验
运用模型进行预测

知识点一 相关分析

一、函数关系与相关关系

1. 确定性的函数关系

函数关系表示确定性现象之间的关系，即一种现象的数量确定以后，另一种现象的数量也随之完全确定，表现为一种严格的函数关系。当一个或几个变量取一定的值时，另一个变量有确定值与之对应，则称这种关系为确定性的函数关系，记为 $y=f(x)$，其中 x 称为自变量，y 称为因变量。

如某饮料厂灌装机灌装效率 p 与灌装时长 h，灌装总量 Q 与它们之间的关系用式（6-1）表示：

$$Q=ph \tag{6-1}$$

在灌装效率一定的情况下，灌装总量 Q 随着灌装时长 h 的变动而变动，对 h 的某一个具体数值，Q 有唯一确定的值与之相对应；在灌装时长一定的情况下，灌装总量 Q 随着灌装效率 p 的变化而变化。社会现象中广泛存在着这种函数关系。

2. 相关关系

相关关系是指现象之间确实存在着的，但其数量表现又是不确定、不规则的一种相互依存关系。相关关系不能用函数来表示变量间的关系，也称为非确定性关系或统计关系。作为根据的变量称自变量，一般用 x 代表；发生对应变化的变量称因变量，一般用 y 代表。一般可表示为 $y=f(x, \varepsilon)$，其中 ε 为随机变量。如受教育年限与收入水平的关系；广告费与销售额的关系；母亲身高与子女身高的关系；居民收入与储蓄额等。

相关关系的特点是：①变量间的关系不能用函数关系精确表达；②一个变量的取值不能由另一个变量唯一确定；③当变量 x 取某个值时，变量 y 的取值可能有几个；④各观测点分布在直线周围。

二、相关关系的种类

1. 按相关程度划分

按相关程度划分，可分为完全相关、不完全相关和不相关。如果变量间彼此的数量变化互相独立，则其关系为不相关。即自变量 x 变动时，因变量 y 的数值不随之相应变动。如果一个变量的变化是由其他变量的数量变化所唯一确定，此时变量间的关系称为完全相关。即因变量 y 的数值完全随自变量 x 的变动而变动，它在相关图上表现为所有的观察点都落在同一条直线上，这种情况下，相关关系实际上是函数关系。所以，函数关系是相关关系的一种特殊情况。如果变量间的关系介于不相关和完全相关之间，则称为不完全相关。大多数相关关系属于不完全相关，是统计研究的主要对象。

2. 按相关方向划分

按相关方向划分，可分为正相关和负相关。正相关指 2 个变量之间的变化方向一致，都是呈增长或下降的趋势。即自变量 x 的值增加（或减少），因变量 y 的值也相应地增加（或减少），这样的关系就是正相关；负相关指两个因素或变量之间变化方向相反，即自变量的数值增大（或减少），因变量随之减少（或增大）。

3. 按相关的形式划分

按相关的形式划分可分为线性相关和非线性相关。当相关关系的自变量 x 发生变动，因变量 y 值随之发生大致均等的变动，从图像上近似地表现为直线形式，这种相关通称为直线（或线性）相关。在两个相关现象中，自变量 x 值发生变动，因变量 y 也随之发生变动，这种变动不是均等的，在图像上的分布是各种不同的曲线形式，这种相关关系称为曲线（或非线性）相关。曲线相关在相关图上的分布表现为抛物线、双曲线、指数曲线等非直线形式。

4. 按变量多少划分

按变量多少划分，可分为单相关、复相关和偏相关。两个因素之间的相关关系称为单相关，即研究时只涉及一个自变量和一个因变量。三个或三个以上因素的相关关系称为复相关，即研究时涉及两个或两个以上的自变量和因变量。

三、相关系数的特点

（1）两变量为对等关系，可以不区分自变量和因变量，其相关系数只有一个值。

（2）相关系数有正负号，反映正相关或负相关关系。

（3）若以抽样调查取得资料，则两变量均应有相同的随机性，这也是对等关系的要求。对全面统计资料而言，不存在随机性的问题，均为确定性资料。

四、相关分析的内容

相关分析是对客观现象间存在的相关关系进行分析研究的一种统计方法。其目的在于对现象间所存在的依存关系，以及所表现出的规律性进行数量上的推断和认识，以便做出预测和决策。相关分析的内容包括两个方面。

1. 判别现象间有无相关关系

现象间有无相关关系是相关分析的出发点。只有现象间确实存在相关关系，才可能进行相关分析。所以进行相关分析时，首先要通过定性分析，借助相关表和相关图来判别现象间是否确实存在相关关系，否则就会产生认识上的偏差，得出错误的分析结论。

2. 测定相关关系的表现形态和密切程度

相关关系是一种数量上不严格的相互依存关系。只有当变量间确实存在高度密切的相关关系时，才可能进行相关分析，对现象进行预测、推算和决策。因此，判定现象间存在相关关系后，需要进一步测定相关关系的表现形态和密切程度。统计上，一般是通过编制相关表、绘制相关图和计算相关系数来做出判断。

五、相关分析的任务

相关分析的目的就是要在错综复杂的客观现象中，通过大量观察的统计资料，探讨现象之间相互依存关系的形式和相关的密切程度，找出合适的表达形式，为推算未知和预测未来提供数据支撑，具体任务有以下几方面。

1. 揭示现象之间是否具有相关关系

这要从两个方面加以判断：一方面要对现象之间的联系开展理论研究，按照经济理论、专业知识和实践经验进行定性分析和判断；另一方面要对大量的实际统计资料，通过编制相关表，绘制相关图等一系列统计分析方法，对被研究的现象变量之间是否真正存在相关关系做出统计判断。

2. 测定现象相关关系的密切程度

相关关系是一种不严格的数量关系，统计分析的任务之一就是要确定这种数量关系的密切程度，通常是计算相关系数或相关指数以反映相关关系的密切程度。

3. 构建现象相关关系数学模型

依据相关关系的密切程度，研究确定相关变量之间数量关系的表现形式，确立恰当的数学模型，以便对其进行回归分析。

4. 测定因变量估计值的误差程度

根据已确定的变量之间相关的直线方程或曲线方程，在给定若干个自变量值时，可求出因变量相应的估计值。一般来说，估计值与实际值是有一定出入的，相关分析要通过科学方法测定估计值与实际值的误差程度，从而确认相关与回归分析的可靠性大小。

六、相关关系的分析

相关系数说明两个现象之间相关关系紧密程度的统计分析指标，一般用 r 表示。简单相关系数计算如式（6-2）：

$$r=\frac{\sum(x_i-\bar{x})(y_i-\bar{y})}{\sqrt{\sum(x_i-\bar{x})^2\cdot\sum(y_i-\bar{y})^2}} \tag{6-2}$$

式中　r——简单相关系数；

x——自变量；

y——因变量；

x_i——自变量及其变量值；

y_i——因变量及其变量值。

该公式也可写成：

$$r=\frac{\sigma_{xy}^2}{\sigma_x\sigma_y} \tag{6-3}$$

式中　r——简单相关系数；

σ_x——自变量的标准差，$\sigma_x=\sqrt{\frac{1}{n}\sum(x-\bar{x})^2}$；

σ_y——因变量的标准差，$\sigma_y=\sqrt{\frac{1}{n}\sum(y-\bar{y})^2}$；

σ_{xy}^2——自变量 x 与因变量 y 的协方差，$\sigma_{xy}^2=\frac{1}{n}\Sigma\ (x-\bar{x})\ (y-\bar{y})$。

由此可知，相关系数是两个变量协方差与两个变量标准差乘积的比。相关系数的取值范围和意义可概括为以下几点。

（1）r 的取值范围为：$-1\leqslant r\leqslant 1$。

（2）r 的绝对值越接近 1，表明相关关系越密切；越接近 0，表明相关关系越不密切。

（3）$r=1$ 或 $r=-1$，表明两个现象完全相关。

（4）$r=0$，表明两变量无直线相关关系。

（5）$r>0$，现象呈正相关；$r<0$，现象呈负相关。实践中，一般将现象的相关关系分为 4 个等级：$|r|\leqslant 0.3$ 表示微弱相关，$0.3<|r|\leqslant 0.5$ 表示低度相关；$0.5<|r|\leqslant 0.8$ 表示显著相关；$0.8<|r|\leqslant 1$ 表示高度相关（表 6-1）。

表 6-1　相关系数的取值判定相关程度

相关系数的值	相关程度
$r=0$	完全不相关
$0<\|r\|\leqslant 0.3$	微弱相关
$0.3<\|r\|\leqslant 0.5$	低度相关
$0.5<\|r\|\leqslant 0.8$	显著相关
$0.8<\|r\|\leqslant 1$	高度相关
$\|r\|=1$	完全相关

【例 6-1】某白酒厂连续 10 年 A 白酒广告费的投入与每年销售收入的关系，如表 6-2 所示，请说明广告费的投入与年销售收入的相关情况。

表 6-2　A 白酒广告费投入与年销售收入

年份	1	2	3	4	5	6	7	8	9	10
年广告费/千万元	2	2	3	4	5	6	6	6	7	7
年销售收入/亿元	50	51	52	53	53	54	55	56	56	57

利用表 6-2 的统计资料计算简单相关系数。

先计算年广告费 x 的平均数 $\bar{x}$ 和年销售收入 y 的平均数 $\bar{y}$：

$$\bar{x}=\frac{48}{10}=4.8$$

$$\bar{y}=\frac{537}{10}=53.7$$

再将表 6-2 中的数据代入式（6-2）得：

$$r=\frac{\Sigma\ (x_i-\bar{x})\ (y_i-\bar{y})}{\sqrt{\Sigma(x_i-\bar{x})^2\cdot\Sigma(y_i-\bar{y})^2}}$$

$$r=\frac{(2-4.8)\ (50-53.7)\ +\ (2-4.8)\ (51-53.7)\ \cdots+\ (7-4.8)\ (57-53.7)}{\sqrt{(2-4.8)^2+(2-4.8)^2\cdots+(7-4.8)^2}\cdot\sqrt{(50-53.7)^2+(51-53.7)^2\cdots+(57-53.7)^2}}$$

$$r=\frac{38.4}{\sqrt{33.6\times48.1}}$$

$$r\approx0.9552$$

相关系数 $r=0.9552$，说明 A 白酒年广告费用与年销售收入之间的关系是高度相关关系。相关系数计算表见表 6-3。

表 6-3　　A 白酒广告费投入与年销售收入相关系数计算表

年份	年广告费 x_i/千万元	年销售收入 y_i/亿元	$x_i-\bar{x}$	$y_i-\bar{y}$	$(x_i-\bar{x})^2$	$(y_i-\bar{y})^2$	$(x_i-\bar{x})(y_i-\bar{y})$
1	2	50	-2.8	-3.7	7.84	13.69	10.36
2	2	51	-2.8	-2.7	7.84	7.29	7.56
3	3	52	-1.8	-1.7	3.24	2.89	3.06
4	4	53	-0.8	-0.7	0.64	0.49	0.56
5	5	53	0.2	-0.7	0.04	0.49	-0.14
6	6	54	1.2	0.3	1.44	0.09	0.36
7	6	55	1.2	1.3	1.44	1.69	1.56
8	6	56	1.2	2.3	1.44	5.29	2.76
9	7	56	2.2	2.3	4.84	5.29	5.06
10	7	57	2.2	3.3	4.84	10.89	7.26
合计	48	537	—	—	33.6	48.1	38.4

练习题

1. 具有相关关系的两个变量的特点是（　　）。
A. 一个变量的取值不能由另一个变量唯一确定
B. 一个变量的取值由另一个变量唯一确定
C. 一个变量的取值增大时，另一个变量的取值也一定增大
D. 一个变量的取值增大时，另一个变量的取值肯定变小
2. 下面的各问题中，哪个不是相关分析要解决的问题（　　）。
A. 判断变量之间是否存在关系
B. 判断一个变量数值的变化对另一个变量的影响
C. 描述变量之间的关系强度
D. 判断样本所反映的变量之间的关系能否代表总体变量之间的关系
3. 根据下面的散点图，可以判断两个变量之间存在（　　）。

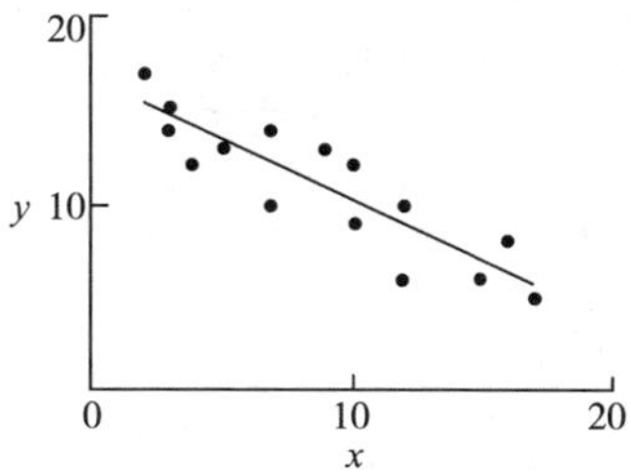

A. 正线性相关关系　　B. 负线性相关关系
C. 非线性相关关系　　D. 函数关系

4. 如果变量之间的关系近似地表现为一条直线，则称两个变量之间为（　　）。
A. 正线性相关关系　　B. 负线性相关关系
C. 线性相关关系　　D. 非线性相关关系

5. 如果一个变量的取值完全依赖于另一个变量，各观测点落在一条直线上，称为两个变量之间为（　　）。
A. 完全相关关系　　B. 正线性相关关系
C. 非线性相关关系　　D. 负线性相关关系

6. 下面的陈述哪一个是错误的（　　）。
A. 相关系数是度量两个变量之间线性关系强度的统计量
B. 相关系数是一个随机变量
C. 相关系数的绝对值不会大于 1
D. 相关系数不会取负值

7. 根据你的判断，下面的相关系数取值哪一个是错误的（　　）。
A. -0.86　　B. 0.78　　C. 1.25　　D. 0

8. 变量 x 与 y 之间的负相关是指（　　）。
A. x 值增大时 y 值也随之增大
B. x 值减少时 y 值也随之减少
C. x 值增大时 y 值随之减少，或 x 值减少时 y 值随之增大
D. y 的取值几乎不受 x 取值的影响

9. 如果相关系数 $r=0$，则表明两个变量之间（　　）。
A. 相关程度很低
B. 不存在任何关系
C. 不存在线性相关关系
D. 存在非线性相关关系

10. 设产品产量与产品单位成本之间的线性相关系数为-0.87，说明二者之间存在着（　　）。
A. 高度相关　　B. 中度相关
C. 低度相关　　D. 微弱相关

11. 抽取由 10 名大学生组成的随机样本，研究他们在高中与大学的英语成绩得出下表结果，试计算简单相关系数 r 判定其相关程度。

高考英语成绩 x/分	40	60	95	88	76	83	98	80	95	68
大学英语成绩 y/分	50	72	95	90	75	88	95	83	90	73

知识点二

一元线性回归分析

一、回归分析的概念与特点

（一）回归分析的概念

回归分析就是对具有相关关系的两个变量之间的数量变化的一般关系进行测定，确定一个与之相应的数学表达式，以便进行估计和预测的一种统计方法。

（二）回归分析的特点

1. 回归分析的两个变量是非对等关系

在回归分析中，两个变量之间哪一个是因变量哪一个是自变量，要根据研究目的的具体情况来确定。自变量、因变量不同，所得出的分析结果也不相同。而在相关分析中，相关关系的两个变量是对等的，不区分哪一个是自变量，哪一个是因变量。

2. 因变量 y 是随机变量，自变量 x 是可控变量

可依据研究的目的，分别建立对于 x 的回归方程或对于 y 的回归方程；而相关分析中，被研究的两个变量都是随机变量，它只能通过计算相关系数来反映两个变量之间的密切程度。

（三）回归分析的类型

回归分析研究两个及两个以上的变量时，根据变量的地位、作用不同，分为自变量和因变量。一般把作为估测根据的变量称作自变量，把待估测的变量称作因变量。反映自变量和因变量之间联系的数学表达式称作回归方程，某一类回归方程的总称为回归模型。在回归分析中根据研究的变量多少可以分为一元回归和多元回归。若只有一个自变量和一个因变量的回归称为一元回归或简单回归。若自变量的数目在 2 个或 2 个以上，因变量只有 1 个，则称为多元回归。根据所建立的回归模型的形式，又可以分为线性回归和非线性回归。

（四）回归分析的内容

1. 建立回归方程

依据研究对象变量之间的关系建立回归方程。

2. 进行相关关系的检验

相关关系检验就是选择恰当的相关指标，判定所建立的回归方程中变量之间关系的密切程度。相关程度越高，表明回归方程与实际值的偏差越小，拟合效果越好。如果回归方程变量间的相关关系不好，所建立的回归方程就失去了意义。

3. 利用回归模型进行预测

如果回归方程拟合度好，就可以用它来做变量的预测，根据自变量取值来估计因变量的值。由于回归方程与实际值之间存在误差，预测值不可能就是由回归方程计算所得的确定值，其应该处于一个范围或区间。这个区间称为预测值的置信区间，它说明回归模型的适用范围或精确程度。实际值位于该区间的可靠度一般应在95%以上。

（五）相关分析与回归分析的区别与联系

就研究对象来说，它们都是研究变量之间的相互关系。但是相关分析与回归分析存在着明显的区别：相关分析泛指两个变量之间存在相关关系时，不必指出何者是自变量或因变量，两个变量是对等关系，都是随机变量；在回归分析中，必须根据研究目的，分别确定其中的自变量和因变量，两个变量是不对等关系，其中因变量是随机变量，而自变量是非随机变量。

二者研究的侧重点不同。相关分析主要是研究变量之间是否存在相关关系及相关关系的表现形式和密切程度；而回归分析是运用一定的回归模型来测定一个或几个自变量的变化对因变量数量变化的影响。本书着重介绍一元线性回归分析。

二、一元线性回归分析

（一）一元线性回归模型

一元线性回归模型也称简单线性回归模型，是分析两个变量之间相互关系的数学方程式，其表达式一般为：

$$\hat{y}=a+bx \tag{6-4}$$

式中　$\hat{y}$——因变量 y 的估计值；

x——自变量；

a、b——回归模型的待定参数，其中 b 又称为回归系数，它表示自变量每增加一个单位时，因变量的平均增减量。

用 x_i 表示自变量 x 的实际值，用 y_i 表示因变量 y 的实际值（$i=1, 2, 3, \cdots, n$），因变量的实际值与估计值之差用 e_i 表示，称为估计误差或残差。

即

$$e_i=y_i-\hat{y}_i \tag{6-5}$$

依据最小平方理论可得：

$$\sum_{i=1}^{n}y_i=na+b\sum_{i=1}^{n}x_i \tag{6-6}$$

$$\sum_{i=1}^{n}x_iy_i=a\sum_{i=1}^{n}x_i+b\sum_{i=1}^{n}x_i^2 \tag{6-7}$$

由式（6-6）和式（6-7）即可求出 a、b 的计算公式：

$$b=\frac{\sum_{i=1}^{n}x_iy_i-\frac{1}{n}\sum_{i=1}^{n}x_i\sum_{i=1}^{n}y_i}{\sum_{i=1}^{n}x_i^2-\frac{1}{n}(\sum_{i=1}^{n}x_i)^2}=\frac{\sum_{i=1}^{n}x_iy_i-n\cdot\overline{xy}}{\sum_{i=1}^{n}x_i^2-n\cdot\bar{x}^2} \tag{6-8}$$

$$a=\frac{\sum_{i=1}^{n}y_i-b\sum_{i=1}^{n}x_i}{n}=\bar{y}-b\bar{x} \tag{6-9}$$

上述回归方程在平面坐标系中表现为一条直线，即回归直线。当 $b>0$ 时，y 随 x 的增加而增加，两变量之间存在着正相关关系；当 $b<0$ 时，y 随 x 的增加而减少，两变量之间为负相关关系；当 $b=0$ 时，y 为一常量，不随 x 的变动而变动。这为判断现象之间的相互关系，分析现象之间是否处于正常状态提供了标准。

【例 6-2】应用表 6-2 的资料建立一元线性回归模型。(保留小数点后四位)

设年广告费为自变量 x，年销售收入为因变量 y，则有：

$$y=a+bx$$

依据表 6-4 数据可得：

$$b=\frac{\sum_{i=1}^{n}x_iy_i-\frac{1}{n}\sum_{i=1}^{n}x_i\sum_{i=1}^{n}y_i}{\sum_{i=1}^{n}x_i^2-\frac{1}{n}(\sum_{i=1}^{n}x_i)^2}=\frac{\sum_{i=1}^{n}x_iy_i-n\cdot\overline{xy}}{\sum_{i=1}^{n}x_i^2-n\cdot\bar{x}^2}$$

$$b=\frac{2616-\frac{1}{10}\times48\times537}{264-\frac{1}{10}\times48^2}\approx1.14286\approx1.1429$$

$$a=\frac{\sum_{i=1}^{n}y_i-b\sum_{i=1}^{n}x_i}{n}=\frac{537-1.14286\times48}{10}\approx48.2143$$

$$a=\frac{537-1.1429\times48}{10}\approx48.2143$$

一元线性回归方程为：

$$y=48.2143+1.1429x$$

方程中 $a=48.2143$ 为初始水平，$b=1.1429$ 为回归系数。该方程表明年广告费每增加 1 千万元，年销售收入将会增加 1.1429 亿元。

表 6-4　A 白酒广告费投入与年销售收入一元线性回归方程计算表

年份	年广告费 x_i/千万元	年销售收入 y_i/亿元	x_i^2	y_i^2	x_iy_i
1	2	50	4	2500	100
2	2	51	4	2601	102
3	3	52	9	2704	156
4	4	53	16	2809	212
5	5	53	25	2809	265
6	6	54	36	2916	324
7	6	55	36	3025	330
8	6	56	36	3136	336
9	7	56	49	3136	392
10	7	57	49	3249	399
合计	48	537	264	28885	2616

(二) 一元回归模型的检验

1. 相关系数及其显著性检验

一般说来，相关系数可以反映自变量 x 和因变量 y 之间的线性相关程度，相关系数 r 的绝对值越接近于 1，则 x 与 y 之间的线性关系越密切。但相关系数通常是根据总体的样本数据计算得出，带有一定的随机性，会出现误差，因而有必要对相关系数进行显著性检验，以此来说明建立的回归模型有无实际意义。

为保证回归方程具有最低的线性关系，人们将相关系数 r 的临界值列成专门的表，即

相关系数检验表。在给定显著性水平 α 值以及自由度 n 时，查相关系数检验表，即可找到对应的 r 的最低临界值 r_α，据此就可以判断线性关系是否成立。显著性水平 α 通常取 0.05（95%以上建立的回归模型方才可靠、精确）。自由度指的是样本容量 n 与回归模型中待定参数的个数 m 之间的差，即自由度 $df=n-m$。如例 6-2 中样本容量 $n=10$，回归模型中待定参数个数 $m=2$，则自由度 $df=n-m=10-2=8$。若 $|r|\geqslant r_{\alpha(n-m)}$，表明在显著性水平 α 条件下，变量间的线性关系是显著的，建立的回归方程是有意义的；若 $|r|<r_{\alpha(n-m)}$，表明在显著性水平 α 条件下变量间的线性关系不显著，建立的回归模型实际意义待定。

【例 6-3】依据【例 6-2】的资料，对某白酒企业 A 产品年广告费及年销售收入的相关关系进行显著性检验。

由【例 6-1】计算可知，$r=0.9552$，$df=n-m=10-2=8$，给定 $\alpha=0.05$，查附录 10“相关系数检验表”得 $r_{0.05(10-2)}=0.632$。$r>r_{0.05(10-2)}=0.632$，它表明有 95%的概率保证某白酒厂 A 白酒年广告费与年销售收入之间具有线性相关关系，所建立的回归方程 $y=48.2143+1.1429x$ 是有意义的。

2. 估计标准误差检验

估计标准误差也称为估计标准差或估计标准误，是残差平方和的算术平均数的平方根，用 S_y 表示。其计算公式如式（6-10）所示：

$$S_y=\sqrt{\frac{\sum_{i=1}^{n}e_i^2}{n-m}} \tag{6-10}$$

式中 S_y——估计标准误差；

e_i——估计残差（实际值与估计值之差）；

n——样本容量；

m——回归模型中待定参数的个数。

在计算估计标准误差 S_y 中，估计残差的平方和 $\sum_{i=1}^{n}e_i^2$ 可以通过式（6-11）进行计算：

$$\sum_{i=1}^{n}e_i^2=\sum_{i=1}^{n}(y_i-\hat{y})^2=\sum_{i=1}^{n}(y_i-a-bx_i)^2 \tag{6-11}$$

残差的平方和可以反映出实际值与回归直线的离散程度。而计算其平均数，可以消除求和项数对残差平方和的影响。因而，在此基础上计算出的估计标准误差更能反映出实际值与回归直线的平均离散程度。估计标准差是一项误差分析指标，用于判断回归模型拟合的优劣程度。

上式计算估计标准差较烦琐，可以采用简捷计算方法估计标准差。按式（6-12）简捷计算为：

$$S_y=\sqrt{\frac{\sum_{i=1}^{n}y_i^2-a\sum_{i=1}^{n}y_i-b\sum_{i=1}^{n}x_iy_i}{n-m}} \tag{6-12}$$

【例 6-4】 运用表 6-4 中的数据计算估计标准差。由表 6-4 可知，$\sum_{i=1}^{n}y_i^2=28885$，$a=48.2143$，$b=1.1429$，$\sum_{i=1}^{n}y_i=537$，$n=10$，$m=2$，$\sum_{i=1}^{n}x_iy_i=2616$，则用公式计算标准差：

$$S_y=\sqrt{\frac{28885-48.2143\times537-1.1429\times2616}{10-2}}=0.7154$$

S_y 越大，实际值与回归直线的离散程度越大；反之，S_y 越小，实际值与回归直线的离散程度越小。一般要求$\frac{S_y}{\bar{y}}<15\%$。

从理论上来讲，运用上述两种公式计算出的估计标准差应该是相等的，但在实际计算过程中，由于回归方程的待定系数 a 和 b 也是利用公式计算出来的，在计算的过程中通常会涉及四舍五入的情况，从而导致两种计算公式的结果不一致。但其偏差往往很小，不会影响对问题的分析。

上例中 $S_y=0.7154$，$\bar{y}=53.7$，$\frac{S_y}{\bar{y}}=\frac{0.7154}{53.7}=0.0133$

由此可见，一元线性回归方程 $y=48.2143+1.1429x$ 精度较好。

3. 运用模型进行预测

一元线性回归模型通过上述检验，若其精度较好，拟合度优，即可用其进行预测。如本节【例 6-1】中一元线性回归方程 $y=48.2143+1.1429x$，若 2020 年该企业产品广告费为 8 千万元，将 $x=8$ 代入回归方程中，则年销售收入预测值为：

$$y=48.2143+1.1429\times8=57.3862\text{（亿元）}$$

由于实际计算中不可避免要出现误差，因而预测值应该是在一定的范围之内的一个数值，而不是一个确定值。因此，除了测算一个数值点外，还应测算预测值可能产生的范围，即测算其置信区间。上述预测只测算了一个数值点，假定其他因素不变，$S_y=0.7154$，置信度为 95%（$F_{(t)}=95\%$），查附录 2 的正态分布概率表，$F_{(t)}=95\%$，$t=1.96$，则该企业产品 2020 年估计销售收入为：

$$\hat{y}=57.3862\pm1.96\times0.7154$$

即年广告费为 8 千万元时，其年销售收入在 55.984~58.7918 亿元。

【例 6-5】某地居民日平均消费水平和食品类销售额统计资料如表 6-5 第 2、3 列所示，根据表中资料分析居民平均消费水平与食品类销售额的关系，并预测居民年平均消费水平达到 213 元时的食品类销售额。

表 6-5　　某地食品销售额依居民消费水平回归方程计算表

年份	居民平均消费水平 x_i/元	食品类销售额 y_i/元	x_iy_i	x_i^2	y_i^2
1	64	56	3584	4096	3136
2	70	60	4200	4900	3600
3	77	66	5082	5929	4356
4	82	70	5740	6724	4900
5	92	78	7176	8464	6084
6	107	88	9416	11449	7744
7	125	102	12750	15625	10404
8	143	118	16874	20449	13924
9	165	136	22440	27225	18496
10	189	155	29295	35721	24025
合计	1114	929	116557	140582	96669

（1）建立回归模型　令居民平均消费水平为 x，食品类销售额为 $\hat{y}$，设 $\hat{y}=a+bx$。

（2）计算参数 a 和 b 的值　依据表 6-5 资料计算可得：

$$b=\frac{\sum_{i=1}^{n}x_iy_i-\frac{1}{n}\sum_{i=1}^{n}x_i\sum_{i=1}^{n}y_i}{\sum_{i=1}^{n}x_i^2-\frac{1}{n}(\sum_{i=1}^{n}x_i)^2}=\frac{116557-1114\times929\times\frac{1}{10}}{140582-(1114)^2\times\frac{1}{10}}=0.7927$$

$$a=\frac{1}{n}\sum_{i=1}^{n}y_i-b\frac{1}{n}\sum_{i=1}^{n}x_i=\frac{929}{10}-0.7927\times\frac{1}{10}\times1114=4.593$$

由此，可得一元线性回归方程：$\hat{y}=4.593+0.7927x$。

（3）进行相关性检验

①计算相关系数：

$$r=\frac{n\sum xy-\sum x\sum y}{\sqrt{n\sum x^2-(\sum x)^2}\sqrt{n\sum y^2-(\sum y)^2}}=0.9997$$

可见，$\hat{y}$ 与 x 具有高度线性相关。

②估计标准误差检验：

$$S_y=\sqrt{\frac{\sum_{i=1}^{n}y_i^2-a\sum_{i=1}^{n}y_i-b\sum_{i=1}^{n}x_iy_i}{n-m}}=\sqrt{\frac{96669-4.593\times929-0.7927\times116557}{10-2}}=0.9598$$

$$\bar{y}=92.9$$

$$\frac{S_y}{\bar{y}}=\frac{0.9598}{92.9}=0.0103<15\%$$

由此可判断出 $\hat{y}$ 与 x 的线性相关是较强的。

（4）预测当居民平均消费水平达到 213 元时，食品类销售额是多少　将 $x=213$（元），代入 $\hat{y}=4.593+0.7927x$，得：

$$\hat{y}=4.593+0.7927\times213=173.438\text{（元）}$$

若其可靠度为 95%，则其置信区间为（$173.438-1.96\times0.9598$，$173.438+1.96\times0.9598$）即置信区间为（171.56，175.36），则当下一年食品类销售额的预测范围在 171.52~175.32 元。

练习题

一、单选题

1. 某食品产量（x，盒）与单位产品成本（y，元/盒）之间的回归方程为 $y=356-1.5x$，这说明（　　）。

A. 产量每增加一台，单位产品成本增加 356 元

B. 产量每增加一台，单位产品成本减少 1.5 元

C. 产量每增加一台，单位产品成本平均增加 356 元

D. 产量每增加一台，单位产品成本平均减少 1.5 元

2. 样本容量 $n=8$，回归模型中待定参数个数 $m=2$，则自由度 df 为（　　）。

A. 8　　B. 2　　C. 6　　D. 10

二、多选题

1. 回归分析的内容是（　　）。

A. 建立回归方程　　B. 进行相关关系的检验

C. 利用回归模型进行预测　　D. 进行正交分析

2. 在判定相关系数及其显著性检验中，下列说法正确的是（　　）。

A. 若 $|r| \geqslant r_{\alpha(n-m)}$，表明在显著性水平 α 条件下，变量间的线性关系是显著的，建立的回归方程是有意义的

B. 若 $|r| \geqslant r_{\alpha(n-m)}$，表明在显著性水平 α 条件下，变量间的线性关系不显著，建立的回归模型实际意义待定

C. 若 $|r| < r_{\alpha(n-m)}$，表明在显著性水平 α 条件下，变量间的线性关系不显著，建立的回归模型实际意义待定

D. 若 $|r| < r_{\alpha(n-m)}$，表明在显著性水平 α 条件下，变量间的线性关系是显著的，建立的回归方程是有意义的

三、应用题

1. 某食品厂用原子吸收分光光度计检测食品中锌的含量，得锌含量（mg/L）与吸光度的结果如下：

锌含量 x/(mg/L)	2	4	6	8	10
吸光度 y	0.064	0.138	0.205	0.285	0.360

若 y 与 x 具有线性相关关系，则线性回归方程是____________________。

2. 若施化肥量 x（kg）与小麦产量 y（kg）之间的线性回归方程为 $y=250+4x$，当施化肥量为 50kg 时，预计小麦产量为________ kg。

3. 某车间为了规定工时定额，需确定加工零件所花费的时间，为此做了 4 次试验，得到的数据如下：

零件个数 x/个	2	3	4	5
加工时间 y/h	2.5	3	4	4.5

若加工时间 y 与零件个数 x 之间有较好的相关关系。

（1）求加工时间与零件个数的线性回归方程。

（2）试预报加工 10 个零件需要的时间。

4. 下面是几家百货商店食品销售额和利润率的资料，请进行一元线性回归分析。

商店编号	每人月平均销售额/千元	利润率/%
1	6	12.6
2	5	10.4
3	8	18.5
4	1	3.0
5	4	8.1
6	7	16.3
7	6	12.3
8	3	6.2
9	3	6.6
10	7	16.8
合计	50	—

拓展阅读

恩格尔定律

恩斯特·恩格尔（Ernst Engel，1821—1896 年），是德国经济学家及统计学家，社会统计学派的重要代表人物。恩格尔长期执掌萨克森邦与普鲁士邦的统计工作，历时逾三十年，积累了丰富的统计实践经验，并具备深厚的统计理论知识，因此在当时的德国乃至国际统计界享有崇高声誉。

恩格尔擅长将调查的行政目标与统计研究的科学目标有机结合。在组织国家普查时，他常适度增加与研究目标相关的调查项目，如家族、家庭消费、营业状况等。恩格尔对比利时、德国、英国、法国等国家的工人家庭进行了深入的家计调查，通过对众多家庭的收入与各类开支的分析研究，揭示了一种普遍性的消费结构趋势和规律：收入较低的家庭，食物开支占家庭收入的比例较大，其次是衣着、住房，而教育、文化娱乐、医药卫生方面的开支随家庭收入减少而占比下降。据此，恩格尔得出结论：在其他条件不变的情况下，居民消费支出中食物部分的支出比例，可作为衡量其消费水平的指标。他视之为衡量居民福利的最佳尺度，并指出食品支出比例随富裕程度降低而按几何级数增长。从方法论角度审视，恩格尔定律是首次利用统计资料建立的重要计量法则。

恩格尔提出的统计学应涵盖统计科学与统计方法，既为实质性的统计学，亦为传统方法论的社会科学。他所阐述的居民消费结构趋势——恩格尔定律，受到国际统计学家与经济学家的广泛关注与应用。他出版的主要著作包括《关于统计学作为独立科学与方法问题的见解》、《论人口统计的重要性》、《萨克森邦的生产与消费》、《人的价值》以及《比利时工人家庭生活费用的过去与现在》等。

任务六 Excel 在一元线性回归分析中的应用

任务要求

1. 能根据试验数据使用 Excel 绘制线性标准曲线，得到一元线性回归方程。
2. 能根据试验数据使用 Excel 进行一元线性回归分析。

项目六任务六（视频）

任务实施

一、试验方案设计案例

紫外测定法是维生素 C 快速测定的方法。其原理是根据维生素 C 具有对紫外光产生吸收，对碱不稳定的特性，在 243nm 处测定样品与碱处理样品液两者吸收度值之差。并通过标准曲线，即可计算出维生素 C 的含量。配制不同浓度维生素 C 溶液，在 243nm 处测定标准系列维生素 C 溶液的吸光度，测定结果见表 6-6。以维生素 C 的质量（μg）为横坐标，以对应的吸光度 A 为纵坐标作标准曲线。测定未知浓度的维生素 C 溶液吸光度，通过标准曲线求出维生素 C 含量。

表 6-6　　紫外法测定维生素 C 含量试验结果

序号	1	2	3	4	5	6	7	8	样品
维生素 C/μg	10	20	30	40	50	60	80	100	
测定值 1	0.022	0.099	0.161	0.221	0.287	0.339	0.444	0.558	0.268
测定值 2	0.021	0.092	0.159	0.210	0.285	0.335	0.445	0.549	0.267
测定值 3	0.018	0.095	0.165	0.219	0.283	0.340	0.444	0.552	0.259

不借助软件做标准曲线求未知样浓度，目前有两种方法：一是坐标卡纸画标准曲线法，二是根据公式计算标准曲线法。第一种方法误差较大，无法得到一元回归方程，很难得到唯一数据。第二种方法很好地解决了第一种方法的问题，但是不借助软件，计算量繁重，很容易计算错误。借助 Excel 可以快速绘制出标准曲线并求出一元线性回归方程，很好地弥补了上述两种方法的不足。

二、实施步骤

1. 绘制一元线性标准曲线，得到回归方程

（1）将一元线性标准曲线数据复制到 Excel 软件中（图 6-1）。

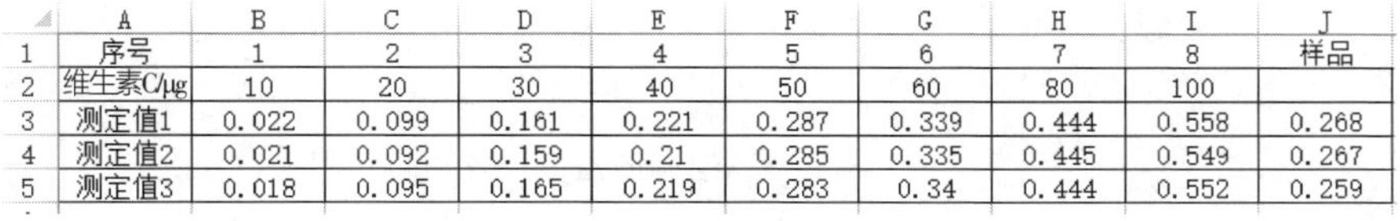

	A	B	C	D	E	F	G	H	I	J
1	序号	1	2	3	4	5	6	7	8	样品
2	维生素C/μg	10	20	30	40	50	60	80	100	
3	测定值1	0.022	0.099	0.161	0.221	0.287	0.339	0.444	0.558	0.268
4	测定值2	0.021	0.092	0.159	0.21	0.285	0.335	0.445	0.549	0.267
5	测定值3	0.018	0.095	0.165	0.219	0.283	0.34	0.444	0.552	0.259

图 6-1　将一元线性标准曲线数据复制到 Excel

（2）计算三个测定值的平均值（图 6-2~图 6-4）。

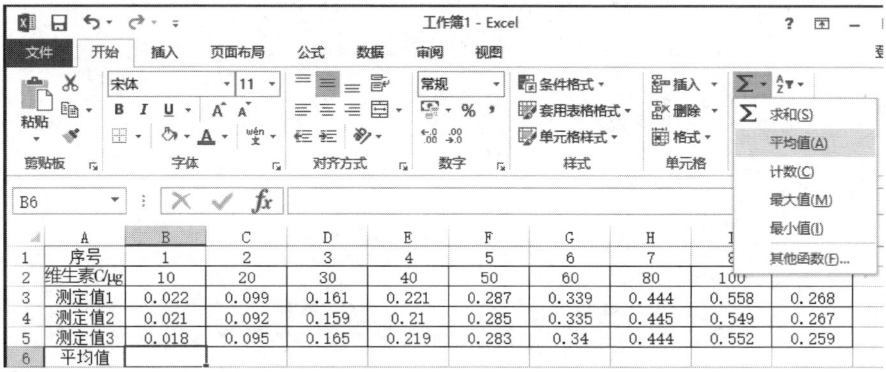

图 6-2　求平均值第一步

A	B	C	D	E	F	G	H	I	J
序号	1	2	3	4	5	6	7	8	样品
维生素C/μg	10	20	30	40	50	60	80	100	
测定值1	0.022	0.099	0.161	0.221	0.287	0.339	0.444	0.558	0.268
测定值2	0.021	0.092	0.159	0.21	0.285	0.335	0.445	0.549	0.267
测定值3	0.018	0.095	0.165	0.219	0.283	0.34	0.444	0.552	0.259
平均值	=AVERAGE(B3:B5)								

图 6-3　求平均值第二步

序号	1	2	3	4	5	6	7	8	样品
维生素C/μg	10	20	30	40	50	60	80	100	
测定值1	0.022	0.099	0.161	0.221	0.287	0.339	0.444	0.558	0.268
测定值2	0.021	0.092	0.159	0.21	0.285	0.335	0.445	0.549	0.267
测定值3	0.018	0.095	0.165	0.219	0.283	0.34	0.444	0.552	0.259
平均值	0.020333	0.095333	0.161667	0.216667	0.285	0.338	0.444333	0.553	0.264667

图 6-4　求平均值第三步

（3）以维生素 C 的质量（μg）为横坐标，以对应的吸光度 *A* 为纵坐标绘制散点图（图 6-5）。

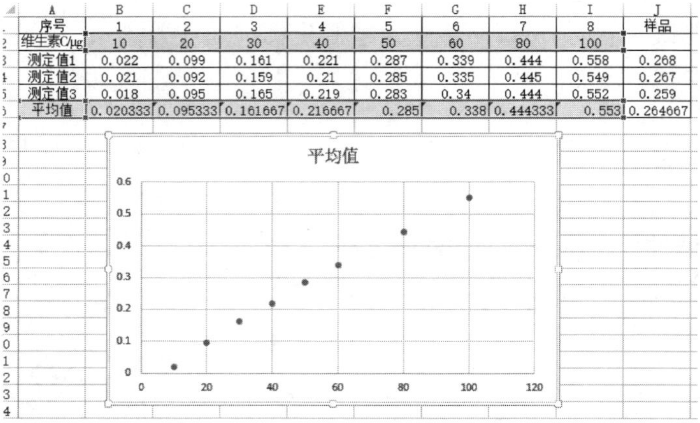

图 6-5　绘制散点图

（4）选中图中散点，右键选择“添加趋势线”（图 6-6）。

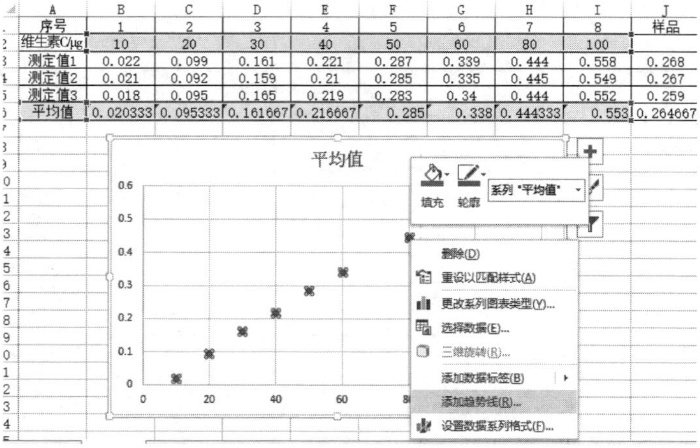

图 6-6　添加趋势线

（5）单击趋势线，在界面右侧“设置趋势线格式”。在“趋势线选项”中选择回归分析为“线性”，在“显示公式”和“显示 R 平方值”前划勾（图 6-7）。

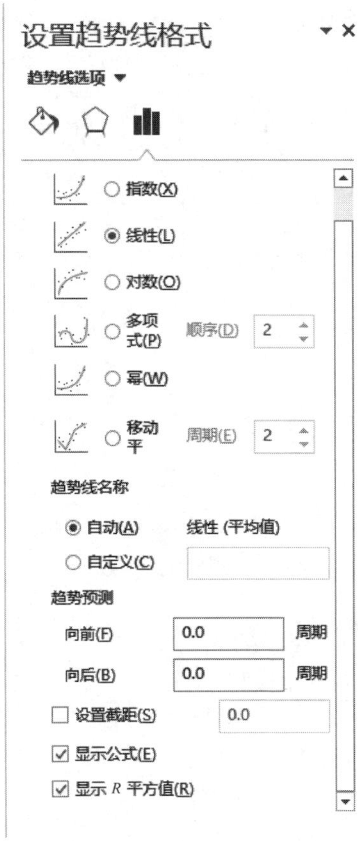

图 6-7　设置趋势线格式

（6）选择表格出现图表工具，将图表修改成需要的格式。图 6-8 中方程即为所求一元线性回归方程，将样品吸光度代入方程即可求得样品维生素 C 含量。

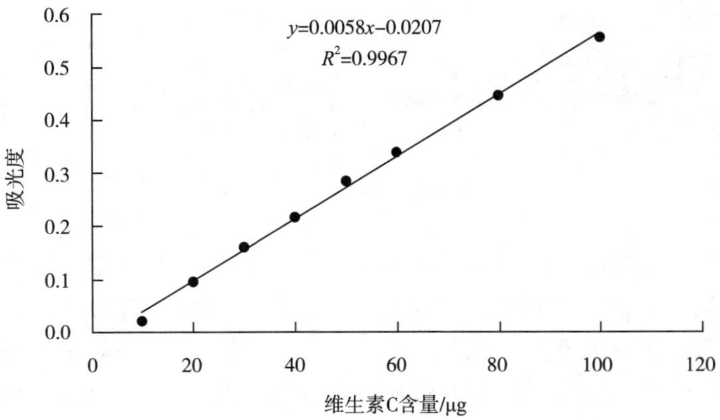

图 6-8　紫外法测定维生素 C 含量标准曲线

从图中得到一元线性回归方程为 $y=0.0058x-0.0207$，$R^2=0.9967$。把未知样分光光度平均值代入公式，得到未知样的浓度。

2. Excel 中进行一元线性回归分析

（1）将数据按列排列（图 6-9）。

A	B	C	D	E	F	G	H	I	J
序号	1	2	3	4	5	6	7	8	样品
维生素C/μg	10	20	30	40	50	60	80	100	
测定值1	0.022	0.099	0.161	0.221	0.287	0.339	0.444	0.558	0.268
测定值2	0.021	0.092	0.159	0.21	0.285	0.335	0.445	0.549	0.267
测定值3	0.018	0.095	0.165	0.219	0.283	0.34	0.444	0.552	0.259
平均值	0.0203	0.0953	0.1617	0.2167	0.2850	0.3380	0.4443	0.5530	0.2647
维生素C/μg	平均值								
10	0.0203								
20	0.0953								
30	0.1617								
40	0.2167								
50	0.2850								
60	0.3380								
80	0.4443								
100	0.5530								

图 6-9 按列排列数据

（2）选择“数据”界面，点击“数据分析”，在“数据分析”窗口选择“回归”（图 6-10），单击“确定”后出现“回归”对话框。

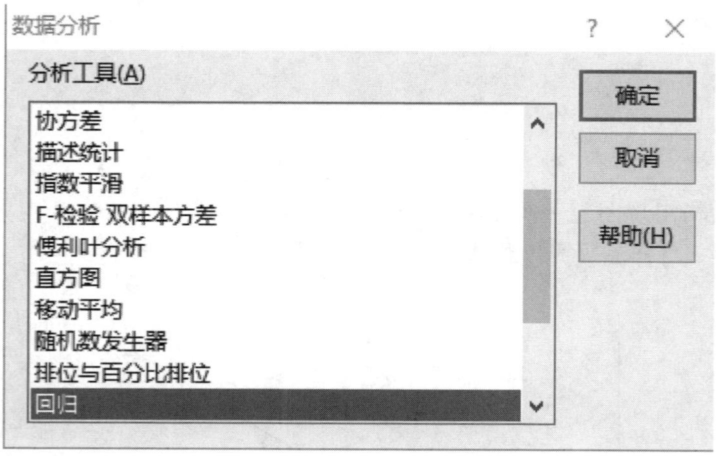

图 6-10 数据分析对话框

（3）在“回归”对话框内，“Y 值输入区域”选择“平均值”下数据，“X 值输入区域”选择“维生素 C/μg”下数据。“标志”：如果输入区域的第一行中包含标志项，则选中此复选框；若不包含，则不选。“置信度”：Excel 默认的置信区域为 95%，相当于显著性水平 $\alpha=0.05$。“常数为零”：如果要强制回归线过原点，则选中此复选框。“输出选项”选择需要的输出区域。“残差”根据需要选择。“正态分布”需要绘制正态概率图选此框。选择好后，单击“确定”，出现回归统计结果。如图 6-11、图 6-12 所示。

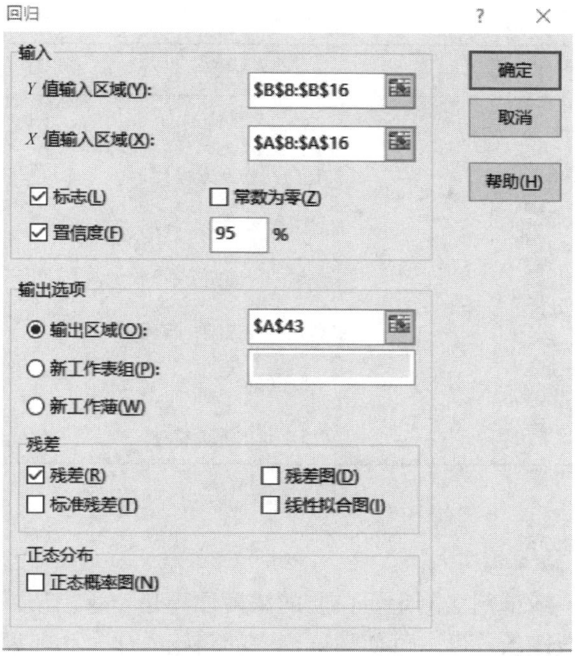

图 6-11　回归对话框

43	SUMMARY OUTPUT								
44									
45	回归统计								
46	Multiple	0.998349							
47	R Square	0.9967							
48	Adjusted	0.99615							
49	标准误差	0.011062							
50	观测值	8							
51									
52	方差分析								
53		df	SS	MS	F	gnificance F			
54	回归分析	1	0.221758	0.221758	1812.383	1.12E-08			
55	残差	6	0.000734	0.000122					
56	总计	7	0.222492						
57									
58		Coefficien	标准误差	t Stat	P-value	Lower 95%	Upper 95%	下限 95.0%	上限 95.0%
59	Intercept	-0.02073	0.007754	-2.6734	0.036859	-0.0397	-0.00176	-0.0397	-0.00176
60	Vc/μg	0.005847	0.000137	42.57209	1.12E-08	0.005511	0.006183	0.005511	0.006183
61									
62									
63									
64	RESIDUAL OUTPUT								
65									
66	观测值	预测 平均值	残差						
67	1	0.037737	-0.0174						
68	2	0.096203	-0.00087						
69	3	0.154669	0.006998						
70	4	0.213134	0.003532						
71	5	0.2716	0.0134						
72	6	0.330066	0.007934						
73	7	0.446997	-0.00266						
74	8	0.563928	-0.01093						

图 6-12　回归分析结果

根据回归统计，结果保留小数点后四位，该回归方程的截距（Intercept）为-0.0207，斜率为 0.0058，所以回归方程为：$y=0.0058x-0.0207$；根据统计结果，得到决定系数 $R^2=0.9967$，相关系数 $r=0.9983$，说明自变量与因变量之间有较高的相关性；根据方差分析结果，$F=1812.383$，Significance $F<0.01$，所以建立的回归方程非常显著。

任务考核

考核项目	考核内容	分值	得分
一元线性标准曲线的绘制	散点图的绘制	20	
	添加趋势线得到方程及 R^2	20	
	曲线图要素齐全、标准	10	
一元线性方差回归分析	正确进行回归分析	20	
	数据处理表完整、规范	10	
职业素质	严谨的科学态度	10	
	实事求是的职业精神	10	

练习题

1. 福林（Folin）-酚试剂法测定蛋白质的浓度原理是：蛋白质或多肽分子中有带酚基酪氨酸或色氨酸，在碱性条件下，可使酚试剂中的磷钼酸化合物还原成蓝色（生成钼蓝和钨蓝化合物）。蓝色的深浅与蛋白质的含量成正比，可用比色法测定。测定不同浓度的牛血清蛋白吸光度，请求出下表数据中的回归方程及 R^2。

蛋白质浓度/（mg/mL）	0.00	0.01	0.02	0.04	0.06	0.08	0.10
吸光度	0.000	0.079	0.215	0.264	0.346	0.450	0.493

2. 请根据上题数据进行回归分析。

3. 为研究某一化学反应过程中，温度 x/℃对产品得率 y/%的影响，测得数据如表下表所示。请求出下表数据中的回归方程及 R^2，进行回归分析。

温度 x/℃	100	110	120	130	140	150	160	170	180	190
得率 y/%	45	51	54	61	66	70	74	78	85	89

任务七 SPSS 在相关分析中的应用

任务要求

1. 能根据试验数据使用 SPSS 软件进行相关分析。
2. 能对 SPSS 软件的相关分析结果进行解读。

项目六任务七
（视频）

任务实施

一、试验方案设计案例

通过调查，29 名学生的身高、体重和肺活量的数据如表 6-7 所示，试分析身高、体重和肺活量这三者之间的相互关系。

表 6-7　　29 名学生的身高、体重和肺活量相关数据分析

编号	身高/cm	体重/kg	肺活量/L
1	135. 10	32. 0	1. 75
2	139. 90	30. 4	1. 75
3	163. 60	46. 2	2. 75
4	146. 50	33. 5	2. 50
5	156. 20	37. 1	2. 75
6	156. 40	35. 5	2. 00
7	167. 80	41. 5	2. 75
8	149. 70	31. 0	1. 50
9	145. 00	33. 0	2. 50
10	148. 50	37. 2	2. 25
11	165. 50	49. 5	3. 00
12	135. 00	27. 6	1. 25
13	153. 30	41. 0	2. 75
14	152. 00	32. 0	1. 75
15	160. 50	47. 2	2. 25
16	153. 00	32. 0	1. 75
17	147. 60	40. 5	2. 00
18	157. 50	43. 3	2. 25
19	155. 10	44. 7	2. 75
20	160. 50	37. 5	2. 00
21	143. 00	31. 5	1. 75
22	149. 90	33. 9	2. 25
23	160. 80	40. 4	2. 75
24	159. 00	38. 5	2. 25
25	158. 20	37. 5	2. 00
26	150. 00	36. 0	1. 75
27	144. 50	34. 7	2. 25
28	154. 60	39. 5	2. 50
29	156. 50	32. 0	1. 75

二、实施步骤

（1）建立数据文件“29 名学生的身高、体重和肺活量数据 . sav”，并将数据按软件的要求输入到“数据视图”中（图 6-13）。

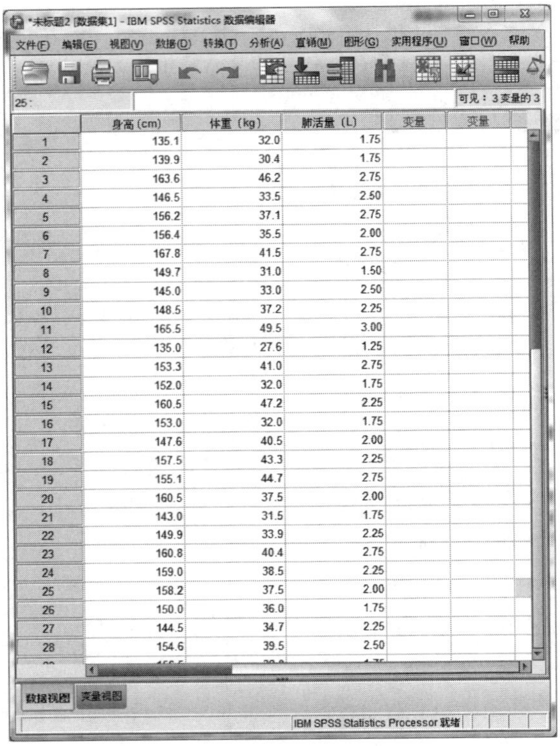

	身高（cm）	体重（kg）	肺活量（L）	变量	变量
1	135.1	32.0	1.75		
2	139.9	30.4	1.75		
3	163.6	46.2	2.75		
4	146.5	33.5	2.50		
5	156.2	37.1	2.75		
6	156.4	35.5	2.00		
7	167.8	41.5	2.75		
8	149.7	31.0	1.50		
9	145.0	33.0	2.50		
10	148.5	37.2	2.25		
11	165.5	49.5	3.00		
12	135.0	27.6	1.25		
13	153.3	41.0	2.75		
14	152.0	32.0	1.75		
15	160.5	47.2	2.25		
16	153.0	32.0	1.75		
17	147.6	40.5	2.00		
18	157.5	43.3	2.25		
19	155.1	44.7	2.75		
20	160.5	37.5	2.00		
21	143.0	31.5	1.75		
22	149.9	33.9	2.25		
23	160.8	40.4	2.75		
24	159.0	38.5	2.25		
25	158.2	37.5	2.00		
26	150.0	36.0	1.75		
27	144.5	34.7	2.25		
28	154.6	39.5	2.50		

图 6-13　生成数据文件

（2）选择“分析”→“相关”→“双变量”，打开“双变量相关”分析对话框（图 6-14）。

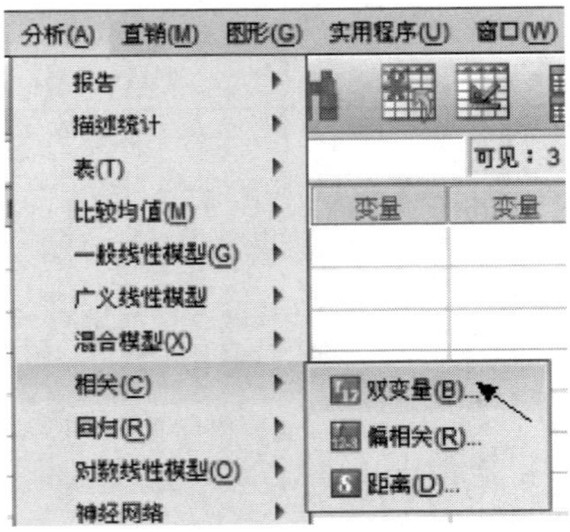

图 6-14　打开“双变量相关”对话框

（3）选择分析变量　将“身高”、“体重”和“肺活量”分别移入“变量”框中（图 6-15）。

（4）选择相关分析方法　在“相关系数”栏有 3 种相关系数，分别对应 3 种方法（图 6-15）。

①Pearson（皮尔逊相关系数）：计算连续变量或者是等间隔测度的变量间的相关系数。系统默认此方法；

②Kendall 的 tau-b（K）（肯德尔 τ-b 复选项）：计算分类变量之间的秩相关；

③Spearman（斯皮尔曼相关复选项）：计算斯皮尔曼秩相关。

（5）显著性检验（图 6-15）　①双侧检验：事先不知道相关方向时选择此项；②单侧检验：如果事先知道相关方向可以选择此项；③“标记显著性相关”复选项（图 6-15）：选中该复选项，输出结果中在相关系数右上角用“＊”表示显著性水平为 0.05，用“＊＊”表示显著水平为 0.01。

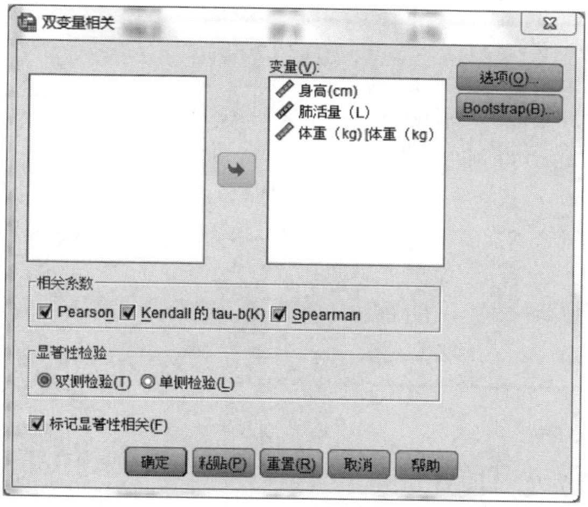

图 6-15　“双变量相关”对话框

（6）“选项”对话框中的选择项　在“双变量相关”主窗口中单击“选项”，打开“双变量相关性：选项”窗口，本例在统计时项选择“均值和标准差”和“叉积偏差和协方差”，在缺失值选项选择默认，即“按对排除个案”（图 6-16）。

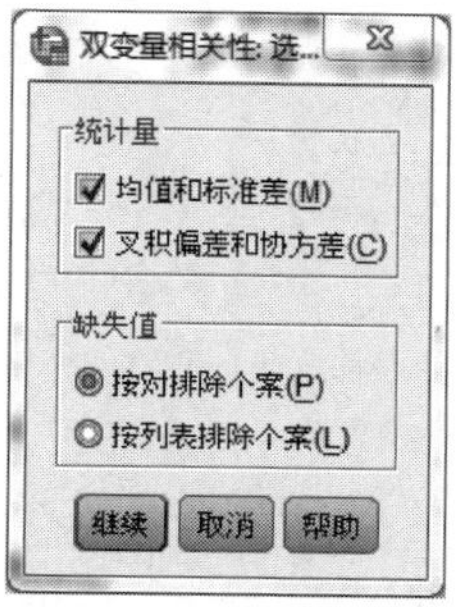

图 6-16　“双变量相关：选项”对话框

（7）在“双变量相关”主窗口单击“确定”，SPSS 分析出现结果（表 6-8~表 6-10）。

表 6-8　　29 名学生的身高、体重和肺活量描述性统计量

项目	均值	标准差	N
身高/cm	152. 593	8. 3560	29
肺活量/L	2. 1897	. 45146	29
体重/kg	37. 128	5. 5328	29

表 6-9　　29 名学生的身高、体重和肺活量相关性

项目		身高/cm	肺活量/L	体重/kg
身高/cm	Pearson 相关性	1	. 600 **	. 741 **
	显著性（双侧）		. 001	. 000
	平方与叉积的和	1955. 019	63. 388	959. 756
	协方差	69. 822	2. 264	34. 277
	N	29	29	29
肺活量/L	Pearson 相关性	. 600 **	1	. 751 **
	显著性（双侧）	. 001		. 000
	平方与叉积的和	63. 388	5. 707	52. 498
	协方差	2. 264	. 204	1. 875
	N	29	29	29
体重/kg	Pearson 相关性	. 741 **	. 751 **	1
	显著性（双侧）	. 000	. 000	
	平方与叉积的和	959. 756	52. 498	857. 118
	协方差	34. 277	1. 875	30. 611
	N	29	29	29

注：** 在 0. 01 水平（双侧）上相关性是显著的。

表 6-10　　29 名学生的身高、体重和肺活量相关系数

项目			身高/cm	肺活量/L	体重/kg
Kendall 的 tau-b	身高/cm	相关系数	1. 000	. 419 **	. 567 **
		Sig.（双侧）	.	. 003	. 000
		N	29	29	29
	肺活量/L	相关系数	. 419 **	1. 000	. 619 **
		Sig.（双侧）	. 003	.	. 000
		N	29	29	29
	体重/kg	相关系数	. 567 **	. 619 **	1. 000
		Sig.（双侧）	. 000	. 000	.
		N	29	29	29

续表

项目			身高/cm	肺活量/L	体重/kg
Spearman 的 rho	身高/cm	相关系数	1.000	.541**	.744**
		Sig.（双侧）	.	.002	.000
		N	29	29	29
	肺活量/L	相关系数	.541**	1.000	.764**
		Sig.（双侧）	.002	.	.000
		N	29	29	29
	体重/kg	相关系数	.744**	.764**	1.000
		Sig.（双侧）	.000	.000	.
		N	29	29	29

注：** 在置信度（双侧）为 0.01 时，相关性是显著的。

（8）结果分析　表 6-8 中给出了各分析变量的描述统计量“均值”“标准差”和“*N*”。从表 6-9 可以看出，身高和肺活量的相关系数为 0.600，其显著性水平在 0.01 以上；身高与体重的相关系数为 0.742，其显著性水平在 0.01 以上；肺活量与体重的相关系数为 0.751，其显著性水平在 0.01 以上。从表 6-10 中可以看出非参数相关性的结果 Kendall的 tau-b 和 Spearman 的 rho 相关系数与 Pearson 相关系数一致。

任务考核

考核项目	考核内容	分值	得分
数据的录入	数据录入准确	10	
	按 SPSS 格式进行录入	10	
相关分析	相关分析结果准确	20	
	相关分析结果解读和分析准确	40	
职业素质	实事求是的科学态度	10	
	严谨细心的职业精神	10	

练习题

为调查生物学考分（分）是否与学生来源有关，某校的一项调查结果如下：

学生来源	分数段		
	>90	70~89	<70
城市来源	66	98	39
农村来源	89	83	16

问生物学考分是否与学生来源有关？

知识链接

多元回归

一元线性回归所讨论的是因变量 $\hat{y}$ 对一个自变量 x 的回归。但在解决实际问题时，往往是多个因素都对试验结果有影响，这时就可以通过多元回归进行分析。讨论的因变量和两个或两个以上自变量的回归，称为多元回归（Multiple Regression）。

一、多元线性回归方程

多元线性回归分析是多元回归分析中最简单、最常用的一种，其基本原理和方法与一元线性回归分析是相同的，但计算量比较大。若因变量 $\hat{y}$ 同时受到 m 个自变量 x_1，x_2，…，x_m 的影响，且这 m 个自变量皆与 $\hat{y}$ 呈线性关系，则这 $m+1$ 个变数的关系就形成 m 元线性回归。因变量 $\hat{y}$ 与自变量 x_1，x_2，…，x_m 之间的近似函数关系式为：

$$\hat{y}=a+b_1x_1+b_2x_2+\cdots+b_mx_m \tag{6-13}$$

其中 b_1，b_2，…，b_m 称为偏回归系数（Partial Regression Coefficient）。

二、多元回归统计数的计算

当自变量 x_1，x_2，…，x_m 取不同试验值时，得到 n 组试验数据 x_{1i}，x_{2i}，…，x_{mi}，y_i（$i=1$，2，…，m），如果将自变量 x_{1i}，x_{2i}，…，x_{mi} 代入式中，就可以得到对应的函数计算值 $\hat{y}$，于是残差平方和为：

$$SS_e=\sum_{i=1}^{n}(y_i-\hat{y}_i)^2=\sum_{i=1}^{n}(y_i-a-b_1x_1-b_2x_2-\cdots-b_mx_m)^2 \tag{6-14}$$

根据最小二乘法原理，要使 SS_e 达到最小，则应该满足以下条件：

$$\frac{\partial(SS_e)}{\partial a}=0$$

$$\frac{\partial(SS_e)}{\partial b_j}=0$$

$$j=1,\ 2,\ \cdots,\ m$$

即

$$\frac{\partial(SS_e)}{\partial a}=2\sum_{i=1}^{n}\left[(y_i-a-b_1x_{1i}-b_2x_{2i}-\cdots-b_mx_{mi})(-1)\right]=0$$

$$\frac{\partial(SS_e)}{\partial b_1}=2\sum_{i=1}^{n}\left[(y_i-a-b_1x_{1i}-b_2x_{2i}-\cdots-b_mx_{mi})(-x_{1i})\right]=0$$

$$\frac{\partial(SS_e)}{\partial b_2}=2\sum_{i=1}^{n}\left[(y_i-a-b_1x_{1i}-b_2x_{2i}-\cdots-b_mx_{mi})(-x_{2i})\right]=0$$

……

$$\frac{\partial(SS_e)}{\partial b_m}=2\sum_{i=1}^{n}\left[(y_i-a-b_1x_{1i}-b_2x_{2i}-\cdots-b_mx_{mi})(-x_{mi})\right]=0$$

由此可以得到如下的正规方程组：

$$\begin{cases} na+b_1\sum_{i=1}^{n}x_{1i}+b_2\sum_{i=1}^{n}x_{2i}+\cdots+b_m\sum_{i=1}^{n}x_{mi}=\sum_{i=1}^{n}y_i \\ a\sum_{i=1}^{n}x_{1i}+b_1\sum_{i=1}^{n}x_{1i}^2+b_2\sum_{i=1}^{n}x_{1i}x_{2i}+\cdots+b_m\sum_{i=1}^{n}x_{1i}x_{mi}=\sum_{i=1}^{n}x_{1i}y_i \\ a\sum_{i=1}^{n}x_{2i}+b_1\sum_{i=1}^{n}x_{1i}x_{2i}+b_2\sum_{i=1}^{n}x_{2i}^2+\cdots+b_m\sum_{i=1}^{n}x_{2i}x_{mi}=\sum_{i=1}^{n}x_{2i}y_i \\ \cdots\cdots \\ a\sum_{i=1}^{n}x_{mi}+b_1\sum_{i=1}^{n}x_{1i}x_{mi}+b_2\sum_{i=1}^{n}x_{2i}x_{mi}+\cdots+b_m\sum_{i=1}^{n}x_{mi}^2=\sum_{i=1}^{n}x_{mi}y_i \end{cases}$$

显然，方程组的解就是式中系数 a，b_1，b_2，…，b_m。注意，为了使正规方程组有解，要求 $m<n$，即试验次数应该多于自变量的个数。

如果令

$$\bar{x}_j=\frac{1}{n}\sum_{i=1}^{n}x_{ji},\ j=1,\ 2,\ \cdots,\ m$$

$$\bar{y}=\frac{1}{n}\sum_{i=1}^{n}y_{ji},\ i=1,\ 2,\ \cdots,\ n$$

$$L_{jj}=\sum_{i=1}^{n}(x_{ji}-\bar{x}_j)^2=\left(\sum_{i=1}^{n}x_{ji}^2\right)-n(\bar{x}_j)^2,\ j=1,\ 2,\ \cdots,\ m$$

$$L_{jk}=L_{kj}=\sum_{i=1}^{n}(x_{ji}-\bar{x}_j)(x_{ki}-\bar{x}_k)=\left(\sum_{i=1}^{n}x_{ji}x_{ki}\right)-n\bar{x}_j\bar{x}_k,$$

$$j,\ k=1,\ 2,\ \cdots,\ m\ (j=k)$$

$$L_{jy}=\sum_{i=1}^{n}(x_{ji}-\bar{x}_j)(y_i-\bar{y})=\left(\sum_{i=1}^{n}x_{ji}x_i\right)-n\bar{x}_j\bar{y},\ j=1,\ 2,\ \cdots,\ m$$

则上述正规方程组可以变为（证明略）：

$$\begin{cases} a=\bar{y}-b_1\bar{x}_1-b_2\bar{x}_2-\cdots-b_m x_m \\ L_{11}b_1+L_{12}b_2+\cdots+L_{1m}b_m=L_{1y} \\ L_{21}b_1+L_{22}b_2+\cdots+L_{2m}b_m=L_{2y} \\ \cdots\cdots \\ L_{m1}b_1+L_{m2}b_2+\cdots+L_{mm}b_m=L_{my} \end{cases}$$

项目七

优选法试验设计与分析

学习目标

知识目标

1. 理解正交试验的基本原理和用途。
2. 掌握正交试验设计的基本步骤。
3. 了解响应面试验设计方法的特点及其应用范围。

技能目标

1. 会进行正交试验的设计。
2. 能对正交试验结果进行正确的直观分析。
3. 会运用 Design-Expert 软件进行响应面试验设计。
4. 熟练使用 Design-Expert 软件进行回归分析。

素质目标

1. 养成主动学习、善于思考的习惯。
2. 培养归纳总结、细致严谨的科学思维和演绎推理能力。
3. 培养科学精准、一丝不苟的工匠精神。

项目导学

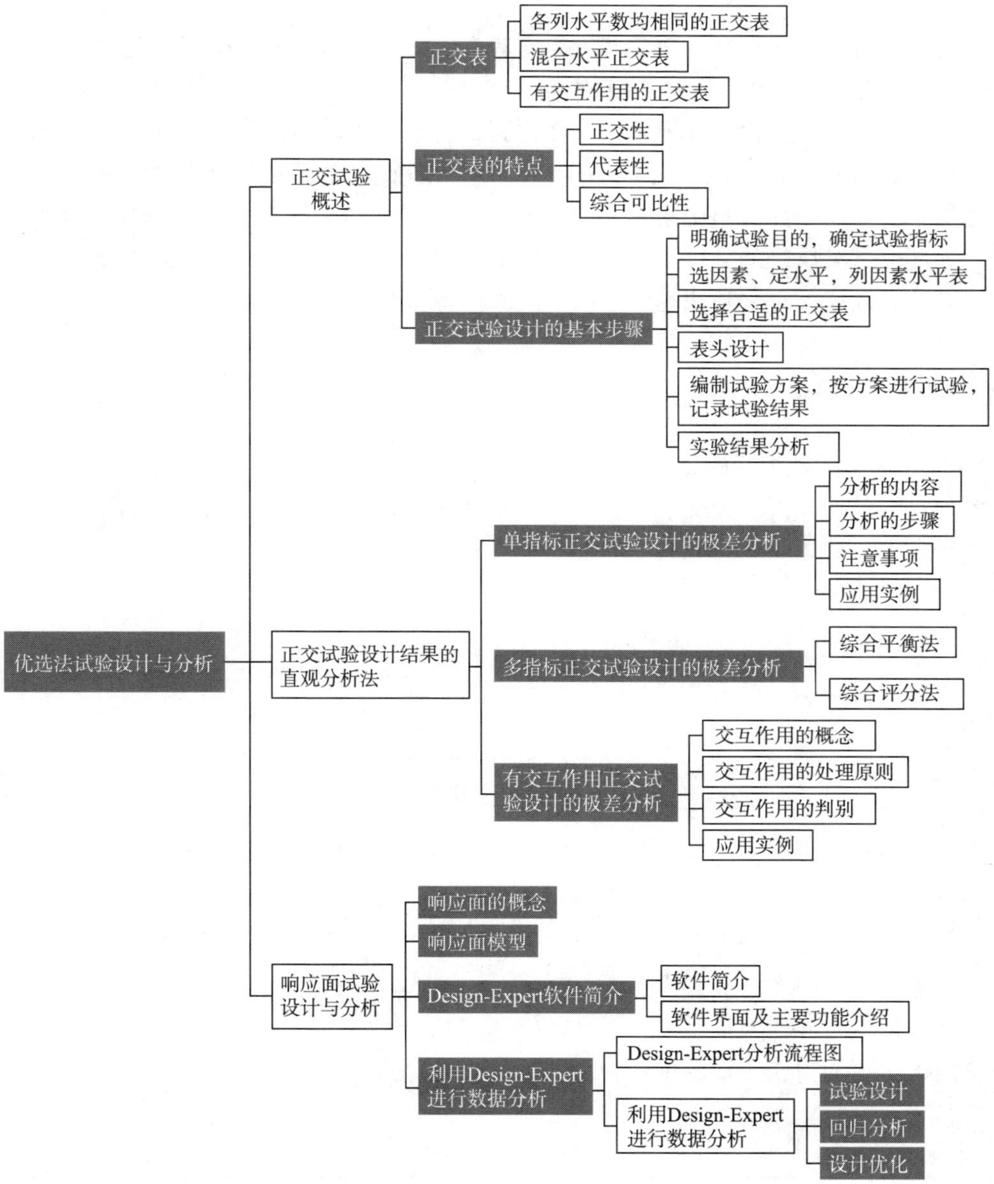
优选法试验设计与分析
正交试验概述
正交表
各列水平数均相同的正交表
混合水平正交表
有交互作用的正交表
正交表的特点
正交性
代表性
综合可比性
正交试验设计的基本步骤
明确试验目的，确定试验指标
选因素、定水平，列因素水平表
选择合适的正交表
表头设计
编制试验方案，按方案进行试验，记录试验结果
实验结果分析
正交试验设计结果的直观分析法
单指标正交试验设计的极差分析
分析的内容
分析的步骤
注意事项
应用实例
多指标正交试验设计的极差分析
综合平衡法
综合评分法
有交互作用正交试验设计的极差分析
交互作用的概念
交互作用的处理原则
交互作用的判别
应用实例
响应面试验设计与分析
响应面的概念
响应面模型
Design-Expert软件简介
软件简介
软件界面及主要功能介绍
利用Design-Expert进行数据分析
Design-Expert分析流程图
利用Design-Expert进行数据分析
试验设计
回归分析
设计优化

知识点一

正交试验概述

在科学研究、生产运行、产品开发等实践中，对于单因素或两个因素的试验，因其因素少，试验的设计、实施与分析都相对简单。但对于 3 个或 3 个以上因素的试验，若进行全面试验，则试验的规模会变得很大，往往因试验条件的限制而难以实施。正交试验又称正交试验设计（Orthogonal Experimental Design），是研究多因素多水平的一种设计方法，它是根据正交性从全面试验中挑选出部分有代表性的点进行试验，找出最优的水平组合。通过对这部分试验结果的分析了解全面试验的情况，正交试验设计可以极大地减少试验次数，提高试验效率，是一种快速、经济解决多因素试验的有效方法。

一、正交表

1. 各列水平数均相同的正交表

各列水平数均相同的正交表，也称为单一水平的正交表。这类正交表的名称写法如图 7-1 所示。

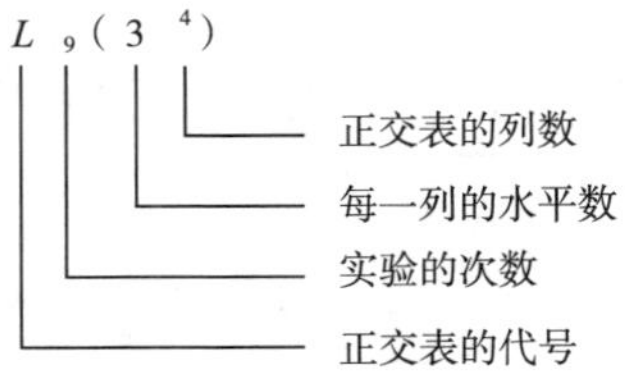

图 7-1　单一水平正交表的写法

各列水平数均为 2 的正交表有：$L_4(2^3)$，$L_8(2^7)$，$L_{12}(2^{11})$，$L_{16}(2^{15})$，$L_{20}(2^{19})$；

各列水平数均为 3 的常用正交表有：$L_9(3^4)$，$L_{27}(3^{13})$；

各列水平数均为 4 的常用正交表有：$L_{16}(4^5)$；

各列水平数均为 5 的常用正交表有：$L_{25}(5^6)$。

表 7-1　　$L_4(2^3)$ 正交表

试验号	列号		
	1	2	3
1	1	1	1
2	1	2	2
3	2	1	2
4	2	2	1

正交的含义：若将表 7-1 中的“2”换成“-1”，则任一列之和为 0，任两列乘积的和为 0。若将列看作向量，则两向量垂直相交，即正交。

2. 混合水平正交表

各列水平数不相同的正交表称混合水平正交表，图 7-2 是混合水平正交表的名称写法。

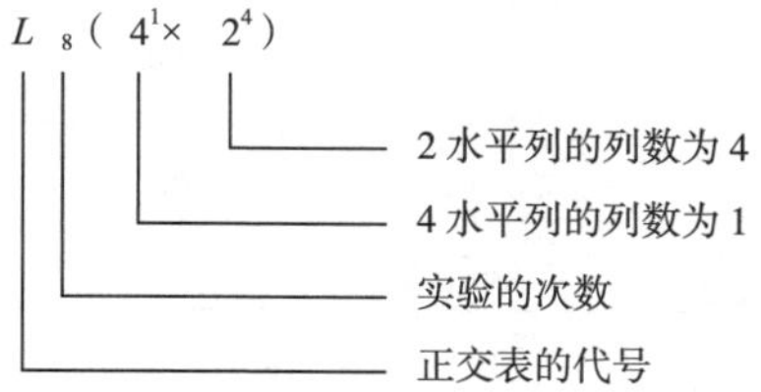

图 7-2　混合水平正交表的写法

L_8（$4^1\times2^4$）常简写为 L_8（4×2^4）。此混合水平正交表含有 1 个 4 水平列，4 个 2 水平列，共有 1+4=5 列。

3. 有交互作用的正交表

（1）交互列的位置　要查交互列表（附录 17），如 L_8（2^7）。

（2）混杂　若在交互两因素的交互列上安排其他因素或其他因素的交互，则在此列将出现混杂现象。

（3）如何对待混杂　①若不想用较多的试验则可能有混杂，此时要用专业的经验来判断；②若不研究规律，只找出参数较优组合，则无须考虑混杂。

表 7-2　L_8（2^7）正交表

试验号	列号						
	1	2	3	4	5	6	7
1	1	1	1	1	1	1	1
2	1	1	1	2	2	2	2
3	1	2	2	1	1	2	2
4	1	2	2	2	2	1	1
5	2	1	2	1	2	1	2
6	2	1	2	2	1	2	1
7	2	2	1	1	2	2	1
8	2	2	1	2	1	1	2

表 7-3　L_8（2^7）二列间交互作用表

列号	1	2	3	4	5	6	7
1	(1)	3	2	5	4	7	6

续表

列号	1	2	3	4	5	6	7
2		(2)	1	6	7	4	5
3			(3)	7	6	5	4
4				(4)	1	2	3
5					(5)	3	2
6						(6)	1
7							(7)

二、正交表的特点

1. 正交性

（1）任一列中，各水平都出现，且出现的次数相等。例：L_8（2^7）中不同数字只有1和2，它们各出现4次；L_9（3^4）中不同数字有1、2和3，它们各出现3次。

（2）任两列之间各种不同水平的所有可能组合都出现，且出现的次数相等。例如，L_8（2^7）中（1，1）、（1，2）、（2，1）、（2，2）各出现两次；L_9（3^4）中（1，1）、（1，2）、（1，3）、（2，1）、（2，2）、（2，3）、（3，1）、（3，2）、（3，3）各出现1次。即每个因素的一个水平与另一因素的各个水平所有可能组合次数相等，表明任意两列各个数字之间的搭配是均匀的。

2. 代表性

一方面，任一列的各水平都出现，使得部分试验中包括了所有因素的所有水平；任两列的所有水平组合都出现，使任意两因素间的试验组合为全面试验。

另一方面，由于正交表的正交性，正交试验的试验点必然均衡地分布在全面试验点中，具有很强的代表性。因此，部分试验寻找的最优条件与全面试验所找的最优条件，应有一致的趋势。

3. 综合可比性

（1）任一列的各水平出现的次数相等。

（2）任两列间所有水平组合出现次数相等，使得任一因素各水平的试验条件相同。这就保证了在每列因素各水平的效果中，最大限度地排除了其他因素的干扰。从而可以综合比较该因素不同水平对试验指标的影响情况。根据以上特性，我们用正交表安排的试验，具有均衡分散和整齐可比的特点。

所谓均衡分散，是指用正交表挑选出来的各因素水平组合在全部水平组合中的分布是均匀的。

整齐可比是指每一个因素的各水平间具有可比性。因为正交表中每一因素的任一水平下都均衡地包含着另外因素的各个水平，当比较某因素不同水平时，其他因素的效应都彼此抵消。如在 A、B、C 3个因素中，A 因素的3个水平 A_1、A_2、A_3条件下各有 B、C 的3个不同水平，即

A_1	B_1C_1	A_2	B_1C_2	A_3	B_1C_3
	B_2C_2		B_2C_3		B_2C_1
	B_3C_3		B_3C_1		B_3C_2

在这9个水平组合中，A因素各水平下包括了B、C因素的3个水平，虽然搭配方式不同，但B、C皆处于同等地位。当比较A因素不同水平时，B因素不同水平的效应相互抵消，C因素不同水平的效应也相互抵消。所以A因素3个水平间具有综合可比性。同样，B、C因素3个水平间亦具有综合可比性。

正交表的3个基本性质中，正交性是核心，是基础，代表性和综合可比性是正交性的必然结果。

三、正交试验设计的基本步骤

设计试验方案的主要步骤如下：

1. 明确试验目的，确定试验指标

试验设计前必须明确试验目的，即本次试验要解决什么问题。试验目的确定后，如何对试验结果进行衡量，即需要确定出试验指标。试验指标可以是定量指标，也可以是定性指标。一般为了便于试验结果的分析，定性指标可按相关的标准打分或模糊数学处理进行数量化，即可将定性指标定量化。

2. 选因素、定水平，列因素水平表

根据专业知识、以往的研究结论和经验，从影响试验指标的诸多因素中，通过因果分析筛选出需要考察的试验因素。一般确定试验因素时，应该优先考虑对试验指标影响大的因素、尚未考察过的因素、尚未完全掌握其规律的因素。试验因素选定后，根据所掌握的信息资料和相关知识，确定每个因素的水平，一般以2~4个水平为宜。对主要考察的试验因素，可以取更多的水平，但不宜过多，建议少于6个水平，否则试验次数过多，难以操作。因素的水平间距，应根据专业知识和已有的资料，尽可能把水平值取在理想的区域范围内。

3. 选择合适的正交表

正交试验设计的首要问题是选择正交表。确定了因素及其水平后，根据因素、水平及需要考察的交互作用的多少来选择合适的正交表。正交表选择的原则是在能够安排试验因素和交互作用的前提下，尽可能选用较小的正交表，以减少试验次数。基本原则如下。

（1）先看水平数　若各个因素全是2个水平，就选用$L(2^*)$表；若各个因素全是3个水平，就选用$L(3^*)$表。若各因素的水平数不相同，就选择适用的混合水平表。

（2）每一个交互作用在正交表中应占一列或二列　要看所选的正交表是否足够大，能否容纳得下所考虑的因素和交互作用。为了对试验结果进行方差分析或回归分析，还必须至少留一个空白列，作为“误差”列，在极差分析中要作为“其他因素”列处理。

（3）要看试验精度的要求　若要求高，则宜取试验次数多的L表。

（4）若试验费用很高，或试验的经费很有限，或人力和时间都比较紧张，则不宜选试验次数太多的L表。

（5）按原来考虑的因素、水平和交互作用去选择正交表，若无正好适用的正交表可选，简便且可行的办法是适当修改原定的水平数。

（6）在对某因素或某交互作用的影响是否确实存在没有把握的情况下，选择 L 表时常为该选大表还是选小表而犹豫。若条件许可，应尽量选用大表，让影响存在的可能性较大的因素和交互作用各占适当的列。某因素或某交互作用的影响是否真的存在，留到方差分析进行显著性检验时再做讨论。这样既可以减少试验的工作量，又不至于漏掉重要的信息。

一般情况下，试验因素的水平数应等于正交表中的水平数；因素个数（包括交互作用）应不大于正交表的列数；最低的试验次数（行数）= Σ（每列水平数-1）+1，例如，选择一个 4 因素 3 水平试验的正交表可以选用 L_9（3^4）或 L_{27}（3^{13}）。如不考察因素间的交互作用，宜选用 L_9（3^4）；考察交互作用，则应选用 L_{27}（3^{13}）。

4. 表头设计

表头设计是把试验因素和要考察的交互作用分别安排到正交表各列中的过程。

（1）若试验不考虑交互作用，则可以任意设计表头。

假如不考察交互作用，可将因素 A、B 和 C、D 依次安排在 L_9（3^4）的第 1、2、3、4 列上，如表 7-4 所示。

表 7-4　　无交互作用 L_9（3^4）表头设计

列号	1	2	3	4
因素	A	B	C	D

（2）若试验有交互作用时，表头设计则必须严格地按交互作用设计正交表。

如 3 个因素 A、B、C，2 个水平的正交试验设计，正交表的设计如表 7-5 所示。

表 7-5　　L_8（2^7）二列间交互作用表

列号	1（A）	2（B）	3（$A×B$）	4（C）	5（$A×C$）	6（$B×C$）	7
1（A）	（1）	3	2	5	4	7	6
2（B）		（2）	1	6	7	4	5
3（$A×B$）			（3）	7	6	5	4
4（C）				（4）	1	2	3
5（$A×C$）					（5）	3	2
6（$B×C$）						（6）	1
7							（7）

表 7-5 中最上一行和最左侧一列数字以及括号（呈对角线）内的数字是列号，其余数字均为交互作用的列号。对于 3 个因素 A、B、C 而言，先将因素 A、B 置放在表的第 1、2 列，则 A 和 B 相交的位置上的数字为 3。即 $A×B$ 应置放在第 3 列上，再将因素 C 置于第 4 列，则 A 和 C 相交位置上的数字是 5，B 和 C 相交位置上的数字是 6，这样 A 和 C 及 B 和 C 的交互作用列应分别为第 5 列和第 6 列。如果考察时还有第 4 个因素 D，并将它置

放于第 6 列，根据上表可得如表 7-6 的表头设计。

表 7-6　有交互作用 L_8（2^7）表头设计

列号	1	2	3	4	5	6	7
因素	A	B $C \times D$	$A \times B$	C $B \times D$	$A \times C$	D $B \times C$	$A \times D$

在这样的设计中，虽有 B 和 $C \times D$、C 与 $B \times D$、D 与 $B \times C$ 的混杂，但如果已知 B、C、D 之间的交互作用很小。故不致影响试验结果的分析，仍可引进因素 A、B、C 及交互作用 $A \times B$、$A \times C$ 及 $A \times D$ 的考察。如果要对 4 个因素及其两两之间的交互作用都做全面的考察，不允许上述几种混杂存在，故此时不能选用 L_8（2^7）表，而应选用 L_{16}（2^{15}）二列向的交互作用表，如表 7-7 所示。

表 7-7　L_{16}（2^{15}）二列向的交互作用表

列号	1	2	3	4	5	6	7	8	9	10	11	12	13	14	15
1	(1)	3	2	5	4	7	6	9	8	11	10	13	12	15	14
2		(2)	1	6	7	4	5	10	11	8	9	14	15	12	13
3			(3)	7	6	5	4	11	10	9	8	15	14	13	12
4				(4)	1	2	3	12	13	14	15	8	9	10	11
5					(5)	3	2	13	12	15	14	9	8	11	10
6						(6)	1	14	15	12	13	10	11	8	9
7							(7)	15	14	13	12	11	10	9	8
8								(8)	1	2	3	4	5	6	7
9									(9)	3	2	5	4	7	6
10										(10)	1	6	7	4	5
11											(11)	7	6	5	4
12												(12)	1	2	3
13													(13)	3	2
14														(14)	1
15															(15)

这样，对于 4 个因素的表头设计，如表 7-8 所示。

表 7-8　有交互作用 L_{16}（2^{15}）表头设计

列号	1	2	3	4	5	6	7	8	9	10	11	12	13	14	15
因素	A	B	$A \times B$	C	$A \times C$	$B \times C$		D	$A \times D$	$B \times D$		$C \times D$			

在表 7-8 中，D 未置入第 7 列。原因是 D 置于第 7 列后，$A\times D$ 应置于第 6 列，导致与 $B\times C$ 的混杂。

对于 5 因素 2 水平的试验，在同时考虑各因素之间的交互作用时，因 5 因素自身及它们之间的两两交互作用共有 15 项，仍可用 L_{16}（2^{15}）二列间交互作用表，其表头设计如表 7-9 所示。

表 7-9　有交互作用 L_{16}（2^{15}）表头设计

列号	1	2	3	4	5	6	7	8	9	10	11	12	13	14	15
因素	A	B	$A\times B$	C	$A\times C$	$B\times C$	$D\times E$	D	$A\times D$	$B\times D$	$C\times E$	$C\times D$	$B\times E$	$A\times E$	E

5. 编制试验方案，按方案进行试验，记录试验结果

把正交表中安排各因素的列（不包含欲考察的交互作用列）中的每个水平数字换成该因素的实际水平值，便形成了表 7-10 中的正交试验方案。在表 7-10 中，试验号并非试验顺序，为了排除误差干扰，试验可随机进行；安排试验方案时，部分因素的水平可采用随机安排。

表 7-10　试验方案及试验结果表

试验号	因素				试验结果
	A	B	C	D	
1	1	1	1	1	
2	1	2	2	2	
3	1	3	3	3	
4	2	1	2	3	
5	2	2	3	1	
6	2	3	1	2	
7	3	1	3	2	
8	3	2	1	3	
9	3	3	2	1	

6. 试验结果分析

采用正交表设计的试验，都可用正交表分析试验的结果。分析方法有直观分析法和方差分析法两种，在后面章节中有详细讲述。

练习题

1. 在正交试验设计中，试验指标是（　　）。

A. 定量的　　B. 定性的　　C. 两者皆可

2. L_8（2^7）中的 7 代表（　　）。

A. 最多允许安排因素的个数　　B. 因素水平数

C. 正交表的横行数　　　　　　　　　　D. 总的试验次数

3. 在 $L_9(3^4)$ 表中，有 A、B、C 3 个因素需要安排，则它们应该安排在（　　）列。

A. 1，2，3　　　B. 2，3，4　　　C. 3，4，5　　　D. 任意 3 列

4. 用 $L_8(2^7)$ 进行正交试验设计，若因素 A 和 B 排在第 1、2 列，则 $A\times B$，应排在第（　　）列。

A. 3　　　B. 4　　　C. 5　　　D. 6

5. 正交表有哪些类型？

6. 正交表有什么特点？

7. 简述正交试验设计的基本程序。

知识点二

正交试验设计结果的直观分析法

对正交试验结果的分析，通常采用两种方法：一种是直观分析法；另一种是方差分析法。本节重点介绍直观分析法（又称极差分析法），因为它简单易懂，应用广泛。根据考察试验结果指标数量的多少，正交试验设计分为单指标正交试验设计（考察指标只有 1 个）和多指标正交试验设计（考察指标≥2 个）。

一、单指标正交试验设计的极差分析

（一）分析的内容

（1）找出因素对指标影响的主次。

（2）找出各因素的较优水平，即取哪个水平最好。

（3）找出参数的较优组合，即各因素取何水平搭配起来最好，并考虑交互作用。

（二）分析的步骤

（1）算出各因素同一水平的指标和 k_m 与均值 $k_m=\dfrac{k_m}{a/b}$，$m=1\sim b$。

（2）由各水平的均值算出极差 $R=k_{max}-k_{min}$。

（3）找出各因素的较优水平　指标好的水平为较优水平（jysp），事先需要明确指标是越高越好还是越低越好。

（4）根据极差 R 的大小确定因素的主次，即对指标影响的大小，R 越大影响越显著。

（5）若要考察交互作用时，需找出较优搭配（水平搭配）。

（6）找出因素水平的较优组合　在试验中可能出现，也可能不出现。

（7）进行验证试验，做进一步分析。

（三）注意事项

（1）若交互作用比其中某一因素的影响大时，应先从交互中找出因素主次和较优水平。

（2）对于空列，反映了试验误差，若恰为某两因素的交互作用列，且该列极差很大，则该交互作用不能忽略。

（四）应用实例

【例7-1】使用酶法液化生产山楂汁，选择了4个因素进行试验，4个因素分别为加水量（A）、加酶量（B）、酶解温度（C）和酶解时间（D），因素水平见表7-11。

表7-11　【例7-1】中试验的因素与水平表

水平	因素			
	加水量（A）/（mL/100g）	加酶量（B）/（mL/100g）	酶解温度（C）/℃	酶解时间（D）/h
1	10	1	20	1.5
2	50	4	35	2.5
3	90	7	50	3.5

试验中，考察因素A、B、C、D的单独作用，不考察交互作用。因此，试验选用$L_9(3^4)$正交表。正交试验设计方案、试验结果和极差分析见表7-12，试验结果采用评分法统计。

表7-12　【例7-1】中的正交试验方案及直观分析结果

试验号	因素				试验结果
	A	B	C	D	
1	1	1	1	1	0
2	1	2	2	2	17
3	1	3	3	3	24
4	2	1	2	3	12
5	2	2	3	1	47
6	2	3	1	2	28
7	3	1	3	2	1
8	3	2	1	3	18
9	3	3	2	1	42
K_1	41	13	46	89	
K_2	87	82	71	46	
K_3	61	94	72	54	
k_1	13.67	4.33	15.33	29.67	$T=189$
k_2	29.00	27.33	23.67	15.33	
k_3	20.33	31.33	24.00	18.00	
R	15.33	27.00	8.67	14.33	
较优水平（jysp）	A_2	B_3	C_3	D_1	

续表

试验号	因素				试验结果
	A	B	C	D	
因素主次	$B>A>D>C$				
较优组合	$A_2\ B_3\ C_3\ D_1$				

因试验结果要求越大越好，由表7-12可以直接看出，第5号试验组合条件 $A_2B_2C_3D_1$ 的试验结果最大，是9组试验中最好的，但这一试验方案是否就是最佳搭配呢？为了寻求最佳的山楂汁生产工艺，还需要进行计算分析。

1. 计算 k_m 值

从表7-12中可以看出，A_1 的作用只反映在第1、2、3号试验中，A_2 的作用只反映在第4、5、6号试验中，A_3 的作用只反映在第7、8、9号试验中。或者说为了考察 A_1 的作用，进行了一组试验，即由1、2、3号试验组成，为了考察 A_2 的作用，进行了一组试验，即由4、5、6号试验组成，为了考察 A_3 的作用，进行了一组试验，即由7、8、9号试验组成。

A 因素1水平所对应的试验指标之和为 $K_{A1}=y_1+y_2+y_3=0+17+24=41$，其平均值 k_1 等于13.67；A 因素2水平所对应的试验指标之和为 $K_{A2}=y_4+y_5+y_6=12+47+28=87$，其平均值 k_2 等于29.00；A 因素3水平所对应的试验指标之和为 $K_{A3}=y_7+y_8+y_9=1+18+42=61$，其平均值 k_3 等于20.33。对于等水平正交试验来说，只计算 K 值即可进行比较、计算；对于混合水平正交试验，则必须计算 k 值，代表该因素在该水平下的试验指标平均值。

考察 A 因素进行的三组试验中，B、C、D 因素各水平都只出现了一次，且由于 B、C、D 之间无交互作用，B、C、D 因素的各水平的不同组合对试验指标无影响。因此，对 A_1、A_2、A_3 来说，三组试验的试验条件是完全一样的。如果因素 A 对试验指标无影响，那么 k_1、k_2、k_3 应相等，但计算结果实际上不相等，显然这是由于 A 因素变动水平引起的。

同理，求得 B、C、D 因素各水平的 k_1、k_2、k_3 值。

2. 由各水平的均值算出极差

$R=k_{max}-k_{min}$，$R_A=29.00-13.67$，同理得到 R_B、R_C、R_D。

3. 找出各因素的较优水平（jysp）

试验结果数值越大越好，因此较优水平分别是 A_2、B_3、C_3、D_1。

4. 根据极差 R 的大小确定因素的主次

由表7-12中各因素水平均值的大小，得到因素的主次顺序为：$B>A>D>C$。

5. 绘制因素与指标趋势图

为了更直观地反映因素对试验指标的影响规律和趋势，以因素水平为横坐标，以试验指标的平均值为纵坐标，绘制因素与指标趋势图，如图7-3所示。因素与指标趋势图可以更直观地说明指标随因素水平的变化而变化的趋势，可为进一步试验时选择因素水平指明方向。

从图7-3可以看出，因素水平引起指标值上升或下降的幅度大，该因素就是主要因素（如因素 B），反之，为次要因素（如因素 C）。

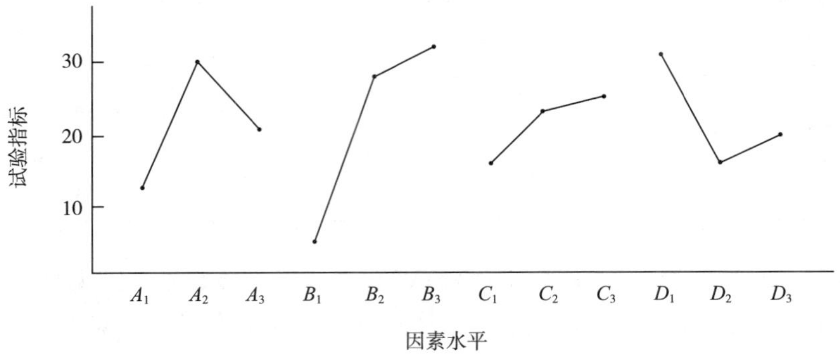

图 7-3　因素与指标趋势图

6. 较优组合

本例中 A、B、C、D 4 个因素的较优水平组合 $A_2B_3C_3D_1$，即为本试验的最优水平组合。即酶法液化生产山楂汁的最优工艺条件为加水量 50mL/100g，加酶量 7mL/100g，酶解温度为 50℃，酶解时间为 1.5h。

通常，各因素最好的水平组合在一起就形成了最优的组合条件（或最优工艺条件），但同时还需要考虑因素的主次顺序，在实际科研和生产中，最优组合的确定是灵活的，对主要因素选出最好水平，而对次要因素，既可以根据试验选取最好水平，又可以根据某些既定条件，如操作性强或者操作方便、经济实惠节省开支等来选取因素的各个具体水平。

本例中直接分析的最好条件是 $A_2B_2C_3D_1$，而分析计算（直观分析）的最优工艺条件是 $A_2B_3C_3D_1$。本例有 4 个 3 水平的因素，可产生 81 个试验条件，由正交表选出的 9 种组合条件只是其中的 1/9，但是凭借正交表的正交性，这 9 种组合条件均衡分散在 81 种组合试验条件中，代表性很强。本例直观分析的 $A_2B_3C_3D_1$ 并不在实施的 9 个试验之中，这表明优化结果不仅反映了已做的试验信息，并且反映了全面的试验信息，体现了正交试验设计的优越性。然而有时会出现计算分析的结果不如直接分析得出的结果，若出现这种情况，一般来说是由没有考虑交互作用或者误差过大所引起的，需要做进一步的研究。

7. 验证试验

为了考察最优试验的再现性，若条件允许，还应做验证性试验。其方法是与通过数据分析得到的最优组合做对比试验，比较其优劣。对于本例将通过“直接看”找出的最好水平组合（即第 5 号试验）$A_2B_2C_3D_1$ 与通过极差分析找出的最优水平组合 $A_2B_3C_3D_1$ 做对比试验，从而进一步判断找出的生产工艺条件是否是最优的。

二、多指标正交试验设计的极差分析

（一）综合平衡法

综合平衡法是对每一指标都作单指标极差分析，得到每个指标的影响因素、主次顺序和最佳水平组合，然后根据理论知识和实际经验，对各指标的分析结果进行综合比较和分析，得出较优方案。

【例 7-2】在油炸方便面生产中，主要原料质量和主要工艺参数对产品的质量有影响，计划通过试验确定最佳生产条件。试验的目的是探讨最佳工艺条件，以提高方便面的质量，试验指标应能反映产品质量的好坏，评价方便面质量好坏的主要指标是脂肪含量、水分含量和复水时间。脂肪含量越低越好，水分含量越高越好，复水时间越短越好。

根据专业知识和实践经验，确定试验 4 个因素，分别为湿面筋值（A）、改良剂用量（B）、油炸时间（C）和油炸温度（D），然后再进行试验，因素水平见表 7-13。

表 7-13　【例 7-2】中试验的因素与水平表

水平	因素			
	湿面筋值（A）/%	改良剂用量（B）/%	油炸时间（C）/s	油炸温度（D）/℃
1	28	0.050	70	150
2	32	0.075	75	155
3	36	0.100	80	160

本试验是 4 因素 3 水平试验，不考虑因素间的交互作用，因此，应选 L_9（3^4）安排试验。正交试验设计方案、试验结果和极差分析见表 7-14。

由表 7-14 可以看到脂肪、水分和复水时间 3 个指标的直观分析结果（包括 K 值、k 值、R 值、因素主次和较优组合），对于不同的指标而言，因素影响的主次顺序是不一样的，不同指标所对应的最优组合条件也是不同的，但是通过综合平衡分析可以得到综合的较优方案。针对本例综合平衡过程如下。

首先，把水平选取上没有矛盾的因素的水平定下来。即如果对三个指标影响都重要的某一因素，都是取某一水平为好，是一致的，对此因素即选此水平为好。在本试验中无这样的因素，因此只能逐个考虑每一个因素。

对因素 A 而言，其对脂肪影响的大小排第一位，此时取 A_3 为好；其对复水时间影响的大小也排第一位，此时取 A_2 为好；而其对水分影响的大小排第三位，为次要因素，因此 A 可取 A_2与 A_3，但是取 A_2 时复水时间比取 A_3 时缩短了 14%，而脂肪只比取 A_3 时增加了 11.3%。且从水分指标上比较，取 A_2 时也比取 A_3 时水分含量高，故 A 应取 A_2。

对因素 B 而言，其对复水时间的影响大小排第三位，此时取 B_2 为好；其对脂肪和水分影响的大小均排第四位，均为次要因素。因此应以复水时间这一指标来考虑，故 B 应取 B_2。

对因素 C 而言，其对脂肪影响的大小排第三位，为次要因素；对水分影响的大小排第二位，此时取 C_2 为好；其对复水时间影响的大小排第二位，此时取 C_3 为好。因此 C 可取 C_2 和 C_3，取 C_2 时复水时间比取 C_3 时增加了 25.6%，但水分含量减少了 30.3%故 C 取 C_3。

对因素 D 而言，其对脂肪影响的大小排第二位，此时取 D_2为好；对水分影响的大小排第一位，此时取 D_2 为好；对复水时间的影响大小排第四位，为次要因素。因此 D 应取 D_2。

以上分析方法称为综合平衡法。

所以，本试验的较优条件为 $A_2B_2C_3D_2$。即湿面筋值为 32%，改良剂用量为 0.075%，油炸时间为 80s，油炸温度为 155℃。此条件不在 9 次试验中，可追加一次试验加以验证。

表 7-14　　【例 7-2】中的正交试验方案及直观分析结果

试验号	因素				脂肪/%	水分/%	复水时间/s
	A	B	C	D			
1	1	1	1	1	24.8	2.1	3.5
2	1	2	2	2	22.5	3.8	3.7
3	1	3	3	3	23.6	2.0	3.0
4	2	1	2	3	23.8	2.8	3.0
5	2	2	3	1	22.4	1.7	2.2
6	2	3	1	2	19.3	2.7	2.8
7	3	1	3	2	18.4	2.5	3.0
8	3	2	1	3	19.0	2.0	2.7
9	3	3	2	1	20.7	2.3	3.6
K_1	70.9	67.0	63.1	67.9			
K_2	65.5	63.9	67.0	60.2			
K_3	58.1	63.6	64.4	66.4		$T=194.5$	
脂肪　k_1	23.6	22.3	21.0	22.6			
k_2	21.8	21.3	22.3	20.1			
k_3	19.4	21.2	21.5	22.1			
R	4.2	1.1	1.3	2.5			
因素主次					$A>D>C>B$		
较优组合					$A_3B_3C_1D_2$		
K_1	7.9	7.4	6.8	6.1			
K_2	7.2	7.5	8.9	9.0			
K_3	6.8	6.9	6.2	6.8		$T=21.9$	
水分　k_1	2.63	2.47	2.27	2.03			
k_2	2.40	2.50	2.97	3.00			
k_3	2.27	2.30	2.07	2.27			
R	0.36	0.20	0.90	0.97			
因素主次					$D>C>A>B$		
较优组合					$A_1B_2C_2D_2$		

续表

试验号		因素				脂肪/%	水分/%	复水时间/s
		A	B	C	D			
复水时间	K_1	10.2	9.5	9.0	9.3			
	K_2	8.0	8.6	10.3	9.5			
	K_3	9.3	9.4	8.2	8.7		T=27.5	
	k_1	3.40	3.17	3.00	3.10			
	k_2	2.67	2.87	3.43	3.17			
	k_3	3.10	3.13	2.73	2.90			
	R	0.73	0.30	0.70	0.27			
因素主次						$A>C>B>D$		
较优组合						$A_2B_2C_3D_3$		

（二）综合评分法

综合评分法是根据各个指标的重要程度，对得出的试验结果进行分析，给每一个试验评出一个分数，作为这个试验的总指标，然后根据这个总指标，利用单指标试验结果的直观分析法做进一步的分析。

确定好的试验方案，关键是如何评分，下面介绍几种方法：①直接给出每一号试验结果的综合分数；②对每号试验的每个指标分别评分，再求综合分：若各指标重要性相同，则求各指标的分数总和；若各指标重要性不相同，求各指标的分数加权和。

如何对每个指标评出合理的分数：①非数量性指标：依靠经验和专业知识给出分数；②有时指标值本身就可以作为分数，如回收率、纯度等；③用“隶属度”来表示分数。

【例7-3】在玉米淀粉改性制备高取代度的三乙酸淀粉酯的试验中，需要考察两个指标，即取代度和酯化率，这两个指标都是越大越好，试验的因素和水平如表7-15所示，不考虑因素之间的交互作用，正交试验设计方案、试验结果及分析结果见表7-16。（注：根据实际要求，取代度和酯化率的权重分别取0.4和0.6）

表7-15　【例7-3】中试验的因素与水平表

水平	因素		
	反应时间（A）/h	吡啶用量（B）/g	乙酸酐用量（C）/g
1	3	150	100
2	4	90	70
3	5	120	130

表 7-16 【例 7-3】中的正交试验方案及直观分析结果

试验号	因素				取代度	酯化率/%	取代度隶属度	酯化率隶属度	综合分
	A	B	空列	C					
1	1	1	1	1	2.96	65.70	1.00	1.00	1.00
2	1	2	2	2	2.18	40.36	0	0	0
3	1	3	3	3	2.45	54.31	0.35	0.55	0.47
4	2	1	2	3	2.70	41.09	0.67	0.03	0.29
5	2	2	3	1	2.49	56.29	0.40	0.63	0.54
6	2	3	1	2	2.41	43.23	0.29	0.11	0.18
7	3	1	3	2	2.71	41.43	0.68	0.04	0.30
8	3	2	1	3	2.42	56.29	0.31	0.63	0.50
9	3	3	2	1	2.83	60.14	0.83	0.78	0.80
K_1	1.47	1.59	1.68	2.34					
K_2	1.01	1.04	1.09	0.48					
K_3	1.60	1.45	1.31	1.26					
k_1	0.49	0.53	0.56	0.78					
k_2	0.34	0.35	0.36	0.16					
k_3	0.53	0.48	0.44	0.42					
极差 R	0.19	0.18	0.20	0.62					
因素主次						$C>A>B$			
较优组合						$A_3B_1C_1$			

表 7-16 中计算过程及结果分析如下。

1. 计算隶属度

指标隶属度=（指标值-指标最小值）/（指标最大值-指标最小值）

因此 3 号试验的取代度隶属度=（2.45-2.18）/（2.96-2.18）=0.35，3 号试验的酯化度隶属度=（54.31-40.36）/（65.70-40.36）=0.55，3 号试验的综合分=0.35×0.4+0.55×0.6=0.47；同理求得其他试验隶属度及综合分。

2. 计算 *K* 值、*k* 值、*R* 值

对 A 因素而言：$K_1=1+0+0.47=1.47$，$k_1=1.47\div3=0.49$；$K_2=0.29+0.54+0.18=1.01$，$k_2=1.01\div3=0.34$；$K_3=0.30+0.50+0.80=1.60$，$k_3=1.60\div3=0.53$；$R=0.53-0.34=0.19$。同理求得其他因素 K 值、k 值、R 值。

3. 因素主次

不考虑因素之间的交互作用，且由 R 的大小得出各因素的主次顺序为 $C>A>B$，C（乙酸酐用量）$>A$（反应时间）$>B$（吡啶用量）。

4. 较优方案的确定

根据 k 值的大小确定较优组合为 $A_3B_1C_1$，即反应时间 5h，吡啶用量 150g，乙酸酐用量 100g。

由上述例题可知，综合评分法的特点为：①将多指标的问题，转换成了单指标的问题，使结果的分析计算量小，简单方便；②结果分析的可靠性主要取决于评分的合理性，但准确评分难。

三、有交互作用正交试验设计的极差分析

（一）交互作用的概念

前面所讨论的正交试验设计与结果分析问题，都是因素间没有（或不考虑）交互作用的情况。事实上，因素之间总是存在着交互作用的，这是客观存在的普遍现象，只不过交互作用的程度不同而已。一般地，当交互作用很小时，就认为不存在交互作用。在许多试验中，不仅因素对指标有影响，而且因素之间还会联合搭配起来对指标产生影响。因素对试验总效果的影响是由每个因素的单独作用再加上各个因素之间的搭配作用决定的。这种因素间的联合搭配对试验指标产生的影响作用称为交互作用。

在试验设计中，表示因素 A、B 间的交互作用记作 $A \times B$，称作一级交互作用；表示因素 A、B、C 之间的交互作用记作 $A \times B \times C$，称作二级交互作用；以此类推，还有三级、四级交互作用。二级和三级以上交互作用称为高级交互作用。

（二）交互作用的处理原则

在试验设计中，交互作用一律当作因素看待。这是处理交互作用问题的一条总原则。作为因素，各级交互作用都可以安排在能考虑交互作用的正交表的相应列上，它们对试验指标的影响都可以被分析清楚，而且计算非常简便。但交互作用又与因素不同，表现在：①交互作用的列不影响试验方案及其实施；②一个交互作用并不一定只占正交表的一列，而是占有 $(m-1)^p$ 列。即表头设计时，交互作用所占正交表的列数与因素的水平 m 有关，与交互作用级数 p 有关。

显然，二水平因素的各级交互作用均占一列；对于三水平因素，一级交互作用占两列，二级交互作用占四列，……。可见，m 和 p 越大交互作用所占列数就越多。

在多因素试验中，如果各级交互作用全考虑的话，所选正交表的试验号必然等于其全面试验的次数，这显然是不可取的。因此，为突出正交试验设计可以大量减少试验次数的优点，必须在满足试验要求的条件下，忽略某些可以忽略的交互作用，有选择地、合理地考察某些交互作用，这需要综合考虑试验目的、专业知识、以往的经验及现有试验条件等多方面的情况。

一般交互作用的处理原则是：①忽略高级交互作用；②有选择的考虑一级交互作用；③试验因素尽量取两个水平，二水平因素的各级交互作用均只占一列；因此，因素选取两个水平，可以减少交互作用所占列数。

（三）交互作用的判别

下面通过例子对交互作用的判别进行说明。

【例 7-4】茄汁鲭鱼罐头不脱水加工工艺比传统加工工艺有许多优点，但也存在产品

固形物含量不稳定的问题。为解决这一问题，今欲探讨杀菌温度和杀菌时间对固形物含量稳定性的影响，杀菌温度和时间各取两个水平，见表 7-17。

表 7-17　【例 7-4】因素水平表

水平	因素	
	杀菌时间/min	杀菌温度/℃
1	55	116
2	65	121

试验后，在 A、B 各种搭配下成品固形物含量见表 7-18。

表 7-18　【例 7-4】的试验结果①

B	A_1	A_2
B_1	70. 3	80. 8
B_2	75. 6	68. 0

由表 7-18 数据作图（图 7-4）。

从图 7-4 可见，在 B_1 水平下，A_2 比 A_1 固形物含量高，高出 10. 5%，但在 B_2 条件下，A_2 比 A_1 的固形物含量低，低 7. 6%。这说明 A 因素的水平好坏，受 B 因素水平的控制，这种情况就称为因素 A 与因素 B 有交互作用。

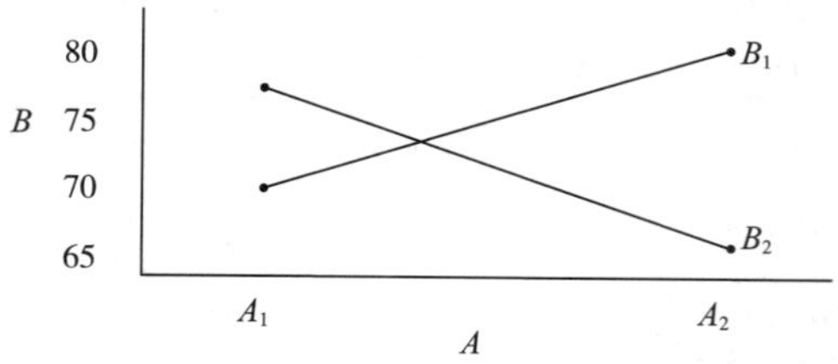

图 7-4　A 和 B 的交互作用情况

假设试验结果是表 7-19 的情况，由表中试验数据作图如图 7-5 所示。

表 7-19　【例 7-4】的试验结果②

B	A_1	A_2
B_1	70	80
B_2	65	75

由图 7-5 可见，无论 B 取哪个水平，A_2 水平下成品固形物含量总比 A_1 水平下高 10%；同样，无论 A 取哪个水平，B_2 水平下成品固形物含量总比 B_1 水平下低 15%。也就是说，A 因素水平的好坏（或好坏程度）不受 B 因素水平的影响，反之亦然。这种情况称为因素 A 与因素 B 之间无交互作用。

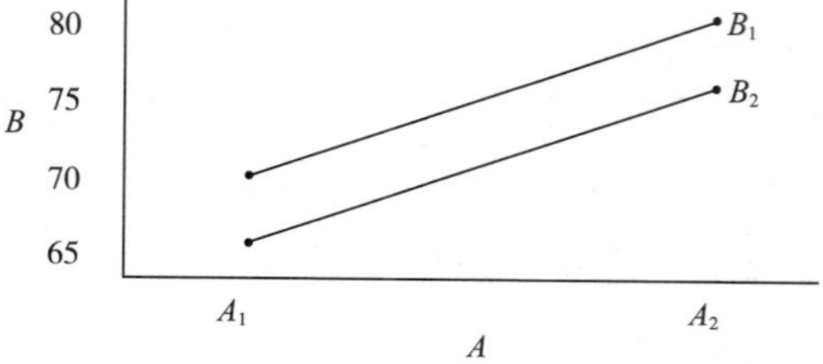

图 7-5　A 和 B 的交互作用情况

（四）应用实例

【例 7-5】豇豆脱水正交试验设计。以干制品中维生素 C 含量为指标，维生素 C 含量越高越好。研究 3 个因素，每因素取 2 水平，因素水平见表 7-20。

表 7-20　【例 7-5】的因素水平表

水平	因素		
	介质温度（A）/℃	介质速度（B）/m/s	漂烫时间（C）/min
1	70	0.5	5
2	60	0.7	7

在试验中除考察因素 A、B、C 的单独作用外，还要考察任两个因素的交互作用。因此，试验选用 L_8（2^7）正交表。试验结果和极差分析见表 7-21。

表 7-21　【例 7-5】的正交试验结果和极差分析表

试验号	因素							维生素 C 含量/(mg/kg)
	A	B	$A\times B$	C	$A\times C$	$B\times C$	空列	
1	1	1	1	1	1	1	1	23.627
2	1	1	1	2	2	2	2	20.250
3	1	2	2	1	1	2	2	28.300
4	1	2	2	2	2	1	1	23.433
5	2	1	2	1	2	1	2	30.276
6	2	1	2	2	1	2	1	32.498
7	2	2	1	1	2	2	1	25.435
8	2	2	1	2	1	1	2	24.863
K_1	95.610	106.651	94.175	107.638	109.288	102.199	104.993	
K_2	113.072	102.031	114.507	101.044	99.394	106.486	103.689	
k_1	23.903	26.663	23.544	26.910	27.322	25.550	26.248	$T=208.682$
k_2	28.268	25.508	28.627	25.261	27.848	26.621	25.922	
R_j	4.365	1.155	5.083	1.649	2.474	1.071	0.326	
jysp	A_2	B_1	$(A\times B)_2$	C_1	$(A\times C)_1$	$(B\times C)_2$		
因素主次	$A\times B>A>A\times C>C>B>B\times C$							
较优搭配	$A_2\times B_1$，$A_2\times C_2$							

由表 7-21 中可以看出各因素及其交互作用的直观分析结果（包括 K 值、k 值、R 值、

较优水平、因素主次和较优搭配），如果不考虑交互作用，根据试验指标越大越好，可以得到较优组合为$A_2B_1C_1$。但是根据排出的因素主次可知，交互作用$A\times B$排在第一位，交互作用$A\times C$排在第三位，所以A、B的水平应该按因素A、B各水平搭配好坏来确定，C的水平应该按因素A、C各水平搭配好坏来确定（表7-22、表7-23）。

表7-22　【例7-5】中的A、B水平搭配表

因素	A_1	A_2
B_1	$(y_1+y_2)/2=(23.627+20.250)/2=21.758$	$(y_5+y_6)/2=(30.276+32.498)/2=31.387$
B_2	$(y_3+y_4)/2=(28.300+23.433)/2=25.866$	$(y_7+y_8)/2=(25.435+24.863)/2=25.149$

表7-23　【例7-5】中的A、C水平搭配表

因素	A_1	A_2
C_1	$(y_1+y_3)/2=(23.627+28.300)/2=25.964$	$(y_5+y_7)/2=(30.276+25.435)/2=27.856$
C_2	$(y_2+y_4)/2=(20.250+23.433)/2=21.842$	$(y_6+y_8)/2=(32.498+24.863)/2=28.680$

比较表7-22中的4个值，31.387最大，所以取31.387对应的组合A_2B_1为最优组合，比较表7-23中的4个值，28.680最大，所以取28.680对应的组合A_2C_2为最优组合，因此本试验的最优组合为$A_2B_1C_2$，即介质温度60℃、介质速度0.5m/s、漂烫时间7min。显然，不考虑交互作用的较优组合（本试验为$A_2B_1C_1$）和考虑交互作用时的较优组合（$A_2B_1C_2$）不完全一致，这正反映了因素间交互作用对试验结果的影响。

因此，有交互作用与无交互作用的区别是排列因素主次顺序时应该包括交互作用，确定较优方案时要考虑交互作用的影响。

练习题

1. 简述正交试验设计的极差分析步骤。

2. 自溶酵母提取物是一种多用途食品配料，为探讨外加中性蛋白酶的方法，需做啤酒酵母的最适自溶条件试验，为此安排如下试验，试验指标为自溶液中蛋白质含量（%），取含量越高越好。因素水平表如下：

水平	因素		
	温度（A）/℃	pH（B）	加酶量（C）/%
1	50	6.5	2.0
2	55	7.0	2.4
3	58	7.5	2.8

试验结果如下，试用极差分析法指出较优工艺条件及因素影响的主次顺序，并作因素-指标图。

试验号	因素			空列	含量/%
	A	*B*	*C*		
1	1	1	1	1	6.25
2	1	2	2	2	4.97
3	1	3	3	3	4.54
4	2	1	2	3	7.53
5	2	2	3	1	5.54
6	2	3	1	2	5.50
7	3	1	3	2	11.40
8	3	2	1	3	10.90
9	3	3	2	1	8.95

3. 某棉纺厂为了研究并条机的工艺参数对条子条干不匀率的影响，从而找出较优工艺条件进行生产，进行了三因素三水平试验，因素水平如下表。由经验知各因素间交互作用可以忽略。选表，将 *A*，*B*，*C* 依次排在第 1、2、3 列上。9 个试验结果依次为：

21.5，21.3，19.8，22.6，21.4，19.7，22.8，20.4，20.0

试分别用极差分析法找出较优工艺条件。

水平	因素		
	罗拉加压（*A*）	后区牵伸（*B*）	后区隔距（*C*）
1	10×11×10（原工艺）	1.8（原工艺）	6（原工艺）
2	11×12×10	1.67	8
3	13×14×13	1.5	10

4. 为了提高某检测方法的回收率进行正交试验设计。据实际检测经验知，影响回收率的有 *A*、*B*、*C*、*D* 4 因素，各有 1 和 2 两个水平，且 *A* 与 *B* 有交互作用，8 个试验结果是：

86，95，91，94，91，96，83，88

试用极差分析法，找出最佳试验方法。

5. 在以高粱、玉米为原料生产生料白酒的研究中，以酒精度和出酒率为评价指标，对高粱玉米生料酿酒进行正交试验设计，对原料配比（高粱：玉米）、酒曲添加量（%）、料液比 3 因素进行优化。正交试验因素与水平设计如下：

水平	因素		
	原料配比（高粱：玉米）（*A*）	酒曲添加量（*B*）/%	料液比（*C*）
1	2：1	0.8	1：2.0

续表

水平	因素		
	原料配比（高粱：玉米）（*A*）	酒曲添加量（*B*）/%	料液比（*C*）
2	1：2	0.9	1：2.5
3	1：3	1.0	1：3.0

正交试验结果如下，试用极差分析法，找出最佳酿酒条件（注：根据实际要求，酒精度和出酒率的权重分别取0.4和0.6）。

试验号	因素			酒精度/%	出酒率/%
	A	*B*	*C*		
1	1	1	1	10.33	66.3
2	1	2	2	6.75	66.5
3	1	3	3	8.4	67.0
4	2	1	2	10.84	67.5
5	2	2	3	8.33	68.7
6	2	3	1	6.89	68.5
7	3	1	3	8.67	71.7
8	3	2	1	11.17	72.3
9	3	3	2	6.89	70.9

知识点三

响应面试验设计与分析

响应面设计方法（Response Surface Methodology，RSM）是指利用合理的试验设计方法并通过试验得到一定数据，采用多元二次回归方程来拟合因素与响应值之间的函数关系，通过对回归方程的分析来寻求最优工艺参数，解决多变量问题的一种统计方法。它囊括了试验设计、建模、检验模型的合适性、寻求最佳组合条件等众多试验和统计技术；通过对过程的回归拟合和响应曲面、等高线的绘制，可方便地求出相应于各因素水平的响应值。在各因素水平的响应值的基础上，可以找出预测的响应最优值以及相应的试验条件。

响应面优化法，考虑了试验随机误差；同时，响应面法将复杂的未知的函数关系在小区域内用简单的一次或二次多项式模型来拟合，计算比较简便，是解决实际问题的有效手段。所获得的预测模型是连续的，与正交试验相比，其优势是：在试验条件寻优过程中，可以连续的对试验的各个水平进行分析，而正交试验只能对一个个孤立的试验点进行分析。

一、响应面的概念

设变量 y 与 x_1，x_2，…，x_p 有关系，设为：

$$Ey=f(x_1, x_2, \cdots, x_p)$$

例如，变量 y 与因素 x_1，x_2 有关系，设为：

$$Ey=f(x_1, x_2)$$

设图形为图 7-6。

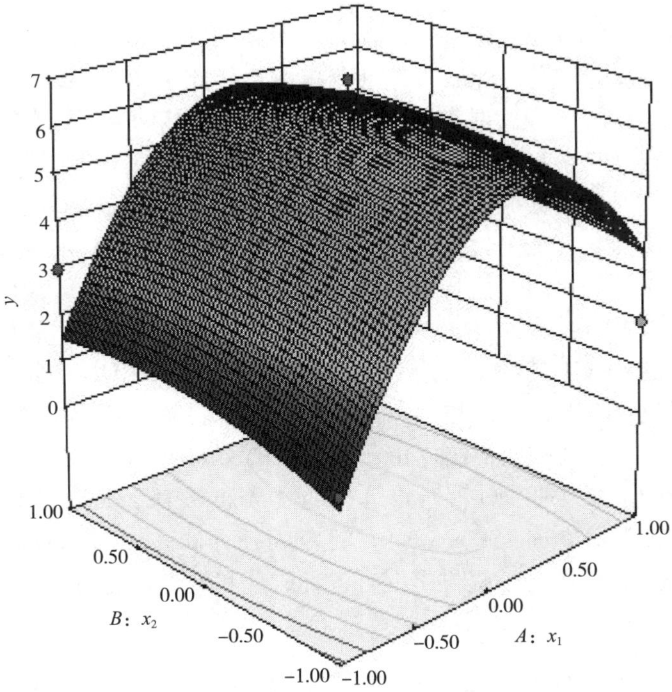

图 7-6　二元函数图形

如果已知 $Ey=f(x_1, x_2, \cdots, x_p)$ 的函数关系，y 与 x_1，x_2，…，x_p 的关系就全面掌握了。

二、响应面模型

$Ey=f(x_1, x_2, \cdots, x_p)$ 是未知的，这样就需要试验，由有限次试验所得试验数据来估计 $Ey=f(x_1, x_2, \cdots, x_p)$（由部分来推断全体）。用什么样的模型来估计 $Ey=f(x_1, x_2, \cdots, x_p)$ 呢？在数学分析上已有麦克劳林或泰勒展开式，即

$$f(x) \approx f(0)+\frac{f'(0)}{1!}x+\frac{f''(0)}{2!}x^2+\cdots$$

一般都能满足（收敛），又因为生物科学领域变量间的特点一般也是这样，因此用 $Ey=f(x_1, x_2, \cdots, x_p) \approx a+bx_1+\cdots+cx_p+\cdots+dx_1^2+\cdots+ex_p^2+fx_1x_2+\cdots+gx_{p-1}x_p$ 模型，如果拟

合不好，可考虑更高次拟合。

综上所述：试验得试验点（x_{11}，…，x_{p1}，y_1），…，（x_{1n}，…，x_{pn}，y_n）估计出 $Ey=f(x_1, x_2, \cdots, x_p) \approx a+bx_1+\cdots+cx_p+\cdots+dx_1^2+\cdots+ex_p^2+fx_1x_2+\cdots+gx_{p-1}x_p$ 的系数 a、b、…，如果检验可用，则 x_1，x_2，…，x_p，y 的关系就全面掌握了，如利用回归方程估计极值点、定值点等，找出优化搭配。

三、 Design-Expert 软件简介

（一）软件简介

Design-Expert 是 Stat-Ease 公司发布的一款专门面向试验设计（DOE）以及相关分析的软件。和其他一些老牌的专业数理统计分析软件比如 JMP、SAS、Minitab 相比，它的主要功能集中在试验设计，同时具有很强的试验设计构造和评价以及分析能力。其操作简单、功能完整、界面具亲和力，不需要过多的数理统计功底，就可以用这款软件设计出高效的试验方案，并对试验数据做专业的分析，给出全面、可视的模型以及优化结果。在已经发表的有关响应曲面（RSM）优化试验的论文中，Design-Expert 是最广泛使用的软件，其中，Plackett-Burman（PB）、Central Composite Design（CCD）、Box-Behnken Design（BBD）是最常用的试验设计方法。利用 Design-Expert 可以优化产品设计和生产过程。它提供了许多强大的统计工具：①2 水平析因筛选设计：识别出影响产品设计和生产过程的重要因素，然后进行针对性的改进；②一般析因设计：找出某类最优的因子组合，例如，某种原材料的供应源；③响应面法（Response Surface Methods，RSM）：找出最优的流程设置从而获得最优的绩效水平；④混合设计技巧（Mixture Design）：发现生产产品理想的设计秘诀；⑤工艺因素（Process Factors）、混合成分（Mixture Components）以及定性因素（Categorical Factors）的组合，提供了混合各种成分和处理它们的功能。

（二）软件界面及主要功能介绍

打开 Design-Expert 软件，进入主界面，页面显示如图 7-5 所示。“1. New Design——新建试验设计”，“2. Open Design——打开试验设计”，使用者可根据自己前期是否进行过试验设计来选择相应选项。

若前期没有进行过试验设计，则单击 New Design 创建一个新的试验设计工程文件，此时，软件界面如图 7-6（1）所示。软件窗口上方为菜单栏和工具栏，左侧为可供选择的试验方案，使用者可以根据项目的特点选择合适的方案。Design-Expert 提供以下 4 大类试验设计方法，帮助优化产品或者流程，在每大类中又各自分为若干小类，可根据问题的特点选择合适的设计方法。

（1）Factorial Designs　通过因子设计确定能够影响流程或者产品的关键因素。然后通过改变这些因子达到改进性能的目的。因子设计是最基本的试验设计方法，筛选试验、部分因子试验、全因子试验都是因子设计的重要方法，通常也是响应面方法的前奏，用以了解因子以及交互因子作用的显著性。

（2）Combined designs　综合设计，提供设计方案，将流程变量、混料变量以及类型变量等不同的因子放在一个试验方案中一起考虑。

（3）Mixture design techniques　混料设计能帮助找到最优的混料配方设计。

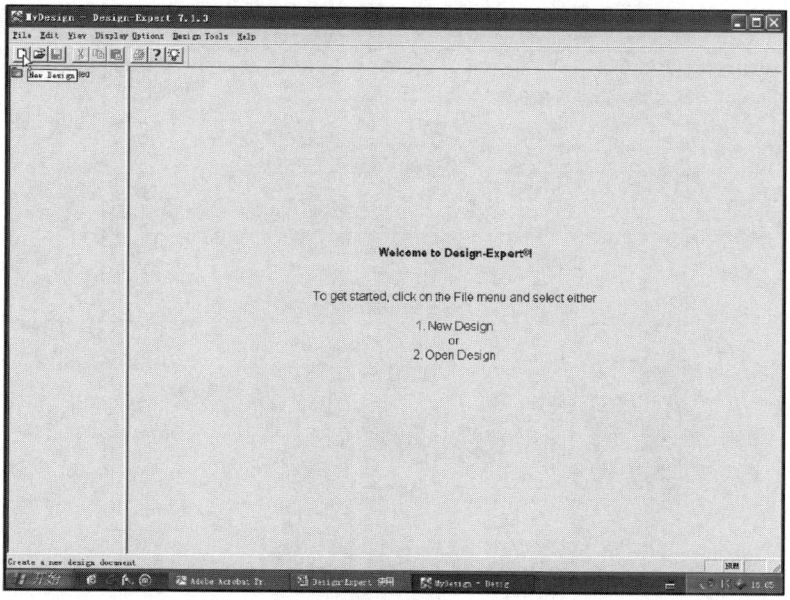

图 7-7　软件打开后的界面

（4）Response Surface Methods（RSM）　响应面设计方法通过更多的水平试验方案，拟合二阶以上的模型，帮助找到设计的最优点。

选定好合适的设计方案后，软件主界面为该方案下试验设计参数（包括试验因素、试验水平等），如图 7-8（1）所示。

在设计好试验方案之后，左边的菜单界面会变成树形的菜单结构，其中有"Design——试验设计""Analysis——回归分析""Optimization——预测优化"三个主要的功能，其详细功能介绍如图 7-8 所示。

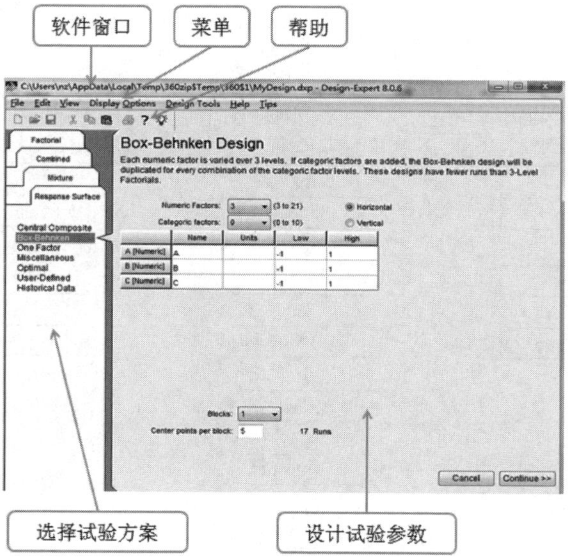

（1）试验设计

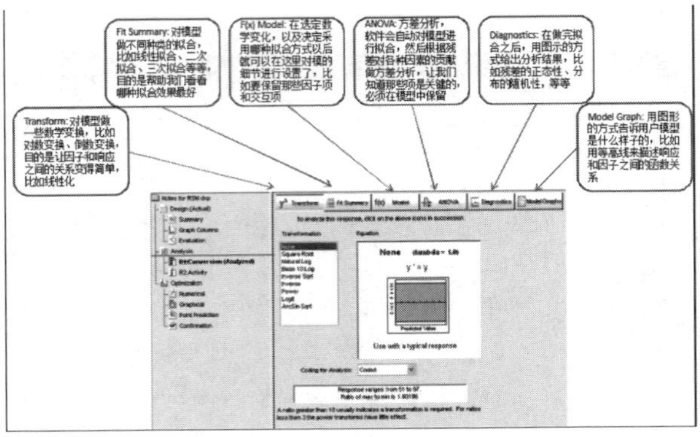

（2）回归分析

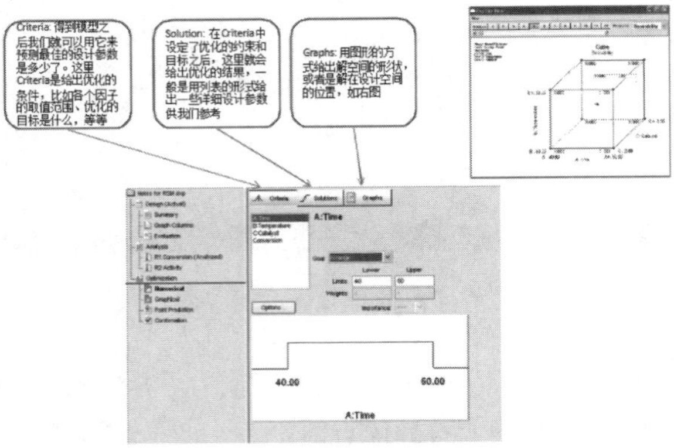

（3）预测优化

图 7-8　软件界面介绍

四、利用 Design-Expert 进行数据分析

（一）Design-Expert 分析流程图

Design-Expert 分析流程图如图 7-9 所示。

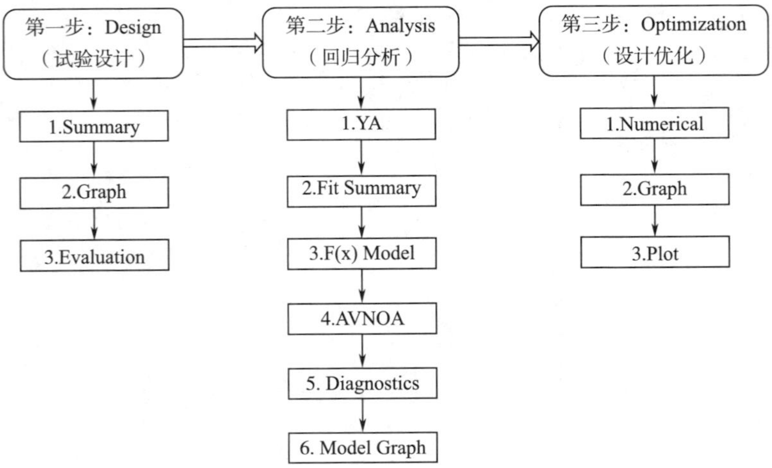

图 7-9　Design-Expert 分析流程图

（二）利用 Design-Expert 进行数据分析

1. 试验设计

（1）打开 Design-Expert 软件，进入主界面，然后单击“File”→“New design”创建一个新的试验设计工程文件，然后单击左侧的“Response surface”选项卡，进入响应面试验设计，如图 7-10 所示。

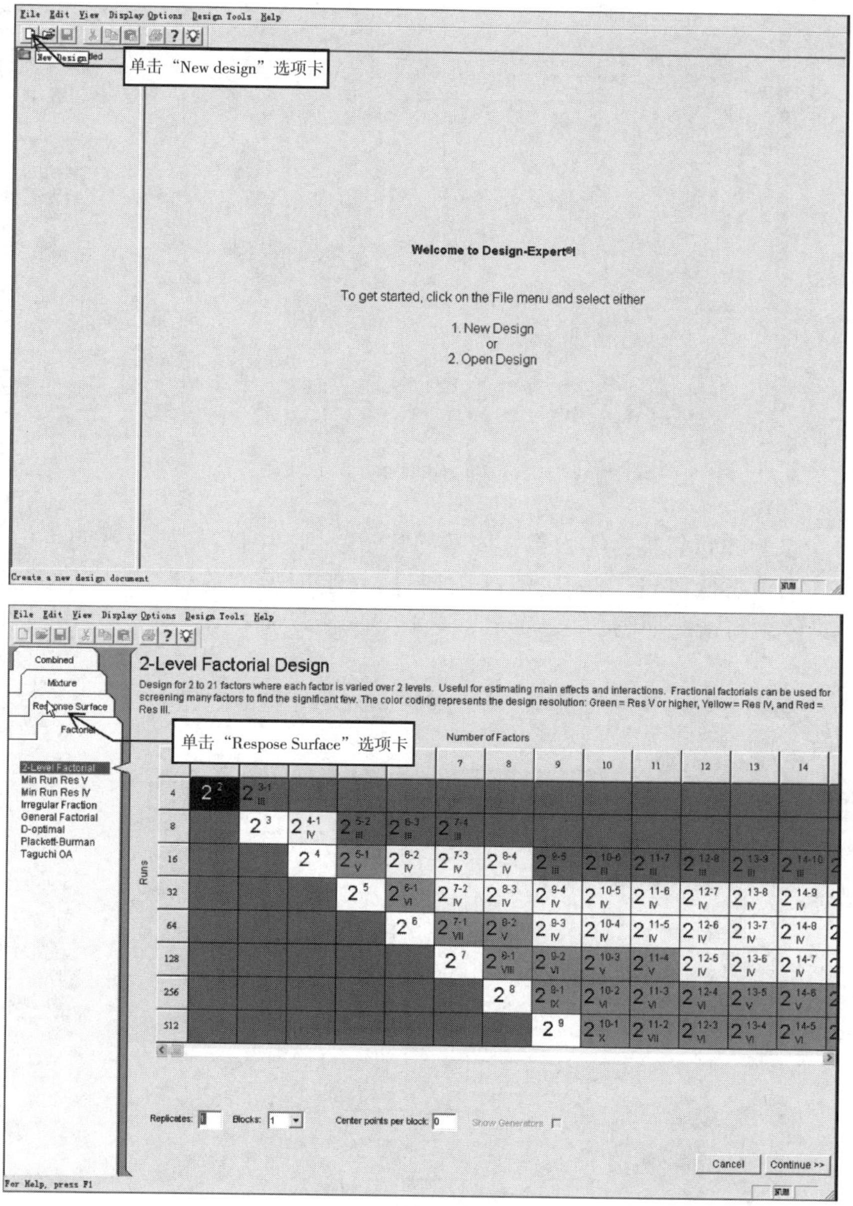

图 7-10　创建新的试验设计工程文件

（2）Plackett-Burman（PB）、Central Composite Design（CCD）、Box-Behnken Design（BBD）是 Design-Expert 中最常用的试验设计方法。本教材以 BBD 为例说明 Design-Expert 的使用，CCD、PB 与此类似，如图 7-11 所示。

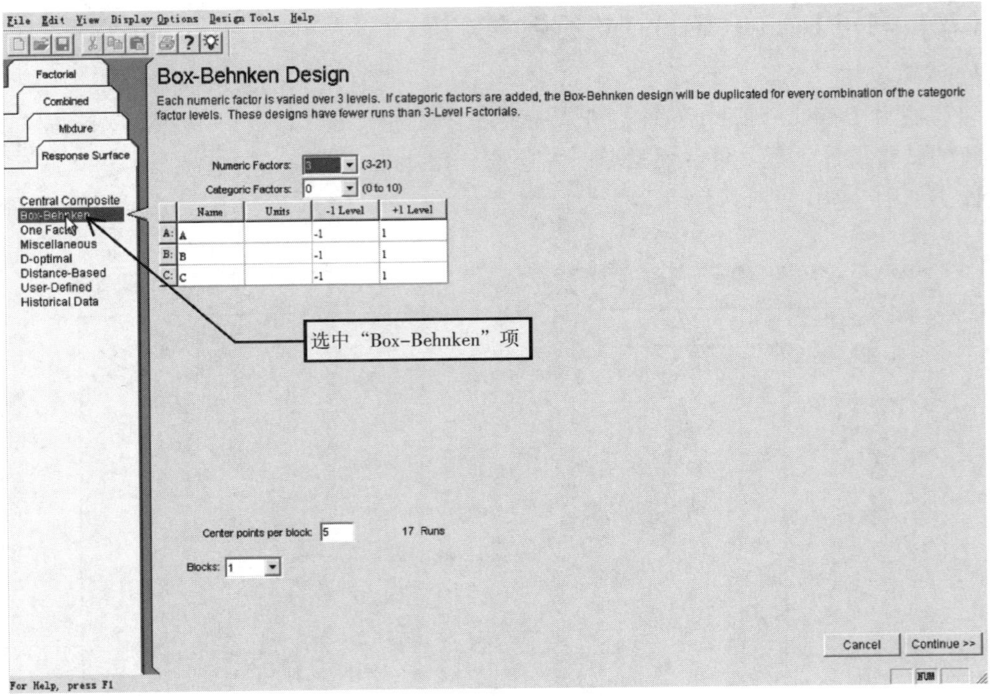

图 7-11　建立 Box-Behnken 试验设计方法

（3）每个试验项目包括：①因素：因素的数量、因素的名称、因素的单位；②水平：水平的取值（高值、低值）；③响应值（因变量）：响应值的数量、响应值的名称、响应值的单位。具体填写情况如图 7-12 所示。

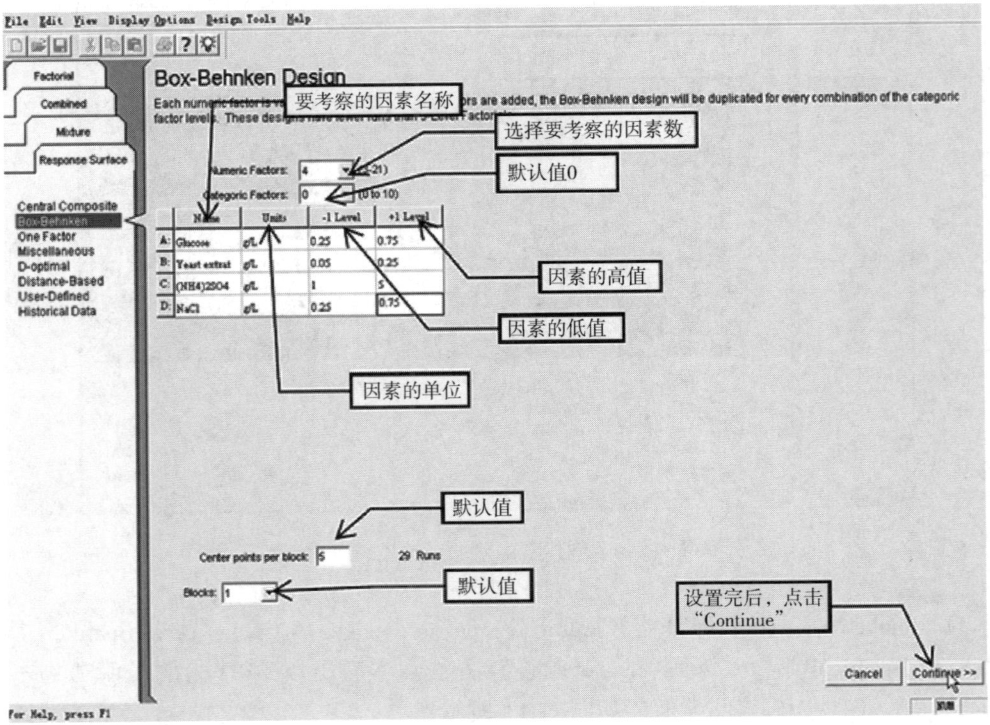

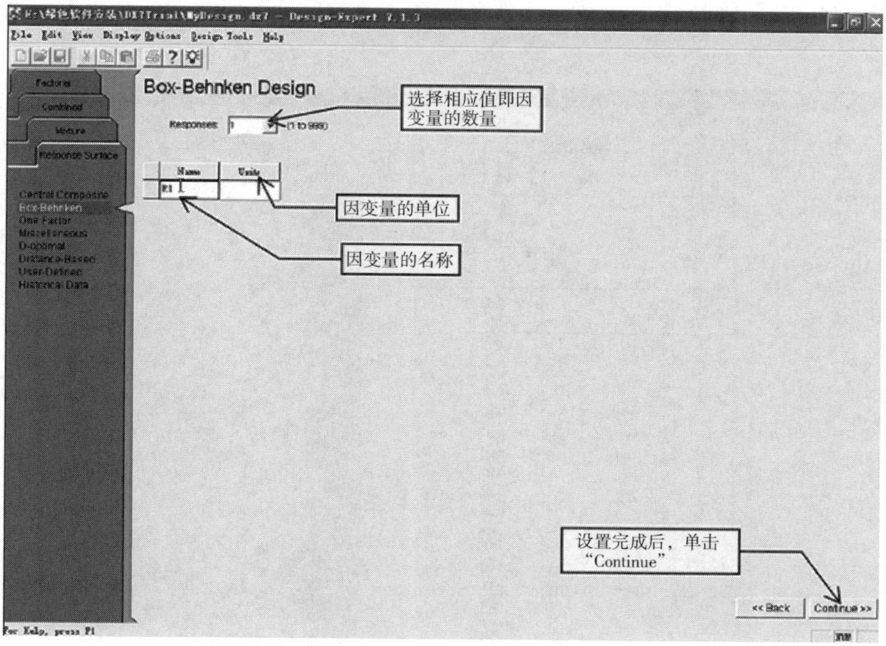

图 7-12　因素、水平和响应值设置

BLOCK 的含义：如果试验需要分两天完成，那么两天中因为其他不可控制因素的变化可能会对试验造成影响，那么就可以设置两个 BLOCK，软件会在两个 BLOCK 中设置对应的几个中点试验重复，检查中点试验的重复性是否良好，以观察这些不可控制因素对试验造成多大影响，从而最大限度地降低试验中不可控制因素对试验的干扰。再例如，试验其中一部分在甲实验室完成，另一部分要在乙实验室完成，那么就可以设置两个 BLOCK，原因同上。

（4）填写因素、水平、响应值信息后，点击 Continue，就会出现已设置好的试验计划表，如图 7-13 所示。

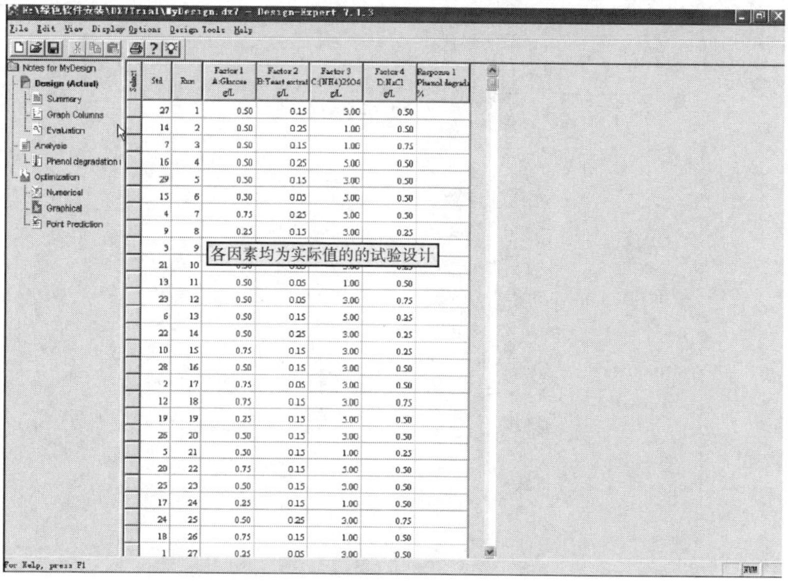

图 7-13　试验计划表

（5）按照试验设计完成每组试验，将试验结果填入对应的响应值框内（图 7-14）。

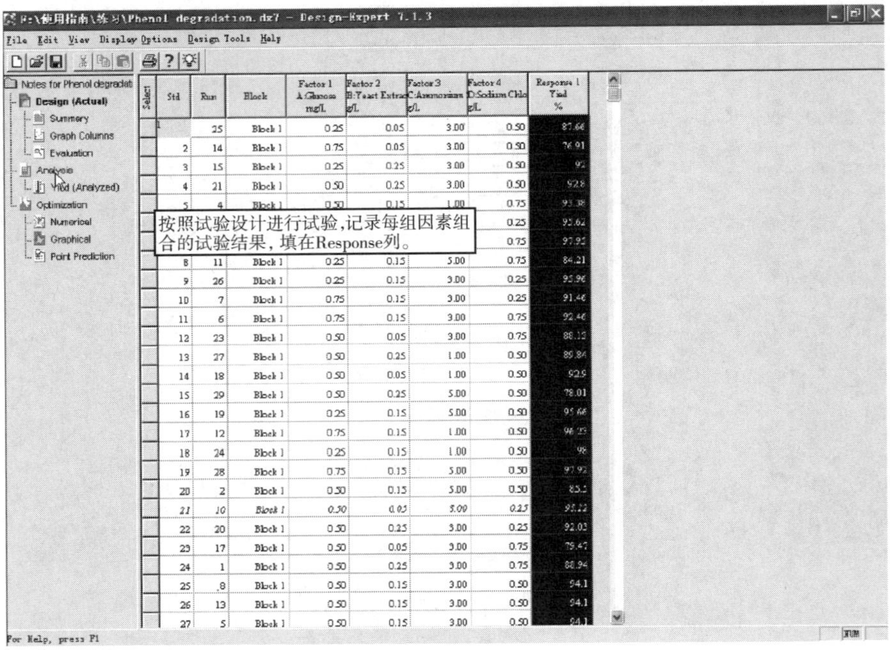

图 7-14　试验结果记录

2. 回归分析

（1）单击工具栏中的“Analysis”→“Yield（Analysed）”进行数据分析，分析过程如图 7-15 所示。

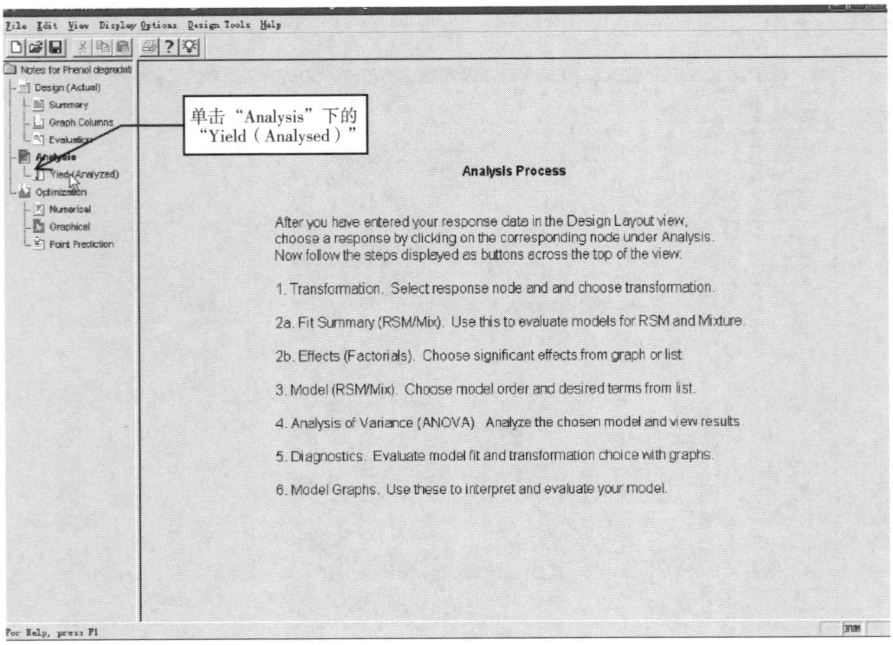

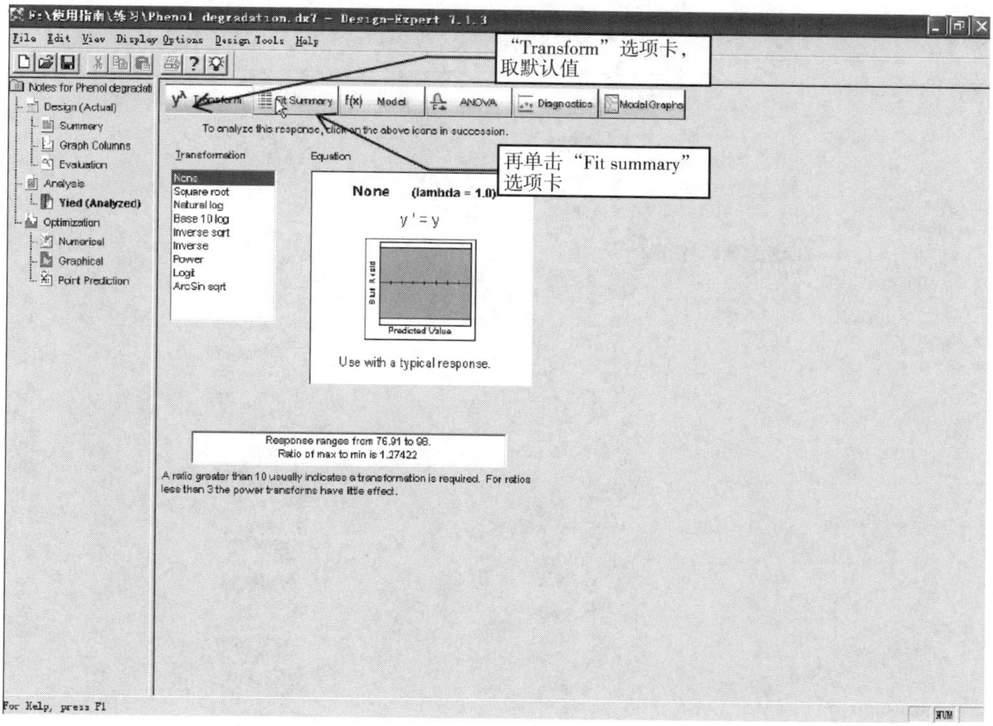
F:\使用指南\练习\Phenol degradation.dx7 - Design-Expert 7.1.3
File Edit View Display Options Design Tools Help
"Transform"选项卡，取默认值
Transform
Fit Summary
f(x) Model
ANOVA
Diagnostics
Model Graphs
再单击"Fit summary"选项卡
To analyze this response, click on the above icons in succession.
Transformation
Equation
None
Square root
Natural log
Base 10 log
Inverse sqrt
Inverse
Power
Logit
ArcSin sqrt
None (lambda = 1.0)
y' = y
Predicted Value
Use with a typical response.
Response ranges from 76.91 to 98.
Ratio of max to min is 1.27422
A ratio greater than 10 usually indicates a transformation is required. For ratios less than 3 the power transforms have little effect.
Notes for Phenol degradati
Design (Actual)
Summary
Graph Columns
Evaluation
Analysis
Yied (Analyzed)
Optimization
Numerical
Graphical
Point Prediction
For Help, press F1

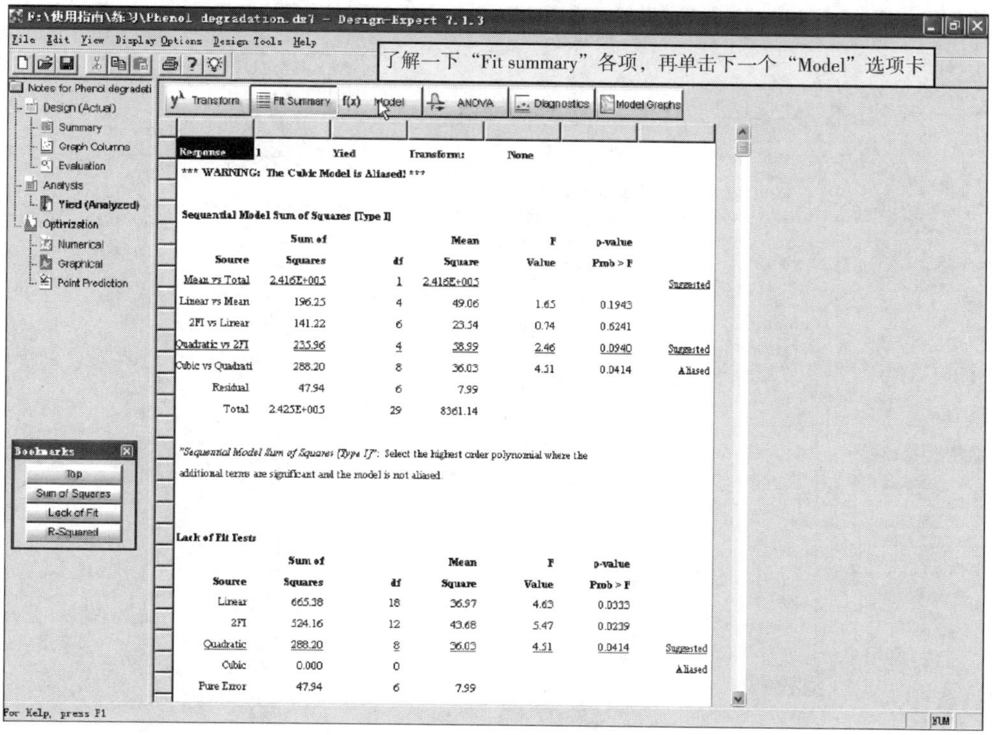
F:\使用指南\练习\Phenol degradation.dx7 - Design-Expert 7.1.3
了解一下"Fit summary"各项，再单击下一个"Model"选项卡
Response 1 Yied Transform: None
*** WARNING: The Cubic Model is Aliased! ***
Sequential Model Sum of Squares [Type I]
Source | Sum of Squares | df | Mean Square | F Value | p-value Prob > F
Mean vs Total 2.416E+005 1 2.416E+005 Suggested
Linear vs Mean 196.25 4 49.06 1.65 0.1943
2FI vs Linear 141.22 6 23.54 0.74 0.6241
Quadratic vs 2FI 235.96 4 58.99 2.46 0.0940 Suggested
Cubic vs Quadrati 288.20 8 36.03 4.51 0.0414 Aliased
Residual 47.94 6 7.99
Total 2.425E+005 29 8361.14
"Sequential Model Sum of Squares [Type I]": Select the highest order polynomial where the additional terms are significant and the model is not aliased.
Lack of Fit Tests
Source | Sum of Squares | df | Mean Square | F Value | p-value Prob > F
Linear 665.38 18 36.97 4.63 0.0333
2FI 524.16 12 43.68 5.47 0.0239
Quadratic 288.20 8 36.03 4.51 0.0414 Suggested
Cubic 0.000 0 Aliased
Pure Error 47.94 6 7.99
Bookmarks
Top
Sum of Squares
Lack of Fit
R-Squared
For Help, press F1

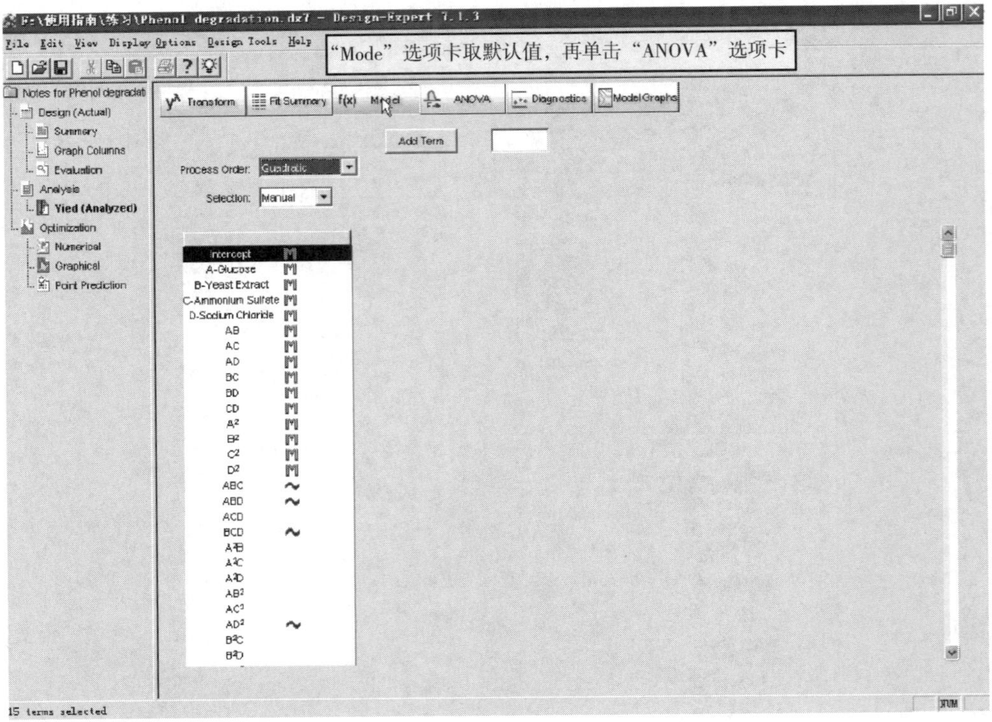

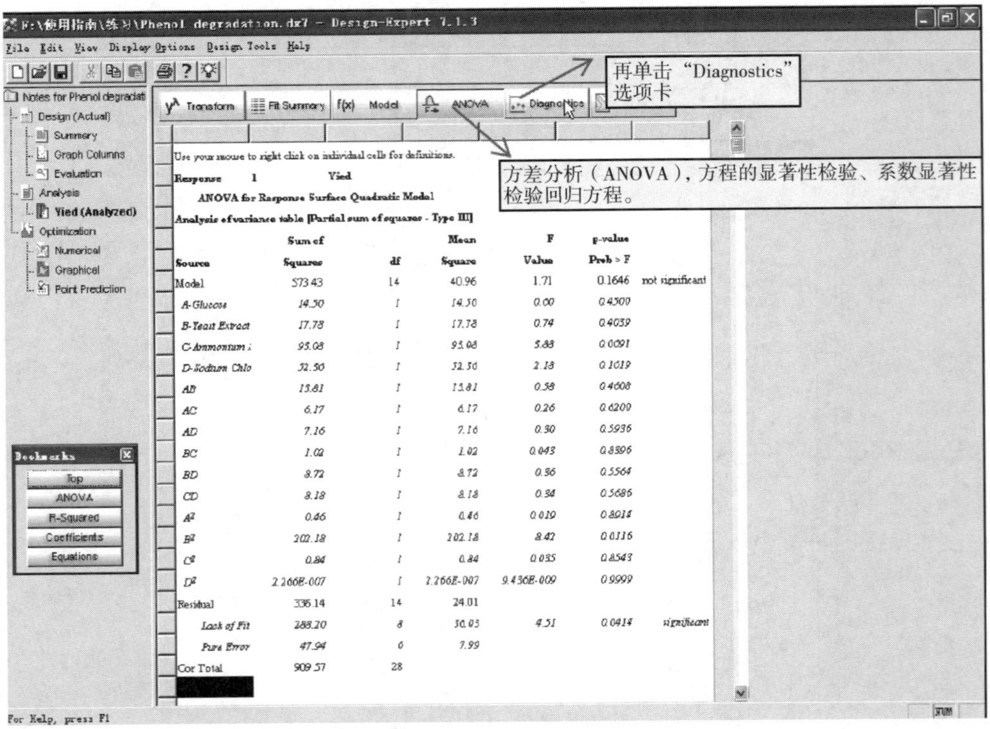

Source	Sum of Squares	df	Mean Square	F Value	p-value Prob > F	
Model	573.43	14	40.96	1.71	0.1646	not significant
A-Glucose	14.50	1	14.50	0.60	0.4500	
B-Yeast Extract	17.78	1	17.78	0.74	0.4039	
C-Ammonium :	95.08	1	95.08	5.88	0.0091	
D-Sodium Chlo	52.50	1	52.50	2.18	0.1619	
AB	13.81	1	13.81	0.58	0.4608	
AC	6.17	1	6.17	0.26	0.6200	
AD	7.16	1	7.16	0.30	0.5936	
BC	1.02	1	1.02	0.043	0.8396	
BD	8.72	1	8.72	0.36	0.5564	
CD	8.18	1	8.18	0.34	0.5686	
A^2	0.46	1	0.46	0.019	0.8914	
B^2	202.18	1	202.18	8.42	0.0116	
C^2	0.84	1	0.84	0.035	0.8543	
D^2	2.266E-007	1	2.266E-007	9.436E-009	0.9999	
Residual	336.14	14	24.01			
Lack of Fit	288.20	8	36.03	4.51	0.0414	significant
Pure Error	47.94	6	7.99			
Cor Total	909.57	28				

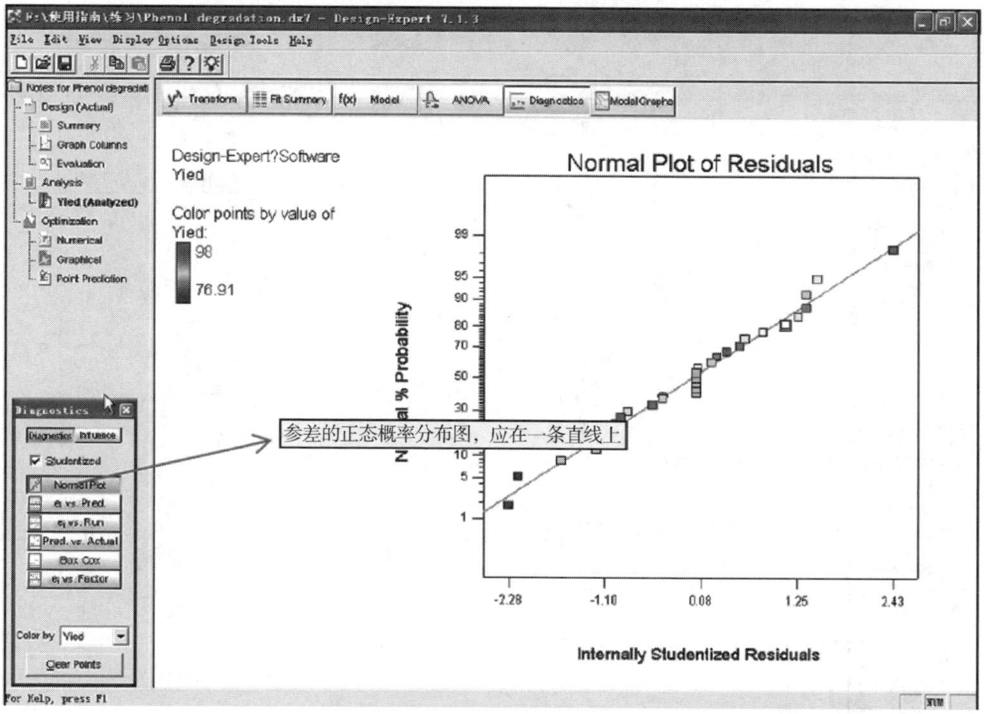
Normal Plot of Residuals
Design-Expert?Software
Yied
Color points by value of Yied:
98
76.91
Internally Studentized Residuals
参差的正态概率分布图，应在一条直线上

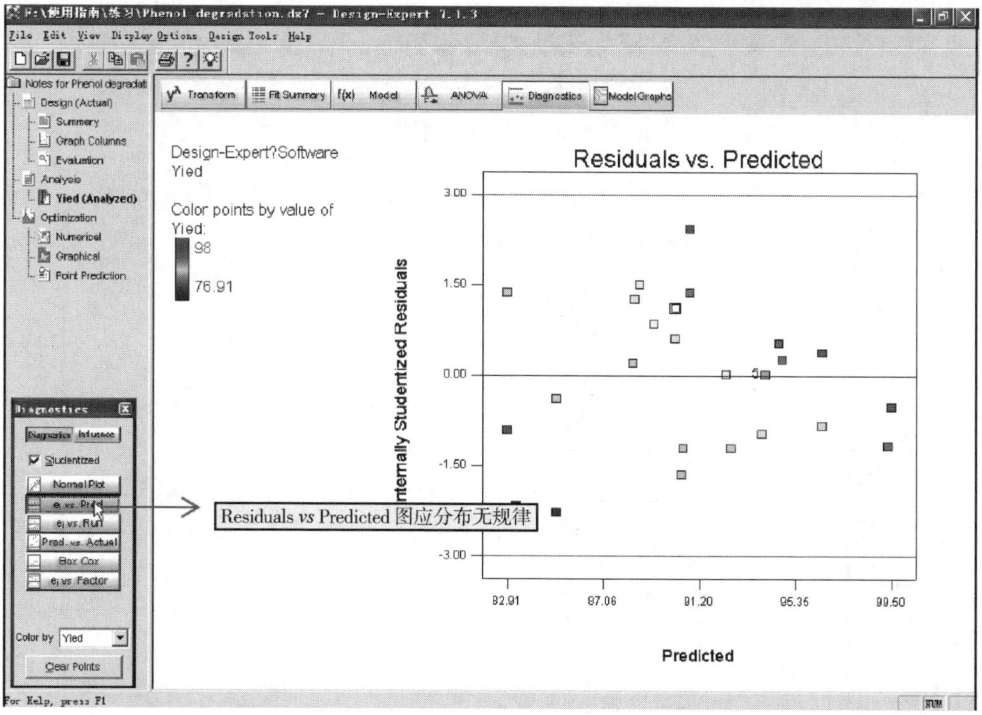
Residuals vs. Predicted
Design-Expert?Software
Yied
Color points by value of Yied:
98
76.91
Internally Studentized Residuals
Predicted
Residuals vs Predicted 图应分布无规律

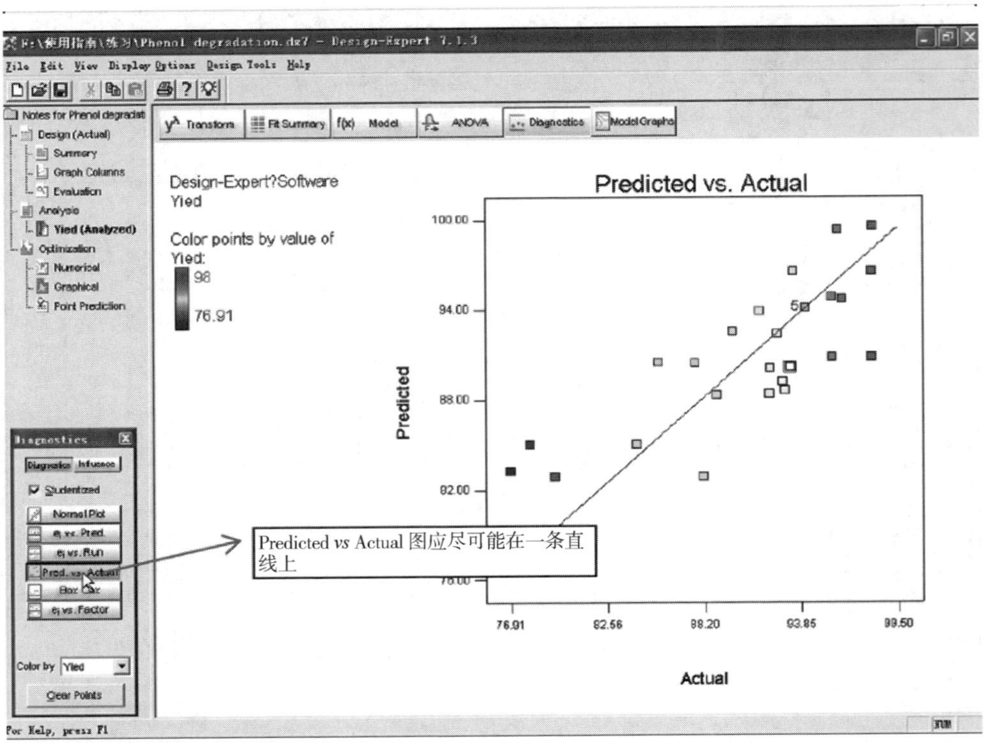
Predicted vs. Actual
Predicted vs Actual 图应尽可能在一条直线上

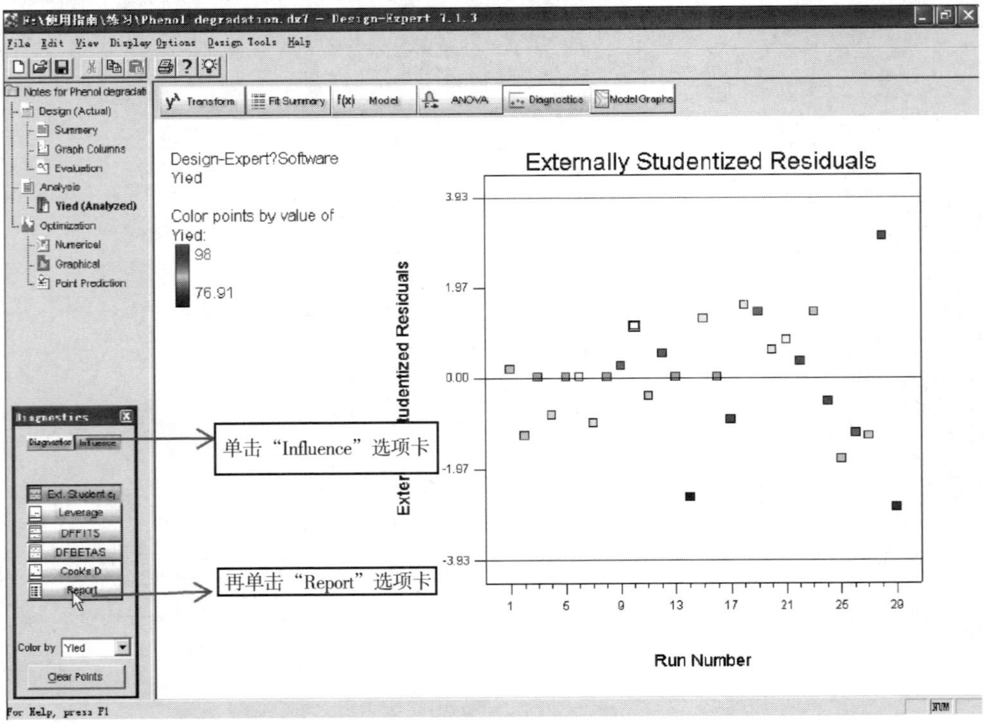
Externally Studentized Residuals
单击“Influence”选项卡
再单击“Report”选项卡

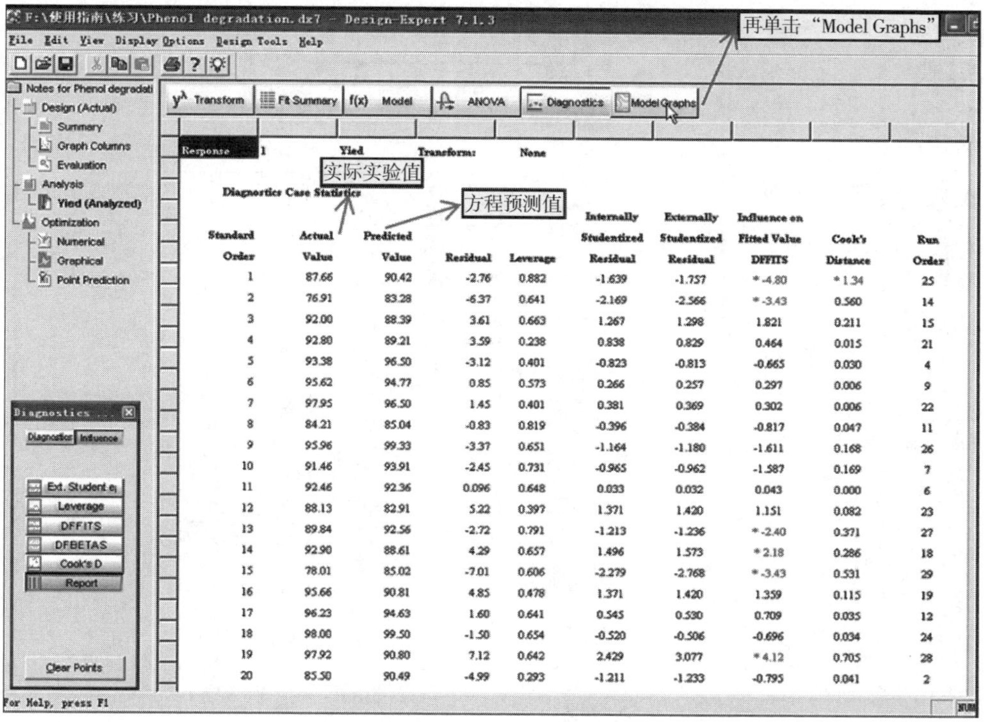
F:\使用指南\练习\Phenol degradation.dx7 - Design-Expert 7.1.3
File Edit View Display Options Design Tools Help
再单击“Model Graphs”
Notes for Phenol degradati
Design (Actual)
Summary
Graph Columns
Evaluation
Analysis
Yied (Analyzed)
Optimization
Numerical
Graphical
Point Prediction
Transform
Fit Summary
f(x) Model
ANOVA
Diagnostics
Model Graphs
Response 1 Yied Transform: None
实际实验值
方程预测值
Diagnostics Case Statistics
Standard Order / Actual Value / Predicted Value / Residual / Leverage / Internally Studentized Residual / Externally Studentized Residual / Influence on Fitted Value DFFITS / Cook's Distance / Run Order
1 87.66 90.42 -2.76 0.882 -1.639 -1.757 *-4.80 *1.34 25
2 76.91 83.28 -6.37 0.641 -2.169 -2.566 *-3.43 0.560 14
3 92.00 88.39 3.61 0.663 1.267 1.298 1.821 0.211 15
4 92.80 89.21 3.59 0.238 0.838 0.829 0.464 0.015 21
5 93.38 96.50 -3.12 0.401 -0.823 -0.813 -0.665 0.030 4
6 95.62 94.77 0.85 0.573 0.266 0.257 0.297 0.006 9
7 97.95 96.50 1.45 0.401 0.381 0.369 0.302 0.006 22
8 84.21 85.04 -0.83 0.819 -0.396 -0.384 -0.817 0.047 11
9 95.96 99.33 -3.37 0.651 -1.164 -1.180 -1.611 0.168 26
10 91.46 93.91 -2.45 0.731 -0.965 -0.962 -1.587 0.169 7
11 92.46 92.36 0.096 0.648 0.033 0.032 0.043 0.000 6
12 88.13 82.91 5.22 0.397 1.371 1.420 1.151 0.082 23
13 89.84 92.56 -2.72 0.791 -1.213 -1.236 *-2.40 0.371 27
14 92.90 88.61 4.29 0.657 1.496 1.573 *2.18 0.286 18
15 78.01 85.02 -7.01 0.606 -2.279 -2.768 *-3.43 0.531 29
16 95.66 90.81 4.85 0.478 1.371 1.420 1.359 0.115 19
17 96.23 94.63 1.60 0.641 0.545 0.530 0.709 0.035 12
18 98.00 99.50 -1.50 0.654 -0.520 -0.506 -0.696 0.034 24
19 97.92 90.80 7.12 0.642 2.429 3.077 *4.12 0.705 28
20 85.50 90.49 -4.99 0.293 -1.211 -1.233 -0.795 0.041 2
Diagnostics
Diagnostics Influence
Ext. Student
Leverage
DFFITS
DFBETAS
Cook's D
Report
Clear Points
For Help, press F1

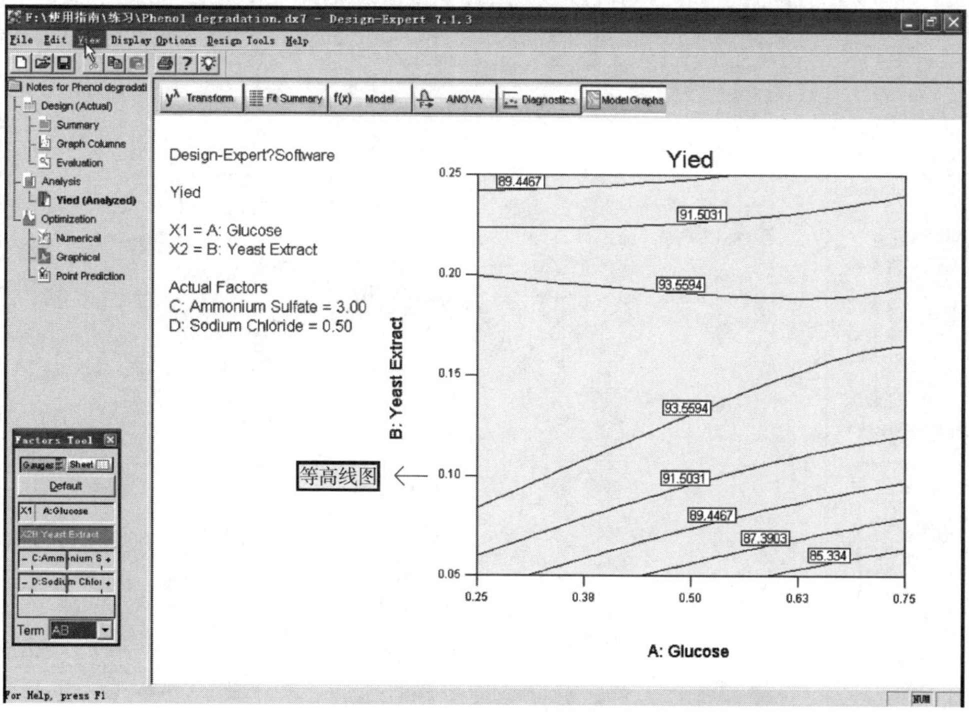
F:\使用指南\练习\Phenol degradation.dx7 - Design-Expert 7.1.3
File Edit View Display Options Design Tools Help
Transform
Fit Summary
f(x) Model
ANOVA
Diagnostics
Model Graphs
Design-Expert?Software
Yied
X1 = A: Glucose
X2 = B: Yeast Extract
Actual Factors
C: Ammonium Sulfate = 3.00
D: Sodium Chloride = 0.50
Yied
89.4467
91.5031
93.5594
93.5594
91.5031
89.4467
87.3903
85.334
B: Yeast Extract
A: Glucose
0.25
0.20
0.15
0.10
0.05
0.25
0.38
0.50
0.63
0.75
等高线图
Factors Tool
Gauges Sheet
Default
X1 A:Glucose
X2 B:Yeast Extract
C:Ammonium S
D:Sodium Chlor
Term AB
For Help, press F1

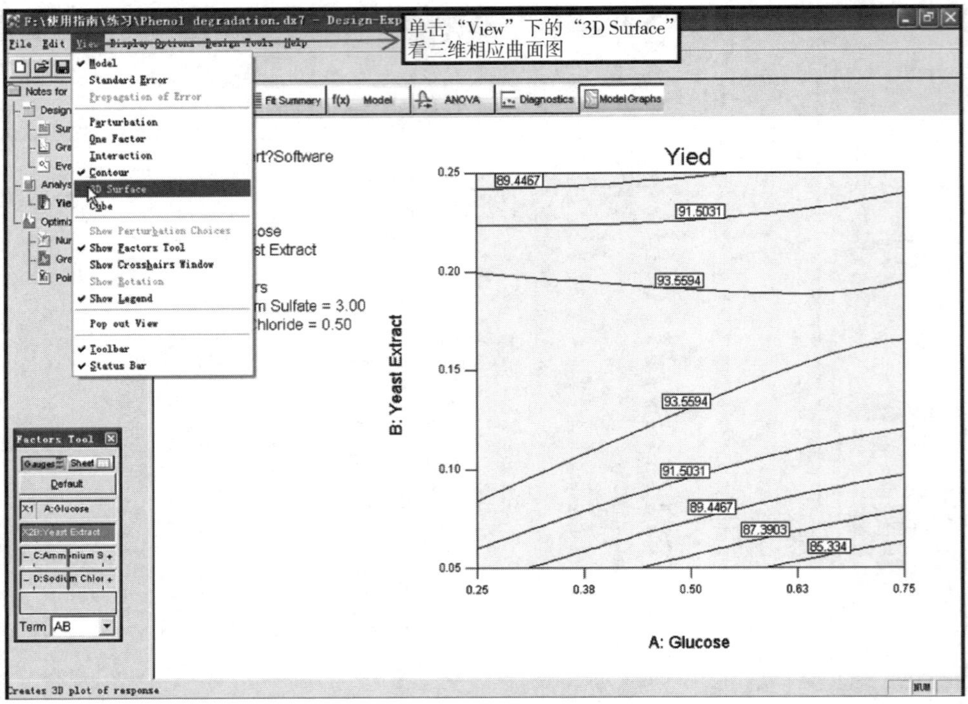
单击“View”下的“3D Surface”
看三维相应曲面图
Yied
B: Yeast Extract
A: Glucose
Creates 3D plot of response

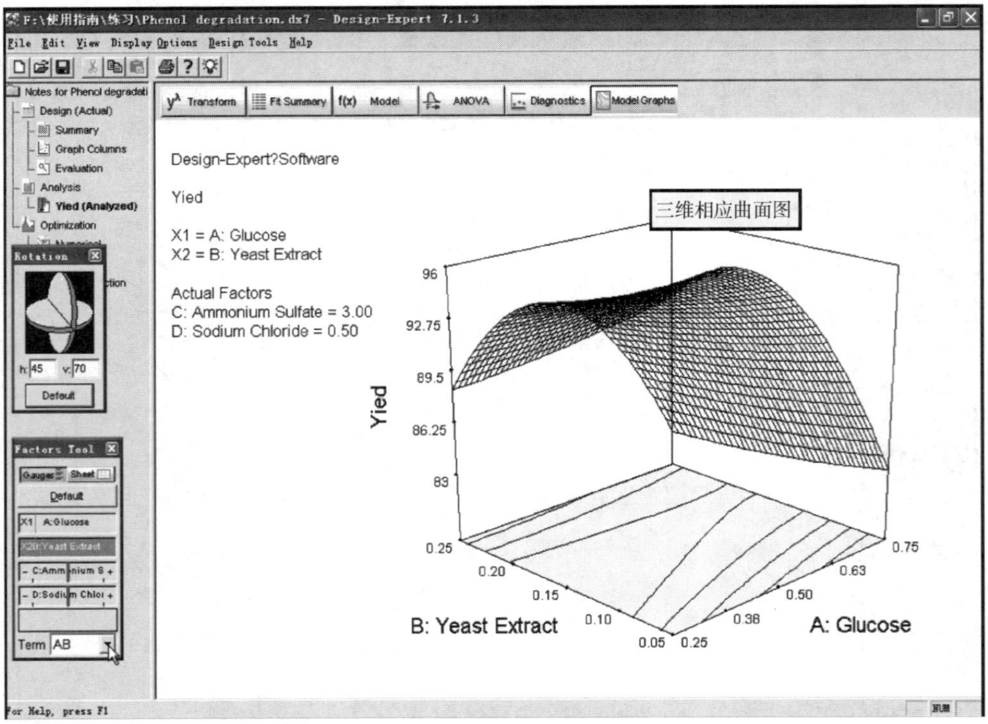
三维相应曲面图
Design-Expert?Software
Yied
X1 = A: Glucose
X2 = B: Yeast Extract
Actual Factors
C: Ammonium Sulfate = 3.00
D: Sodium Chloride = 0.50
Yied
B: Yeast Extract
A: Glucose

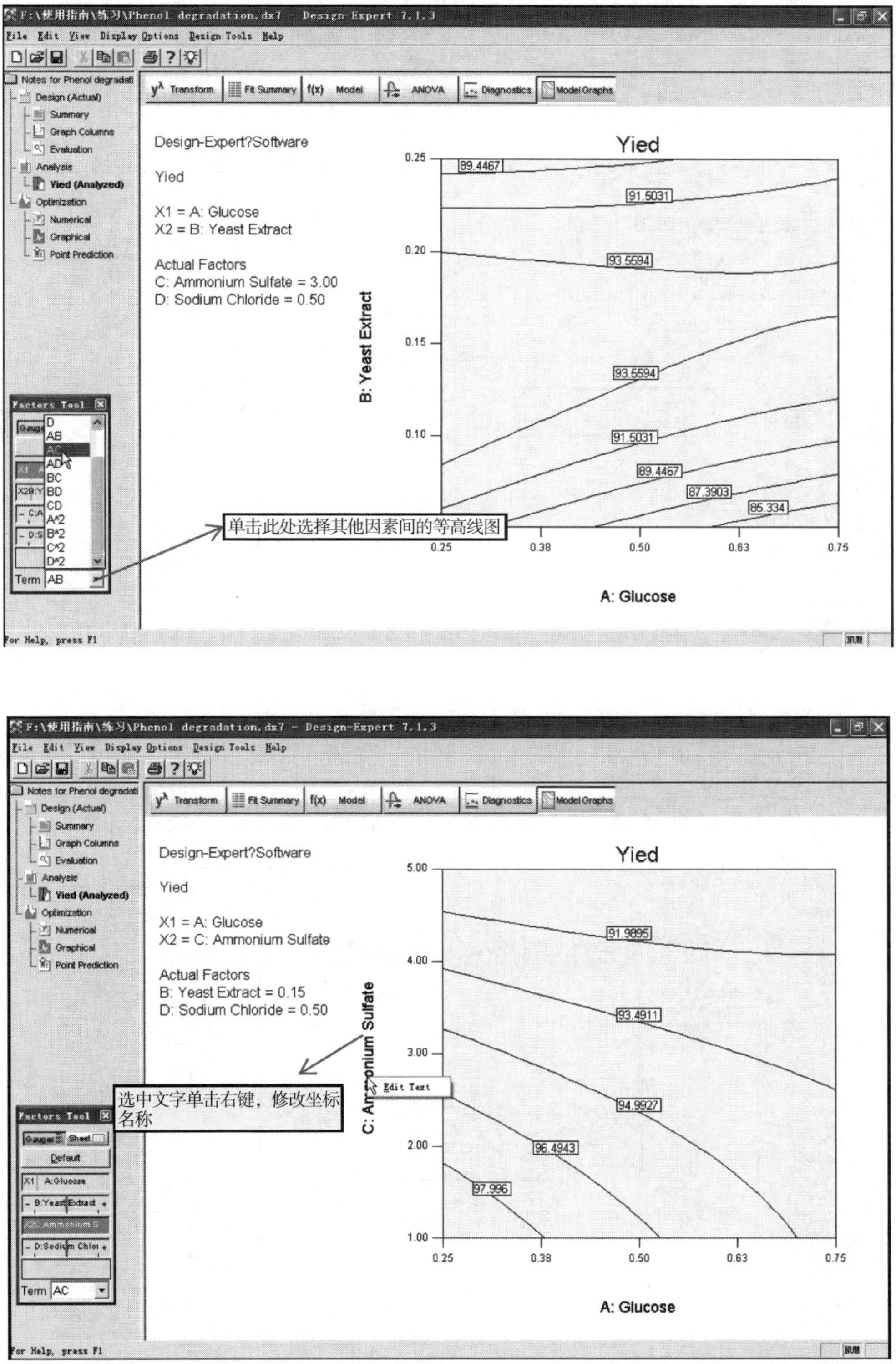
F:\使用指南\练习\Phenol degradation.dx7 - Design-Expert 7.1.3
File Edit View Display Options Design Tools Help
Transform
Fit Summary
Model
ANOVA
Diagnostics
Model Graphs
Design-Expert?Software
Yied
X1 = A: Glucose
X2 = B: Yeast Extract
Actual Factors
C: Ammonium Sulfate = 3.00
D: Sodium Chloride = 0.50
Yied
B: Yeast Extract
A: Glucose
单击此处选择其他因素间的等高线图
Factors Tool
Term AB
For Help, press F1
X1 = A: Glucose
X2 = C: Ammonium Sulfate
Actual Factors
B: Yeast Extract = 0.15
D: Sodium Chloride = 0.50
C: Ammonium Sulfate
Edit Text
选中文字单击右键，修改坐标名称
Term AC

图 7-15　数据分析过程

（2）把响应曲面图及等高线图导入 Word 中，如图 7-16 所示。

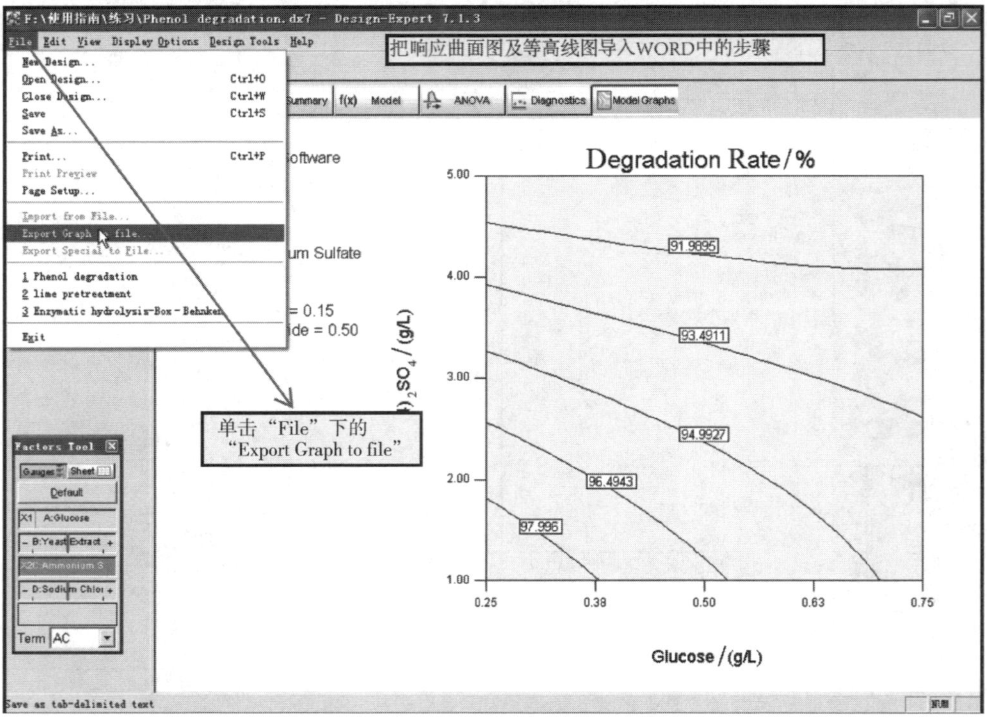

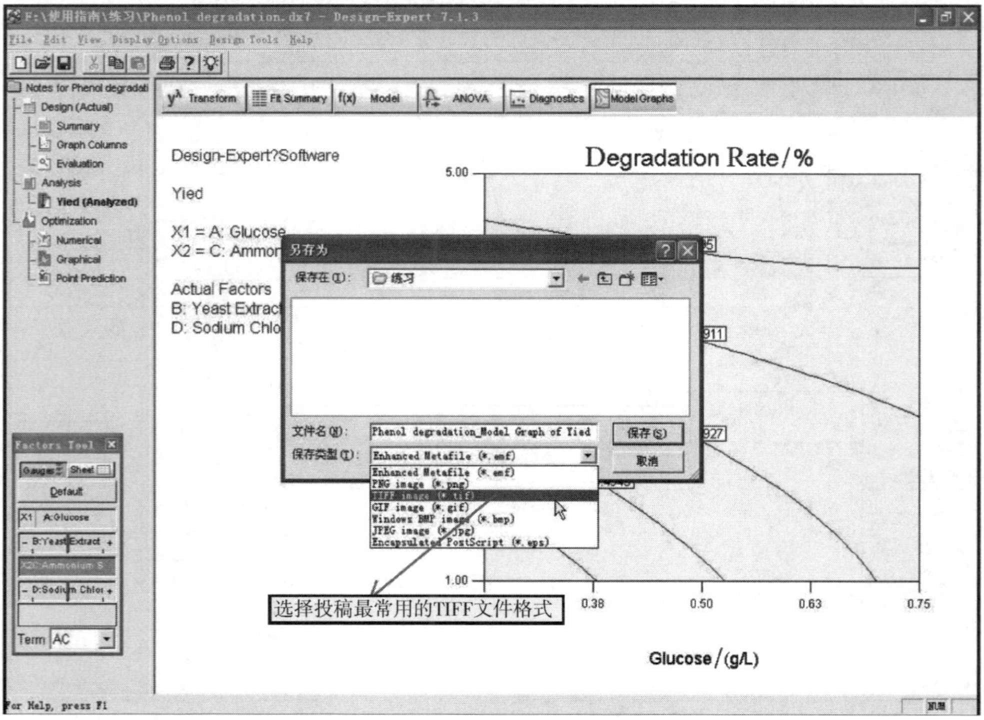

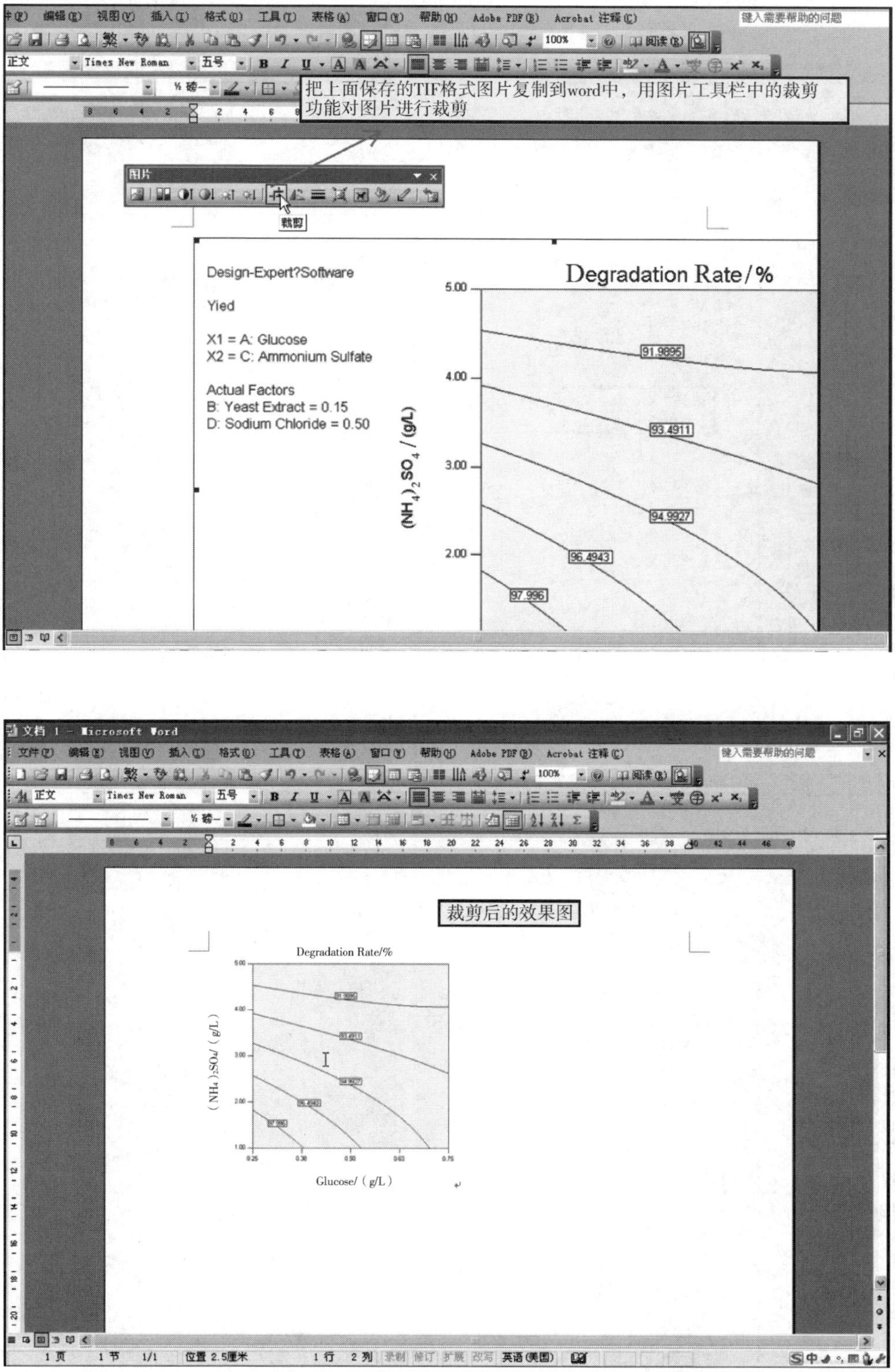

图 7-16　响应曲面图及等高线图的保存

3. 设计优化

单击工具栏“Optimization”下的“Numerical”进行最优值预测，如图 7-17 所示。

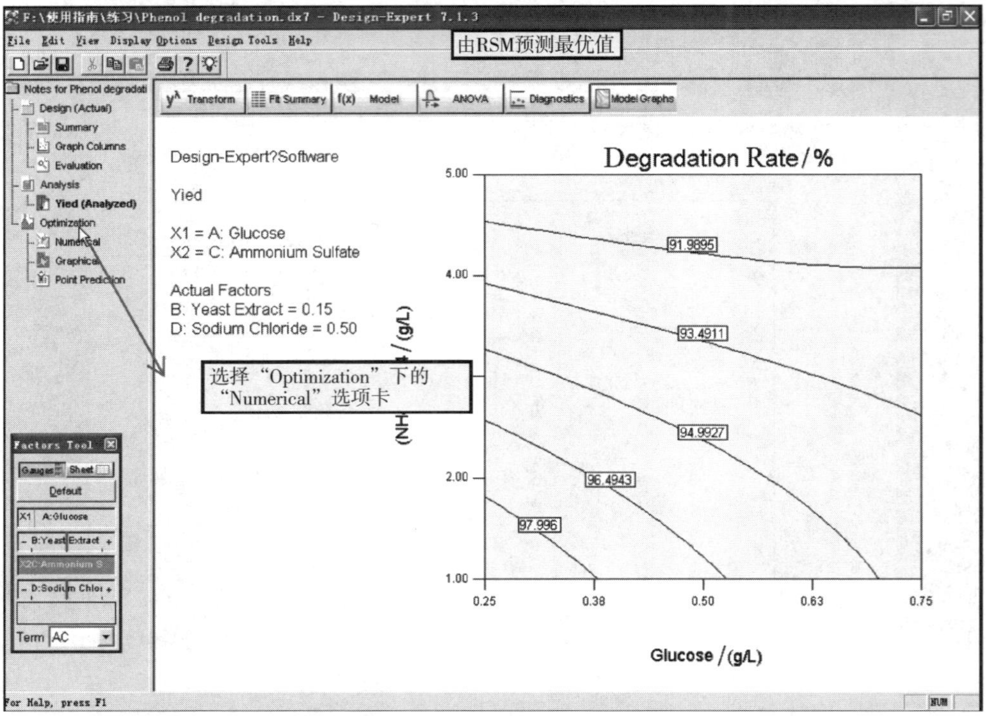

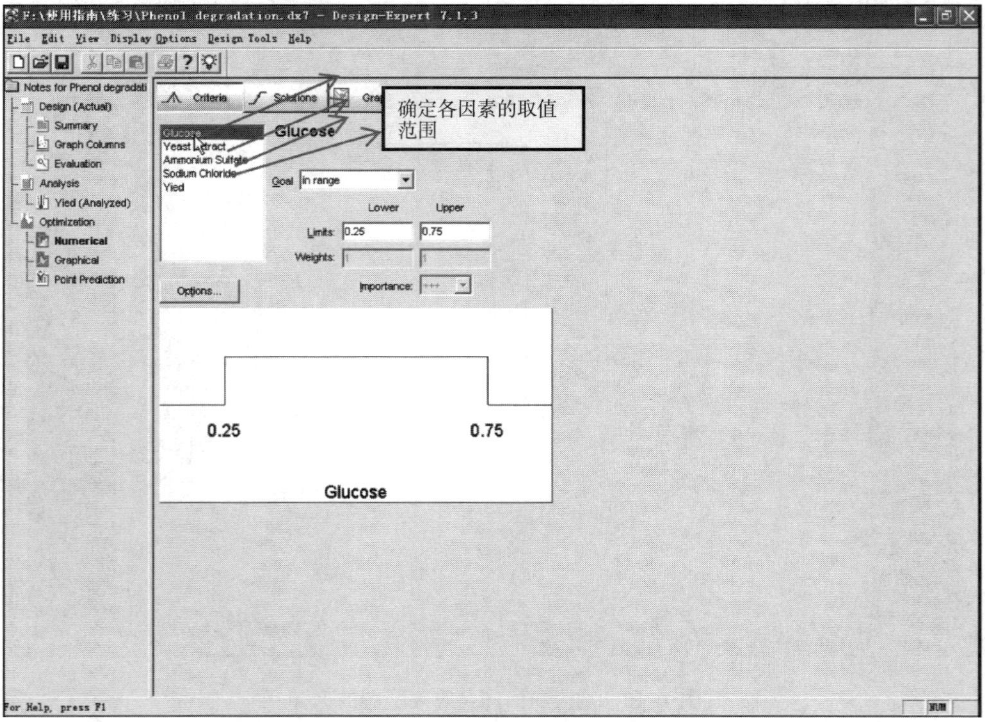

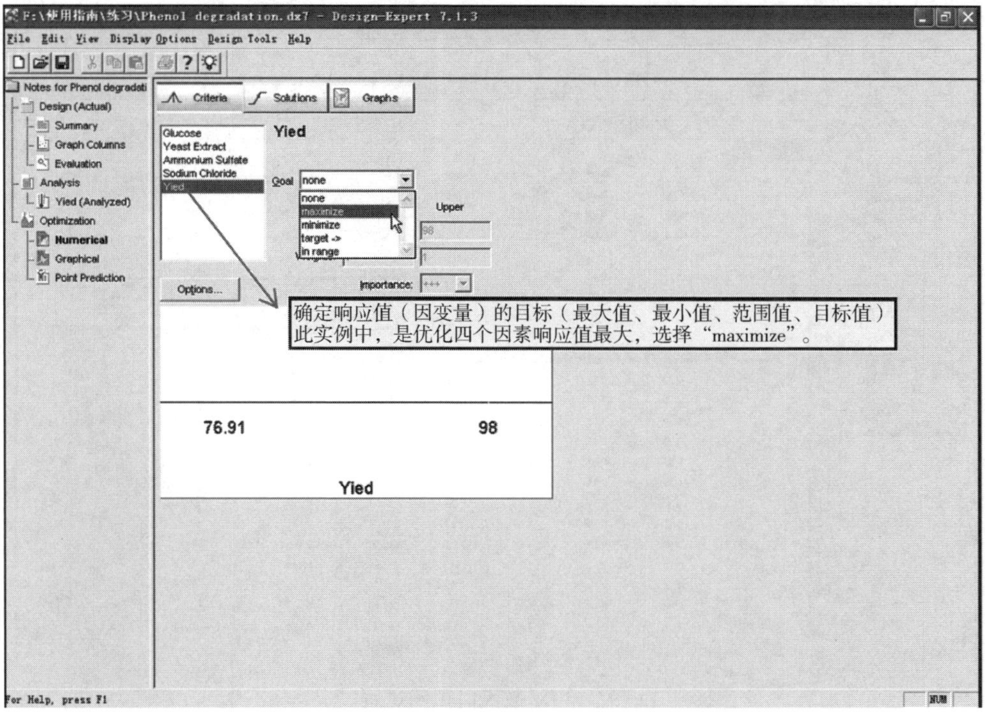
F:\使用指南\练习\Phenol degradation.dx7 - Design-Expert 7.1.3
File Edit View Display Options Design Tools Help
Notes for Phenol degradati
Design (Actual)
Summary
Graph Columns
Evaluation
Analysis
Yied (Analyzed)
Optimization
Numerical
Graphical
Point Prediction
Criteria
Solutions
Graphs
Glucose
Yeast Extract
Ammonium Sulfate
Sodium Chloride
Yied
Yied
Goal
none
none
maximize
minimize
target ->
in range
Upper
98
Importance:
+++
Options...
确定响应值（因变量）的目标（最大值、最小值、范围值、目标值）
此实例中，是优化四个因素响应值最大，选择“maximize”。
76.91
98
Yied
For Help, press F1
NUM

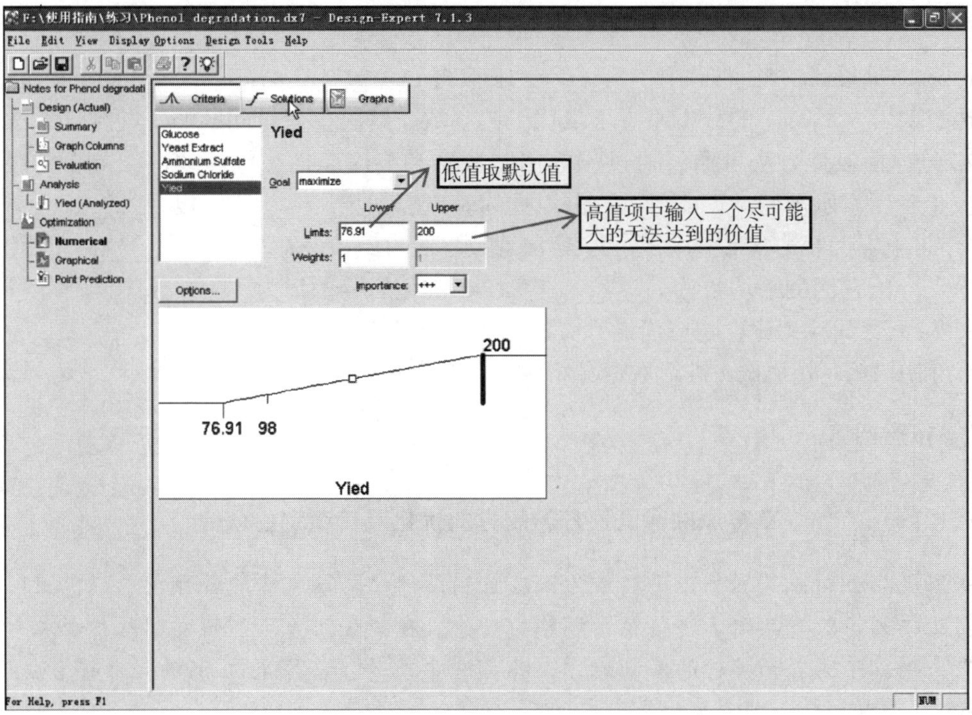
F:\使用指南\练习\Phenol degradation.dx7 - Design-Expert 7.1.3
File Edit View Display Options Design Tools Help
Notes for Phenol degradati
Design (Actual)
Summary
Graph Columns
Evaluation
Analysis
Yied (Analyzed)
Optimization
Numerical
Graphical
Point Prediction
Criteria
Solutions
Graphs
Glucose
Yeast Extract
Ammonium Sulfate
Sodium Chloride
Yied
Yied
Goal
maximize
低值取默认值
Lower
Upper
高值项中输入一个尽可能
大的无法达到的价值
Limits:
76.91
200
Weights:
1
1
Importance:
+++
Options...
200
76.91
98
Yied
For Help, press F1
NUM

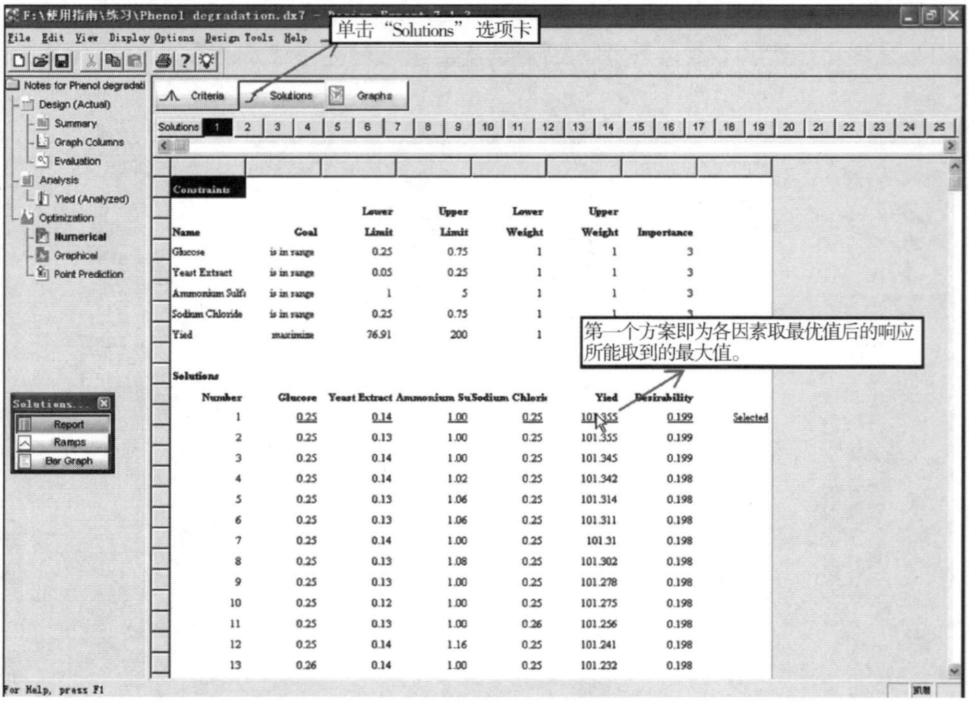

图 7-17　最优值预测过程

练习题

1. 响应面设计方法是采用__________来拟合__________与__________之间的函数关系，通过对__________的分析来寻求最优工艺参数，解决多变量问题的一种统计方法。

2. 响应面设计方法可通过对过程的回归拟合和响应曲面、等高线的绘制，方便地求出相应于各因素水平的__________，并以此为基础，找出__________以及____________。

3. 在响应面试验设计中，因素取值水平的高值称为__________，低值称为__________，它们的平均数称为__________，标准化后分别记为__________。

4. 与正交试验相比，响应面设计方法的优势是什么？

5. 利用 Design-Expert 进行数据分析主要包括哪些流程？

拓展阅读

草莓风味酸乳预拌粉配方的优化及其稳定性研究

一家乳品公司正筹划推出一款专为家庭自制设计的草莓风味酸乳预拌粉。为此，公司研发团队接到了对产品配方进行精细调整的任务。在接获任务后，研发团队依据初步的试验结果，确立了酸乳预拌粉的基础配方，各部分占比为：全脂乳粉 89%，蔗糖 6%，草莓果粉 5%，以及混合直投式发酵剂 0.004%。

1. 单因素试验

在酸乳发酵工艺的基础上，固定发酵温度为 43℃，考察不同发酵时间（4，5，6，7，8h）对酸乳感官的影响；固定基础配方和发酵时间 6h，考察不同发酵温度（39，41，43，

45，47℃）对酸乳感官的影响；固定发酵时间6h、发酵温度43℃、全脂乳粉89%，草莓果粉5%、蔗糖6%，考察混合直投式发酵剂的不同添加量（质量分数为0.002%，0.004%，0.006%，0.008%，0.010%）对酸乳感官的影响；固定发酵时间6h、发酵温度43℃、草莓果粉5%、混合直投式发酵剂0.004%，考察不同蔗糖添加量（5%，6%，7%，8%，9%）对酸乳感官的影响，全脂乳粉的添加比例根据蔗糖添加量作微调（下同）；固定发酵时间6h、发酵温度43℃、混合直投式发酵剂0.004%、蔗糖添加量7%，考察不同草莓果粉添加量（1%，3%，5%，7%，9%）对酸乳感官的影响。

2. 正交试验

在单因素实验结果的基础上，选取3个对酸乳感官评分影响最大的因素（分别为蔗糖添加量、混合直投式发酵剂添加量、草莓果粉添加量），每个因素选取3个水平，建立3因素3水平的正交试验，其因素与水平如表7-24所示。

表7-24　　酸乳预拌粉正交试验因素及水平

水平	因素		
	蔗糖添加量（*A*）/%	混合直投式发酵剂添加量（*B*）/%	草莓果粉添加量（*C*）/%
1	6	0.005	4
2	7	0.006	5
3	8	0.007	6

正交试验结果如表7-25所示。由表7-25可知，影响草莓风味酸乳粉因素的主次顺序为$A>B>C$，即蔗糖添加量>混合直投式发酵剂添加量>草莓果粉添加量，草莓风味酸乳粉最佳发酵条件为$A_2B_2C_2$，该组合在正交试验中未出现。因此，对该组合进行验证实验。结果表明，在$A_2B_2C_2$条件下得到的感官评分最高，为93±1.86分。因此，最佳发酵条件为蔗糖量7%、草莓果粉添加量5%、混合直投式发酵剂添加量0.006%。在该工艺条件下制备的酸乳预拌粉发酵成的酸乳最受欢迎。

表7-25　　正交试验结果

试验号	因素			试验结果
	A	*B*	*C*	
1	6	0.005	4	84
2	6	0.006	5	88
3	6	0.007	6	81
4	7	0.005	5	84
5	7	0.006	6	87
6	7	0.007	4	85
7	8	0.005	6	72
8	8	0.006	4	77

续表

试验号	因素			试验结果
	A	B	C	
9	8	0.007	5	79
K_1	84.3	80.0	82.0	
K_2	85.3	84.0	83.7	
K_3	76.0	81.7	80.0	$T=737$
R	9.3	4.0	3.7	
较优水平（jysp）	A_2	B_2	C_2	

3. 稳定性研究

酸乳预拌粉的水分含量和水分活度很低，不利于细菌和霉菌的生长，而有利于贮存和延长产品的保质期。酸乳预拌粉中的菌种活力主要受以下因素影响：①水分活度：在最终酸乳粉中的水分活度越低越好，应小于0.26；②气体保护：在灌装过程中应使用惰性混合气体二氧化碳/氮气保护；③包装材料：包装材料应能阻止氧气、水分的渗透，可采用聚乙烯/铝箔包装材料为最佳包装材料；④生产环境：生产环境应使用除湿剂，阻止产品的水分活度在加工和包装过程中受影响；⑤储存温度：低温有利于提高稳定性。

鉴于本研究的酸乳预拌粉中含有活性乳酸菌，因此，其保质期宜采用常温稳定性试验。本文对酸乳预拌粉进行了室温贮存稳定性研究：将样品置于温度25±2℃，RH60%±10%条件下的恒温恒湿室中保存18个月，分别于0，3，6，9，12，18个月时对样品进行酸乳发酵试验，并检测样品中的乳酸菌活菌数和水分活度。从表7-26的试验结果可以看出，在25℃的室温条件下，活菌数随着时间的延长而下降，虽然活菌数从初始的9.0×10^8CFU/g下降到18个月后的7.3×10^6CFU/g，但酸乳预拌粉发酵成的酸乳其口感、滋气味及组织状态仍良好，且水分活度一直维持在0.26以下，表明在18个月的保质期内，产品质量稳定。

表7-26　酸乳预拌粉在常温保存中的稳定性

指标	0个月	3个月	6个月	9个月	12个月	18个月
乳酸菌数量（CFU/g）	9.0×10^8	5.0×10^8	1.0×10^8	8.0×10^7	4.0×10^7	7.3×10^6
口感	好	好	好	好	好	良好
发酵酸乳的组织状态	好	好	好	好	好	良好
水分活度	0.22	0.22	0.206	0.174	0.188	0.166

通过以上案例分析可以清晰地看到，正交实验设计法具有操作简便、易于掌握的特点，它能显著减少实验的次数，是提升企业效率和经济效益的高效手段。期望学习者能够更新观念，培养科学的思维方式，并从普及正交实验设计法开始，全面提升企业的运营效率。

任务八 正交设计助手设计分析正交试验

项目七任务八
（视频）

任务要求

1. 掌握正交设计助手分析软件的使用方法。
2. 会运用正交设计助手软件进行正交试验设计。
3. 能熟练使用正交设计助手分析软件进行回归分析。

任务实施

一、正交试验设计与分析案例

采用 L_9（3^3）试验设计，核桃汁含量、枣糖浆含量、糖含量为 3 个因素，每个因素的不同浓度设为 3 个水平。大枣核桃乳饮料配方正交试验因素水平见表 7-27。

表 7-27　　大枣核桃乳饮料配方正交试验因素水平表

水平	因素		
	核桃汁含量（*A*）/%	枣糖浆含量（*B*）/（%）	糖含量（*C*）/%
1	30	1	5
2	35	2	10
3	40	3	15

二、用正交设计助手进行试验设计具体步骤

正交设计助手是一款针对正交试验设计及结果分析而制作的专业软件。正交设计方法是我们常用的试验设计方法，它让我们以较少的试验次数得到科学的试验结论。但是我们经常不得不重复一些机械的工作，比如填试验安排表，计算各个水平的均值等。正交设计助手可以帮助我们完成这些烦琐的工作。此款软件支持混合水平试验，支持结果输出到 RTF、CVS、HTML 页面和直接打印。

1. 试验设计

（1）打开软件后，在“文件”菜单项下可以“新建工程”或“打开工程”，工程文件以 lat 作为扩展名。试验项目树区域，右键单击当前的工程名，可修改工程名称（图 7-18）。

图 7-18　文件菜单

（2）再单击“试验”，新建试验，在当前工程文件中新增一个试验项目，一个工程可包含多个试验项目，新建试验后会出现设计向导。注意：右键单击当前的试验名称，可以修改试验信息或删除当前试验（图 7-19）。

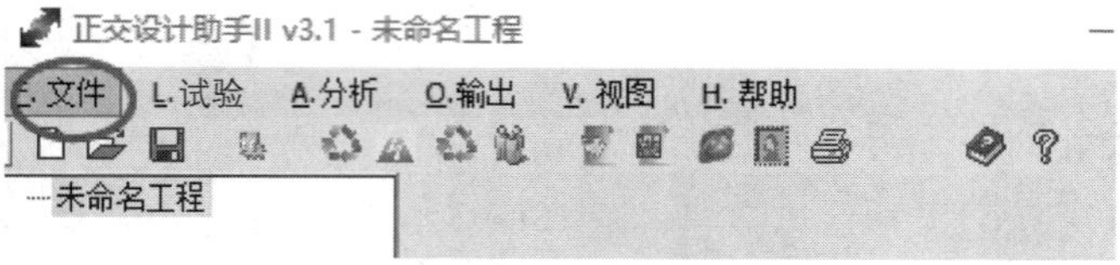

图 7-19　试验菜单

（3）每个试验项目包括有：①试验名称、简要描述、正交表类型；②选用的正交表；③表头设计结果（每个试验因素的名称、所在列及各水平的描述）（图 7-20）。

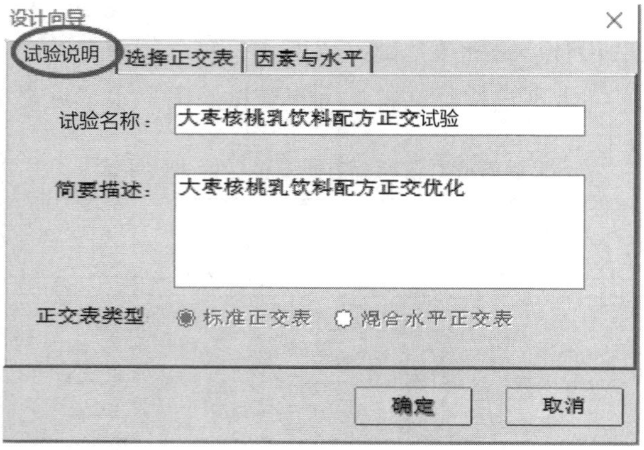

图 7-20　试验说明对话框

（4）选择正交表，本试验为 4 因素 3 水平，应选取 L_9（3^4）（图 7-21）。

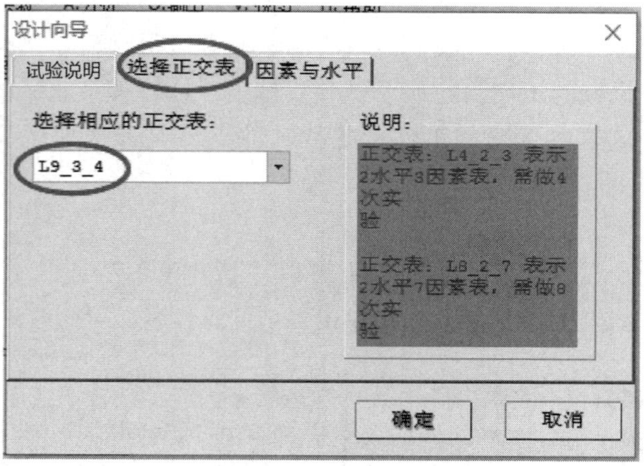

图 7-21　正交表对话框

（5）填写因素和水平信息，单击“确定”（图 7-22）。

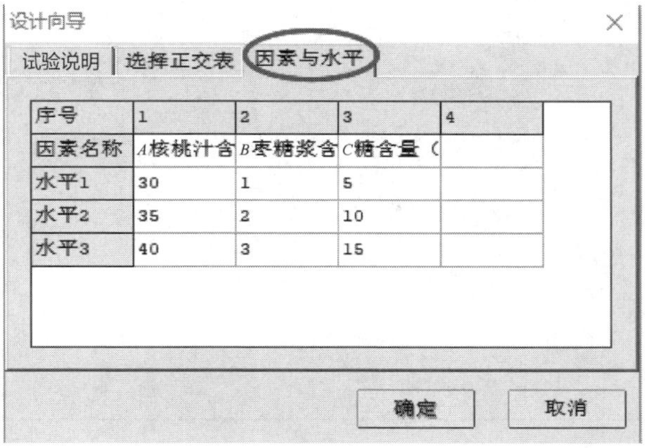

图 7-22　因素与水平对话框

（6）单击“未命名工程”前的小图标，就会出现设置好的试验计划表（图 7-23）。

图 7-23　试验计划表

设计好试验，按照上表进行试验即可。

2. 试验结果分析

上述案例试验结果如表 7-28 所示。

表 7-28　　　正交试验 L_9（3^3）结果分析

序号	因素			结果与评分
	A	*B*	*C*	
1	1	1	1	3. 4
2	1	2	2	5. 7

续表

序号	因素			结果与评分
	A	B	C	
3	1	3	3	6.9
4	2	1	2	4.6
5	2	2	3	6.4
6	2	3	1	7.2
7	3	1	3	3.7
8	3	2	1	3.8
9	3	3	2	8.3

（1）将上述结果输入正交设计助手的试验结果栏（图 7-24）。

图 7-24　输入试验结果

（2）再选择“分析”按钮，在其中选择所需分析方法，或者选择相应的分析方法的快捷键。直观分析：根据所选用的正交表对当前试验数据做出基本的直观分析表。因素指标：以直观分析表的结果，做出当前的因素指标图（即效应曲线图）。交互作用：选择两个因素进行交互作用分析，做出交互作用表。方差分析：设定数据中的误差所在列，并选择所要采用的 F 检验临界值表。计算出偏差平方和（S 值）和 F 比。并给出显著性指标（图 7-25）。

图 7-25　分析方法及分析方法的快捷键

①单击“直观分析表”，出现图 7-26 的结果。

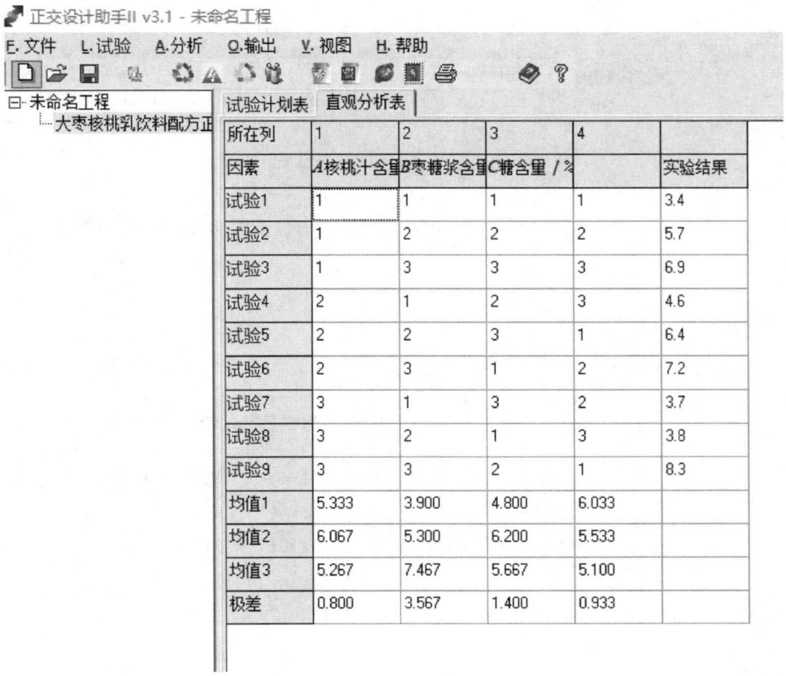

所在列	1	2	3	4	
因素	A核桃汁含量	B枣糖浆含量	C糖含量 / %		实验结果
试验1	1	1	1	1	3.4
试验2	1	2	2	2	5.7
试验3	1	3	3	3	6.9
试验4	2	1	2	3	4.6
试验5	2	2	3	1	6.4
试验6	2	3	1	2	7.2
试验7	3	1	3	2	3.7
试验8	3	2	1	3	3.8
试验9	3	3	2	1	8.3
均值1	5.333	3.900	4.800	6.033	
均值2	6.067	5.300	6.200	5.533	
均值3	5.267	7.467	5.667	5.100	
极差	0.800	3.567	1.400	0.933	

图 7-26　直观分析报告

②单击“因素指标”，出现效应曲线图如图 7-27 所示。

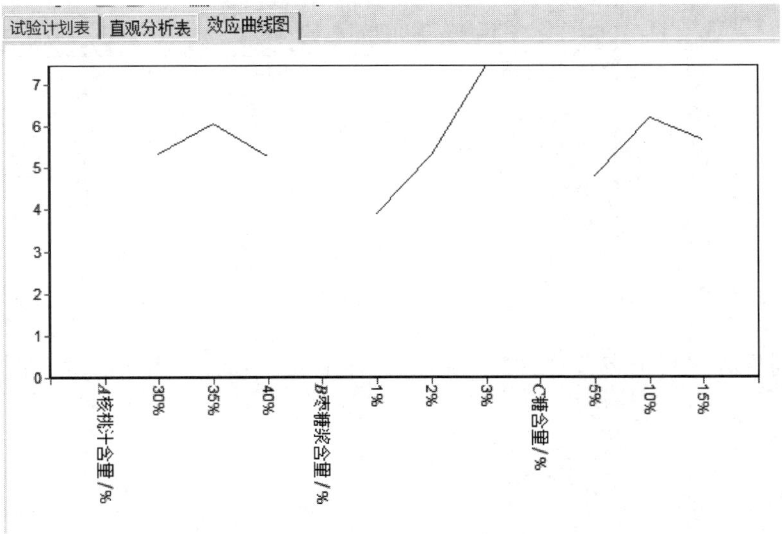

图 7-27　效应曲线图

③单击“方差分析”，根据试验要求选择方差分析设置，确定后得到方差分析表（图 7-28、图 7-29）。

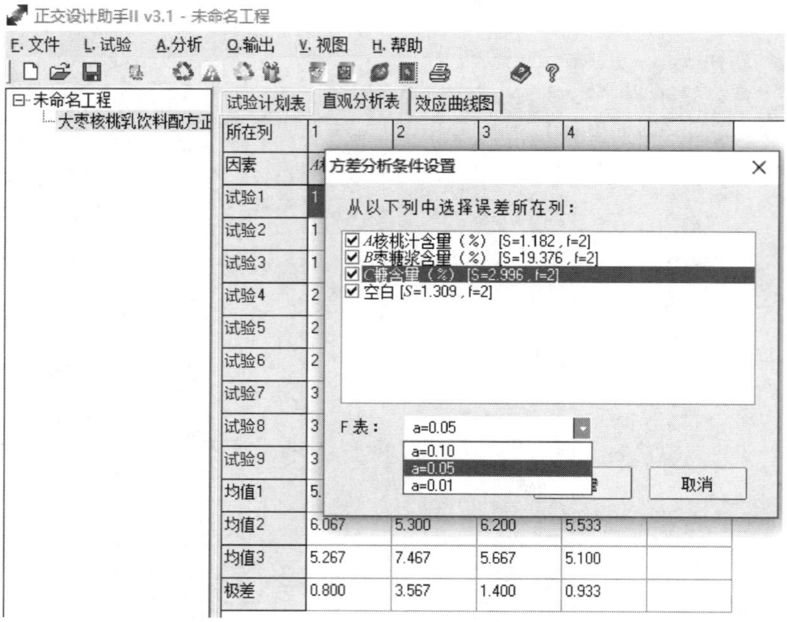

图 7-28　方差分析条件设置

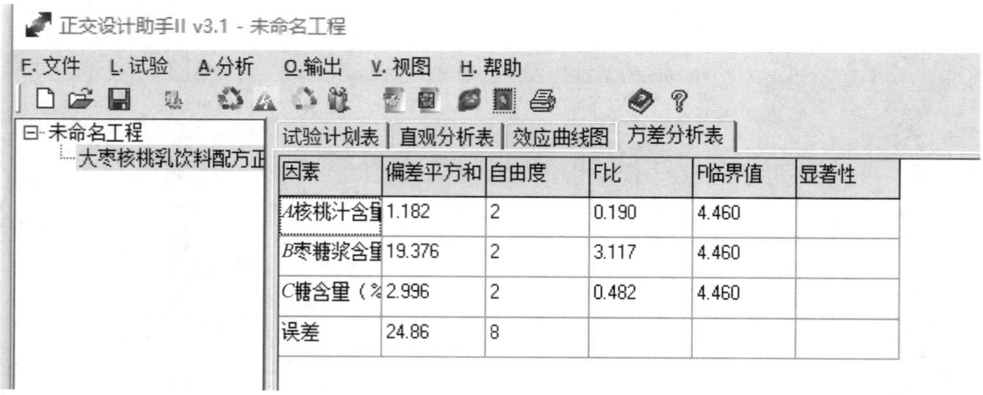

图 7-29　方差分析表

（3）如需保存工程可点“文件”选择“保存工程”或者单击快捷键（图 7-30）。

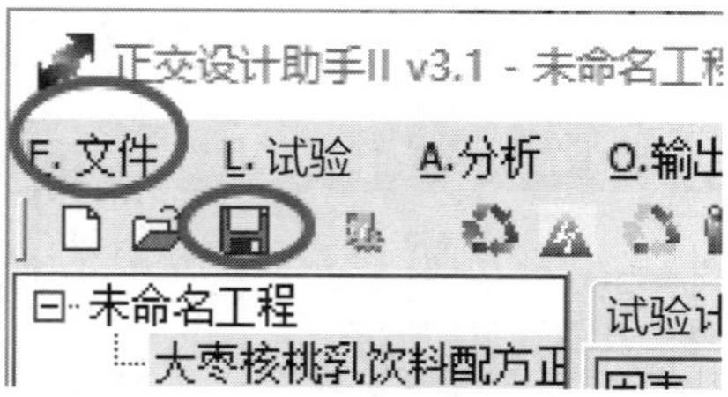

图 7-30　保存试验

任务考核

考核项目	考核内容	分值	得分
正交设计助手进行试验设计	应用正交设计助手新建试验	20	
	选择正确正交表	20	
	填写正确因素和水平信息	10	
正交设计助手进行结果分析	正确进行回归分析	20	
	数据处理表完整、规范	10	
职业素质	严谨的科学态度	10	
	实事求是的职业精神	10	

练习题

1. 用乙醇水溶液分离某种废弃农作物中的木质素，考察了三个因素（溶剂浓度、温度和时间）对木质素得率的影响，因素水平如下表所示。将因素 A、B、C，依次安排在正交表 L_9（3^4）的 1、2、3 列，不考虑因素间交互作用。9 个试验结果 y（得率/%）依次为：5.3，5.0，4.9，5.4，6.4，3.7，3.9，3.3，2.4。用正交设计助手设计并分析试验结果。因素水平、正交试验结果及极差分析结果如下表所示。

因素水平	溶剂浓度（A）/%	温度（B）/℃	时间（C）/h
1	40	40	1
2	60	50	3
3	80	60	5

序号	料液比（A）	提取温度（B）/℃	提取时间（C）/h	pH（D）	得率/%
1	1	1	1	1	5.3
2	1	2	2	2	5.0
3	1	3	3	3	4.9
4	2	1	2	3	5.4
5	2	2	3	1	6.4
6	2	3	1	2	3.7
7	3	1	3	2	3.9
8	3	2	2	3	3.3
9	3	3	1	1	2.4

2. 葡萄皮渣中果胶的提取与纯化，进行包括料液比、提取温度、提取时间、提取液pH在内的4因素3水平正交试验，确定工艺中果胶提取的最佳工艺条件。用正交设计助手分析试验结果。果胶提取 L_9（3^4）因素、水平设计、正交试验结果及极差分析结果如下表所示。

因素水平	料液比（A）	提取温度（B）/℃	提取时间（C）/h	pH（D）
1	1∶5	70	1	1.5
2	1∶8	80	1.5	2.0
3	1∶10	90	2	2.5

序号	料液比（A）	提取温度（B）/℃	提取时间（C）/h	pH（D）	得率/%
1	1	1	1	1	3.50
2	1	2	2	2	7.14
3	1	3	3	3	6.04
4	2	1	2	3	4.00
5	2	2	3	1	6.40
6	2	3	1	2	8.00
7	3	1	3	2	4.22
8	3	2	2	3	9.76
9	3	3	1	1	5.20

任务九　Design-Expert 在响应面分析中的应用

任务要求

1. 了解响应面试验设计方法的特点及其应用范围。
2. 掌握 Design-Expert 响应面分析软件的使用方法。
3. 会运用 Design-Expert 软件进行响应面试验设计。
4. 能熟练使用 Design-Expert 响应面分析软件进行回归分析。

项目七任务九
（视频）

任务实施

一、响应面试验设计与分析案例

为了促进玫瑰花深加工产品的发展，丰富我国酵素市场，某企业想要以玫瑰花为原材料，应用现代微生物发酵技术，选用乳酸菌对玫瑰花进行发酵，开发一款玫瑰花酵素。在前期试验基础上，确定发酵温度（A）、发酵时间（B）、接种量（C）、初始 pH（D）为本研究的 4 个考察因素，为了提高试验精密度，现安排产品研发员小赵同学采用响应面优化结合 Box-Behnken 设计试验，以玫瑰花酵素 SOD 酶活力及多酚含量的综合评分为响应值，探究最佳发酵工艺条件（表 7-29）。

表 7-29　响应面试验各因素水平表

水平	因素			
	发酵温度（A）/℃	发酵时间（B）/h	接种量（C）/g	初始 pH（D）
1	30	24	0.4	3.4
2	33	48	0.7	4.4
3	36	72	1.0	5.4

二、实施步骤

1. 建立一个新的设计

打开 Design-Expert 软件，进入主界面，然后单击“New Design”创建一个新的试验设计工程文件，如图 7-31 所示。

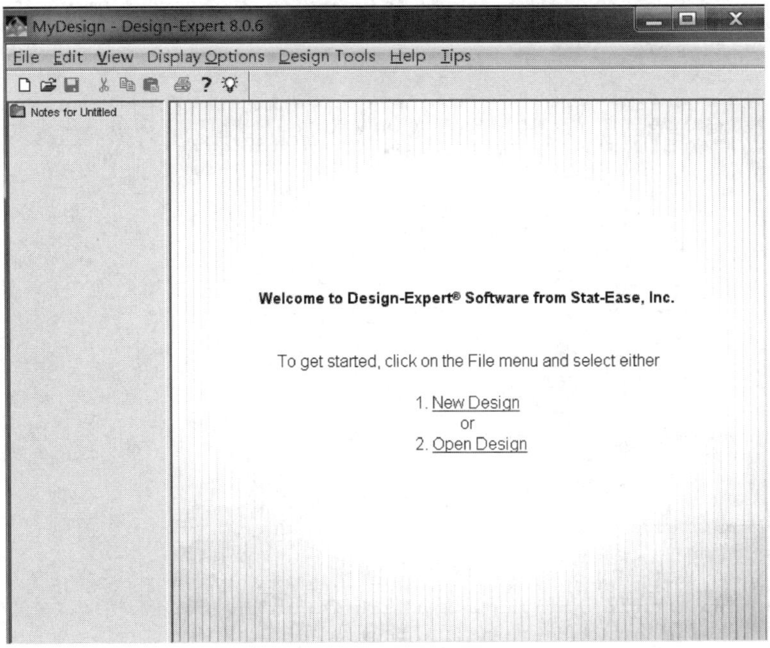

图 7-31　建立新试验设计

2. 选择响应面设计方法

单击左侧的“Response Surface”选项卡，选择“Box-Behnken”方法进行响应面试验设计，如图 7-32 所示。

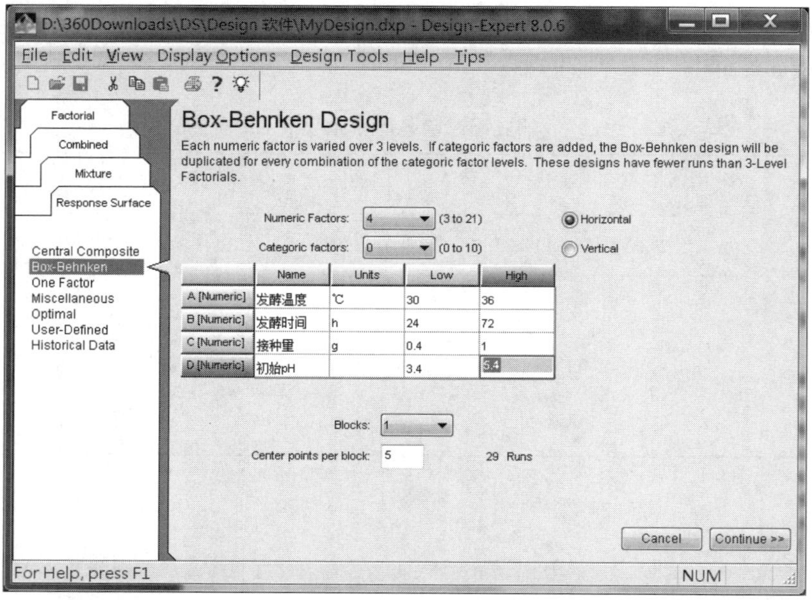

图 7-32　选择响应面设计方法

3. 试验因素、水平、响应值信息填写

如图 7-30 所示，将因素的数量、名称、单位、水平低限、水平高限依次填写至相应位置。单击“Continue”，继续将响应值的名称和单位填写至表格相应位置，如图 7-33 所示。

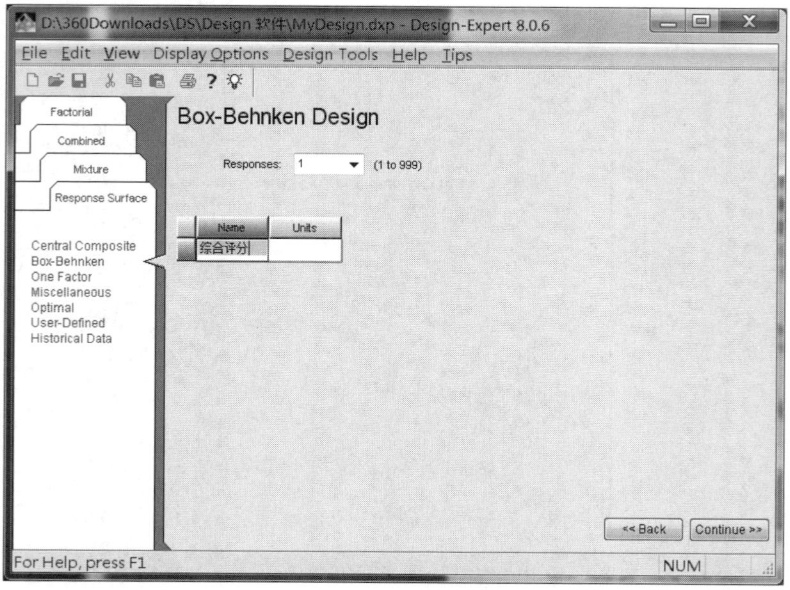

图 7-33　试验信息填写

4. 试验信息填写完成

单击“Continue”，出现试验计划表，按照计划表进行试验，并将综合评分结果输入结果栏，如图 7-34 所示。

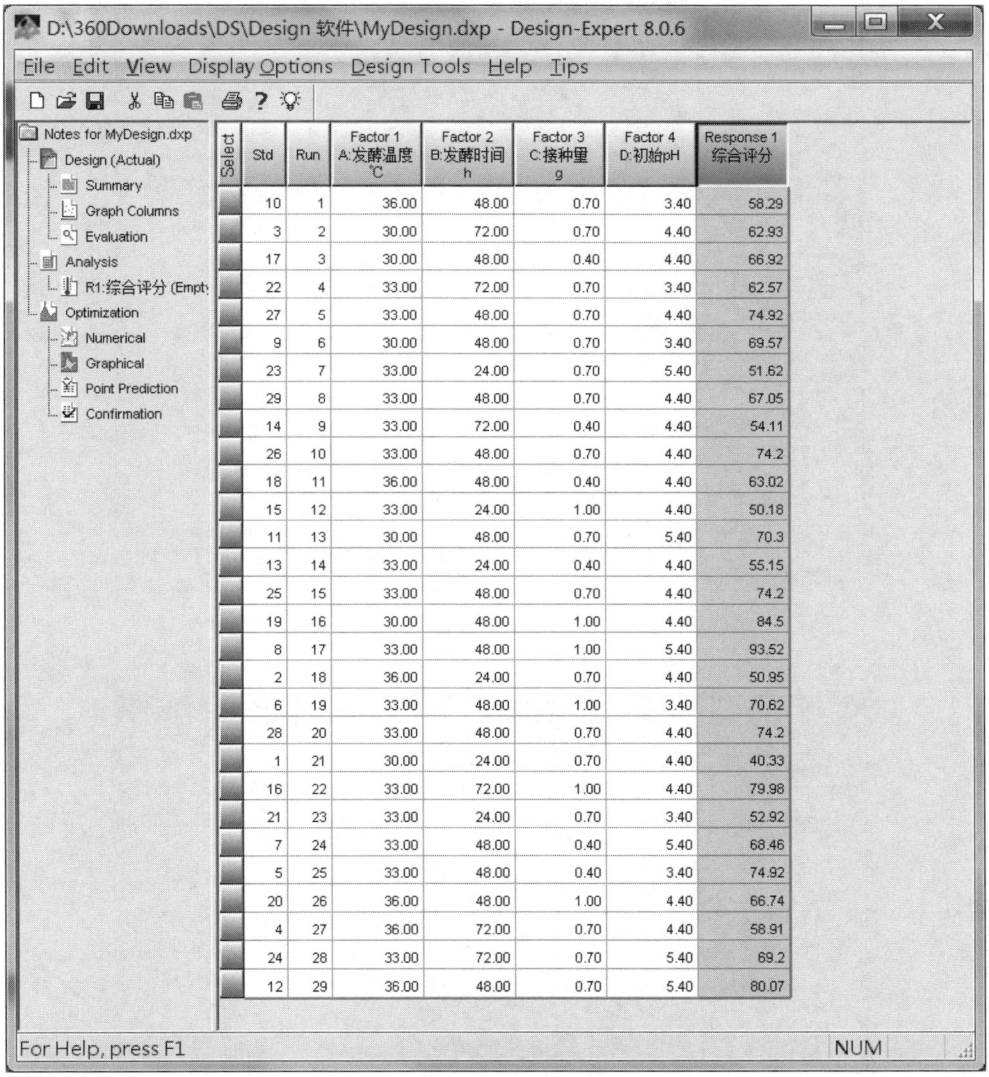

Std	Run	Factor 1 A:发酵温度 ℃	Factor 2 B:发酵时间 h	Factor 3 C:接种量 g	Factor 4 D:初始pH	Response 1 综合评分
10	1	36.00	48.00	0.70	3.40	58.29
3	2	30.00	72.00	0.70	4.40	62.93
17	3	30.00	48.00	0.40	4.40	66.92
22	4	33.00	72.00	0.70	3.40	62.57
27	5	33.00	48.00	0.70	4.40	74.92
9	6	30.00	48.00	0.70	3.40	69.57
23	7	33.00	24.00	0.70	5.40	51.62
29	8	33.00	48.00	0.70	4.40	67.05
14	9	33.00	72.00	0.40	4.40	54.11
26	10	33.00	48.00	0.70	4.40	74.2
18	11	36.00	48.00	0.40	4.40	63.02
15	12	33.00	24.00	1.00	4.40	50.18
11	13	30.00	48.00	0.70	5.40	70.3
13	14	33.00	24.00	0.40	4.40	55.15
25	15	33.00	48.00	0.70	4.40	74.2
19	16	30.00	48.00	1.00	4.40	84.5
8	17	33.00	48.00	1.00	5.40	93.52
2	18	36.00	24.00	0.70	4.40	50.95
6	19	33.00	48.00	1.00	3.40	70.62
28	20	33.00	48.00	0.70	4.40	74.2
1	21	30.00	24.00	0.70	4.40	40.33
16	22	33.00	72.00	1.00	4.40	79.98
21	23	33.00	24.00	0.70	3.40	52.92
7	24	33.00	48.00	0.40	5.40	68.46
5	25	33.00	48.00	0.40	3.40	74.92
20	26	36.00	48.00	1.00	4.40	66.74
4	27	36.00	72.00	0.70	4.40	58.91
24	28	33.00	72.00	0.70	5.40	69.2
12	29	36.00	48.00	0.70	5.40	80.07

图 7-34 输入试验结果

5. 结果分析

单击“Analysis”下的“R1：综合评分”进行试验结果分析。在“Fit Summary”中“Model Summary Statistics”可以看到回归系数 $R^2=0.9506$（图 7-35），表明建立的该模型可以较好地拟合试验的真实情况，自变量与响应值之间关系显著，该二次方程模型可以用来分析和预测玫瑰花酵素的最佳发酵工艺。

6. 回归分析

单击“Model”在“Process order”中选择“Quadratic”进行二次多项回归分析，如图 7-36 所示。

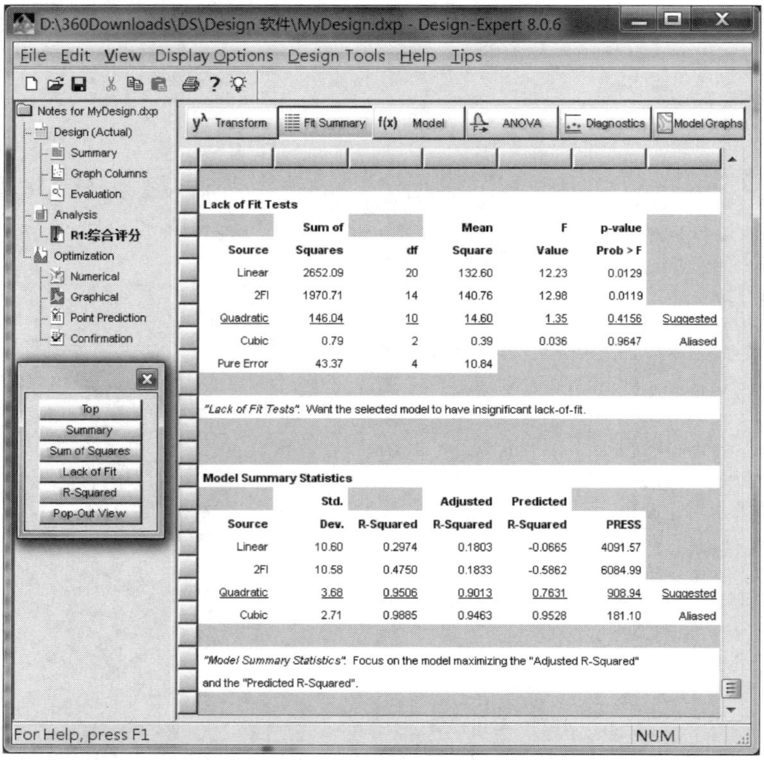

图 7-35　模型拟合度

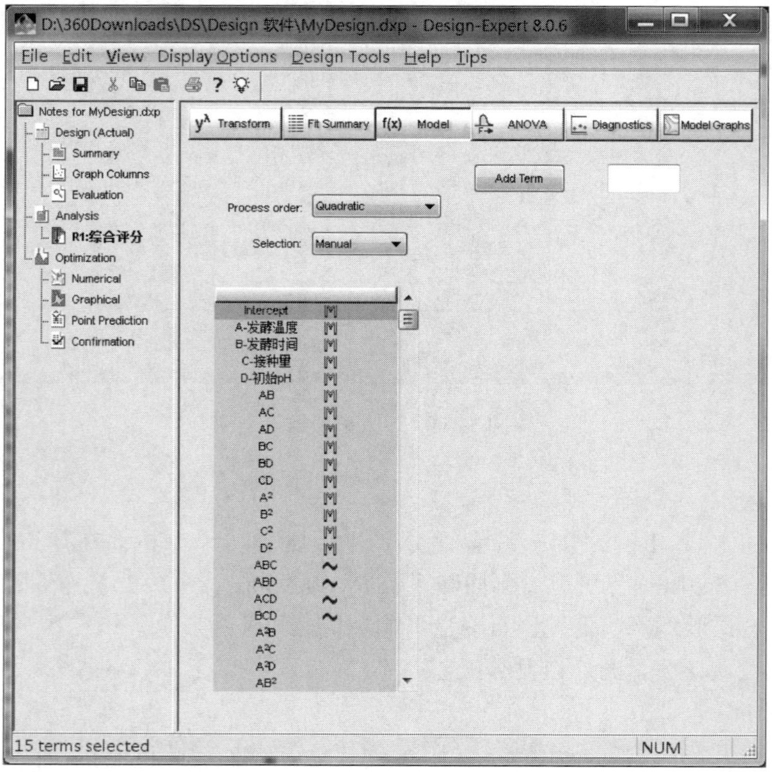

图 7-36　选择模型

7. 回归模型方差分析

单击“ANOVA”按钮进行响应面二次多项回归方程的方差分析，结果如图 7-37 所示。由 *ABCD* 的 *F* 值可知，各因素对玫瑰花酵素综合品质影响的程度为：*B*>*C*>*D*>*A*，即发酵时间>接种量>初始 pH>发酵温度。此外，利用 Design-Expert 软件对试验数据进行多元回归拟合，得到二次多项回归模型方程：$Y=+72.91-1.38A+7.21B+5.25C+3.69D-3.66AB-3.47AC+5.26AD+7.71BC+1.98BD+7.34CD-4.71A^2-15.17B^2+2.23C^2+1.4D^2$。

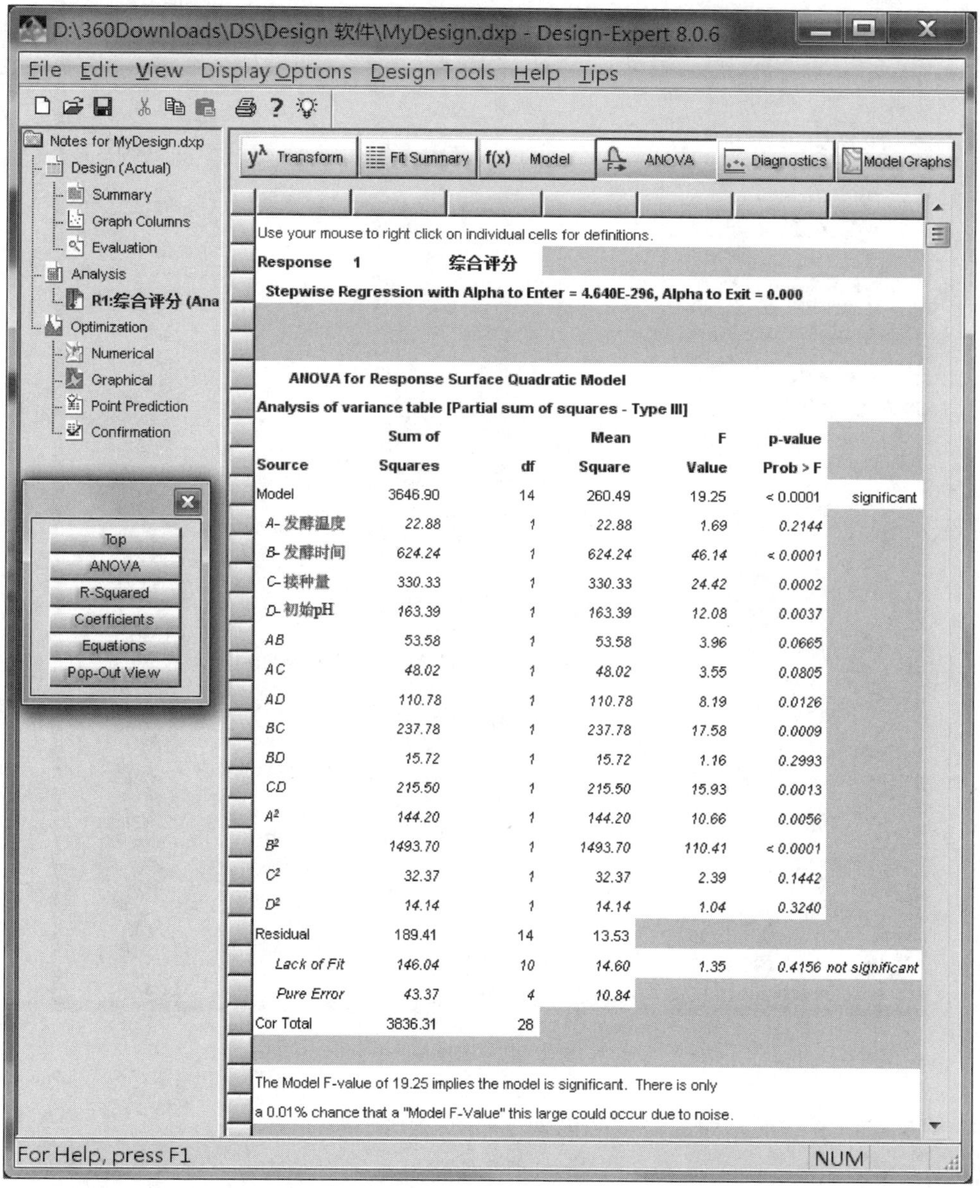

Use your mouse to right click on individual cells for definitions.

Response 1 综合评分

Stepwise Regression with Alpha to Enter = 4.640E-296, Alpha to Exit = 0.000

ANOVA for Response Surface Quadratic Model

Analysis of variance table [Partial sum of squares - Type III]

Source	Sum of Squares	df	Mean Square	F Value	p-value Prob > F	
Model	3646.90	14	260.49	19.25	< 0.0001	significant
A- 发酵温度	22.88	1	22.88	1.69	0.2144	
B- 发酵时间	624.24	1	624.24	46.14	< 0.0001	
C- 接种量	330.33	1	330.33	24.42	0.0002	
D- 初始pH	163.39	1	163.39	12.08	0.0037	
AB	53.58	1	53.58	3.96	0.0665	
AC	48.02	1	48.02	3.55	0.0805	
AD	110.78	1	110.78	8.19	0.0126	
BC	237.78	1	237.78	17.58	0.0009	
BD	15.72	1	15.72	1.16	0.2993	
CD	215.50	1	215.50	15.93	0.0013	
A^2	144.20	1	144.20	10.66	0.0056	
B^2	1493.70	1	1493.70	110.41	< 0.0001	
C^2	32.37	1	32.37	2.39	0.1442	
D^2	14.14	1	14.14	1.04	0.3240	
Residual	189.41	14	13.53			
Lack of Fit	146.04	10	14.60	1.35	0.4156	not significant
Pure Error	43.37	4	10.84			
Cor Total	3836.31	28				

The Model F-value of 19.25 implies the model is significant. There is only a 0.01% chance that a "Model F-Value" this large could occur due to noise.

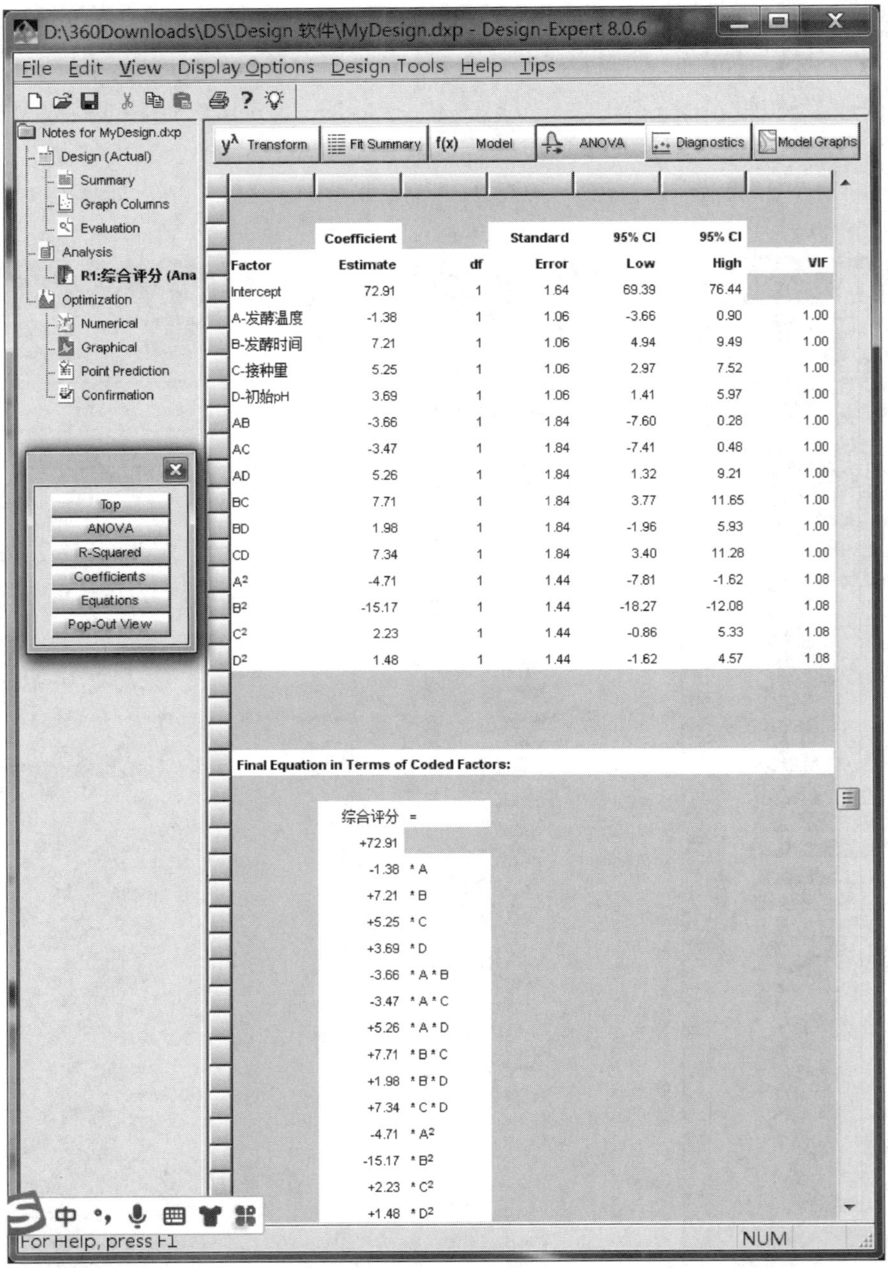

图 7-37　回归模型方差分析

8. 各因素的交互作用对响应值的影响

单击“Model Graphs”查看各因素之间两两交互作用对响应值的影响，在左侧工具栏中的“Term”选择要查看的两个因素，右侧为相应的等高线图，单击左侧工具栏中“3D Surface”，即可将等高线图转化为 3D 响应面图，如图 7-38 所示。

依次查看因素两两交互作用对响应值的影响，结果发现，发酵温度与初始 pH、发酵时间与接种量、接种量与初始 pH 之间的交互作用对响应值的影响显著或极显著，其他因素两两交互作用对响应值的影响不显著。

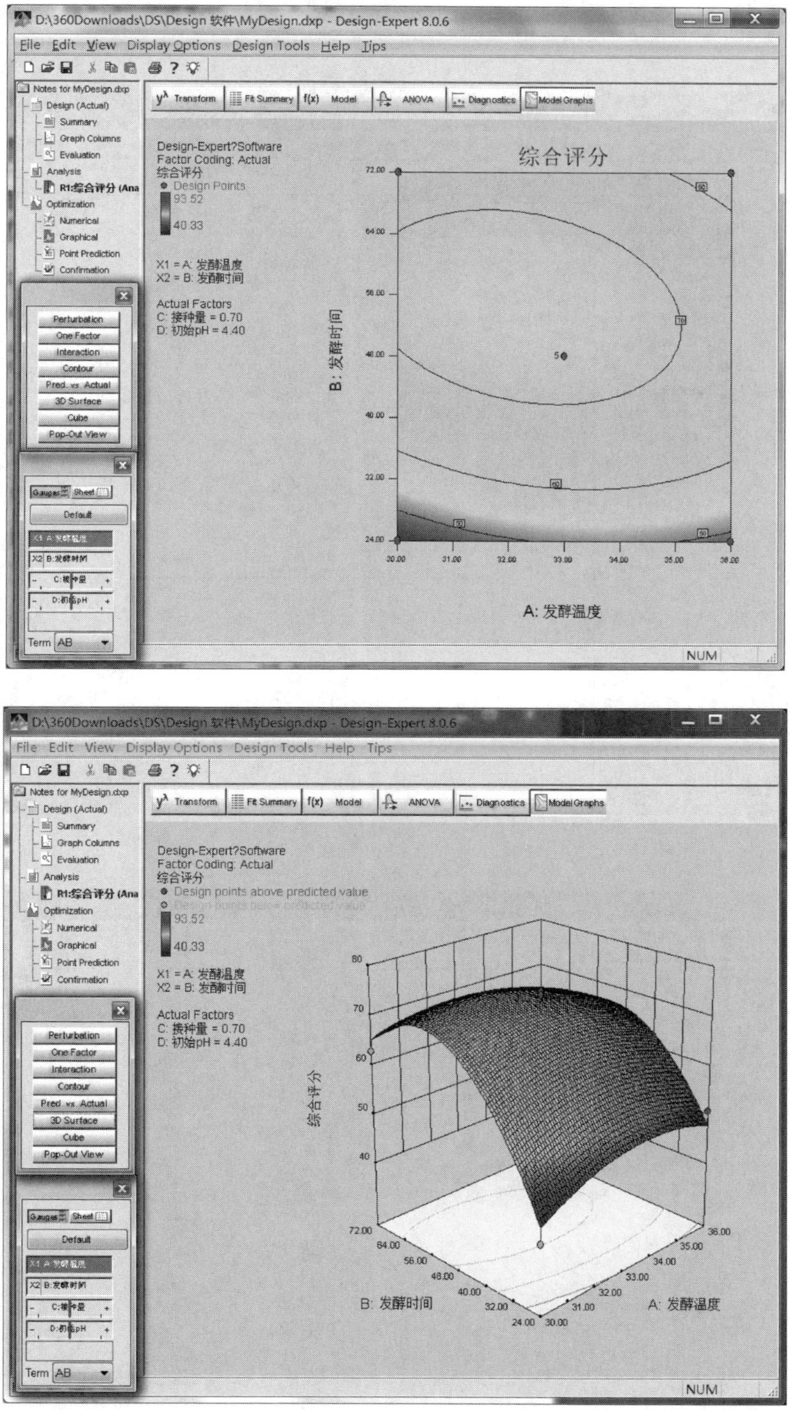

图 7-38 各因素交互作用对综合评分影响的响应面和等高线图

9. 设计优化

单击左侧工具栏“Optimization”下的“Numerical”进行最优值预测。在“Criteria”中分别将 4 个因素（发酵温度、发酵时间、接种量、初始 pH）的低限（Lower）和高限

（Upper）输入；由于在该优化试验中，响应值越高越好，所以在“综合评分”中将高限改成 100，如图 7-39 所示。

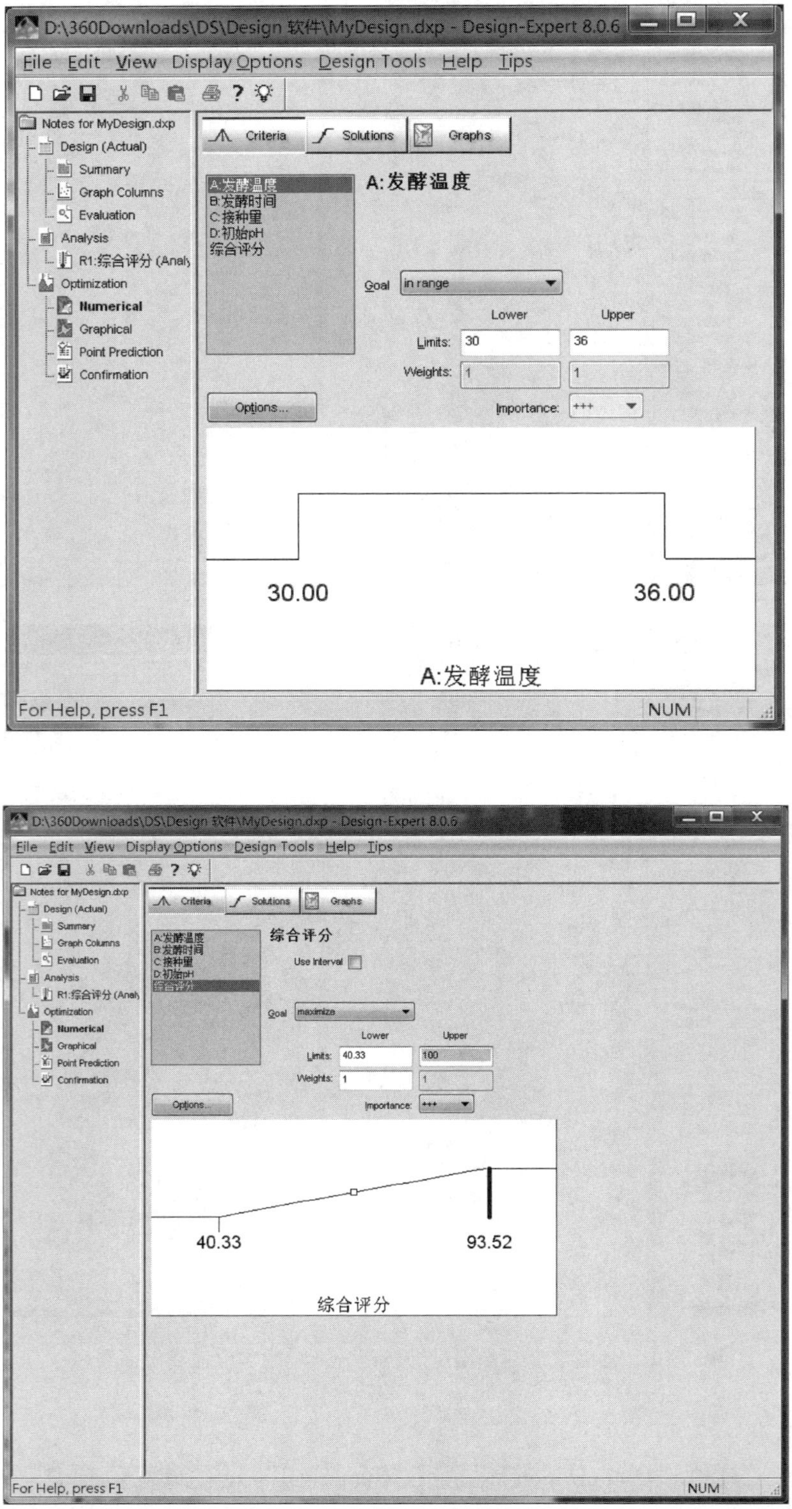

图 7-39　设计优化

10. 查看预测最优工艺

单击“Solution”按钮，查看预测最优工艺为：发酵温度 32.45℃、发酵时间 61.88h、接种量 1g、初始 pH 为 5.4，该条件下预测综合评分为 97.7551，如图 7-40 所示。

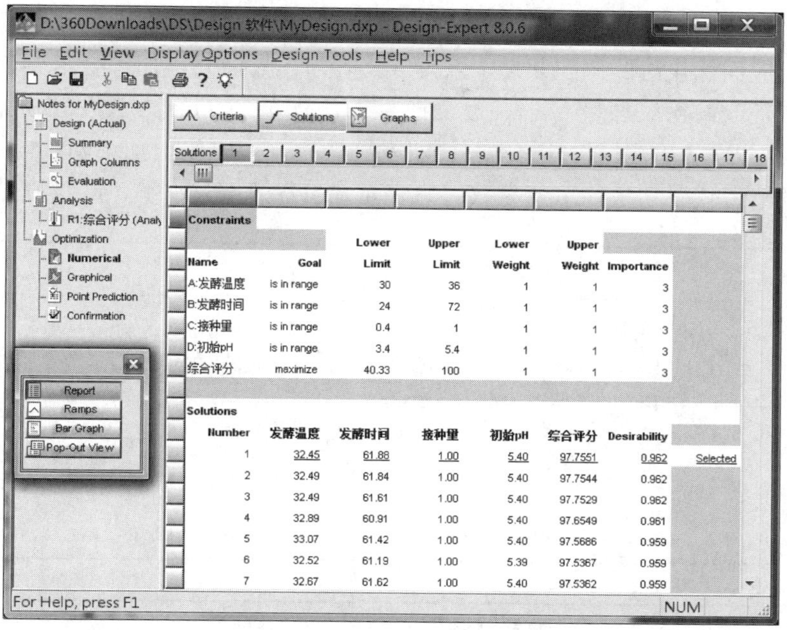

图 7-40 最优工艺预测

综合考虑，调整发酵工艺参数为：发酵温度 33℃、发酵时间 62h、接种量 1g、初始 pH 5.4。采取该最佳条件进行发酵所得的酵素综合评分为 96.20，与理论值无显著差异（P >0.05），表明可利用此模型对玫瑰花酵素发酵工艺条件进行响应面优化。

任务考核

考核项目	考核内容	分值	得分
响应面试验设计的科学性	试验设计方法选择准确	5	
	因素、水平、响应值的转换填写	10	
	试验结果输入准确	10	
Design-Expert 软件分析的准确性	对回归模型进行正确的方差分析	25	
	响应面和等高线图的转化和输出	20	
	最优值预测	10	
职业素质	严谨的科学态度	10	
	实事求是的职业精神	10	

练习题

近年来，代餐作为一种新型的干预手段常应用于减重或肥胖治疗。而莜麦、藜麦、山药等均是高蛋白、高膳食纤维、低热量的营养型粗粮，是糖尿病患者、肥胖者和减肥人群的良好食物来源之一。故某企业想要以莜麦改性粉、藜麦改性粉、山药改性粉和木糖醇为原料，运用响应面优化法，调配开发一款藜麦代餐粉。先请同学们综合考察前期单因素试验结果，以莜麦改性粉添加量（A）、藜麦改性粉添加量（B）、山药改性粉添加量（C）、木糖醇添加量（D）作为因素，以藜麦代餐粉感官评分为考核指标，设计 4 因素 3 水平的响应面，探究藜麦代餐粉最佳工艺参数。响应面试验各因素、水平、试验值如下表所示。

水平	因素			
	莜麦改性粉添加量（A）/%	藜麦改性粉添加量（B）/%	山药改性粉添加量（C）/%	木糖醇添加量（D）/%
−1	18	9	8	1.5
0	20	11	10	2.0
1	22	13	12	2.5

试验号	莜麦改性粉添加量（A）/%	藜麦改性粉添加量（B）/%	山药改性粉添加量（C）/%	木糖醇添加量（D）/%	感官评分（Y）/分
1	20	11	8	1.5	86.62
2	20	11	10	2	94.82
3	20	9	10	2.5	87.79
4	20	11	10	2	94.02
5	22	11	12	2	85.21
6	20	13	10	1.5	87.92
7	18	11	10	2.5	90.55
8	20	11	12	1.5	90.24
9	22	11	10	1.5	85.42
10	20	9	12	2	90.75
11	18	11	12	2	92.64
12	20	11	10	2	95.98
13	18	11	8	2	85.16
14	20	11	10	2	94.14
15	22	9	10	2	86.44
16	20	13	10	2.5	92.68

续表

试验号	莜麦改性粉添加量（*A*）/%	藜麦改性粉添加量（*B*）/%	山药改性粉添加量（*C*）/%	木糖醇添加量（*D*）/%	感官评分（*Y*）/分
17	20	13	12	2	93.09
18	18	13	10	2	90.89
19	20	11	10	2	94.61
20	20	9	8	2	89.26
21	22	11	10	2.5	91.77
22	18	11	10	1.5	91.92
23	20	11	12	2.5	90.62
24	22	13	10	2	90.37
25	20	13	8	2	89.38
26	20	9	10	1.5	91.84
27	22	11	8	2	89.98
28	20	11	8	2.5	90.65
29	18	9	10	2	91.03

知识链接

正交试验设计结果的方差分析法

极差分析法简单明了，通俗易懂，计算工作量少便于推广普及。但这种方法也有缺陷：①利用空列的 R 值作为判断各因素和交互作用的误差界限，不够精确。而对于那些没有空列的设计，就无法判断其误差的大小。②此外，各因素对试验结果的影响大小无法给予精确的数量估计，不能提出一个标准来判断所考察因素对指标影响是否显著。为了弥补极差分析的缺陷，可采用方差分析。

正交试验的正交分析一般包括下面几部分内容：①判断哪些因素对指标的影响是显著的，哪些是不显著的。②找出参数水平的较优组合。③较优组合方案指标的预测。

一、方差分析的基本步骤与格式

用正交表 $L_n(r^m)$ 来安排试验，则总的试验次数为 n，每个因素的水平数为 r，正交表的列数为 m，试验结果为 x_i（$i=1,2,\cdots,n$）。

1. 计算离差平方和

（1）总离差平方和　按下式计算：

$$SS_T=\sum_{i=1}^{n}(y_i-\bar{y})^2=\sum_{i=1}^{n}y_i^2-\frac{1}{n}(\sum_{i=1}^{n}y_i)^2=Q-P$$

式中：

$$T=\sum_{i=1}^{n}y_i \qquad Q=\sum_{i=1}^{n}y_i^2 \qquad P=\frac{1}{n}(\sum_{i=1}^{n}y_i)^2=\frac{T^2}{n}$$

（2）各因素引起的离差平方和　第 j 列所引起的离差平方和：

$$SS_j=\frac{r}{n}(\sum_{i=1}^{n}K_i^2)-\frac{T^2}{n}=\frac{r}{n}(\sum_{i=1}^{n}K_i^2)-P$$

因此：

$$SS_T=\sum_{j=1}^{m}SS_j$$

（3）交互作用的离差平方和　若交互作用只占有一列，则其离差平方和就等于所在列的离差平方和 SS_j，若交互作用占有多列，则其离差平方和等于所占多列离差平方和之和，如 $A\times B$ 的交互作用有两列，则：

$$SS_{A\times B}=SS_{(A\times B)_1}+SS_{(A\times B)_2}$$

（4）试验误差的离差平方和　方差分析时，在进行表头设计时一般要求留有空列，即误差列，误差的离差平方和为所有空列所对应离差平方和之和：

$$SS_e=\sum SS_{空列}$$

2. 计算自由度

（1）总自由度　$df_T=n-1$。

（2）任一列离差平方和对应的自由度　$df_j=r-1$。

（3）交互作用的自由度　（以 $A\times B$ 为例）

$$df_{A\times B}=df_A\times df_B \qquad df_{A\times B}=(r-1)\ df_j$$

若 $r=2$，$df_{A\times B}=df_j$；

若 $r=3$，$df_{A\times B}=2df_j=df_A+df_B$。

（4）误差的自由度　df_e=空白列自由度之和。

3. 计算均方

将各离差平方和分别除以各自相应的自由度，即得到均方。

$$MS_A=\frac{SS_A}{df_A} \qquad MS_{A\times B}=\frac{SS_{A\times B}}{df_{A\times B}} \qquad MS_e=\frac{SS_e}{df_e}$$

4. 计算 F 值

各均方除以误差的均方得到 F 值，例如：

$$F_A=\frac{MS_A}{MS_e} \qquad F_{A\times B}=\frac{MS_{A\times B}}{MS_e}$$

5. 显著性检验

例如：若 $F_A>F_\alpha(df_A,\ df_e)$，则因素 A 对试验结果有显著影响；

若 $F_{A\times B}>F_\alpha(df_{A\times B},\ df_e)$，则交互作用 $A\times B$ 对试验结果有显著影响。

6. 列方差分析表

经上述计算后，列出方差分析表如表 7-30 所示。

表 7-30　　方差分析表

方差来源	离差平方和 SS	自由度 df	均方 MS	F 值	F_α
A	$SS_A=SS_1$	$df_A=m-1$	$MS_A=SS_A/df_A$	$F_A=MS_A/MS_e$	$F_\alpha\ (df_A,\ df_e)$
B	$SS_B=SS_2$	$df_B=m-1$	$MS_B=SS_B/df_B$	$F_B=MS_B/MS_e$	

续表

方差来源	离差平方和 SS	自由度 df	均方 MS	F 值	F_α
$A\times B$	$SS_{A\times B}=SS_3$	$df_{A\times B}=df_A\times df_B$	$MS_{A\times B}=SS_{A\times B}/df_{A\times B}$	$F_{A\times B}=MS_{A\times B}/MS_e$	
…	…	…	…	…	
误差 e	SS_e	df_e	$MS_e=SS_e/df_e$		
总和 T	SS_T	$df_T=n-1$			

7. 选取较优组合

根据 k_j 找出较优水平，根据 F 确定因素主次，确定交互作用的较优搭配。

显著因素选较优水平，显著交互选较优搭配，若有矛盾且交互作用比单一因素显著，则以优搭配为主。

不显著因素若无显著的交互作用，则选合适水平，在以后的研究中作固定参数。不显著交互作用忽略。确定较优组合：显著因素选较优水平，不显著因素选合适水平。

二、应用实例

【例 7-6】某一种抗生素的发酵培养基由 A、B、C 3 种成分组成，各有两个水平，除考察 A、B、C 3 个因素的主效因外，还考察 A 与 B、B 与 C 的交互作用。试安排一个正交试验方案并进行结果分析。

本试验目的为探究影响抗生素发酵培养基的因素，试验指标为发酵培养基产量，根据题意因素水平如下（表 7-31）：

表 7-31　　【例 7-6】的因素水平表

水平	因素		
	A	B	C
1	A_1	B_1	C_1
2	A_2	B_2	C_2

试验除考察 A、B、C 3 个因素的主效因外，还考察 $A\times B$、$B\times C$ 的交互作用，因此，试验选用 L_8（2^7）正交表。试验结果和极差分析见表 7-32。

表 7-32　　【例 7-6】的正交试验极差分析结果

试验号	因素水平							结果（y_i）
	A	B	$A\times B$	C	空列	$B\times C$	空列	
1	1	1	1	1	1	1	1	55
2	1	1	1	2	2	2	2	38
3	1	2	2	1	1	2	2	97
4	1	2	2	2	2	1	1	89
5	2	1	2	1	2	1	2	122

续表

试验号	因素水平							结果（y_i）
	A	B	$A\times B$	C	空列	$B\times C$	空列	
6	2	1	2	2	1	2	1	124
7	2	2	1	1	2	2	1	79
8	2	2	1	2	1	1	2	61
K_1	279	339	233	353	337	327	347	
K_2	386	326	432	312	328	338	318	
k_1	69.75	84.75	58.25	88.25	84.25	81.75	86.75	$T=665$
k_2	96.50	81.50	108.00	78.00	82.00	84.50	79.50	
R_j	26.75	3.25	49.75	10.25	2.25	2.75	7.25	
jysp	A_2	B_1	$(A\times B)_2$	C_1		$(B\times C)_2$		
主次顺序	$A\times B>A>C>B>B\times C$							

试验结果分析：

（1）计算各项平方和。

$T^2=665^2=442225\quad Q=\sum_{i=1}^{n}y_i^2=55^2+38^2+\cdots+61^2=62021\quad P=T^2/n=665^2/8=55278.125$

总平方和　$SS_T=Q-P==6742.875$

A 因素平方和　$SS_A=\frac{r}{n}\sum_{i=1}^{n}K_{iA}^2-P=$（2792+3862）/4−55278.1250=1431.125

B 因素平方和　$SS_B=\frac{r}{n}\sum_{i=1}^{n}K_{iB}^2-P=$（3392+3262）/4−55278.1250=21.125

C 因素平方和　$SS_C=\frac{r}{n}\sum_{i=1}^{n}K_{iC}^2-P=$（3532+3122）/4−55278.1250=210.125

$A\times B$ 平方和　$SS_{A\times B}=\frac{r}{n}\sum_{i=1}^{n}K_{i(A\times B)}^2-P=$（2332+4322）/4−55278.1250=4950.125

$B\times C$ 平方和　$SS_{B\times C}=\frac{r}{n}\sum_{i=1}^{n}K_{i(B\times C)}^2-P=$（3272+3382）/4−55278.1250=15.125

误差平方和　$SS_e=SS_T-SS_A-SS_B-SS_{A\times B}-SS_{B\times C}=6742.8750-1431.1250-21.1250-210.1250-4950.1250-15.1250=115.250$

（2）计算自由度。

总自由度　$df_T=n-1=8-1=7$

各因素自由度　$df_A=df_B=df_C=2-1=1$

交互作用自由度　$df_{A\times B}=df_{B\times C}=(2-1)\times(2-1)=1$

误差自由度　$df_e=df_T-df_A-df_C-df_{A\times B}-df_{B\times C}=7-1-1-1-1-1=2$

（3）列出方差统计表，进行 F 检验。方差分析结果见表 7-33。

表 7-33 【例 7-6】的方差分析表

方差来源	离差平方和 SS	自由度 df	均方 MS	F 值	F_{α}
A	1431.125	1	1431.125	24.8351*	$F_{0.01}$（1，2）= 98.49
B	21.125	1	21.125	0.3666	$F_{0.05}$（1，2）= 18.51
$A \times B$	4950.125	1	4950.125	85.9042*	
C	210.125	1	210.125	3.6464	
空列	10.125	1	10.125		
$B \times C$	15.125	1	15.125	0.2625	
空列	105.125	1	105.125		
误差	115.250	2	57.625		
总和	6742.875	7			

F 检验结果表明：A 因素和交互作用 $A \times B$ 显著，B、C 因素及 $B \times C$ 交互作用不显著。

（4）优方案的确定。

因交互作用 $A \times B$ 显著，确定 A、B 的水平应该按因素 A、B 各水平搭配好坏来确定，以选出 A 与 B 的最优水平组合。

计算出 A 与 B 各水平组合的平均数：

A_1B_1 水平组合的平均数 =（55+38）/2 = 46.50

A_1B_2 水平组合的平均数 =（97+89）/2 = 93.00

A_2B_1 水平组合的平均数 =（122+124）/2 = 123.00

A_2B_2 水平组合的平均数 =（79+61）/2 = 70.00

4 个值中，123.00 最大，所以取 123.00 对应的组合 A_2B_1 为最优组合，C 因素取有水平 C_1，因此本试验的较优搭配为 $A_2B_1C_1$。

附录　统计分析常用表

附录 1　正态分布表

$$\Phi(\mu) = \frac{1}{\sqrt{2\pi}}\int_{\infty}^{\mu} e^{-\frac{\mu^2}{2}} d\mu \qquad (\mu \leqslant 0)$$

μ	0. 00	0. 01	0. 02	0. 03	0. 04	0. 05	0. 06	0. 07	0. 08	0. 09	μ
−0. 0	0. 5000	0. 4960	0. 4920	0. 4880	0. 4840	0. 4801	0. 4761	0. 4721	0. 4681	0. 4641	−0. 0
−0. 1	0. 4602	0. 4562	0. 4522	0. 4483	0. 4443	0. 4404	0. 4364	0. 4325	0. 4286	0. 4247	−0. 1
−0. 2	0. 4207	0. 4168	0. 4129	0. 4090	0. 4052	0. 4013	0. 3974	0. 3936	0. 3897	0. 3859	−0. 2
−0. 3	0. 3821	0. 3783	0. 3745	0. 3707	0. 3669	0. 3632	0. 3594	0. 3557	0. 3520	0. 3483	−0. 3
−0. 4	0. 3446	0. 3409	0. 3372	0. 3336	0. 3300	0. 3264	0. 3228	0. 3192	0. 3156	0. 3121	−0. 4
−0. 5	0. 3085	0. 3050	0. 3015	0. 2981	0. 2946	0. 2912	0. 2877	0. 2843	0. 2810	0. 2776	−0. 5
−0. 6	0. 2743	0. 2709	0. 2673	0. 2643	0. 2611	0. 2578	0. 2546	0. 2514	0. 2483	0. 2451	−0. 6
−0. 7	0. 2420	0. 2389	0. 2358	0. 2327	0. 2297	0. 2266	0. 2236	0. 2206	0. 2177	0. 2148	−0. 7
−0. 8	0. 2119	0. 2090	0. 2061	0. 2033	0. 2005	0. 1977	0. 1949	0. 1922	0. 1894	0. 1867	−0. 8
−0. 9	0. 1841	0. 1814	0. 1788	0. 1762	0. 1736	0. 1711	0. 1685	0. 1660	0. 1635	0. 1611	−0. 9
−1. 0	0. 1587	0. 1562	0. 1539	0. 1515	0. 1492	0. 1469	0. 1446	0. 1423	0. 1401	0. 1379	−1. 0
−1. 1	0. 1357	0. 1335	0. 1314	0. 1292	0. 1271	0. 1251	0. 1230	0. 1210	0. 1190	0. 1170	−1. 1
−1. 2	0. 1151	0. 1131	0. 1112	0. 1093	0. 1075	0. 1056	0. 1038	0. 1020	0. 1003	0. 09853	−1. 2
−1. 3	0. 09680	0. 09510	0. 09342	0. 09176	0. 09012	0. 08851	0. 08691	0. 08534	0. 08379	0. 08226	−1. 3
−1. 4	0. 08076	0. 07927	0. 07780	0. 07636	0. 07493	0. 07353	0. 07215	0. 07078	0. 06944	0. 06811	−1. 4
−1. 5	0. 06681	0. 06552	0. 06426	0. 06301	0. 06178	0. 06057	0. 05938	0. 05821	0. 05705	0. 05592	−1. 5
−1. 6	0. 05480	0. 05370	0. 05262	0. 05155	0. 05050	0. 04947	0. 04846	0. 04746	0. 04648	0. 04551	−1. 6
−1. 7	0. 04457	0. 04363	0. 04272	0. 04182	0. 04093	0. 04006	0. 03920	0. 03836	0. 03754	0. 03673	−1. 7
−1. 8	0. 03593	0. 03515	0. 03438	0. 03362	0. 03288	0. 03216	0. 03144	0. 03074	0. 03005	0. 02938	−1. 8
−1. 9	0. 02872	0. 02807	0. 02743	0. 02680	0. 02619	0. 02559	0. 02500	0. 02442	0. 02385	0. 02330	−1. 9
−2. 0	0. 02275	0. 02222	0. 02169	0. 02118	0. 02068	0. 02018	0. 01970	0. 01923	0. 01876	0. 01831	−2. 0
−2. 1	0. 01786	0. 01743	0. 01700	0. 01659	0. 01618	0. 01578	0. 01539	0. 01500	0. 01463	0. 01426	−2. 1

续附录1

μ	0.00	0.01	0.02	0.03	0.04	0.05	0.06	0.07	0.08	0.09	μ
−2.2	0.01390	0.01355	0.01321	0.01287	0.01255	0.01222	0.01191	0.01160	0.01130	0.01101	−2.2
−2.3	0.01072	0.01044	0.01017	0.029903	0.029642	0.029387	0.029137	0.028894	0.028656	0.028424	−2.3
−2.4	0.028198	0.027976	0.027760	0.027549	0.027344	0.027143	0.026947	0.026756	0.026569	0.026387	−2.4
−2.5	0.026210	0.026037	0.025868	0.025703	0.025543	0.025386	0.025234	0.025085	0.024940	0.024799	−2.5
−2.6	0.024661	0.024527	0.024396	0.024269	0.024145	0.024025	0.023907	0.023793	0.023681	0.023573	−2.6
−2.7	0.023467	0.023364	0.023264	0.023167	0.023072	0.022980	0.022890	0.022803	0.022718	0.022635	−2.7
−2.8	0.022555	0.022477	0.022401	0.022327	0.022256	0.022186	0.022118	0.022052	0.021988	0.021926	−2.8
−2.9	0.021866	0.021807	0.021750	0.021695	0.021641	0.021589	0.021538	0.021489	0.021441	0.021395	−2.9
−3.0	0.021350	0.021306	0.021264	0.021223	0.021183	0.021144	0.021107	0.021070	0.021035	0.021001	−3.0
−3.1	0.039676	0.039354	0.039043	0.038740	0.038447	0.038164	0.037888	0.037622	0.037364	0.037114	−3.1
−3.2	0.036871	0.036637	0.036410	0.036190	0.035976	0.035770	0.035571	0.035377	0.035190	0.035009	−3.2
−3.3	0.034834	0.034665	0.034501	0.034342	0.034189	0.034041	0.033897	0.033758	0.033624	0.033495	−3.3
−3.4	0.033369	0.033248	0.033131	0.033018	0.032909	0.032803	0.032701	0.032602	0.032507	0.032415	−3.4
−3.5	0.032326	0.032241	0.032158	0.032078	0.032001	0.031926	0.031854	0.031785	0.031718	0.031653	−3.5
−3.6	0.031591	0.031531	0.031473	0.031417	0.031363	0.031311	0.031261	0.031213	0.031166	0.031121	−3.6
−3.7	0.031078	0.031036	0.049961	0.049574	0.049201	0.048842	0.048496	0.048162	0.047841	0.047532	−3.7
−3.8	0.047235	0.046948	0.046673	0.046407	0.046152	0.045906	0.045669	0.045442	0.045223	0.045012	−3.8
−3.9	0.044810	0.044615	0.044427	0.044247	0.044074	0.043908	0.043747	0.043594	0.043446	0.043304	−3.9
−4.0	0.043167	0.043036	0.042910	0.042789	0.042673	0.042561	0.042454	0.042351	0.042252	0.042157	−4.0
−4.1	0.042066	0.041978	0.041894	0.041814	0.041737	0.041662	0.041591	0.041523	0.041458	0.041395	−4.1
−4.2	0.041335	0.041277	0.041222	0.041168	0.041118	0.041069	0.041022	0.059774	0.059345	0.058934	−4.2
−4.3	0.058540	0.058163	0.057801	0.057455	0.057124	0.056807	0.056503	0.056212	0.055934	0.055668	−4.3
−4.4	0.055413	0.055169	0.054935	0.054712	0.054498	0.054294	0.054098	0.053911	0.053732	0.053561	−4.4
−4.5	0.053398	0.053241	0.053092	0.052949	0.052813	0.052682	0.052558	0.052439	0.052325	0.0521116	−4.5
−4.6	0.052112	0.052013	0.051919	0.051828	0.051742	0.051660	0.051581	0.051506	0.051434	0.051366	−4.6
−4.7	0.051301	0.051239	0.051179	0.051123	0.051069	0.051017	0.069630	0.069211	0.068765	0.068339	−4.7
−4.8	0.067933	0.067547	0.067178	0.066827	0.066492	0.066173	0.065869	0.065580	0.065304	0.065042	−4.8
−4.9	0.064792	0.064554	0.064327	0.064111	0.063906	0.063711	0.063525	0.063348	0.063179	0.063019	−4.9

续附录1

μ	0.00	0.01	0.02	0.03	0.04	0.05	0.06	0.07	0.08	0.09	μ
0.0	0.5000	0.5040	0.5080	0.5120	0.5160	0.5199	0.5239	0.5279	0.5319	0.5359	0.0
0.1	0.5398	0.5438	0.5478	0.5517	0.5557	0.5596	0.5636	0.5675	0.5714	0.5753	0.1
0.2	0.5793	0.5832	0.5871	0.5910	0.5948	0.5987	0.6026	0.6064	0.6103	0.6141	0.2
0.3	0.6179	0.6217	0.6255	0.6293	0.6331	0.6368	0.6406	0.6443	0.6480	0.6517	0.3
0.4	0.6554	0.6591	0.6628	0.6664	0.6700	0.6736	0.6772	0.6808	0.6844	0.6879	0.4
0.5	0.6915	0.6950	0.6985	0.7019	0.7054	0.7088	0.7123	0.7157	0.7190	0.7224	0.5
0.6	0.7257	0.7291	0.7324	0.7357	0.7389	0.7422	0.7454	0.7486	0.7517	0.7549	0.6
0.7	0.7580	0.7611	0.7642	0.7673	0.7703	0.7734	0.7764	0.7794	0.7823	0.7852	0.7
0.8	0.7881	0.7910	0.7939	0.7967	0.7995	0.8023	0.8051	0.8078	0.8106	0.8133	0.8
0.9	0.8159	0.8186	0.8212	0.8238	0.8264	0.8289	0.8315	0.8340	0.8365	0.8389	0.9
1.0	0.8413	0.8438	0.8461	0.8485	0.8508	0.8531	0.8554	0.8577	0.8599	0.8621	1.0
1.1	0.8643	0.8665	0.8686	0.8708	0.8729	0.8749	0.8770	0.8790	0.8810	0.8830	1.1
1.2	0.8849	0.8869	0.8888	0.8907	0.8925	0.8944	0.8962	0.8980	0.8997	0.90147	1.2
1.3	0.90320	0.90490	0.90658	0.90824	0.90988	0.91149	0.91309	0.91466	0.91621	0.91774	1.3
1.4	0.91924	0.92073	0.92220	0.92364	0.92507	0.92647	0.92785	0.92922	0.93056	0.93189	1.4
1.5	0.93319	0.93448	0.93574	0.93699	0.93822	0.93943	0.94062	0.94179	0.94295	0.94408	1.5
1.6	0.94520	0.94630	0.94738	0.94845	0.94950	0.95053	0.95154	0.95254	0.95352	0.95449	1.6
1.7	0.95543	0.95637	0.95728	0.95818	0.95907	0.95994	0.96080	0.96164	0.96246	0.96327	1.7
1.8	0.96407	0.96485	0.96562	0.96638	0.96712	0.96784	0.96856	0.96926	0.96995	0.97062	1.8
1.9	0.97128	0.97193	0.97257	0.97320	0.97381	0.97441	0.97500	0.97558	0.97615	0.97670	1.9
2.0	0.97725	0.97778	0.97831	0.97882	0.97932	0.97982	0.98030	0.98077	0.98124	0.98169	2.0
2.1	0.98214	0.98257	0.98300	0.98341	0.98382	0.98422	0.98461	0.98500	0.98537	0.98574	2.1
2.2	0.98610	0.98645	0.98679	0.98713	0.98745	0.98778	0.98809	0.98840	0.98870	0.98899	2.2
2.3	0.98928	0.98956	0.98983	0.920097	0.920358	0.920613	0.920863	0.921106	0.921344	0.921576	2.3
2.4	0.921802	0.922024	0.922240	0.922451	0.922656	0.922857	0.923053	0.923244	0.923431	0.923613	2.4
2.5	0.923790	0.923963	0.924132	0.924297	0.924457	0.924614	0.924766	0.924915	0.925060	0.925201	2.5
2.6	0.925339	0.925473	0.925604	0.925731	0.925855	0.925975	0.926093	0.926207	0.926319	0.926427	2.6
2.7	0.926533	0.926636	0.926736	0.926833	0.926928	0.927020	0.927110	0.927197	0.927282	0.927365	2.7
2.8	0.927445	0.927523	0.927599	0.927673	0.927744	0.927814	0.927882	0.927948	0.928012	0.928074	2.8

续附录1

μ	0.00	0.01	0.02	0.03	0.04	0.05	0.06	0.07	0.08	0.09	μ
2.9	0.928134	0.928193	0.928250	0.928305	0.928859	0.928411	0.928462	0.928511	0.928559	0.928605	2.9
3.0	0.928650	0.928694	0.928736	0.928777	0.928817	0.928856	0.928893	0.928930	0.928965	0.928999	3.0
3.1	0.930324	0.930646	0.930957	0.931260	0.931553	0.931836	0.932112	0.932378	0.932636	0.932886	3.1
3.2	0.933129	0.933363	0.933590	0.933810	0.934024	0.934230	0.934429	0.934623	0.934810	0.934991	3.2
3.3	0.935166	0.935335	0.935499	0.935658	0.935811	0.935959	0.936103	0.936242	0.936376	0.936505	3.3
3.4	0.936631	0.936752	0.936869	0.936982	0.937091	0.937197	0.937299	0.937398	0.937493	0.937585	3.4
3.5	0.937674	0.937759	0.937842	0.937922	0.937999	0.938074	0.938146	0.938215	0.938282	0.938347	3.5
3.6	0.938409	0.938469	0.938527	0.938583	0.938637	0.938689	0.938739	0.938787	0.938834	0.938879	3.6
3.7	0.938922	0.938964	0.940039	0.940426	0.940799	0.941158	0.941504	0.941838	0.942159	0.945468	3.7
3.8	0.942765	0.943052	0.943327	0.943593	0.943848	0.944094	0.944331	0.944558	0.944777	0.944983	3.8
3.9	0.945190	0.945385	0.945573	0.945753	0.945926	0.946092	0.946253	0.946406	0.946554	0.946696	3.9
4.0	0.946833	0.946964	0.947090	0.947211	0.947327	0.947439	0.947546	0.947649	0.947748	0.947843	4.0
4.1	0.947934	0.948022	0.948106	0.948186	0.948263	0.948338	0.948409	0.948477	0.948542	0.948605	4.1
4.2	0.948665	0.948723	0.948778	0.948832	0.948882	0.948931	0.948978	0.950226	0.950655	0.951066	4.2
4.3	0.951460	0.951837	0.952199	0.952545	0.952876	0.953193	0.953497	0.953788	0.954066	0.954332	4.3
4.4	0.954587	0.954831	0.955065	0.955288	0.955502	0.955706	0.955902	0.956089	0.956268	0.956439	4.4
4.5	0.956602	0.956759	0.956908	0.957051	0.957187	0.957318	0.957442	0.957561	0.957675	0.957784	4.5
4.6	0.957888	0.957987	0.958081	0.958172	0.958258	0.958340	0.958419	0.958494	0.958566	0.958634	4.6
4.7	0.958699	0.958761	0.958821	0.958877	0.958931	0.958983	0.950320	0.960789	0.961235	0.961661	4.7
4.8	0.962067	0.962453	0.962822	0.963173	0.963508	0.963827	0.964131	0.964420	0.964696	0.964958	4.8
4.9	0.965208	0.965446	0.965673	0.965889	0.966094	0.966289	0.966475	0.966652	0.966821	0.966981	4.9

附录 2　正态分布的双侧分位数（μ_α）表

α	α									
	0.01	0.02	0.03	0.04	0.05	0.06	0.07	0.08	0.09	0.10
0.0	2.575829	2.326348	2.170090	2.053749	1.959964	1.880794	1.811911	1.750686	1.695398	1.644854
0.1	1.598193	1.554774	1.514102	1.475791	1.439531	1.405072	1.372204	1.340755	1.310579	1.281552
0.2	1.253565	1.226528	1.200359	1.174987	1.150349	1.126391	1.103063	1.080319	1.058122	1.036433
0.3	1.015222	0.994458	0.974114	0.954165	0.934589	0.915365	0.896473	0.877896	0.859617	0.841621

续附录2

α	α									
	0.01	0.02	0.03	0.04	0.05	0.06	0.07	0.08	0.09	0.10
0.4	0.823894	0.806421	0.789192	0.772193	0.755415	0.738847	0.722479	0.706303	0.690309	0.674490
0.5	0.658838	0.643345	0.628006	0.612813	0.597760	0.582841	0.568051	0.553385	0.538836	0.524401
0.6	0.510073	0.495850	0.481727	0.467699	0.453762	0.439913	0.426148	0.412463	0.398855	0.385320
0.7	0.371856	0.358459	0.345125	0.331853	0.318639	0.305481	0.292375	0.279319	0.266311	0.253347
0.8	0.240426	0.227545	0.214702	0.201893	0.189118	0.176374	0.163658	0.150969	0.138304	0.125661
0.9	0.113039	0.100434	0.087845	0.075270	0.062707	0.050154	0.037608	0.025069	0.012533	0.000000

附录3　*t* 值表

自由度 *df*	概　率（*P*）										
	单侧：	0.25	0.20	0.10	0.05	0.025	0.01	0.005	0.0025	0.001	0.0005
	双侧：	0.50	0.40	0.20	0.10	0.05	0.02	0.01	0.005	0.002	0.001
1		1.000	1.376	3.078	6.314	12.706	31.821	63.657	127.321	318.309	636.619
2		0.816	1.061	1.886	2.920	4.303	6.965	9.925	14.089	22.309	31.599
3		0.765	0.978	1.638	2.353	3.182	4.54	5.841	7.453	10.215	12.924
4		0.741	0.941	1.533	2.132	2.776	3.747	4.604	5.598	7.173	8.610
5		0.727	0.920	1.476	2.015	2.571	3.365	4.032	4.773	5.893	6.869
6		0.718	0.906	1.440	1.943	2.447	3.143	3.707	4.317	5.208	5.959
7		0.711	0.896	1.415	1.895	2.365	2.998	3.499	4.029	4.785	5.408
8		0.706	0.889	1.397	1.860	2.306	2.896	3.355	3.833	4.501	5.041
9		0.703	0.883	1.383	1.833	2.262	2.821	3.250	3.690	4.297	4.781
10		0.700	0.879	1.372	1.812	2.228	2.764	3.169	3.581	4.144	4.587
11		0.697	0.876	1.363	1.796	2.201	2.718	3.106	3.497	4.025	4.437
12		0.695	0.873	1.356	1.782	2.179	2.681	3.055	3.428	3.930	4.318
13		0.694	0.870	1.350	1.771	2.160	2.650	3.012	3.372	3.852	4.221
14		0.692	0.868	1.345	1.761	2.145	2.624	2.977	3.326	3.787	4.140
15		0.691	0.866	1.341	1.753	2.131	2.602	2.947	3.286	3.733	4.073
16		0.690	0.865	1.337	1.746	2.120	2.583	2.921	3.252	3.686	4.015
17		0.689	0.863	1.333	1.740	2.110	2.567	2.898	3.222	3.646	3.965
18		0.688	0.862	1.330	1.734	2.101	2.552	2.878	3.197	3.610	3.922
19		0.688	0.861	1.328	1.729	2.093	2.539	2.861	3.174	3.579	3.883

续附录3

自由度 df		概率（P）									
	单侧：	0.25	0.20	0.10	0.05	0.025	0.01	0.005	0.0025	0.001	0.0005
	双侧：	0.50	0.40	0.20	0.10	0.05	0.02	0.01	0.005	0.002	0.001
20		0.687	0.860	1.325	1.725	2.086	2.528	2.845	3.153	3.552	3.850
21		0.686	0.859	1.323	1.721	2.080	2.518	2.831	3.135	3.527	3.819
22		0.686	0.858	1.321	1.717	2.074	2.508	2.819	3.119	3.505	3.792
23		0.685	0.858	1.319	1.714	2.069	2.500	2.807	3.104	3.485	3.768
24		0.685	0.857	1.318	1.711	2.064	2.492	2.797	3.091	3.467	3.745
25		0.684	0.856	1.316	1.708	2.060	2.485	2.787	3.078	3.450	3.725
26		0.684	0.856	1.315	1.706	2.056	2.479	2.779	3.067	3.435	3.707
27		0.684	0.855	1.314	1.703	2.052	2.473	2.771	3.057	3.421	3.690
28		0.683	0.855	1.313	1.701	2.048	2.467	2.763	3.047	3.408	3.674
29		0.683	0.854	1.311	1.699	2.045	2.462	2.756	3.038	3.396	3.659
30		0.683	0.854	1.310	1.697	2.042	2.457	2.750	3.030	3.385	3.646
31		0.682	0.853	1.309	1.696	2.040	2.453	2.744	3.022	3.375	3.633
32		0.682	0.853	1.309	1.694	2.037	2.449	2.738	3.015	3.365	3.622
33		0.682	0.853	1.308	1.692	2.035	2.445	2.733	3.008	3.356	3.611
34		0.682	0.852	1.307	1.691	2.032	2.441	2.728	3.002	3.348	3.601
35		0.682	0.852	1.306	1.690	2.030	2.438	2.724	2.996	3.340	3.591
36		0.681	0.852	1.306	1.688	2.028	2.434	2.719	2.990	3.333	3.582
37		0.681	0.851	1.305	1.687	2.026	2.431	2.715	2.985	3.326	3.574
38		0.681	0.851	1.304	1.686	2.024	2.429	2.712	2.980	3.319	3.566
39		0.681	0.851	1.304	1.685	2.023	2.426	2.708	2.976	3.313	3.558
40		0.681	0.851	1.303	1.684	2.021	2.423	2.704	2.971	3.307	3.551
50		0.679	0.849	1.299	1.676	2.009	2.403	2.678	2.937	3.261	3.496
60		0.679	0.848	1.296	1.671	2.000	2.390	2.660	2.915	3.232	3.460
70		0.678	0.847	1.294	1.667	1.994	2.381	2.648	2.899	3.211	3.435
80		0.678	0.846	1.292	1.664	1.990	2.374	2.639	2.887	3.195	3.416
90		0.677	0.846	1.291	1.662	1.987	2.368	2.632	2.878	3.183	3.402
100		0.677	0.845	1.290	1.660	1.984	2.364	2.626	2.871	3.174	3.390
200		0.676	0.843	1.286	1.653	1.972	2.345	2.601	2.839	3.131	3.340
500		0.675	0.842	1.283	1.648	1.965	2.334	2.586	2.820	3.107	3.310
1000		0.675	0.842	1.282	1.646	1.962	2.330	2.581	2.813	3.098	3.300
∞		0.6745	0.8416	1.2816	1.6449	1.9600	2.3263	2.5758	2.8070	3.0902	3.2905

附录4　*F* 值表（方差分析用）

方差分析用（单尾），上行概率 0.05，下行概率 0.01

分母的自由度 df_2	分子的自由度 df_1											
	1	2	3	4	5	6	7	8	9	10	11	12
1	161	200	216	225	230	234	237	239	241	242	243	224
	4 052	4 999	5 403	5 625	5 764	5 859	5 928	5 981	6 022	6 056	6 082	6 106
2	18.51	19.00	19.16	19.25	19.30	19.33	19.36	19.37	19.38	19.39	19.40	19.41
	98.49	99.00	99.17	99.25	99.30	99.33	99.34	99.36	99.38	99.40	99.41	99.42
3	10.13	9.55	9.28	9.12	9.01	8.94	8.88	8.84	8.81	8.78	8.76	8.74
	34.12	30.82	29.46	28.71	28.24	27.91	27.67	27.49	27.34	27.23	27.13	27.05
4	7.71	6.94	6.59	6.39	6.26	6.16	6.09	6.04	6.00	5.96	5.93	5.91
	21.20	18.00	16.69	15.98	15.52	15.21	14.98	14.80	14.66	14.54	14.45	14.37
5	6.61	5.79	5.41	5.19	5.05	4.95	4.88	4.82	4.78	4.74	4.70	4.68
	16.26	13.27	12.06	11.39	10.97	10.67	10.45	10.27	10.15	10.05	9.96	9.89
6	5.99	5.14	4.76	4.53	4.39	4.28	4.21	4.15	4.10	4.06	4.03	4.00
	13.74	10.92	9.78	9.15	8.75	8.47	8.26	8.10	7.98	7.87	7.79	7.72
7	5.59	4.74	4.35	4.12	3.97	3.87	3.79	3.73	3.68	3.63	3.60	3.57
	12.25	9.55	8.45	7.85	7.46	7.19	7.00	6.84	6.71	6.62	6.54	6.47
8	5.32	4.46	4.07	3.84	3.69	3.58	3.50	3.44	3.39	3.34	3.31	3.28
	11.26	8.65	7.59	7.01	6.63	6.37	6.19	6.03	5.91	5.82	5.74	5.67
9	5.12	4.26	3.86	3.63	3.48	3.37	3.29	3.23	3.18	3.13	3.10	3.07
	10.56	8.02	6.99	6.42	6.06	5.80	5.69	5.47	5.35	5.26	5.18	5.11
10	4.96	4.10	3.71	3.48	3.33	3.22	3.14	3.07	3.02	2.97	2.94	2.91
	10.04	7.56	6.55	5.99	5.64	5.39	5.21	5.06	4.95	4.85	4.78	4.71
11	4.84	3.98	3.59	3.36	3.20	3.09	3.01	2.95	2.90	2.86	2.82	2.76
	9.65	7.20	6.22	5.67	5.32	5.07	4.88	4.74	4.63	4.54	4.46	4.40
12	4.75	3.88	3.49	3.26	3.11	3.00	2.92	2.85	2.80	2.76	2.72	2.69
	9.33	6.93	5.95	5.41	5.06	4.82	4.65	4.50	4.39	4.30	4.22	4.16
13	4.67	3.80	3.41	3.18	3.02	2.92	2.84	2.77	2.72	2.67	2.63	2.60
	9.07	6.70	5.74	5.20	4.86	4.62	4.44	4.30	4.19	4.10	4.02	3.96
14	4.60	3.74	3.34	3.11	2.96	2.85	2.77	2.70	2.65	2.60	2.56	2.53
	8.86	6.51	5.56	5.03	4.69	4.46	4.28	4.14	4.03	3.94	3.86	3.80
15	4.54	3.68	3.29	3.06	2.90	2.79	2.70	2.64	2.59	2.55	2.51	2.48
	8.68	6.36	5.42	4.89	4.56	4.32	4.14	4.00	3.89	3.80	3.73	3.67

续附录 4

分母的自由度 df_2	分子的自由度 df_1											
	14	16	20	24	30	40	50	75	100	200	500	∞
1	245	246	248	249	250	251	252	253	253	254	254	254
	6 142	6 169	6 208	6 234	6 258	6 286	6 302	6 323	6 334	6 352	6 361	6 366
2	19.42	19.43	19.44	19.45	19.46	19.47	19.47	19.48	19.49	19.49	19.50	19.50
	99.43	99.44	99.45	99.46	99.47	99.48	99.48	99.49	99.49	99.49	99.50	99.50
3	8.71	8.69	8.66	8.64	8.62	8.60	8.58	8.57	8.56	8.54	8.54	8.53
	26.92	26.83	26.69	26.60	26.50	26.41	26.35	26.27	26.23	26.18	26.14	26.12
4	5.87	5.84	5.80	5.77	5.74	5.71	5.70	5.68	5.66	5.65	5.64	5.63
	14.24	14.15	14.02	13.93	13.83	13.74	13.69	13.61	13.57	13.52	13.48	13.46
5	4.64	4.60	4.56	4.53	4.50	4.46	4.44	4.42	4.40	4.38	4.37	4.36
	9.77	9.68	9.55	9.47	9.38	9.29	9.24	9.17	9.13	9.07	9.04	9.02
6	3.96	3.92	3.87	3.84	3.81	3.77	3.75	3.72	3.71	3.69	3.68	3.67
	7.60	7.52	7.39	7.31	7.23	7.14	7.09	7.02	6.99	6.94	6.90	6.88
7	3.52	3.49	3.44	3.41	3.38	3.34	3.32	3.29	3.28	3.25	3.24	3.23
	6.35	6.27	6.15	6.07	5.98	5.90	5.85	5.78	5.75	5.70	5.67	5.65
8	3.23	3.20	3.15	3.12	3.08	3.05	3.03	3.00	2.98	2.96	2.94	2.93
	5.56	5.48	5.36	5.28	5.20	5.11	5.06	5.00	4.96	4.91	4.88	4.86
9	3.02	2.98	2.93	2.90	2.86	2.82	2.80	2.77	2.76	2.73	2.72	2.71
	5.00	4.92	4.80	4.73	4.64	4.56	4.51	4.45	4.41	4.36	4.33	4.31
10	2.86	2.82	2.77	2.74	2.70	2.67	2.64	2.61	2.59	2.56	2.55	2.54
	4.60	4.52	4.41	4.33	4.25	4.17	4.12	4.05	4.01	3.96	3.93	3.91
11	2.74	2.70	2.65	2.61	2.57	2.53	2.50	2.47	2.45	2.42	2.41	2.40
	4.29	4.21	4.10	4.02	3.94	3.86	3.80	3.74	3.70	3.66	3.62	3.60
12	2.64	2.60	2.54	2.50	2.46	2.42	2.40	2.36	2.35	2.32	2.31	2.30
	4.05	3.98	3.86	3.78	3.70	3.61	3.56	3.49	3.46	3.41	3.38	3.36
13	2.55	2.51	2.46	2.42	2.38	2.34	2.32	2.28	2.26	2.24	2.22	2.21
	3.85	3.78	3.67	3.59	3.51	3.42	3.37	3.30	3.27	3.21	3.18	3.16
14	2.48	2.44	2.39	2.35	2.31	2.27	2.24	2.21	2.19	2.16	2.14	2.13
	3.70	3.62	3.51	3.43	3.34	3.26	3.21	3.14	3.11	3.06	3.02	3.00
15	2.43	2.39	2.33	2.29	2.25	2.21	2.18	2.15	2.12	2.10	2.08	2.07
	3.56	3.48	3.36	3.29	3.20	3.12	3.07	3.00	2.97	2.92	2.89	2.87

续附录 4

分母的自由度 df_2	分子的自由度 df_1											
	1	2	3	4	5	6	7	8	9	10	11	12
16	4.49	3.63	3.24	3.01	2.85	2.74	2.66	2.59	2.54	2.49	2.45	2.42
	8.53	6.23	5.29	4.77	4.44	4.20	4.03	3.89	3.78	3.69	3.61	3.55
17	4.45	3.59	3.20	2.96	2.81	2.70	2.62	2.55	2.50	2.45	2.41	2.38
	8.40	6.11	5.18	4.67	4.34	4.10	3.93	3.79	3.68	3.59	3.52	3.45
18	4.41	3.55	3.16	2.93	2.77	2.66	2.58	2.51	2.46	2.41	2.37	2.34
	8.28	6.01	5.09	4.58	4.25	4.01	3.85	3.71	3.60	3.51	3.44	3.37
19	4.38	3.52	3.13	2.90	2.74	2.63	2.55	2.48	2.43	2.38	2.34	2.31
	8.18	5.93	5.01	4.50	4.17	3.94	3.77	3.63	3.52	3.43	3.36	3.30
20	4.35	3.49	3.10	2.87	2.71	2.60	2.52	2.45	2.40	2.35	2.31	2.28
	8.10	5.85	4.94	4.43	4.10	3.87	3.71	3.56	3.45	3.37	3.30	3.23
21	4.32	3.47	3.07	2.84	2.68	2.57	2.49	2.42	2.37	2.32	2.28	2.25
	8.02	5.78	4.87	4.37	4.04	3.81	3.65	3.51	3.40	3.31	3.24	3.17
22	4.30	3.44	3.05	2.82	2.66	2.55	2.47	2.40	2.35	2.30	2.26	2.23
	7.94	5.72	4.82	4.31	3.99	3.76	3.59	3.45	3.35	3.26	3.18	3.12
23	4.28	3.42	3.03	2.80	2.64	2.53	2.45	2.38	2.32	2.28	2.24	3.20
	7.88	5.66	4.76	4.26	3.94	3.71	3.54	3.41	3.30	3.21	3.14	3.07
24	4.26	3.40	3.01	2.78	2.62	2.51	2.43	2.36	2.30	2.26	2.22	2.18
	7.82	5.61	4.72	4.22	3.90	3.67	3.50	3.36	3.25	3.17	3.09	3.03
25	4.24	3.38	2.99	2.76	2.60	2.49	2.41	2.34	2.28	2.24	2.20	2.16
	7.77	5.57	4.68	4.18	3.86	3.63	3.45	3.32	3.21	3.13	3.05	2.99
26	4.22	3.37	2.98	2.74	2.59	2.47	2.39	2.32	2.27	2.22	2.18	2.15
	7.72	5.53	4.64	4.14	3.82	3.59	3.42	3.29	3.17	3.09	3.02	2.96
27	4.21	3.35	2.96	2.73	2.57	2.46	2.37	2.30	2.25	2.20	2.16	2.13
	7.68	5.49	4.60	4.11	3.79	3.56	3.39	3.26	3.14	3.06	2.98	2.93
28	4.20	3.34	2.95	2.71	2.56	2.44	2.36	2.29	2.24	2.19	2.15	2.12
	7.64	5.45	4.57	4.07	3.76	3.53	3.36	3.23	3.11	3.03	2.95	2.90
29	4.18	3.33	2.93	2.70	2.54	2.43	2.35	2.28	2.22	2.18	2.14	2.10
	7.60	5.42	4.54	4.04	3.73	3.50	3.33	3.20	3.08	3.00	2.92	2.87
30	4.17	3.32	2.92	2.69	2.53	2.42	2.34	2.27	2.21	2.16	2.12	2.09
	7.56	5.39	4.51	4.02	3.70	3.47	3.30	3.17	3.06	2.98	2.90	2.84
32	4.15	3.30	2.90	2.67	2.51	2.40	2.32	2.25	2.19	2.14	2.10	2.07
	7.50	5.34	4.46	3.97	3.66	3.42	3.25	3.12	3.01	2.94	2.86	2.80
34	4.13	3.28	2.88	2.65	2.49	2.38	2.30	2.23	2.17	2.12	2.08	2.05
	7.44	5.29	4.42	3.93	3.61	3.38	3.21	3.08	2.97	2.89	2.82	2.76
36	4.11	3.26	2.86	2.63	2.48	2.36	2.28	2.21	2.15	2.10	2.06	2.03
	7.39	5.25	4.38	3.89	3.58	3.35	3.18	3.04	2.94	2.86	2.78	2.72

续附录 4

分母的自由度 df_2	分子的自由度 df_1											
	14	16	20	24	30	40	50	75	100	200	500	∞
16	2.37	2.33	2.28	2.24	2.20	2.16	2.13	2.09	2.07	2.04	2.02	2.01
	3.45	3.37	3.25	3.18	3.10	3.01	2.96	2.89	2.86	2.80	2.77	2.75
17	2.33	2.29	2.23	2.19	2.15	2.11	2.08	2.04	2.02	1.99	1.97	1.96
	3.35	3.27	3.16	3.08	3.00	2.92	2.86	2.79	2.76	2.70	2.67	2.65
18	2.29	2.25	2.19	2.15	2.11	2.07	2.04	2.00	1.98	1.95	1.93	1.92
	3.27	3.19	3.07	3.00	2.91	2.83	2.78	2.71	2.68	2.62	2.59	2.57
19	2.26	2.21	2.15	2.11	2.07	2.02	2.00	1.96	1.94	1.91	1.90	1.88
	3.19	3.12	3.00	2.92	2.84	2.76	2.70	2.63	2.60	2.54	2.51	2.49
20	2.23	2.18	2.12	2.08	2.04	1.99	1.96	1.92	1.90	1.87	1.85	1.84
	3.13	3.05	2.94	2.86	2.77	2.69	2.63	2.56	2.53	2.47	2.44	2.42
21	2.20	2.15	2.09	2.05	2.00	1.96	1.93	1.89	1.87	1.84	1.82	1.81
	3.07	2.99	2.88	2.80	2.72	2.63	2.58	2.51	2.47	2.42	2.38	2.36
22	3.18	2.13	2.07	2.03	1.98	1.93	1.91	1.87	1.84	1.81	1.80	1.78
	3.02	2.94	2.83	2.75	2.67	2.58	2.53	2.46	2.42	2.37	2.33	2.31
23	2.14	2.10	2.04	2.00	1.96	1.91	1.88	1.84	1.82	1.79	1.77	1.76
	2.97	2.89	2.78	2.70	2.62	2.53	2.48	2.41	2.37	2.32	2.28	2.26
24	2.13	2.09	2.02	1.98	1.94	1.89	1.86	1.82	1.80	1.76	1.74	1.73
	2.93	2.85	2.74	2.66	2.58	2.49	2.44	2.36	2.33	2.27	2.23	2.21
25	2.11	2.06	2.00	1.96	1.92	1.87	1.84	1.80	1.77	1.74	1.72	1.71
	2.89	2.81	2.70	2.62	2.54	2.45	2.40	2.32	2.29	2.23	2.19	2.17
26	2.10	2.05	1.99	1.95	1.90	1.85	1.82	1.78	1.76	1.72	1.70	1.69
	2.86	2.77	2.66	2.58	2.50	2.41	2.36	2.28	2.25	2.19	2.15	2.13
27	2.08	2.03	1.97	1.93	1.88	1.84	1.80	1.76	1.74	1.71	1.68	1.67
	2.83	2.74	2.63	2.55	2.47	2.38	2.33	2.25	2.21	2.16	2.12	2.10
28	2.06	2.02	1.96	1.91	1.87	1.81	1.78	1.75	1.72	1.69	1.67	1.65
	2.80	2.71	2.60	2.52	2.44	2.35	2.30	2.22	2.18	2.13	2.09	2.06
29	2.05	2.00	1.94	1.90	1.85	1.80	1.77	1.73	1.71	1.68	1.65	1.64
	2.77	2.68	2.57	2.49	2.41	2.32	2.27	2.19	2.15	2.10	2.06	2.03
30	2.04	1.99	1.93	1.89	1.84	1.79	1.76	1.12	1.69	1.66	1.64	1.62
	2.74	2.66	2.55	2.47	2.38	2.29	2.24	2.16	2.13	2.07	2.03	2.01
32	2.02	1.97	1.91	1.86	1.82	1.76	1.74	1.69	1.67	1.64	1.61	1.59
	2.70	2.62	2.51	2.42	2.34	2.25	2.20	2.12	2.08	2.02	1.98	1.96
34	2.00	1.95	1.89	1.84	1.80	1.74	1.71	1.67	1.64	1.61	1.59	1.57
	2.66	2.58	2.47	2.38	2.30	2.21	2.15	2.08	2.04	1.98	1.94	1.91
36	1.98	1.93	1.87	1.82	1.78	1.72	1.69	1.65	1.62	1.59	1.56	1.55
	2.62	2.54	2.43	2.35	2.26	2.17	2.12	2.04	2.00	1.94	1.90	1.87

续附录 4

分母的自由度 df_2	分子的自由度 df_1											
	1	2	3	4	5	6	7	8	9	10	11	12
38	4.10	3.25	2.85	2.62	2.46	2.35	2.26	2.19	2.14	2.09	2.05	2.02
	7.35	5.21	4.34	3.86	3.54	3.32	3.15	3.02	2.91	2.82	2.75	2.69
40	4.08	3.23	2.84	2.61	2.45	2.34	2.25	2.18	2.12	2.07	2.04	2.00
	7.31	5.18	4.31	3.83	3.51	3.29	3.12	2.99	2.88	2.80	2.73	2.66
42	4.07	3.22	2.83	2.59	2.44	2.32	2.24	2.17	2.11	2.06	2.02	1.99
	7.27	5.15	4.29	3.80	3.49	3.26	3.10	2.96	2.86	2.77	2.70	2.64
44	4.06	3.21	2.82	2.58	2.43	2.31	2.23	2.16	2.10	2.05	2.01	1.98
	7.24	5.12	4.26	3.78	3.46	3.24	3.07	2.94	2.84	2.75	2.68	2.62
46	4.05	3.20	2.81	2.57	2.42	2.30	2.22	2.14	2.09	2.04	2.00	1.97
	7.21	5.10	4.24	3.76	3.44	3.22	3.05	2.92	2.82	2.73	2.66	2.60
48	4.04	3.19	2.80	2.56	2.41	2.30	2.21	2.14	2.08	2.03	1.99	1.96
	7.19	5.08	4.22	3.74	3.42	3.20	3.04	2.90	2.80	2.71	2.64	2.58
50	4.03	3.18	2.79	2.56	2.40	2.29	2.20	2.13	2.07	2.02	1.98	1.95
	7.17	5.06	4.20	3.72	3.41	3.18	3.02	2.88	2.78	2.70	2.62	2.56
60	4.00	3.15	2.76	2.52	2.37	2.25	2.17	2.10	2.04	1.99	1.95	1.92
	7.08	4.98	4.13	3.65	3.34	3.12	2.95	2.82	2.72	2.63	2.56	2.50
70	3.98	3.13	2.74	2.50	2.35	2.23	2.14	2.07	2.01	1.97	1.93	1.89
	7.01	4.92	4.08	3.60	3.29	3.07	2.91	2.77	2.67	2.59	2.51	2.45
80	3.96	3.11	2.72	2.48	2.33	2.21	2.12	2.05	1.99	1.95	1.91	1.88
	6.96	4.88	4.04	3.56	3.25	3.04	2.87	2.74	2.64	2.55	2.48	2.41
100	3.94	3.09	2.70	2.46	2.30	2.19	2.10	2.03	1.97	1.92	1.88	1.85
	6.90	4.82	3.98	3.51	3.20	2.99	2.82	2.69	2.59	2.51	2.43	2.36
125	3.92	3.07	2.68	2.44	2.29	2.17	2.08	2.01	1.95	1.90	1.86	1.83
	6.84	4.78	3.94	3.47	3.17	2.95	2.79	2.65	2.56	2.47	2.40	2.33
150	3.91	3.06	2.67	2.43	2.27	2.16	2.07	2.00	1.94	1.89	1.85	1.82
	6.81	4.75	3.91	3.44	3.14	2.92	2.76	2.62	2.53	2.44	2.37	2.30
200	3.89	3.04	2.65	2.41	2.26	2.14	2.05	1.98	1.92	1.87	1.83	1.80
	6.75	4.71	3.88	3.41	3.11	2.90	2.73	2.60	2.50	2.41	2.34	2.28
400	3.86	3.02	2.62	2.39	2.23	2.12	2.03	1.96	1.90	1.85	1.81	1.78
	6.70	4.66	3.83	3.36	3.06	2.85	2.69	2.55	2.46	2.37	2.29	2.23
1000	3.85	3.00	2.61	2.38	2.22	2.10	2.02	1.95	1.89	1.84	1.80	1.76
	6.66	4.62	3.80	3.34	3.04	2.82	2.66	2.53	2.43	2.34	2.26	2.20
∞	3.84	2.99	2.60	2.37	2.21	2.09	2.01	1.94	1.88	1.83	1.79	1.75
	6.64	4.60	3.78	3.32	3.02	2.80	2.64	2.51	2.41	2.32	2.24	2.18

续附录 4

分母的自由度 df_2	分子的自由度 df_1											
	14	16	20	24	30	40	50	75	100	200	500	∞
38	1. 96	1. 92	1. 85	1. 80	1. 76	1. 71	1. 67	1. 63	1. 60	1. 57	1. 54	1. 53
	2. 59	2. 51	2. 40	2. 32	2. 22	2. 14	2. 08	2. 00	1. 97	1. 90	1. 86	1. 84
40	1. 95	1. 90	1. 84	1. 79	1. 74	1. 69	1. 66	1. 61	1. 59	1. 55	1. 53	1. 51
	2. 56	2. 49	2. 37	2. 29	2. 20	2. 11	2. 05	1. 97	1. 94	1. 88	1. 84	1. 81
42	1. 94	1. 89	1. 82	1. 78	1. 73	1. 68	1. 64	1. 60	1. 57	1. 54	1. 51	1. 49
	2. 54	2. 46	2. 35	2. 26	2. 17	2. 08	2. 02	1. 94	1. 91	1. 85	1. 80	1. 78
44	1. 92	1. 88	1. 81	1. 76	1. 72	1. 66	1. 63	1. 58	1. 56	1. 52	1. 50	1. 48
	2. 52	2. 44	2. 32	2. 24	2. 15	2. 06	2. 00	1. 92	1. 88	1. 82	1. 78	1. 75
46	1. 91	1. 87	1. 80	1. 75	1. 71	1. 65	1. 62	1. 57	1. 54	1. 51	1. 48	1. 46
	2. 50	2. 42	2. 30	2. 22	2. 13	2. 04	1. 98	1. 90	1. 86	1. 80	1. 76	1. 72
48	1. 90	1. 86	1. 79	1. 74	1. 70	1. 64	1. 61	1. 56	1. 53	1. 50	1. 47	1. 45
	2. 48	2. 40	2. 28	2. 20	2. 11	2. 02	1. 96	1. 88	1. 84	1. 78	1. 73	1. 70
50	1. 90	1. 85	1. 78	1. 74	1. 69	1. 63	1. 60	1. 55	1. 52	1. 48	1. 46	1. 44
	2. 46	2. 39	2. 26	2. 18	2. 10	2. 00	1. 94	1. 86	1. 82	1. 76	1. 71	1. 68
60	1. 86	1. 81	1. 75	1. 70	1. 65	1. 59	1. 56	1. 50	1. 48	1. 44	1. 41	1. 39
	2. 40	2. 32	2. 20	2. 12	2. 03	1. 93	1. 87	1. 79	1. 74	1. 68	1. 63	1. 60
70	1. 84	1. 79	1. 82	1. 67	1. 62	1. 56	1. 53	1. 47	1. 45	1. 40	1. 37	1. 35
	2. 35	2. 28	2. 15	2. 07	1. 98	1. 88	1. 82	1. 74	1. 69	1. 62	1. 56	1. 53
80	1. 82	1. 77	1. 70	1. 65	1. 60	1. 54	1. 51	1. 45	1. 42	1. 38	1. 35	1. 32
	2. 32	2. 24	2. 11	2. 03	1. 94	1. 81	1. 78	1. 70	1. 65	1. 57	1. 52	1. 49
100	1. 79	1. 75	1. 68	1. 63	1. 57	1. 51	1. 48	1. 42	1. 39	1. 34	1. 30	1. 28
	2. 26	2. 19	2. 06	1. 98	1. 89	1. 79	1. 73	1. 64	1. 59	1. 51	1. 46	1. 43
125	1. 77	1. 72	1. 65	1. 60	1. 55	1. 49	1. 45	1. 39	1. 36	1. 31	1. 27	1. 25
	2. 23	2. 15	2. 03	1. 94	1. 85	1. 75	1. 68	1. 59	1. 54	1. 46	1. 40	1. 37
150	1. 76	1. 71	1. 64	1. 59	1. 54	1. 47	1. 44	1. 37	1. 34	1. 29	1. 25	1. 22
	2. 20	2. 12	2. 00	1. 91	1. 83	1. 72	1. 66	1. 56	1. 51	1. 43	1. 37	1. 33
200	1. 74	1. 69	1. 62	1. 57	1. 52	1. 45	1. 42	1. 35	1. 32	1. 26	1. 22	1. 19
	2. 17	2. 09	1. 97	1. 88	1. 79	1. 69	1. 62	1. 53	1. 48	1. 39	1. 33	1. 28
400	1. 72	1. 67	1. 60	1. 54	1. 49	1. 42	1. 38	1. 32	1. 28	1. 22	1. 16	1. 13
	2. 12	2. 04	1. 92	1. 84	1. 74	1. 64	1. 57	1. 47	1. 42	1. 32	1. 24	1. 19
1000	1. 70	1. 65	1. 58	1. 53	1. 47	1. 41	1. 36	1. 30	1. 26	1. 19	1. 13	1. 08
	2. 09	2. 01	1. 89	1. 81	1. 71	1. 61	1. 54	1. 44	1. 38	1. 28	1. 19	1. 11
∞	1. 69	1. 64	1. 57	1. 52	1. 46	1. 40	1. 35	1. 28	1. 24	1. 17	1. 11	1. 00
	2. 07	1. 99	1. 87	1. 19	1. 69	1. 59	1. 52	1. 41	1. 36	1. 25	1. 15	1. 00

附录 5　Dunnett t'检验临界值表（双侧）

自由度 df	α	处理数 K（不包括对照组）								
		1	2	3	4	5	6	7	8	9
5	0.05	2.57	3.03	3.39	3.66	3.88	4.06	4.22	4.36	4.49
	0.01	4.03	4.63	5.09	5.44	5.73	5.97	6.18	6.36	6.53
6	0.05	2.45	2.86	3.18	3.41	3.60	3.75	3.88	4.00	4.11
	0.01	3.71	4.22	4.60	4.88	5.11	5.30	5.47	5.61	5.74
7	0.05	2.36	2.75	3.04	3.24	3.41	3.54	3.66	3.76	3.86
	0.01	3.50	3.95	4.28	4.52	4.71	4.87	5.01	5.13	5.24
8	0.05	2.31	2.67	2.94	3.13	3.28	3.40	3.51	3.60	3.68
	0.01	3.36	3.77	4.06	4.27	4.44	4.58	4.70	4.81	4.90
9	0.05	2.26	2.61	2.86	3.04	3.18	3.29	3.39	3.48	3.55
	0.01	3.25	3.63	3.90	4.09	4.24	4.37	4.48	4.57	4.65
10	0.05	2.23	2.57	2.81	2.97	3.11	3.21	3.31	3.39	3.46
	0.01	3.17	3.53	3.78	3.95	4.10	4.21	4.31	4.40	4.47
11	0.05	2.20	2.53	2.76	2.92	3.05	3.15	3.24	3.31	3.38
	0.01	3.11	3.45	3.68	3.85	3.98	4.09	4.18	4.26	4.33
12	0.05	2.18	2.50	2.72	2.88	3.00	3.10	3.18	3.25	3.32
	0.01	3.05	3.39	3.61	3.76	3.89	3.99	4.08	4.15	4.22
13	0.05	2.16	2.48	2.69	2.84	2.96	3.06	3.14	3.21	3.27
	0.01	3.01	3.33	3.54	3.69	3.81	3.91	3.99	4.06	4.13
14	0.05	2.14	2.46	2.67	2.81	2.93	3.02	3.10	3.17	3.23
	0.01	2.98	3.29	3.49	3.64	3.75	3.84	3.92	3.99	4.05
15	0.05	2.13	2.44	2.64	2.79	2.90	2.99	3.07	3.13	3.19
	0.01	2.95	3.25	3.45	3.59	3.70	3.79	3.86	3.93	3.99
16	0.05	2.12	2.42	2.63	2.77	2.88	2.96	3.04	3.10	3.16
	0.01	2.92	3.22	3.41	3.55	3.65	3.74	3.82	3.88	3.93
17	0.05	2.11	2.41	2.61	2.75	2.85	2.94	3.01	3.08	3.13
	0.01	2.90	3.19	3.38	3.51	3.62	3.70	3.77	3.83	3.89
18	0.05	2.10	2.40	2.59	2.73	2.84	2.92	2.99	3.05	3.11
	0.01	2.88	3.17	3.35	3.48	3.58	3.67	3.74	3.80	3.85
19	0.05	2.09	2.39	2.58	2.72	2.82	2.90	2.97	3.04	3.09
	0.01	2.86	3.15	3.33	3.46	3.55	3.64	3.70	3.76	3.81
20	0.05	2.09	2.38	2.57	2.70	2.81	2.89	2.96	3.02	3.07
	0.01	2.85	3.13	3.31	3.43	3.53	3.61	3.67	3.73	3.78

续附录5

自由度 df	α	处理数 K（不包括对照组）								
		1	2	3	4	5	6	7	8	9
24	0.05	2.06	2.35	2.53	2.66	2.76	2.84	2.91	2.96	3.01
	0.01	2.80	3.07	3.24	3.36	3.45	3.52	3.58	3.64	3.69
30	0.05	2.04	2.32	2.50	2.62	2.72	2.79	2.86	2.91	2.96
	0.01	2.75	3.01	3.17	3.28	3.37	3.44	3.50	3.55	3.59
40	0.05	2.02	2.29	2.47	2.58	2.61	2.75	2.81	2.86	2.90
	0.01	2.70	2.95	3.10	3.21	3.29	3.36	3.41	3.46	3.50
60	0.05	2.00	2.27	2.43	2.55	2.63	2.70	2.76	2.81	2.85
	0.01	2.66	2.90	3.04	3.14	3.22	3.28	3.33	3.38	3.42
120	0.05	1.98	2.24	2.40	2.51	2.59	2.66	2.71	2.76	2.80
	0.01	2.62	2.84	2.98	3.08	3.15	3.21	3.25	3.30	3.33
∞	0.05	1.96	2.21	2.37	2.47	2.55	2.62	2.67	2.71	2.75
	0.01	2.58	2.79	2.92	3.01	3.08	3.14	3.18	3.22	3.25

附录 6 Dunnett t' 检验临界值表（单侧）

自由度 df	α	处理数 K（不包括对照组）								
		1	2	3	4	5	6	7	8	9
5	0.05	2.02	2.44	2.68	2.85	2.98	3.08	3.16	3.24	3.30
	0.01	3.37	3.90	4.21	4.43	4.60	4.73	4.85	4.94	5.03
6	0.05	1.94	2.34	2.56	2.71	2.83	2.92	3.00	3.07	3.12
	0.01	3.14	3.61	3.88	4.07	4.21	4.33	4.43	4.51	4.59
7	0.05	1.89	2.27	2.48	2.62	2.73	2.82	2.89	2.95	3.01
	0.01	3.00	3.42	3.66	3.83	3.96	4.07	4.15	4.23	4.30
8	0.05	1.86	2.22	2.42	2.55	2.66	2.74	2.81	2.87	2.92
	0.01	2.90	3.29	3.51	3.67	3.79	3.88	3.96	4.03	4.09
9	0.05	1.83	2.18	2.37	2.50	2.60	2.68	2.75	2.81	2.86
	0.01	2.82	3.19	3.40	3.55	3.66	3.75	3.82	3.89	3.94
10	0.05	1.81	2.15	2.34	2.47	2.56	2.64	2.70	2.76	2.81
	0.01	2.76	3.11	3.31	3.45	3.56	3.64	3.71	3.78	3.83
11	0.05	1.80	2.13	2.31	2.44	2.53	2.60	2.67	2.72	2.77
	0.01	2.72	3.06	3.25	3.38	3.48	3.56	3.63	3.69	3.74
12	0.05	1.78	2.11	2.29	2.41	2.50	2.58	2.64	2.69	2.74
	0.01	2.68	3.01	3.19	3.32	3.42	3.50	3.56	3.62	3.67

续附录6

自由度 df	α	处理数 K（不包括对照组）								
		1	2	3	4	5	6	7	8	9
13	0.05	1.77	2.09	2.27	2.39	2.48	2.55	2.61	2.66	2.71
	0.01	2.65	2.97	3.15	3.27	3.37	3.44	3.51	3.56	3.61
14	0.05	1.76	2.08	2.25	2.37	2.46	2.53	2.59	2.64	2.69
	0.01	2.62	2.94	3.11	3.23	3.32	3.40	3.46	3.51	3.56
15	0.05	1.75	2.07	2.24	2.36	2.44	2.51	2.57	2.62	2.67
	0.01	2.60	2.91	3.08	3.20	3.29	3.36	3.42	3.47	3.52
16	0.05	1.75	2.06	2.23	2.34	2.43	2.50	2.56	2.61	2.65
	0.01	2.58	2.88	3.05	3.17	3.26	3.33	3.39	3.44	3.48
17	0.05	1.74	2.05	2.22	2.33	2.42	2.49	2.54	2.59	2.64
	0.01	2.57	2.86	3.03	3.14	3.23	3.30	3.36	3.41	3.45
18	0.05	1.73	2.04	2.21	2.32	2.41	2.48	2.53	2.58	2.62
	0.01	2.55	2.84	3.01	3.12	3.21	3.27	3.33	3.38	3.42
19	0.05	1.73	2.03	2.20	2.31	2.40	2.47	2.52	2.57	2.61
	0.01	2.54	2.83	2.99	3.10	3.18	3.25	3.31	3.36	3.40
20	0.05	1.72	2.03	2.19	2.30	2.39	2.46	2.51	2.56	2.60
	0.01	2.53	2.81	2.97	3.08	3.17	3.23	3.29	3.34	3.38
24	0.05	1.71	2.01	2.17	2.28	2.36	2.43	2.48	2.53	2.57
	0.01	2.49	2.77	2.92	3.03	3.11	3.17	3.22	3.27	3.31
30	0.05	1.70	1.99	2.15	2.25	2.33	2.40	2.45	2.50	2.54
	0.01	2.46	2.72	2.87	2.97	3.05	3.11	3.16	3.21	3.24
40	0.05	1.68	1.97	2.13	2.23	2.31	2.37	2.42	2.47	2.51
	0.01	2.42	2.68	2.82	2.92	2.99	3.05	3.10	3.14	3.18
60	0.05	1.67	1.95	2.10	2.21	2.28	2.35	2.39	2.44	2.18
	0.01	2.39	2.64	2.78	2.87	2.94	3.00	3.04	3.08	3.12
120	0.05	1.66	1.93	2.08	2.18	2.26	2.32	2.37	2.41	2.45
	0.01	2.36	2.60	2.73	2.82	2.89	2.94	2.99	3.03	3.06
∞	0.05	1.64	1.92	2.06	2.16	2.23	2.29	2.34	2.38	2.42
	0.01	2.33	2.56	2.68	2.77	2.84	2.89	2.93	2.97	3.00

附录7 q 值表

自由度 df	α	K（检验极差的平均数个数，即秩次距）																		
		2	3	4	5	6	7	8	9	10	11	12	13	14	15	16	17	18	19	20
3	0.05	4.50	5.91	6.82	7.50	8.04	8.84	8.85	9.18	9.46	9.72	9.95	10.15	10.35	10.52	10.84	10.69	10.98	11.11	11.24
	0.01	8.26	10.62	12.27	13.33	14.24	15.00	15.64	16.20	16.69	17.13	17.53	17.89	18.22	18.52	19.07	18.81	19.32	19.55	19.77

续附录7

自由度 df	α	K（检验极差的平均数个数，即秩次距）																		
		2	3	4	5	6	7	8	9	10	11	12	13	14	15	16	17	18	19	20
4	0.05	3.39	5.04	5.76	6.29	6.71	7.05	7.35	7.60	7.83	8.03	8.21	8.37	8.52	8.66	8.79	8.91	9.03	9.13	9.23
	0.01	6.51	8.12	9.17	9.96	10.85	11.10	11.55	11.93	12.27	12.57	12.84	13.09	13.32	13.53	13.73	13.91	14.08	14.24	14.40
5	0.05	3.64	4.60	5.22	5.67	6.03	6.33	6.58	6.80	6.99	7.17	7.32	7.47	7.60	7.72	7.83	7.93	8.03	8.12	8.21
	0.01	5.70	6.98	7.80	8.42	8.91	9.32	9.67	9.97	10.24	10.48	10.07	10.89	11.08	11.24	11.40	11.55	11.68	11.81	11.93
6	0.05	3.46	4.34	4.90	5.30	5.63	5.90	6.12	6.32	6.49	6.65	6.79	6.92	7.03	7.14	7.24	7.34	7.43	7.51	7.59
	0.01	5.24	6.33	7.03	7.56	7.97	8.32	8.61	8.87	9.10	9.30	9.48	9.65	9.81	9.95	10.08	12.21	10.32	10.43	10.54
7	0.05	3.34	4.16	4.68	5.06	5.36	5.01	5.82	6.00	6.16	6.30	6.43	6.55	6.66	6.76	6.85	9.94	7.02	7.10	7.17
	0.01	4.95	5.92	6.54	7.01	7.37	7.68	9.94	8.17	8.37	8.55	8.71	8.86	9.00	9.12	9.24	9.35	9.46	9.55	9.65
8	0.05	3.26	4.04	4.53	4.89	5.17	5.40	5.60	5.77	5.92	6.05	6.18	6.29	6.39	6.48	6.57	6.65	6.73	6.80	6.87
	0.01	4.75	5.64	6.20	6.62	4.96	7.24	7.47	7.68	7.86	8.03	8.18	8.31	8.44	8.55	8.66	8.76	8.85	8.94	9.03
9	0.05	3.20	3.95	4.41	4.76	5.02	5.24	5.43	5.59	5.74	5.87	5.98	6.09	6.19	6.28	6.36	6.44	6.51	6.58	6.64
	0.01	4.60	5.43	5.96	6.35	6.66	6.91	7.13	7.33	7.49	7.65	7.78	7.91	8.03	8.13	8.23	8.33	8.41	8.49	8.57
10	0.05	3.15	3.88	4.33	4.65	4.91	5.12	5.30	5.46	5.60	5.72	5.83	5.93	6.03	6.11	6.19	6.27	6.34	6.40	6.47
	0.01	4.48	5.27	5.77	6.14	4.43	6.67	6.87	7.05	7.21	7.36	7.48	7.60	7.71	7.81	7.91	7.99	8.08	8.15	8.23
11	0.05	3.11	3.82	4.26	4.57	4.82	5.03	5.20	5.35	5.49	5.61	5.71	5.81	5.90	5.98	6.06	6.13	6.20	6.27	6.33
	0.01	4.39	5.15	5.62	5.97	6.25	6.48	6.67	6.84	6.99	7.13	7.25	7.36	7.46	7.56	7.65	7.13	7.81	7.88	7.95
12	0.05	3.08	3.77	4.20	4.51	4.75	4.95	5.12	5.27	5.39	5.51	5.61	5.71	5.80	5.88	5.95	6.02	6.09	6.15	6.21
	0.01	4.32	5.05	5.55	5.84	6.10	6.32	6.51	6.67	6.81	6.94	7.06	7.17	7.26	7.36	7.44	7.52	7.59	7.66	7.73
13	0.05	3.06	3.73	4.15	4.45	4.69	4.88	5.05	9.19	5.32	5.45	5.53	5.63	5.71	5.79	5.86	5.93	5.99	6.05	6.11
	0.01	4.26	4.96	5.40	5.73	5.98	6.19	6.37	6.53	6.67	6.79	6.90	7.01	7.10	7.19	7.27	7.35	7.42	7.48	7.55
14	0.05	3.03	3.70	4.11	4.41	4.64	4.83	4.99	5.13	5.25	5.36	5.46	5.55	5.64	5.71	5.79	5.85	5.91	5.97	6.03
	0.01	4.21	4.89	5.32	5.63	5.88	6.08	6.26	6.41	6.54	6.66	6.77	6.87	6.96	7.05	7.13	7.20	7.27	7.33	7.39
15	0.05	3.01	3.67	4.08	4.37	4.59	4.78	4.94	5.08	5.20	5.31	5.40	5.49	5.57	5.65	5.72	5.78	5.85	5.90	5.96
	0.01	4.17	4.84	5.25	5.56	5.80	5.99	6.16	6.31	6.44	6.55	6.66	6.76	6.84	6.93	7.00	7.07	7.14	7.20	7.26
16	0.05	3.00	3.65	4.05	4.33	4.56	4.74	4.90	5.03	5.15	5.26	5.35	5.44	5.52	5.59	5.66	5.73	5.79	5.84	5.90
	0.01	4.13	4.79	5.19	5.49	5.72	5.92	6.08	6.22	6.35	6.46	6.56	6.66	6.74	6.82	6.90	6.97	7.03	7.09	7.15
17	0.05	2.98	3.63	4.02	4.30	4.52	4.70	4.86	4.99	5.11	5.21	5.31	5.39	5.47	5.54	5.61	5.67	5.73	5.79	5.84
	0.01	4.10	4.74	5.14	5.43	5.66	5.85	6.01	6.15	6.27	6.38	6.48	6.57	6.66	6.73	6.81	6.87	6.94	7.00	7.05
18	0.05	2.97	3.61	4.00	4.28	4.19	4.67	4.82	4.96	5.07	5.17	5.27	5.35	5.43	5.50	5.57	5.63	5.69	5.74	5.76
	0.01	4.07	4.70	5.09	5.38	5.60	5.79	5.94	6.08	6.20	6.31	6.41	6.50	6.58	6.65	6.73	6.79	6.85	6.91	6.97
19	0.05	2.96	3.59	3.98	4.25	4.47	4.65	4.49	4.92	5.04	5.14	5.23	5.31	5.39	5.46	5.53	5.59	5.65	5.70	5.75
	0.01	4.05	4.67	5.05	5.33	5.55	5.73	5.89	6.02	6.16	6.25	6.34	6.43	6.51	6.58	6.65	6.72	6.78	6.84	6.89
20	0.05	2.95	3.58	3.96	4.23	4.54	4.62	4.77	4.90	5.01	5.11	5.20	5.28	5.36	5.43	5.49	5.55	5.61	5.66	5.71
	0.01	4.02	4.64	5.02	5.29	5.51	5.69	5.84	5.97	6.09	6.19	6.28	6.37	6.45	6.52	6.59	6.65	6.71	6.77	6.82

续附录7

自由度 df	α	K（检验极差的平均数个数，即秩次距）																		
		2	3	4	5	6	7	8	9	10	11	12	13	14	15	16	17	18	19	20
24	0.05	2.92	3.53	3.90	4.17	4.37	4.54	4.68	4.81	4.92	5.05	5.10	5.18	5.25	5.32	5.38	5.44	5.49	5.55	5.59
	0.01	3.96	4.55	4.91	5.17	5.37	5.54	5.69	5.81	5.92	6.02	6.11	6.19	6.26	6.33	6.39	6.45	6.51	6.56	6.01
30	0.05	2.89	3.49	3.85	4.10	4.30	4.46	4.60	4.72	4.82	4.92	5.00	5.08	5.15	5.21	5.27	5.33	5.38	5.43	6.47
	0.01	3.89	4.45	4.80	5.05	5.24	5.40	5.54	5.65	5.76	5.85	5.93	6.01	6.08	6.14	6.20	6.26	6.31	6.36	6.41
40	0.05	2.86	3.44	3.79	4.04	4.23	4.39	4.52	4.63	4.73	4.82	4.90	4.98	5.04	5.11	5.16	5.22	5.27	5.31	5.36
	0.01	3.82	4.37	4.70	4.93	5.11	5.26	5.39	5.50	5.60	5.69	5.76	5.83	5.90	5.96	6.02	6.07	6.12	6.16	6.21
60	0.05	2.83	3.40	3.74	3.98	4.16	4.31	4.44	4.55	4.65	4.73	4.81	4.88	4.94	5.00	5.06	5.11	5.15	5.20	5.24
	0.01	3.76	4.28	4.59	4.82	4.99	5.13	5.25	5.36	5.45	5.53	5.60	5.67	5.73	5.78	5.84	5.89	5.93	5.97	6.01
120	0.05	2.80	3.36	3.68	3.92	4.10	4.24	4.36	4.47	4.56	4.64	4.71	4.78	4.84	4.90	4.95	5.00	5.04	5.09	5.13
	0.01	3.70	4.20	4.50	4.71	4.87	5.01	5.12	5.21	5.30	5.37	5.44	5.50	5.56	5.61	5.66	5.71	5.75	5.79	5.85
∞	0.05	2.77	3.31	3.63	3.86	4.03	4.17	4.29	4.39	4.47	4.55	4.62	4.68	4.74	4.80	4.85	4.89	4.93	4.97	5.01
	0.01	3.64	4.12	4.40	4.60	4.76	4.88	4.99	5.08	5.16	5.23	5.29	5.35	5.40	5.45	5.49	5.54	5.57	5.61	5.65

附录 8　Duncan's 新复极差检验的 SSR 值

自由度 df	α	检验极差的平均数个数（K）													
		2	3	4	5	6	7	8	9	10	12	14	16	18	20
1	0.05	18.0	18.0	18.0	18.0	18.0	18.0	18.0	18.0	18.0	18.0	18.0	18.0	18.0	18.0
	0.01	90.0	90.0	90.0	90.0	90.0	90.0	90.0	90.0	90.0	90.0	90.0	90.0	90.0	90.0
2	0.05	6.09	6.09	6.09	6.09	6.09	6.09	6.09	6.09	6.09	6.09	6.09	6.09	6.09	6.09
	0.01	14.0	14.0	14.0	14.0	14.0	14.0	14.0	14.0	14.0	14.0	14.0	14.0	14.0	14.0
3	0.05	4.50	4.50	4.50	4.50	4.50	4.50	4.50	4.50	4.50	4.50	4.50	4.50	4.50	4.50
	0.01	8.26	8.5	8.6	8.7	8.8	8.9	8.9	9.0	9.0	9.0	9.1	9.2	9.3	9.3
4	0.05	3.93	4.0	4.02	4.02	4.02	4.02	4.02	4.02	4.02	4.02	4.02	4.02	4.02	4.02
	0.01	6.51	6.8	6.9	7.0	7.1	7.1	7.2	7.2	7.3	7.3	7.4	7.4	7.5	7.5
5	0.05	3.64	3.74	3.79	3.83	3.83	3.83	3.83	3.83	3.83	3.83	3.83	3.83	3.83	3.83
	0.01	5.70	5.96	6.11	6.18	6.26	6.33	6.40	6.44	6.5	6.6	6.6	6.7	6.7	6.8
6	0.05	3.46	3.58	3.64	3.68	3.68	3.68	3.68	3.68	3.68	3.68	3.68	3.68	3.68	3.68
	0.01	5.24	5.51	5.65	5.73	5.81	5.88	5.95	6.00	6.0	6.1	6.2	6.2	6.3	6.3
7	0.05	3.35	3.47	3.54	3.58	3.60	3.61	3.61	3.61	3.61	3.61	3.61	3.61	3.61	3.61
	0.01	4.95	5.22	5.37	5.45	5.53	5.61	5.69	5.73	5.8	5.8	5.9	5.9	6.0	6.0
8	0.05	3.26	3.39	3.47	3.52	3.55	3.56	3.56	3.56	3.56	3.56	3.56	3.56	3.56	3.56
	0.01	4.74	5.00	5.14	5.23	5.32	5.40	5.47	5.51	5.5	5.6	5.7	5.7	5.8	5.8

续附录8

自由度 *df*	*α*	检验极差的平均数个数（*K*）													
		2	3	4	5	6	7	8	9	10	12	14	16	18	20
9	0.05	3.20	3.34	3.41	3.47	3.50	3.51	3.52	3.52	3.52	3.52	3.52	3.52	3.52	3.52
	0.01	4.60	4.86	4.99	5.08	5.17	5.25	5.32	5.36	5.4	5.5	5.5	5.6	5.7	5.7
10	0.05	3.15	3.30	3.37	3.43	3.46	3.47	3.47	3.47	3.47	3.47	3.47	3.47	3.47	3.48
	0.01	4.48	4.73	4.88	4.96	5.06	5.12	5.20	5.24	5.28	5.36	5.42	5.48	5.54	5.55
11	0.05	3.11	3.27	3.35	3.39	3.43	3.44	3.45	3.46	3.46	3.46	3.46	3.46	3.47	3.48
	0.01	4.39	4.63	4.77	4.86	4.94	5.01	5.06	5.12	5.15	5.24	5.28	5.34	5.38	5.39
12	0.05	3.08	3.23	3.33	3.36	3.48	3.42	3.44	3.44	3.46	3.46	3.46	3.46	3.47	3.48
	0.01	4.32	4.55	4.68	4.76	4.84	4.92	4.96	5.02	5.07	5.13	5.17	5.22	5.24	5.26
13	0.05	3.06	3.21	3.30	3.36	3.38	3.41	3.42	3.44	3.45	3.45	3.46	3.46	3.47	3.47
	0.01	4.26	4.48	4.62	4.69	4.74	4.84	4.88	4.94	4.98	5.04	5.08	5.13	5.14	5.15
14	0.05	3.03	3.18	3.27	3.33	3.37	3.39	3.41	3.42	3.44	3.45	3.46	3.46	3.47	3.47
	0.01	4.21	4.42	4.55	4.63	4.70	4.78	4.83	4.87	4.91	4.96	5.00	5.04	5.06	5.07
15	0.05	3.01	3.16	3.25	3.31	3.36	3.38	3.40	3.42	3.43	3.44	3.45	3.46	3.47	3.47
	0.01	4.17	4.37	4.50	4.58	4.64	4.72	4.77	4.81	4.84	4.90	4.94	4.97	4.99	5.00
16	0.05	3.00	3.15	3.23	3.30	3.34	3.37	3.39	3.41	3.43	3.44	3.45	3.46	3.47	3.47
	0.01	4.13	4.34	4.45	4.54	4.60	4.67	4.72	4.76	4.79	4.84	4.88	4.91	4.93	4.94
17	0.05	2.98	3.13	3.22	3.28	3.33	3.36	3.38	3.40	3.42	3.44	3.45	3.46	3.47	3.47
	0.01	4.10	4.30	4.41	4.50	4.56	4.63	4.68	4.72	4.75	4.80	4.83	4.86	4.88	4.89
18	0.05	2.97	3.12	3.21	3.27	3.32	3.35	3.37	3.39	3.41	3.43	3.45	3.46	3.47	3.47
	0.01	4.07	4.27	4.38	4.46	4.53	4.59	4.64	4.68	4.71	4.76	4.79	4.82	4.84	4.85
19	0.05	2.96	3.11	3.19	3.26	3.31	3.35	3.37	3.39	3.41	3.43	3.44	3.46	3.47	3.47
	0.01	4.05	4.24	4.35	4.43	4.50	4.56	4.61	4.64	4.67	4.72	4.76	4.79	4.81	4.82
20	0.05	2.95	3.10	3.18	3.25	3.30	3.34	3.36	3.38	3.40	3.43	3.44	3.46	3.46	3.47
	0.01	4.02	4.22	4.33	4.40	4.47	4.53	4.58	4.61	4.65	4.69	4.73	4.76	4.78	4.79
22	0.05	2.93	3.08	3.17	3.24	3.29	3.32	3.35	3.37	3.39	3.42	3.44	3.45	3.46	3.47
	0.01	3.99	4.17	4.28	4.36	4.42	4.48	4.53	4.57	4.60	4.65	4.68	4.71	4.74	4.75
24	0.05	2.92	3.07	3.15	3.22	3.28	3.31	3.34	3.37	3.38	3.41	3.44	3.45	3.46	3.47
	0.01	3.96	4.14	4.24	4.33	4.39	4.44	4.49	4.53	4.57	4.62	4.64	4.67	4.70	4.72
26	0.05	2.91	3.06	3.14	3.21	3.27	3.30	3.34	3.36	3.38	3.41	3.43	3.45	3.46	3.47
	0.01	3.93	4.11	4.21	4.30	4.36	4.41	4.46	4.50	4.53	4.58	4.62	4.65	4.67	4.69
28	0.05	2.90	3.04	3.13	3.20	3.26	3.30	3.33	3.35	3.37	3.40	3.43	3.45	3.46	3.47
	0.01	3.91	4.08	4.18	4.28	4.34	4.39	4.43	4.47	4.51	4.56	4.60	4.62	4.65	4.67
30	0.05	2.89	3.04	3.12	3.20	3.25	3.29	3.32	3.35	3.37	3.40	3.43	3.44	3.46	3.47
	0.01	3.89	4.06	4.16	4.22	4.32	4.36	4.41	4.45	4.48	4.54	4.58	4.61	4.63	4.65

续附录8

自由度 df	α	检验极差的平均数个数（K）													
		2	3	4	5	6	7	8	9	10	12	14	16	18	20
40	0.05	2.86	3.01	3.10	3.17	3.22	3.27	3.30	3.33	3.35	3.39	3.42	3.44	3.46	3.47
	0.01	3.82	3.99	4.10	4.17	4.24	4.30	4.31	4.37	4.41	4.46	4.51	4.54	4.57	4.59
60	0.05	2.83	2.98	3.08	3.14	3.20	3.24	3.28	3.31	3.33	3.37	3.40	3.43	3.45	3.47
	0.01	3.76	3.92	4.03	4.12	4.17	4.23	4.27	4.31	4.34	4.39	4.44	4.47	4.50	4.53
100	0.05	2.80	2.95	3.05	3.12	3.18	3.22	3.26	3.29	3.32	3.36	3.40	3.42	3.45	3.47
	0.01	3.71	3.86	3.98	4.06	4.11	4.17	4.21	4.25	4.29	4.35	4.38	4.42	4.45	4.48
∞	0.05	2.77	2.92	3.02	3.09	3.15	3.19	3.23	3.26	3.29	3.34	3.38	3.41	3.44	3.47
	0.01	3.64	3.80	3.90	3.98	4.04	4.09	4.14	4.17	4.20	4.26	4.31	4.34	4.38	4.41

附录9　多重比较中的 q 表

$\alpha=0.05$　　（t 化极差 $q_{\alpha \cdot f}=W/\sqrt{x^2/f}$的上侧分位数）

f \ α	2	3	4	5	6	7	8	9	10	11	12	13	14	15	16	17	18	19	20	α / f
1	17.97	26.98	32.82	37.08	40.41	43.12	45.40	47.36	49.07	50.59	51.96	53.20	54.33	55.36	56.32	57.22	58.04	58.83	59.56	1
2	6.08	8.33	9.80	10.88	11.74	12.44	13.03	13.54	13.99	14.39	14.75	15.08	15.38	15.65	15.91	16.14	16.37	16.57	16.77	2
3	4.50	5.91	6.82	7.50	8.04	8.48	8.85	9.18	9.46	9.72	9.95	10.15	10.35	10.52	10.69	10.84	10.98	11.11	11.24	3
4	3.93	5.04	5.76	6.29	6.71	7.05	7.35	7.60	7.83	8.03	8.21	8.37	8.52	8.66	8.79	8.91	9.03	9.13	9.23	4
5	3.64	4.60	5.22	5.67	6.03	6.33	6.58	9.80	6.99	7.17	7.32	7.47	7.60	7.72	7.83	7.93	8.03	8.12	8.21	5
6	3.46	4.34	4.90	5.30	5.63	5.90	6.12	6.32	6.49	6.65	6.79	6.92	7.03	7.14	7.24	7.34	7.43	7.51	7.59	6
7	3.34	4.16	4.68	5.06	5.36	5.61	5.82	6.00	6.16	6.30	6.43	6.55	6.66	6.76	6.85	6.94	7.02	7.10	7.17	7
8	3.26	4.04	4.53	4.89	5.17	5.40	5.60	5.77	5.92	6.05	6.18	6.29	6.39	6.48	6.57	6.65	6.73	6.80	6.87	8
9	3.20	3.95	4.41	4.76	5.02	5.24	5.43	5.59	5.74	5.87	5.98	6.09	6.19	6.28	6.36	6.44	6.51	6.58	6.64	9
10	3.15	3.88	4.33	4.65	4.91	5.12	5.30	5.46	5.60	5.72	5.83	5.93	6.03	6.11	6.19	6.27	6.34	6.40	6.47	10
11	3.11	3.82	4.26	4.57	4.82	5.03	5.20	5.35	5.49	5.61	5.71	5.81	5.90	5.98	6.06	6.13	6.20	6.27	6.33	11
12	3.08	3.77	4.20	4.51	4.75	4.95	5.12	5.27	5.39	5.51	5.61	5.71	5.80	5.88	5.95	6.02	6.09	6.15	6.21	12
13	3.06	3.73	4.15	4.45	4.69	4.88	5.05	5.19	5.32	5.43	5.53	5.63	5.71	5.79	5.86	5.93	5.99	6.05	6.11	13
14	3.03	3.70	4.11	4.41	4.64	4.83	4.99	5.13	5.25	5.36	5.46	5.55	5.64	5.71	5.79	5.85	5.91	5.97	6.03	14
15	3.01	3.67	4.08	4.37	4.59	4.78	4.94	5.08	5.20	5.31	5.40	5.49	5.57	5.65	5.72	5.78	5.85	5.90	5.96	15
16	3.00	3.65	4.05	4.33	4.56	4.74	4.90	5.03	5.15	5.26	5.35	5.44	5.52	5.59	5.66	5.73	5.79	5.84	5.90	16
17	2.98	3.63	4.02	4.30	4.52	4.70	4.86	4.99	5.11	5.21	5.31	5.39	5.47	5.54	5.61	5.67	5.73	5.79	5.84	17
18	2.97	3.61	4.00	4.28	4.49	4.67	4.82	4.96	5.07	5.17	5.27	5.35	5.43	5.50	5.57	5.63	5.69	5.74	5.79	18
19	2.96	3.59	3.98	4.25	4.47	4.65	4.79	4.92	5.04	5.14	5.23	5.31	5.39	5.46	5.53	5.59	5.65	5.70	5.75	19
20	2.95	3.58	3.96	4.23	4.45	4.62	4.77	4.90	5.01	5.11	5.20	5.28	5.36	5.43	5.49	5.55	5.61	5.66	5.71	20

续附录9

f \ α	2	3	4	5	6	7	8	9	10	11	12	13	14	15	16	17	18	19	20	α / f
24	2.92	3.53	3.90	4.17	4.37	4.54	4.68	4.81	4.92	5.01	5.10	5.18	5.25	5.32	5.38	5.44	5.49	5.55	5.59	24
30	2.89	3.49	3.85	4.10	4.30	4.46	4.60	4.72	4.82	4.92	5.00	5.08	5.15	5.21	5.27	5.33	5.38	5.43	5.47	30
40	2.86	3.44	3.79	4.04	4.23	4.39	4.52	4.63	4.73	4.82	4.90	4.98	5.04	5.11	5.16	5.22	5.27	5.31	5.36	40
60	2.83	3.40	3.74	3.98	4.16	4.31	4.44	4.55	4.65	4.73	4.81	4.88	4.94	5.00	5.06	5.11	5.15	5.20	5.24	60
120	2.80	3.36	3.68	3.92	4.10	4.24	4.36	4.47	4.56	4.64	4.71	4.78	4.84	4.90	4.95	5.00	5.04	5.09	5.13	120
∞	2.77	3.31	3.63	3.86	4.03	4.17	4.29	4.39	4.47	4.55	4.62	4.68	4.74	4.80	4.85	4.89	4.93	4.97	5.01	∞

附录 10　*r* 与 *R* 的显著数值表

自由度 df	概率 α	变量的个数（*M*）				自由度 df	概率 α	变量的个数（*M*）			
		2	3	4	5			2	3	4	5
1	0.05	0.997	0.999	0.999	0.999	13	0.05	0.514	0.608	0.664	0.703
	0.01	1.000	1.000	1.000	1.000		0.01	0.641	0.712	0.755	0.785
2	0.05	0.950	0.975	0.983	0.987	14	0.05	0.497	0.590	0.646	0.686
	0.01	0.990	0.995	0.997	0.998		0.01	0.623	0.694	0.737	0.768
3	0.05	0.878	0.930	0.950	0.961	15	0.05	0.482	0.574	0.630	0.670
	0.01	0.959	0.976	0.982	0.987		0.01	0.606	0.677	0.721	0.752
4	0.05	0.811	0.881	0.912	0.930	16	0.05	0.468	0.559	0.615	0.655
	0.01	0.917	0.949	0.962	0.970		0.01	0.590	0.662	0.706	0.738
5	0.05	0.754	0.863	0.874	0.898	17	0.05	0.456	0.545	0.601	0.641
	0.01	0.874	0.917	0.937	0.949		0.01	0.575	0.647	0.691	0.724
6	0.05	0.707	0.795	0.839	0.867	18	0.05	0.444	0.532	0.587	0.628
	0.01	0.834	0.886	0.911	0.927		0.01	0.561	0.633	0.678	0.710
7	0.05	0.666	0.758	0.807	0.838	19	0.05	0.433	0.520	0.575	0.615
	0.01	0.798	0.855	0.885	0.904		0.01	0.549	0.620	0.665	0.698
8	0.05	0.632	0.726	0.777	0.811	20	0.05	0.423	0.509	0.563	0.604
	0.01	0.765	0.827	0.860	0.882		0.01	0.537	0.608	0.652	0.685
9	0.05	0.602	0.697	0.750	0.786	21	0.05	0.413	0.498	0.522	0.592
	0.01	0.735	0.800	0.836	0.861		0.01	0.526	0.596	0.641	0.674
10	0.05	0.576	0.671	0.726	0.763	22	0.05	0.404	0.488	0.542	0.582
	0.01	0.708	0.776	0.814	0.840		0.01	0.515	0.585	0.630	0.663
11	0.05	0.553	0.648	0.703	0.741	23	0.05	0.396	0.479	0.532	0.572
	0.01	0.684	0.753	0.793	0.821		0.01	0.505	0.574	0.619	0.652
12	0.05	0.532	0.627	0.683	0.722	24	0.05	0.388	0.470	0.523	0.562
	0.01	0.661	0.732	0.773	0.802		0.01	0.496	0.565	0.609	0.642

续附录10

自由度 df	概率 α	变量的个数（M） 2	3	4	5	自由度 df	概率 α	变量的个数（M） 2	3	4	5
25	0.05	0.381	0.462	0.514	0.553	70	0.05	0.232	0.286	0.324	0.354
	0.01	0.487	0.555	0.600	0.633		0.01	0.302	0.351	0.386	0.413
26	0.05	0.374	0.454	0.506	0.545	80	0.05	0.217	0.269	0.304	0.332
	0.01	0.478	0.546	0.590	0.624		0.01	0.283	0.330	0.362	0.389
27	0.05	0.367	0.446	0.498	0.536	90	0.05	0.205	0.254	0.288	0.315
	0.01	0.470	0.538	0.582	0.615		0.01	0.267	0.312	0.343	0.368
28	0.05	0.361	0.439	0.490	0.592	100	0.05	0.195	0.241	0.274	0.300
	0.01	0.463	0.530	0.573	0.606		0.01	0.254	0.297	0.327	0.351
29	0.05	0.355	0.432	0.482	0.521	125	0.05	0.174	0.216	0.246	0.269
	0.01	0.456	0.522	0.565	0.598		0.01	0.228	0.266	0.294	0.316
30	0.05	0.349	0.426	0.476	0.514	150	0.05	0.159	0.198	0.225	0.247
	0.01	0.449	0.514	0.558	0.519		0.01	0.208	0.244	0.270	0.290
35	0.05	0.325	0.397	0.445	0.482	200	0.05	0.138	0.172	0.196	0.215
	0.01	0.418	0.481	0.523	0.556		0.01	0.181	0.212	0.234	0.253
40	0.05	0.304	0.373	0.419	0.455	300	0.05	0.113	0.141	0.160	0.176
	0.01	0.393	0.454	0.494	0.526		0.01	0.148	0.174	0.192	0.208
45	0.05	0.288	0.353	0.397	0.432	400	0.05	0.098	0.122	0.139	0.153
	0.01	0.372	0.430	0.470	0.501		0.01	0.128	0.151	0.167	0.180
50	0.05	0.273	0.336	0.379	0.412	500	0.05	0.088	0.109	0.124	0.137
	0.01	0.354	0.410	0.449	0.479		0.01	0.115	0.135	0.150	0.162
60	0.05	0.250	0.308	0.348	0.380	1000	0.05	0.062	0.077	0.088	0.097
	0.01	0.325	0.377	0.414	0.442		0.01	0.081	0.096	0.106	0.115

附录 11　χ^2值表

自由度 df	概率值（P） 0.995	0.990	0.975	0.950	0.900	0.100	0.050	0.025	0.010	0.005
1	—	—	—	—	0.02	2.71	3.84	5.02	6.63	7.88
2	0.01	0.02	0.05	0.10	0.21	4.61	5.99	7.38	9.21	10.60
3	0.07	0.11	0.22	0.35	0.58	6.25	7.81	9.35	11.34	12.84
4	0.21	0.30	0.48	0.71	1.06	7.78	9.49	11.14	13.28	14.86
5	0.41	0.55	0.83	1.15	1.61	9.24	11.07	12.83	15.09	16.75
6	0.68	0.87	1.24	1.64	2.20	10.64	12.59	14.45	16.81	18.55
7	0.99	1.24	1.69	2.17	2.83	12.02	14.07	16.01	18.48	20.28

续附录11

自由度 df	概率值（P）									
	0.995	0.990	0.975	0.950	0.900	0.100	0.050	0.025	0.010	0.005
8	1.34	1.65	2.18	2.73	3.49	13.36	15.51	17.53	20.09	21.96
9	1.73	2.09	2.70	3.33	4.17	14.68	16.92	19.02	21.69	23.59
10	2.16	2.56	3.25	3.94	4.87	15.99	18.31	20.48	23.21	25.19
11	2.60	3.05	3.82	4.57	5.58	17.28	19.68	21.92	24.72	26.76
12	3.07	3.57	4.40	5.23	6.30	18.55	21.03	23.34	26.22	28.30
13	3.57	4.11	5.01	5.89	7.04	19.81	22.36	24.74	27.69	29.82
14	4.07	4.66	5.63	6.57	7.79	21.06	23.68	26.12	29.14	31.32
15	4.60	5.23	6.27	7.26	8.55	22.31	25.00	27.49	30.58	32.80
16	5.14	5.81	6.91	7.96	9.31	23.54	26.30	28.85	32.00	34.27
17	5.70	6.41	7.56	8.67	10.09	24.77	27.59	30.19	33.41	35.72
18	6.26	7.01	8.23	9.39	10.86	25.99	28.87	31.53	34.81	37.16
19	6.84	7.63	8.91	10.12	11.65	27.20	30.14	32.85	36.19	38.58
20	7.43	8.26	9.59	10.85	12.44	28.41	31.41	34.17	37.57	40.00
21	8.03	8.90	10.28	11.59	13.24	29.62	32.67	35.48	38.93	41.40
22	8.64	9.54	10.98	12.34	14.04	30.81	33.92	36.78	40.29	42.80
23	9.26	10.20	11.69	13.09	14.85	32.01	35.17	38.08	41.64	44.18
24	9.89	10.86	12.40	13.85	15.66	33.20	36.42	39.36	42.98	45.56
25	10.52	11.52	13.12	14.61	16.47	34.38	37.65	40.65	44.31	46.93
26	11.16	12.20	13.84	15.38	17.29	35.56	38.89	41.92	45.61	48.29
27	11.81	12.88	14.57	16.15	18.11	36.74	40.11	43.19	46.96	49.64
28	12.46	13.56	15.31	16.93	18.94	37.92	41.34	44.46	48.28	50.99
29	13.12	14.26	16.05	17.71	19.77	39.09	42.56	45.72	49.59	52.34
30	13.79	14.95	16.79	18.49	20.60	40.26	43.77	46.98	50.89	53.67
40	20.71	22.16	24.43	26.51	29.05	51.80	55.76	59.34	63.69	66.77
50	27.99	29.71	32.36	34.76	37.69	63.17	67.50	71.42	76.15	79.49
60	35.53	37.48	40.48	43.19	46.46	74.40	79.08	83.30	66.38	91.95
70	43.28	45.44	48.76	51.74	55.33	85.53	90.53	95.02	100.42	104.22
80	51.17	53.54	57.15	60.39	64.28	96.58	101.88	106.03	112.33	116.32
90	59.20	61.75	65.65	69.13	73.29	107.56	113.14	118.14	124.12	128.30
100	67.33	70.06	74.22	77.93	82.36	118.50	124.34	119.56	135.81	140.17

附录 12　符号检验用 K 临界值表（双尾）

n	α				n	α				n	α				n	α			
	0.01	0.05	0.10	0.25		0.01	0.05	0.10	0.25		0.01	0.05	0.10	0.25		0.01	0.05	0.10	0.25
1					24	5	6	7	8	47	14	16	17	19	69	23	25	27	29
2					25	5	7	7	9	48	14	16	17	19	70	23	26	27	29
3				0	26	6	7	8	9	49	15	17	18	19	71	24	26	28	30
4				0	27	6	7	8	10	50	15	17	18	20	72	24	27	28	30
5			0	0	28	6	8	9	10	51	15	18	19	20	73	25	27	28	31
6		0	0	1	29	7	8	9	10	52	16	18	19	21	74	25	28	29	31
7		0	0	1	30	7	9	10	11	53	16	18	20	21	75	25	28	29	32
8	0	0	1	1	31	7	9	10	11	54	17	19	20	22	76	26	28	30	32
9	0	1	1	2	32	8	9	10	12	55	17	19	20	22	77	26	29	30	32
10	0	1	1	2	33	8	10	11	12	56	17	20	21	23	78	27	29	31	33
11	0	1	2	3	34	9	10	11	13	57	18	20	21	23	79	27	30	31	33
12	1	2	2	3	35	9	11	12	13	58	18	21	22	24	80	28	30	32	34
13	1	2	3	3	36	9	11	12	14	59	19	21	22	24	81	28	31	32	34
14	1	2	3	4	37	10	12	13	14	60	19	21	23	25	82	28	31	33	35
15	2	3	3	4	38	10	12	13	14	61	20	22	23	25	83	29	32	33	35
16	2	3	4	5	39	11	12	13	15	62	20	22	24	25	84	29	32	33	36
17	2	4	4	5	40	11	13	14	15	63	20	23	24	26	85	30	32	34	36
18	3	4	5	6	41	11	13	14	16	64	21	23	24	26	86	30	33	34	37
19	3	4	5	6	42	12	14	15	16	65	21	24	25	27	87	31	33	35	37
20	3	5	5	6	43	12	14	15	17	66	22	24	25	27	88	31	34	35	38
21	4	5	6	7	44	13	15	16	17	67	22	25	26	28	89	31	34	36	38
22	4	5	6	7	45	13	15	16	18	68	22	25	26	28	90	32	35	36	39
23	4	6	7	8	46	13	15	16	18										

附录 13　符号秩和检验用 T 临界值表

n	P（2）	0.10	0.05	0.02	0.01	n	P（2）	0.10	0.05	0.02	0.01
	P（1）	0.05	0.025	0.01	0.005		P（1）	0.05	0.025	0.01	0.005
5		0									
6		2	0			16		35	29	23	19
7		3	2	0		17		41	34	27	23
8		5	3	1	0	18		47	40	32	27
9		8	5	3	1	19		53	46	37	32
10		10	8	5	3	20		60	52	43	37
11		13	10	7	5	21		67	58	49	42
12		17	13	9	7	22		75	65	55	48
13		21	17	12	9	23		83	73	62	54
14		25	21	15	12	24		91	81	69	61
15		30	25	19	15	25		100	89	76	68

附录 14　秩和检验用 T 临界值表（两样本比较）

	单侧	双侧
1 行	$p=0.05$	$p=0.10$
2 行	$p=0.025$	$p=0.05$
3 行	$p=0.01$	$p=0.02$
4 行	$p=0.005$	$p=0.01$

n_1	n_2-n_1										
（较小 n）	0	1	2	3	4	5	6	7	8	9	10
2				3~13	3~15	3~17	4~18	4~20	4~22	4~24	5~25
							3~19	3~21	3~23	3~25	4~26
3	6~15	6~18	7~20	8~22	8~25	9~27	10~29	10~32	11~34	11~37	12~39
			6~21	7~23	7~26	8~28	8~31	9~33	9~36	10~38	10~41
					6~27	6~30	7~32	7~35	7~38	8~40	8~43
							6~33	6~36	6~39	7~41	7~44
4	11~25	12~28	13~31	14~34	15~37	16~40	17~43	18~46	19~49	20~52	21~55
	10~26	11~29	12~32	13~35	14~38	14~42	15~45	16~48	17~51	18~54	19~57
		10~30	11~33	11~37	12~40	13~43	13~47	14~50	15~53	15~57	16~60
			10~34	10~38	11~41	11~45	12~48	12~52	13~55	13~59	14~62
5	19~36	20~40	21~44	23~47	24~51	26~54	27~58	28~62	30~65	31~69	33~72
	17~38	18~42	20~45	21~49	22~53	23~57	24~61	26~64	27~68	28~72	29~76
	16~39	17~43	18~47	19~51	20~55	21~59	22~63	23~67	24~71	25~75	26~79
	15~40	16~44	16~49	17~53	18~57	19~61	20~65	21~69	22~73	22~78	23~82
6	28~50	29~55	31~59	33~63	35~67	37~71	38~76	40~80	42~84	44~88	46~92
	26~52	27~57	29~61	31~65	32~70	34~74	35~79	37~83	38~88	40~92	42~96
	24~54	25~59	27~63	28~68	29~73	30~78	32~82	33~87	34~92	36~96	37~101
	23~55	24~60	25~65	26~70	27~75	28~80	30~84	31~89	32~94	33~99	32~104
7	39~66	41~71	43~76	45~81	47~86	49~91	52~95	54~100	46~105	58~110	61~114
	36~69	38~74	40~79	42~84	44~89	46~94	48~99	50~104	52~109	54~114	56~119
	34~71	35~77	37~82	39~87	40~93	42~98	44~103	45~109	47~114	49~119	51~124
	32~73	34~78	35~84	37~89	38~95	40~100	41~106	43~111	44~117	45~122	47~128
8	51~85	54~90	56~96	59~101	62~106	64~112	67~117	69~123	72~128	75~133	77~139
	49~87	51~93	53~99	55~105	58~110	60~116	62~122	65~127	67~133	70~138	72~144
	45~91	47~97	49~103	51~109	53~115	56~120	58~126	60~132	62~138	64~144	66~150
	43~93	45~99	47~105	49~111	51~117	53~123	54~130	56~136	58~142	60~148	62~154

续附录14

n_1（较小 n）	n_2-n_1										
	0	1	2	3	4	5	6	7	8	9	10
9	66~105	69~111	72~117	75~123	78~129	81~135	84~141	87~147	90~153	93~159	96~165
	62~109	65~115	68~121	71~127	73~134	76~140	79~146	82~152	84~159	87~165	90~171
	59~112	61~119	63~126	66~132	68~139	71~145	73~152	76~158	78~165	81~171	83~178
	56~115	58~122	61~128	63~135	65~142	67~149	69~156	72~162	74~169	76~176	78~183
10	82~128	86~134	89~141	92~148	96~154	99~161	103~167	106~174	110~180	113~187	117~193
	78~132	81~139	74~146	88~152	91~159	94~166	97~173	100~180	103~187	107~193	110~200
	74~136	77~143	79~151	82~158	85~165	88~172	91~179	93~187	96~194	99~201	102~208
	71~139	73~147	76~154	79~161	81~169	84~176	86~184	89~191	92~198	94~206	97~213

附录 15　秩和检验用 H 临界值表（三样本比较）

n	n_1	n_2	n_3	p	
				0.05	0.01
7	3	2	2	4.71	
	3	3	1	5.14	
8	3	3	2	5.36	
	4	2	2	5.33	
	4	3	1	5.21	
	5	2	1	5.00	
9	3	3	3	5.60	7.20
	4	3	2	5.44	6.44
	4	4	1	4.97	6.67
	5	2	2	5.16	6.53
	5	3	1	4.96	
10	4	3	3	5.73	6.75
	4	4	2	5.49	7.04
	5	3	2	5.25	6.82
	5	4	1	4.99	6.95
11	4	4	3	5.60	7.14
	5	3	3	5.65	7.08
	5	4	2	5.27	7.12
	5	5	1	5.13	7.31

续附录15

n	n_1	n_2	n_3	p	
				0.05	0.01
12	4	4	4	5.69	7.65
	5	4	3	5.63	7.44
	5	5	2	5.34	7.27
13	5	4	4	5.42	7.76
	5	5	3	5.71	7.54
14	5	5	4	5.64	7.79
15	5	5	5	5.78	7.98

附录 16　等级相关系数 r_n 临界值表

n	单侧	0.10	0.05	0.025	0.01	0.005
	双侧	0.20	0.10	0.05	0.02	0.01
4		1.000	1.000	—	—	—
5		0.800	0.900	1.000	1.000	—
6		0.657	0.829	0.886	0.943	1.000
7		0.571	0.714	0.786	0.893	0.929
8		0.524	0.643	0.738	0.833	0.881
9		0.483	0.600	0.700	0.783	0.833
10		0.455	0.564	0.648	0.745	0.794
11		0.427	0.536	0.618	0.709	0.755
12		0.406	0.503	0.587	0.678	0.727
13		0.385	0.484	0.560	0.648	0.703
14		0.367	0.464	0.538	0.626	0.679
15		0.354	0.446	0.521	0.604	0.654
16		0.341	0.429	0.503	0.582	0.635
17		0.328	0.414	0.485	0.566	0.615
18		0.317	0.401	0.472	0.550	0.600
19		0.309	0.391	0.460	0.535	0.584
20		0.299	0.380	0.447	0.520	0.570
21		0.292	0.370	0.435	0.508	0.556
22		0.284	0.361	0.425	0.496	0.544
23		0.278	0.353	0.415	0.486	0.532

续附录16

n	单侧 双侧	0. 10 0. 20	0. 05 0. 10	0. 025 0. 05	0. 01 0. 02	0. 005 0. 01
24		0. 271	0. 344	0. 406	0. 476	0. 521
25		0. 265	0. 337	0. 398	0. 466	0. 511
26		0. 259	0. 331	0. 390	0. 457	0. 501
27		0. 255	0. 324	0. 382	0. 448	0. 491
28		0. 250	0. 317	0. 375	0. 440	0. 483
29		0. 245	0. 312	0. 368	0. 433	0. 475
30		0. 240	0. 306	0. 362	0. 425	0. 467
31		0. 236	0. 301	0. 356	0. 418	0. 459
32		0. 232	0. 296	0. 350	0. 412	0. 452
33		0. 229	0. 291	0. 345	0. 405	0. 446
34		0. 225	0. 287	0. 340	0. 399	0. 439
35		0. 222	0. 283	0. 335	0. 394	0. 433
36		0. 219	0. 279	0. 330	0. 388	0. 427
37		0. 216	0. 275	0. 325	0. 382	0. 421
38		0. 212	0. 271	0. 321	0. 378	0. 415
39		0. 210	0. 267	0. 317	0. 373	0. 410
40		0. 207	0. 264	0. 313	0. 368	0. 405
41		0. 204	0. 261	0. 309	0. 364	0. 400
42		0. 202	0. 257	0. 305	0. 359	0. 395
43		0. 199	0. 254	0. 301	0. 355	0. 391
44		0. 197	0. 251	0. 298	0. 351	0. 386
45		0. 194	0. 248	0. 294	0. 347	0. 382
46		0. 192	0. 246	0. 291	0. 343	0. 378
47		0. 190	0. 243	0. 288	0. 340	0. 374
48		0. 188	0. 240	0. 285	0. 336	0. 370
49		0. 186	0. 238	0. 282	0. 333	0. 366
50		0. 184	0. 235	0. 279	0. 329	0. 363
60		—	0. 214	0. 255	0. 300	0. 331
70		—	0. 198	0. 235	0. 278	0. 307
80		—	0. 185	0. 220	0. 260	0. 287
90		—	0. 174	0. 207	0. 245	0. 271
100		—	0. 165	0. 197	0. 233	0. 257

附录 17 常用正交表

(1) $L_4(2^3)$

试验号	列号		
	1	2	3
1	1	1	1
2	1	2	2
3	2	1	2
4	2	2	1

注：任意二列的交互作用列为另一列。

(2) $L_8(2^7)$

试验号	列号						
	1	2	3	4	5	6	7
1	1	1	1	1	1	1	1
2	1	1	1	2	2	2	2
3	1	2	2	1	1	2	2
4	1	2	2	2	2	1	1
5	2	1	2	1	2	1	2
6	2	1	2	2	1	2	1
7	2	2	1	1	2	2	1
8	2	2	1	2	1	1	2

$L_8(2^7)$ 二列间的交互作用表

1	2	3	4	5	6	7	列号
(1)	3	2	5	4	7	6	1
	(2)	1	6	7	4	5	2
		(3)	7	6	5	4	3
			(4)	1	2	3	4
				(5)	3	2	5
					(6)	1	6
						(7)	7

（3）L_9（3^4）

试验号	列号			
	1	2	3	4
1	1	1	1	1
2	1	2	2	2
3	1	3	3	3
4	2	1	2	3
5	2	2	3	1
6	2	3	1	2
7	3	1	3	2
8	3	2	1	3
9	3	3	2	1

注：任意二列的交互作用列为另外二列。

（4）L_{16}（2^{15}）

试验号	列号														
	1	2	3	4	5	6	7	8	9	10	11	12	13	14	15
1	1	1	1	1	1	1	1	1	1	1	1	1	1	1	1
2	1	1	1	1	1	1	1	2	2	2	2	2	2	2	2
3	1	1	1	2	2	2	2	1	1	1	1	2	2	2	2
4	1	1	1	2	2	2	2	2	2	2	2	1	1	1	1
5	1	2	2	1	1	2	2	1	1	2	2	1	1	2	2
6	1	2	2	1	1	2	2	2	2	1	1	2	2	1	1
7	1	2	2	2	2	1	1	1	1	2	2	2	2	1	1
8	1	2	2	2	2	1	1	2	2	1	1	1	1	2	2
9	2	1	2	1	2	1	2	1	2	1	2	1	2	1	2
10	2	1	2	1	2	1	2	2	1	2	1	2	1	2	1
11	2	1	2	2	1	2	1	1	2	1	2	2	1	2	1
12	2	1	2	2	1	2	1	2	1	2	1	1	2	1	2
13	2	2	1	1	2	2	1	1	2	2	1	1	2	2	1
14	2	2	1	1	2	2	1	2	1	1	2	2	1	1	2
15	2	2	1	2	1	1	2	1	2	2	1	2	1	1	2
16	2	2	1	2	1	1	2	2	1	1	2	1	2	2	1

$L_{16}(2^{15})$ 二列间的交互作用表

1	2	3	4	5	6	7	8	9	10	11	12	13	14	15	列号
(1)	3	2	5	4	7	6	9	8	11	10	13	12	15	14	1
	(2)	1	6	7	4	5	10	11	8	9	14	15	12	13	2
		(3)	7	6	5	4	11	10	9	8	15	14	13	12	3
			(4)	1	2	3	12	13	14	15	8	9	10	11	4
				(5)	3	2	13	12	15	14	9	8	11	10	5
					(6)	1	14	15	12	13	10	11	8	9	6
						(7)	15	14	13	12	11	10	9	8	7
							(8)	1	2	3	4	5	6	7	8
								(9)	3	2	5	4	7	6	9
									(10)	1	6	7	4	5	10
										(11)	7	6	5	4	11
											(12)	1	2	3	12
												(13)	3	2	13
													(14)	1	14
														(15)	15

（5）$L_{16}(4^5)$

试验号	列号				
	1	2	3	4	5
1	1	1	1	1	1
2	1	2	2	2	2
3	1	3	3	3	3
4	1	4	4	4	4
5	2	1	2	3	4
6	2	2	1	4	3
7	2	3	4	1	2
8	2	4	3	2	1
9	3	1	3	4	2
10	3	2	4	3	1
11	3	3	1	2	4
12	3	4	2	1	3
13	4	1	4	2	3
14	4	2	3	1	4
15	4	3	2	4	1
16	4	4	1	3	2

注：任意二列的交互作用列为另外三列。

（6）L_{27}（3^{13}）

试验号	列号												
	1	2	3	4	5	6	7	8	9	10	11	12	13
1	1	1	1	1	1	1	1	1	1	1	1	1	1
2	1	1	1	1	2	2	2	2	2	2	2	2	2
3	1	1	1	1	3	3	3	3	3	3	3	3	3
4	1	2	2	2	1	1	1	2	2	2	3	3	3
5	1	2	2	2	2	2	2	3	3	3	1	1	1
6	1	2	2	2	3	3	3	1	1	1	2	2	2
7	1	3	3	3	1	1	1	3	3	3	2	2	2
8	1	3	3	3	2	2	2	1	1	1	3	3	3
9	1	3	3	3	3	3	3	2	2	2	1	1	1
10	2	1	2	3	1	2	3	1	2	3	1	2	3
11	2	1	2	3	2	3	1	2	3	1	2	3	1
12	2	1	2	3	3	1	2	3	1	2	3	1	2
13	2	2	3	1	1	2	3	2	3	1	3	1	2
14	2	2	3	1	2	3	1	3	1	2	1	2	3
15	2	2	3	1	3	1	2	1	2	3	2	3	1
16	2	3	1	2	1	2	3	3	1	2	2	3	1
17	2	3	1	2	2	3	1	1	2	3	3	1	2
18	2	3	1	2	3	1	2	2	3	1	1	2	3
19	3	1	3	2	1	3	2	1	3	2	1	3	2
20	3	1	3	2	2	1	3	2	1	3	2	1	3
21	3	1	3	2	3	2	1	3	2	1	3	2	1
22	3	2	1	3	1	3	2	2	1	3	3	2	1
23	3	2	1	3	2	1	3	3	2	1	1	3	2
24	3	3	2	1	1	3	2	3	2	1	2	1	3
25	3	3	2	1	1	3	2	3	2	1	2	1	3
26	3	3	2	1	2	1	3	1	3	2	3	2	1
27	3	3	2	1	3	2	1	2	1	3	1	3	2

L_{27}（3^{13}）二列间的交互作用表

1	2	3	4	5	6	7	8	9	10	11	12	13	列号
(1)	3	2	2	6	5	5	9	8	8	12	11	11	1
	4	4	3	7	7	6	10	10	9	13	13	12	
	(2)	1	1	8	9	10	5	6	7	5	6	7	2
		4	3	11	12	13	11	12	13	8	9	10	
		(3)	1	9	10	8	7	5	6	6	7	5	3
			2	13	11	12	12	13	11	10	8	9	
			(4)	10	8	9	6	7	5	7	5	6	4
				12	13	11	13	11	12	9	10	8	
				(5)	1	1	2	3	4	2	4	3	5
					7	6	11	13	12	8	10	9	
					(6)	1	4	2	3	3	2	4	6
						5	13	12	11	10	9	8	
						(7)	3	4	2	4	3	2	7
							12	11	13	9	8	10	
							(8)	1	1	2	3	4	8
								10	9	5	7	6	
								(9)	1	4	2	3	9
									8	7	6	5	
									(10)	3	4	2	10
										6	5	7	
										(11)	1	1	11
											13	12	
											(12)	1	12
												11	

（7）L_{25}（5^6）

试验号	列号					
	1	2	3	4	5	6
1	1	1	1	1	1	1
2	1	2	2	2	2	2
3	1	3	3	3	3	3
4	1	4	4	4	4	4
5	1	5	5	5	5	5
6	2	1	2	3	4	5
7	2	2	3	4	5	1
8	2	3	4	5	1	2

续附录 17-(7)

试验号	列号					
	1	2	3	4	5	6
9	2	4	5	1	2	3
10	2	5	1	2	3	4
11	3	1	3	5	2	4
12	3	2	4	1	3	5
13	3	3	5	2	4	1
14	3	4	1	3	5	2
15	3	5	2	4	1	3
16	4	1	4	2	5	3
17	4	2	5	3	1	4
18	4	3	1	4	2	5
19	4	4	2	5	3	1
20	4	5	3	1	4	2
21	5	1	5	4	3	2
22	5	2	1	5	4	3
23	5	3	2	1	5	4
24	5	4	3	2	1	5
25	5	5	4	3	2	1

注：任意二列间的交互作用列为另外四列。

（8）L_8（4×2^4）

试验号	列号				
	1	2	3	4	5
1	1	1	1	1	1
2	1	2	2	2	2
3	2	1	1	2	2
4	2	2	2	1	1
5	3	1	2	1	2
6	3	2	1	2	1
7	4	1	2	2	1
8	4	2	1	1	2

(9) L_9 ($2^1 \times 3^3$)

试验号	列号			
	1	2	3	4
1	1	1	1	1
2	1	2	2	2
3	1	3	3	3
4	1	1	2	3
5	1	2	3	1
6	1	3	1	2
7	2	1	3	2
8	2	2	1	3
9	2	3	2	1

(10) L_9 ($2^2 \times 3^2$)

试验号	列号			
	1	2	3	4
1	1	1	1	1
2	1	1	2	2
3	1	2	3	3
4	1	1	2	3
5	1	1	3	1
6	1	2	1	2
7	2	1	3	2
8	2	1	1	3
9	2	2	2	1

(11) L_{12} ($3^1 \times 2^4$)

试验号	列号				
	1	2	3	4	5
1	1	1	1	1	1
2	1	1	1	2	2
3	1	2	2	1	2
4	1	2	2	2	1
5	2	1	2	1	1
6	2	1	2	2	2
7	2	2	1	1	1
8	2	2	1	2	2
9	3	1	2	1	2
10	3	1	1	2	1
11	3	2	1	1	2
12	3	2	2	2	1

（12）L_{12}（$6^1 \times 2^2$）

试验号	列号		
	1	2	3
1	2	1	1
2	5	1	2
3	5	2	1
4	2	2	2
5	4	1	1
6	1	1	2
7	1	2	1
8	4	2	2
9	3	1	1
10	6	1	2
11	6	2	1
12	3	2	2

（13）L_{16}（$4^1 \times 2^{12}$）

试验号	列号												
	1	2	3	4	5	6	7	8	9	10	11	12	13
1	1	1	1	1	1	1	1	1	1	1	1	1	1
2	1	1	1	1	1	2	2	2	2	2	2	2	2
3	1	2	2	2	2	1	1	1	1	2	2	2	2
4	1	2	2	2	2	2	2	2	2	1	1	1	1
5	2	1	1	2	2	1	1	2	2	1	1	2	2
6	2	1	1	2	2	2	2	1	1	2	2	1	1
7	2	2	2	1	1	1	1	2	2	2	2	1	1
8	2	2	2	1	1	2	2	1	1	1	1	2	2
9	3	1	2	1	2	1	2	1	2	1	2	1	2
10	3	1	2	1	2	2	1	2	1	2	1	2	1
11	3	2	1	2	1	1	2	1	2	2	1	2	1
12	3	2	1	2	1	2	1	2	1	1	2	1	2
13	4	1	2	2	1	1	2	2	1	1	2	2	1
14	4	1	2	2	1	2	1	1	2	2	1	1	2
15	4	2	1	1	2	1	2	2	1	2	1	1	2
16	4	2	1	1	2	2	1	1	2	1	2	2	1

注：L_{16}（$4^1 \times 2^{12}$），L_{16}（$4^2 \times 2^9$），L_{16}（$4^3 \times 2^6$），L_{16}（$4^4 \times 2^3$）均由 L_{16}（2^{15}）并列得到。

（14）L_{16}（$8^1 \times 2^8$）

试验号	列号								
	1	2	3	4	5	6	7	8	9
1	1	1	1	1	1	1	1	1	1
2	1	2	2	2	2	2	2	2	2
3	2	1	1	1	1	2	2	2	2
4	2	2	2	2	2	1	1	1	1
5	3	1	1	2	2	1	1	2	2
6	3	2	2	1	1	2	2	1	1
7	4	1	1	2	2	2	2	1	1
8	4	2	2	1	1	1	1	2	2
9	5	1	2	1	2	1	2	1	2
10	5	2	1	2	1	2	1	2	1
11	6	1	2	1	2	2	1	2	1
12	6	2	1	2	1	1	2	1	2
13	7	1	2	2	1	1	2	2	1
14	7	2	1	1	2	2	1	1	2
15	8	1	2	2	1	2	1	1	2
16	8	2	1	1	2	1	2	2	1

（15）L_{16}（$3^1 \times 2^{13}$）

试验号	列号													
	1	2	3	4	5	6	7	8	9	10	11	12	13	14
1	1	1	1	1	1	1	1	1	1	1	1	1	1	1
2	1	1	1	1	1	1	2	2	2	2	2	2	2	2
3	1	1	2	2	2	2	1	1	1	1	2	2	2	2
4	1	1	2	2	2	2	2	2	2	2	1	1	1	1
5	1	2	1	1	2	2	1	1	2	2	1	1	2	2
6	1	2	1	1	2	2	2	2	1	1	2	2	1	1
7	1	2	2	2	1	1	1	1	2	2	2	2	1	1
8	1	2	2	2	1	1	2	2	1	1	1	1	2	2
9	2	2	1	2	1	2	1	2	1	2	1	2	1	2
10	2	2	1	2	1	2	2	1	2	1	2	1	2	1
11	2	2	2	1	2	1	1	2	1	2	2	1	2	1
12	2	2	2	1	2	1	2	1	2	1	1	2	1	2
13	2	3	1	2	2	1	1	2	2	1	1	2	2	1
14	2	3	1	2	2	1	2	1	1	2	2	1	1	2
15	2	3	2	1	1	2	1	2	2	1	2	1	1	2
16	2	3	2	1	1	2	2	1	1	2	1	2	2	1

（16）L_{16}（$3^2 \times 2^{12}$）

试验号	列号												
	1	2	3	4	5	6	7	8	9	10	11	12	13
1	1	1	1	1	1	1	1	1	1	1	1	1	1
2	1	1	1	1	1	2	2	2	2	2	2	2	2
3	1	1	2	2	2	1	1	1	1	2	2	2	2
4	1	1	2	2	2	2	2	2	2	1	1	1	1
5	1	2	1	2	2	1	1	2	2	1	1	2	2
6	1	2	1	2	2	2	2	1	1	2	2	1	1
7	1	2	2	1	1	1	1	2	2	2	2	1	1
8	1	2	2	1	1	2	2	1	1	1	1	2	2
9	2	2	2	1	2	1	2	1	2	1	2	1	2
10	2	2	2	1	2	2	1	2	1	2	1	2	1
11	2	2	3	2	1	1	2	1	2	2	1	2	1
12	2	2	3	2	1	2	1	2	1	1	2	1	2
13	2	3	2	2	1	1	2	2	1	1	2	2	1
14	2	3	2	2	1	2	1	1	2	2	1	1	2
15	2	3	3	1	2	1	2	2	1	2	1	1	2
16	2	3	3	1	2	2	1	1	2	1	2	2	1

（17）L_{16}（$3^3 \times 2^9$）

试验号	列号											
	1	2	3	4	5	6	7	8	9	10	11	12
1	1	1	1	1	1	1	1	1	1	1	1	1
2	1	1	1	1	1	2	2	2	2	2	2	2
3	1	1	2	2	2	1	1	1	2	2	2	2
4	1	1	2	2	2	2	2	2	1	1	1	1
5	1	2	1	2	2	1	2	2	1	1	2	2
6	1	2	1	2	2	2	1	1	2	2	1	1
7	1	2	2	1	1	1	2	2	2	2	1	1
8	1	2	2	1	1	2	1	1	1	1	2	2
9	2	2	2	1	2	2	1	2	1	2	1	2
10	2	2	2	1	2	3	2	1	2	1	2	1
11	2	2	3	2	1	2	1	2	2	1	2	1
12	2	2	3	2	1	3	2	1	1	2	1	2
13	2	3	2	2	1	2	2	1	1	2	2	1
14	2	3	2	2	1	3	1	2	2	1	1	2
15	2	3	3	1	2	2	2	1	2	1	1	2
16	2	3	3	1	2	3	1	2	1	2	2	1

（18）L_{18}（$2^1 \times 3^2$）

试验号	列号							
	1	2	3	4	5	6	7	8
1	1	1	1	1	1	1	1	1
2	1	1	2	2	2	2	2	2
3	1	1	3	3	3	3	3	3
4	1	2	1	1	2	2	3	3
5	1	2	2	2	3	3	1	1
6	1	2	3	3	1	1	2	2
7	1	3	1	2	1	3	2	3
8	1	3	2	3	2	1	3	1
9	1	3	3	1	3	2	1	2
10	2	1	1	3	3	2	2	1
11	2	1	2	1	1	3	3	2
12	2	1	3	2	2	1	1	3
13	2	2	1	2	3	1	3	2
14	2	2	2	3	1	2	1	3
15	2	2	3	1	2	3	2	1
16	2	3	1	3	2	3	1	2
17	2	3	2	1	3	1	2	3
18	2	3	3	2	1	2	3	1

注：将第1列划去，便是非标准表 L_{18}（3^7）。

（19）L_{18}（$6^1 \times 3^6$）

试验号	列号						
	1	2	3	4	5	6	7
1	1	1	1	1	1	1	1
2	1	2	2	2	2	2	2
3	1	3	3	3	3	3	3
4	2	1	1	2	2	3	3
5	2	2	2	3	3	1	1
6	2	3	3	1	1	2	2
7	3	1	2	1	3	2	3
8	3	2	3	2	1	3	1
9	3	3	1	3	2	1	2
10	4	1	3	3	2	2	1
11	4	2	1	1	3	3	2

续附录 17-(19)

试验号	列号						
	1	2	3	4	5	6	7
12	4	3	2	2	1	1	3
13	5	1	2	3	1	3	2
14	5	2	3	1	2	1	3
15	5	3	1	2	3	2	1
16	6	1	3	2	3	1	2
17	6	2	1	3	1	2	3
18	6	3	2	1	2	3	1

参 考 文 献

［1］俞钟行．基于 Excel 与因素趋势图的试验设计题解集锦［M］．上海：上海科学技术出版社，2021.

［2］郭明，冯彬，管宇．试验设计与软件应用［M］．北京：化学工业出版社，2017.

［3］宋代军，罗宗刚．生物统计附试验设计实训［M］．重庆：西南师范大学出版社，2021.

［4］张文庆．试验设计与数据分析——从宏观到微观［M］．北京：科学出版社，2022.

［5］李云雁，胡传荣．试验设计与数据处理［M］．北京：化学工业出版社，2022.

［6］章银良．食品与生物试验设计与数据分析［M］．2 版．北京：中国轻工业出版社，2021.

［7］陈林林．食品试验设计与数据处理［M］．北京：中国轻工业出版社，2017.

［8］王钦德，杨坚．食品试验设计与统计分析［M］．2 版．北京：中国农业大学出版社，2010.

［9］李云雁，胡传荣．试验设计与数据处理［M］．北京：化学工业出版社，2012.

［10］李志西，杜双奎．试验优化设计与统计分析［M］．北京：科学出版社，2010 .

［11］何为，薛卫东．优化试验设计方法及数据分析［M］．北京：化学工业出版社，2012.

［12］明道绪．生物统计附试验设计［M］．4 版．北京：中国农业出版社，2008.

［13］杨坚，王钦德．食品试验设计与统计分析［M］．北京：中国农业大学出版社，2003.

［14］章银良．食品与生物试验设计与数据分析［M］．北京：中国轻工业出版社，2010.

［15］黄亚群．试验设计与统计分析学习指导［M］．北京：中国农业出版社，2008.

［16］欧阳叙向．生物统计附试验设计［M］．重庆：重庆大学出版社，2011.

［17］迟全勃．试验设计与统计分析［M］．重庆：重庆大学出版社，2015.

［18］苏胜宝．试验设计与生物统计［M］．北京：中央广播电视大学出版社，2010.

［19］王宝山．试验统计方法［M］．北京：中国农业出版社，2012.

［20］盖钧．镒试验统计方法［M］．北京：中国农业出版社，2000.

［21］方萍．实用农业试验设与统计分析指南［M］．北京：中国农业出版社，2000.

［22］陆建身，赖麟．生物统计学［M］．北京：高等教育出版社，2003.

［23］宋素芳，秦豪荣，赵聘．生物统计学［M］．北京：中国农业大学出版社，2008.

［24］张勤，张启能．生物统计学［M］．北京：中国农业大学出版社，2002.

［25］明道绪．田间试验与统计分析［M］.2 版．北京：科学出版社，2008.